高等学校
测绘工程专业核心课程规划教材

遥感原理与应用

周军其　叶勤　邵永社　朱述龙　关泽群　编

WUHAN UNIVERSITY PRESS
武汉大学出版社

图书在版编目(CIP)数据

遥感原理与应用/周军其等编．—武汉：武汉大学出版社,2014.11(2024.1重印)

高等学校测绘工程专业核心课程规划教材

ISBN 978-7-307-14117-9

Ⅰ.遥…　Ⅱ.周…　Ⅲ.遥感技术—高等学校—教材　Ⅳ.TP7

中国版本图书馆 CIP 数据核字(2014)第 193901 号

责任编辑:方慧娜　　责任校对:汪欣怡　　版式设计:马　佳

出版发行:**武汉大学出版社**　(430072　武昌　珞珈山)

(电子邮箱:cbs22@ whu.edu.cn　网址:www.wdp. com.cn)

印刷:武汉科源印刷设计有限公司

开本:787×1092　1/16　印张:19.25　字数:462 千字　插页:5

版次:2014 年 11 月第 1 版　2024 年 1 月第 7 次印刷

ISBN 978-7-307-14117-9　定价:48. 00 元

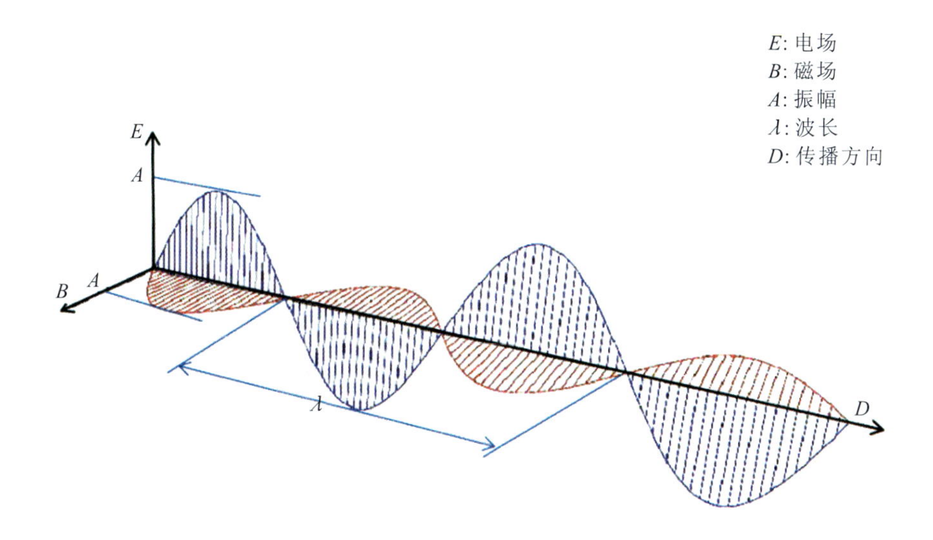

图2-1电磁波

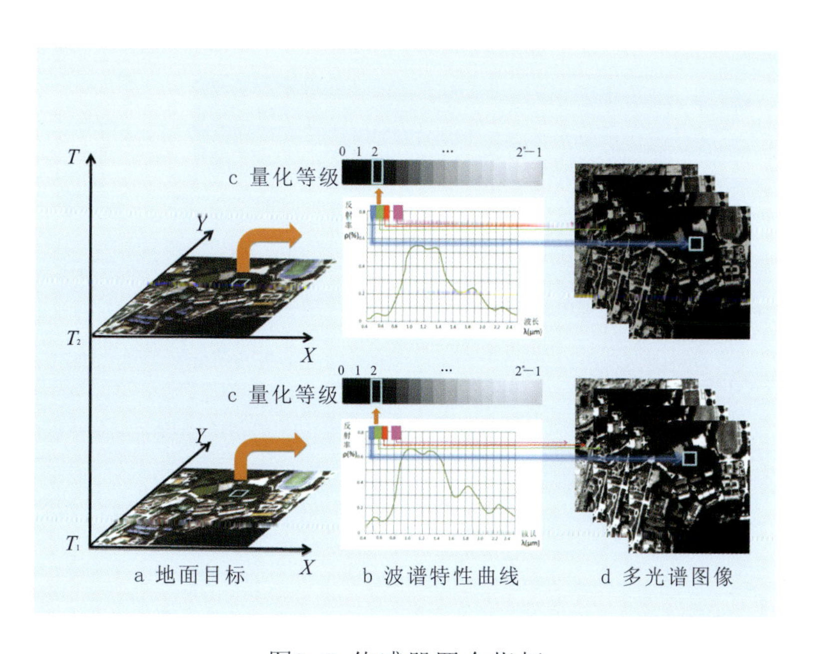

图3-3 传感器四个指标

（a）一艘沉船的多波束声呐影像（NOAA,March 4,2004）

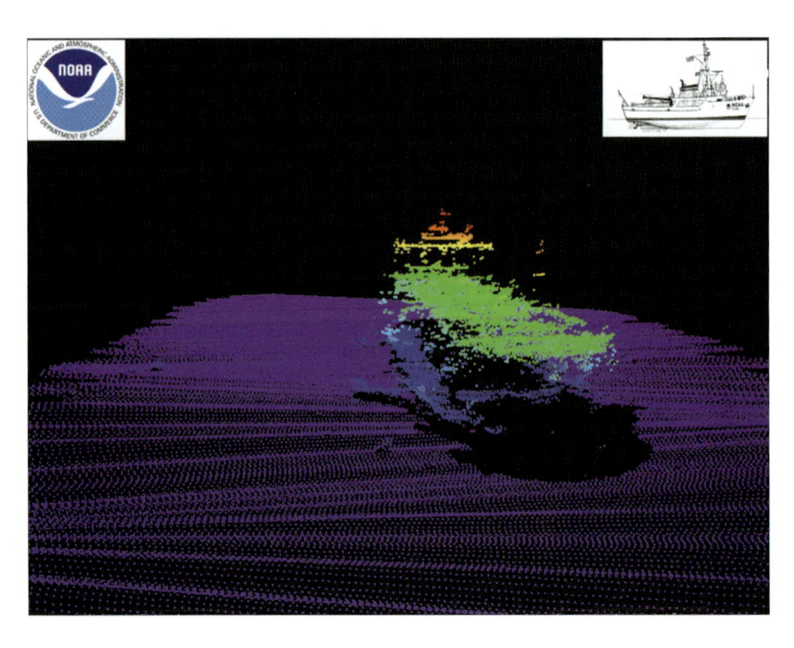

（b）一艘沉船从船头方向观测到的多波束声呐影像（NOAA , March 4,2004）

图3-29 多波束声呐影像

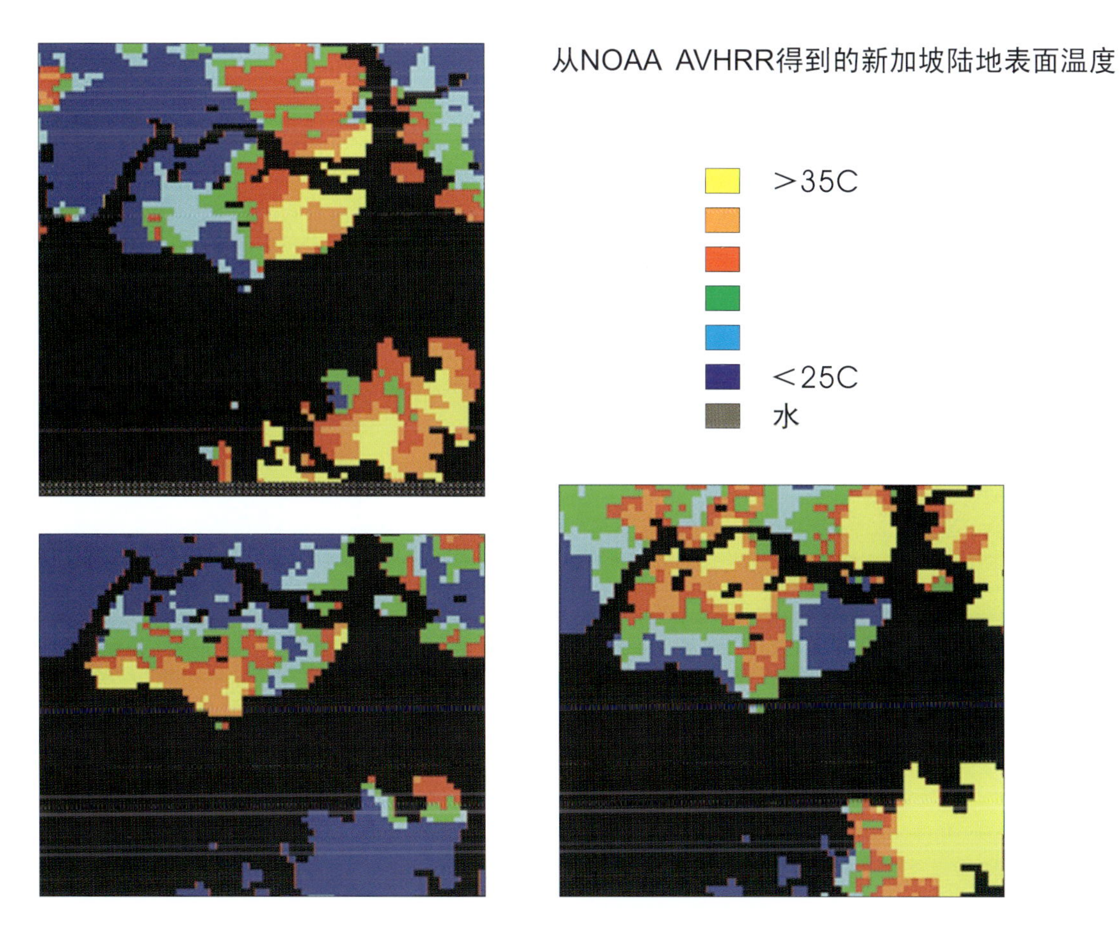

图4-16 NOAA AVHRR影像密度分割结果

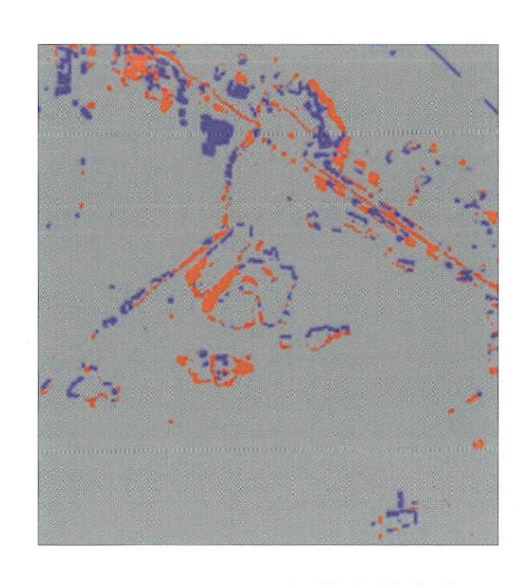

(c) 2007-2009年的水体变化

图4-31 江苏徐州矿区不同时期的水体分类影像的融合结果

（a）高分辨率全色影像与DEM复合结果

（b）在（a）基础上融合了TM数据的结果

图4-33 多源遥感影像与DEM复合结果

(a) IKONOS全色影像

(b) TM影像

图4-38 待融合的原始影像

图4-40 影像融合的结果

（a）真彩色影像

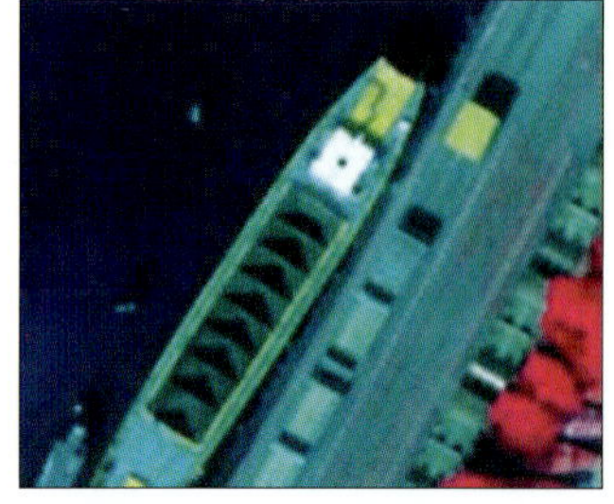

（b） 假彩色红外影像

（c）全色影像

图6-3 同一地方的真彩色、假彩色红外和全色影像

（a）某区域的影像立方体

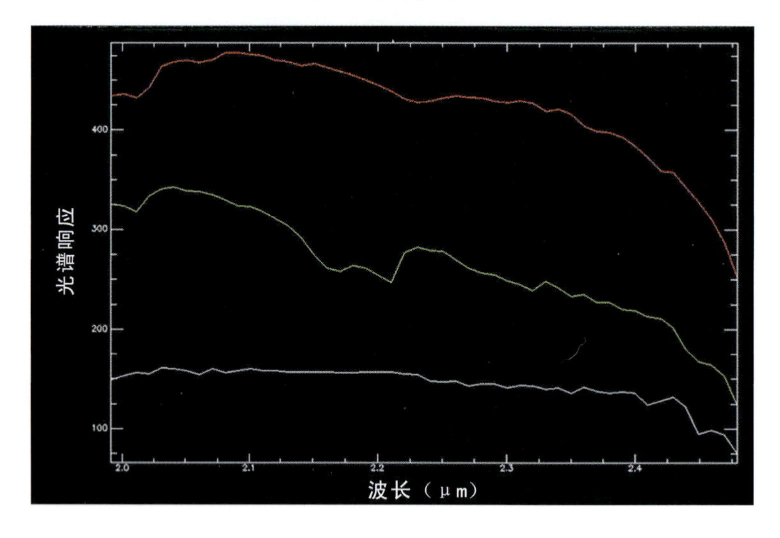

（b）某地物的光谱响应曲线

图6-32 影像立方体

（a）原始彩色影像

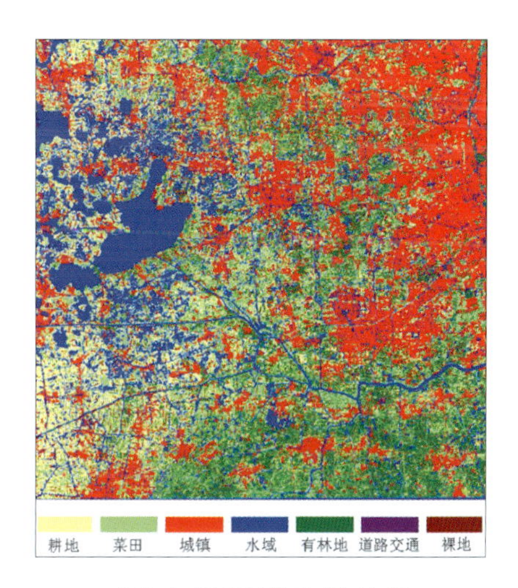

(b)土地利用分类结果

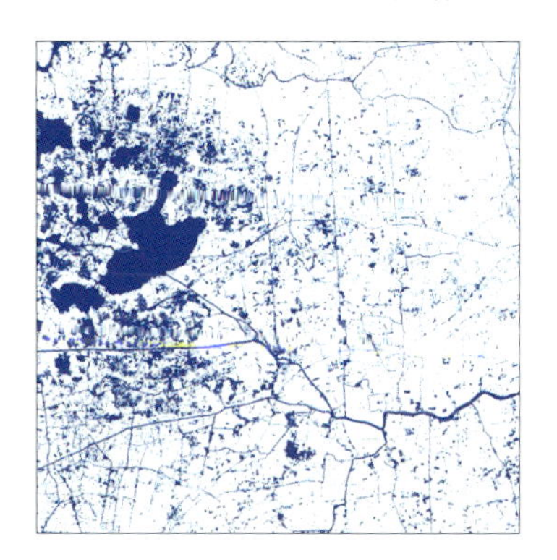

(c)水域专题图

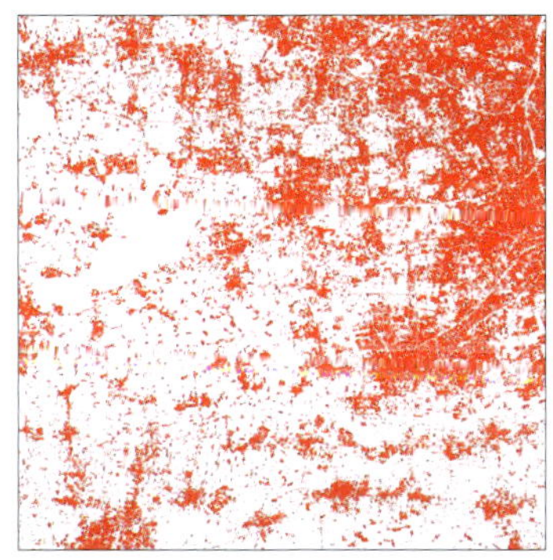

(d)城镇居民地专题图

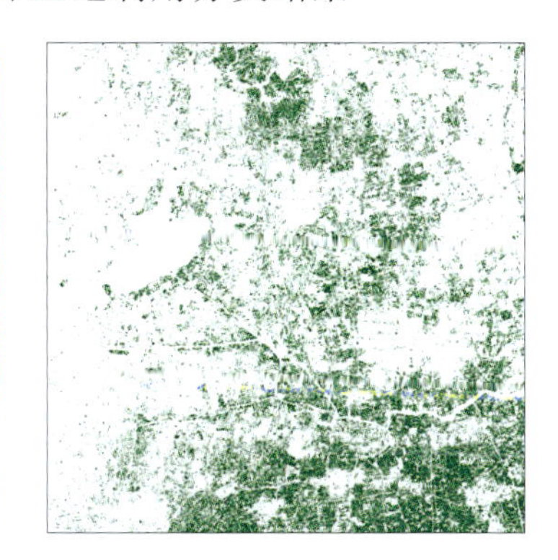

（e） 植被专题图

图7-24 土地利用分类专题图

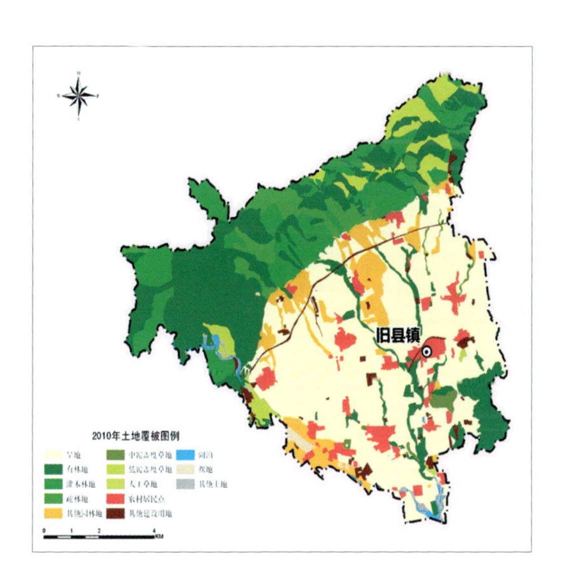

图7-28 遥感解译的色调描述(天绘中心)

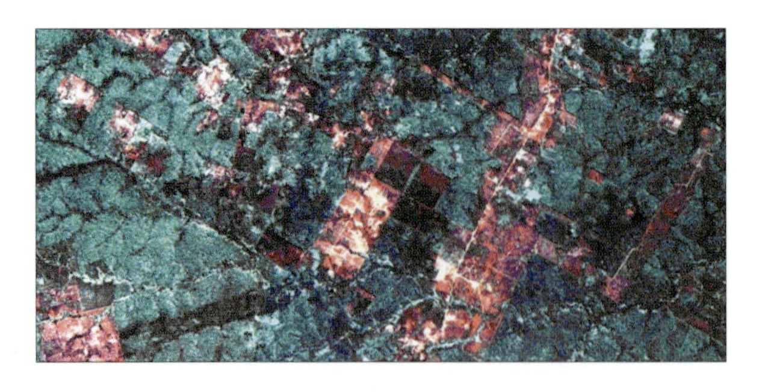

(a)1986年7月15日卫星影像

(b) 1989年7月15日卫星影像

(c) 处理后的变化信息图

图7-34 毁林前后的卫星影像及遥感处理结果

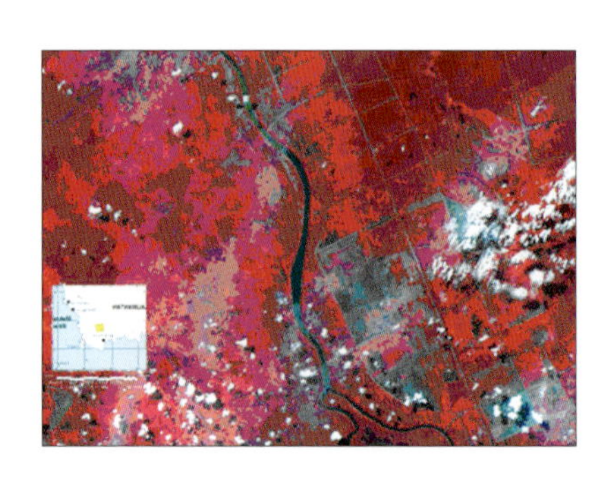

(a) 1997年6月6日卫星影像

(b) 1997年6月29日卫星影像

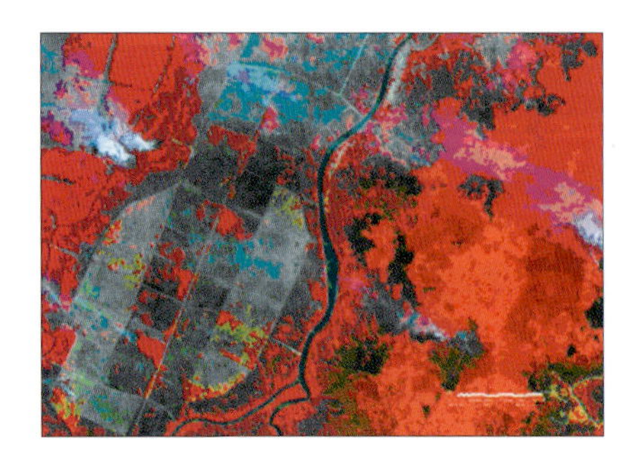

(c) 1997年9月8日卫星影像

图7-35 SPOT卫星编程跟踪火灾蔓延状况

高等学校测绘工程专业核心课程规划教材
编审委员会

序

根据《教育部财政部关于实施“高等学校本科教学质量与教学改革工程”的意见》中“专业结构调整与专业认证”项目的安排，教育部高教司委托有关科类教学指导委员会开展各专业参考规范的研制工作。我们测绘学科教学指导委员会受委托研制测绘工程专业参考规范。

专业规范是国家教学质量标准的一种表现形式，并是国家对本科教学质量的最低要求，它规定了本科学生应该学习的基本理论、基本知识、基本技能。为此，测绘学科教学指导委员会从2007年开始，组织12所有测绘工程专业的高校建立了专门的课题组开展“测绘工程专业规范及基础课程教学基本要求”的研制工作。课题组首先根据教育部开展专业规范研制工作的基本要求和当代测绘学科正向信息化测绘与地理空间信息学跨越发展的趋势以及经济社会的需求，综合各高校测绘工程专业的办学特点，确定了专业规范的基本内容，并落实由武汉大学测绘学院组织教师对专业规范进行细化，形成初稿。然后多次提交给教指委全体委员会、各高校测绘学院院长论坛以及相关行业代表广泛征求意见，最后定稿。测绘工程专业规范对专业的培养目标和规格、专业教育内容和课程体系设置、专业的教学条件进行了详尽的论述，并提出了基本要求。与此同时，测绘学科教学指导委员会以专业规范研制工作作为推动教学内容和课程体系改革的切入点，在测绘工程专业规范定稿的基础上，对测绘工程专业9门核心专业基础课程和8门专业课程的教材进行规划，并确定为“教育部高等学校测绘学科教学指导委员会规划教材”。目的是科学统一规划，整合优秀教学资源，避免重复建设。

2009年，教指委成立“测绘学科专业规范核心课程规划教材编审委员会”，制订《测绘学科专业规范核心课程规划教材建设实施办法》，组织遴选“高等学校测绘工程专业核心课程规划教材”主编单位和人员，审定规划教材的编写大纲和编写计划。教材的编写过程实行主编负责制。对主编要求至少讲授该课程5年以上，并具备一定的科研能力和教材编写经验，原则上要具有教授职称。教材的内容除要求符合“测绘工程专业规范”对人才培养的基本要求外，还要充分体现测绘学科的新发展、新技术、新要求，要考虑学科之间的交叉与融合，减少陈旧的内容。根据课程的教学需要，适当增加实践教学内容。经过一年的认真研讨和交流，最终确定了这17本教材的基本教学内容和编写大纲。

为保证教材的顺利出版和出版质量，测绘学科教学指导委员会委托武汉大学出版社全权负责本次规划教材的出版和发行，使用统一的丛书名、封面和版式设计。武汉大学出版社对教材编写与评审工作提供必要的经费资助，对本次规划教材实行选题优先的原则，并根据教学需要在出版周期及出版质量上予以保证。广州中海达卫星导航技术股份有限公司对教材的出版给予了一定的支持。

目前，“高等学校测绘工程专业核心课程规划教材”编写工作已经陆续完成，经审查合格将由武汉大学出版社相继出版。相信这批教材的出版应用必将提升我国测绘工程专业的整体教学质量，极大地满足测绘本科专业人才培养的实际要求，为各高校培养测绘领域创新性基础理论研究和专业化工程技术人才奠定坚实的基础。

宁津生

二〇一二年五月十八日

前　　言

遥感技术的概念提出已有半个世纪了，但是遥感这个现象的存在是与人类同步的，人类拥有最先进的传感器——眼睛，人们一直在用眼睛观察世界，观察我们生活的环境，观察地球和其他星球。人类渴望有一种技术来替代眼睛，以千里眼的方式来观察地球，观察我们生活的环境，记录地表的信息。能够从不同的角度、高度，通过更多的光谱波段记录地表及其变化过程，从而获取需要的信息。人类发明了望远镜、照相机，人类观察地球的角度、范围以及记录的方式在变化。飞机的出现，使得人类观察地球的范围更大了，但还仅限于在地球表面来观察。人造卫星的成功发射，标志着人类离开地表观察地球成为了可能。人类借助制造的"眼睛"——传感器，利用电磁波可以从太空的高度来观察地球，从多个时间、多个角度、多个层次、多个光谱段来获取人类关心的信息，这些信息大到全球，小到身边的细节。

经过半个世纪的发展，遥感技术在社会的各个方面取得了巨大的经济效益和社会效益，为此得到各国政府的高度重视。目前太空中有大量用于实现观察地球资源、环境、灾害等的遥感卫星，通过遥感数据我们可以获取大量的地表信息，各行业、各领域可以结合各自的需要使用相关的信息。遥感卫星具有重复观察的特点，可获取大量的变化信息，据此可以对产生变化的因素进行分析。因此，遥感卫星可为人类提供实时或准实时的信息，使我们得以分析我们生活的这个星球，进行资源调查、环境监测，研究影响全球气候变化的原因，预测可能的灾害，为政府决策提供重要的基础空间信息。遥感技术以其特有的优势——宏观性、连续性、高效性和经济性获取空间信息，为人类服务。

遥感技术的应用需要了解和掌握遥感的物理基础、利用遥感平台和传感器获取数据的方法、遥感数据的辐射处理与几何处理的原理、遥感数据到信息转化的原理和方法，了解遥感到目前为止应用的状况，熟悉软硬件的现状和发展趋势，当然也需根据社会和经济发展的需要预测遥感将来的发展趋势。本教材按照一般遥感过程的顺序进行编写，内容包括遥感的概念与基础、遥感数据的获取、遥感数据的处理、遥感信息的提取以及遥感应用。本书可作为测绘工程专业及相关专业遥感教学的教材，还可作为从事遥感教学、科研和生产工作的人员的指导书。

本书为教育部高等学校测绘学科教学指导委员会规划教材，委托同济大学测绘与地理信息学院关泽群教授组织编写。本书共分 7 章，同济大学测绘与地理信息学院邵永社老师负责第 1 章和第 7 章前 5 节的编写，同济大学测绘与地理信息学院叶勤老师负责第 2 章、第 4 章的编写，武汉大学遥感信息工程学院周军其老师负责第 3 章和第 5 章的编写，解放军信息工程大学朱述龙老师负责第 6 章和第 7 章第 6 节的编写。全书由周军其老师负责统稿。在本书的规划、编写过程中，同济大学关泽群教授生前就教材的体系、结构和内容提出很多宝贵的意见，教材的出版凝聚了关泽群老师的大量心血，希望此书的付梓可以告慰关老师的在天之灵。

本书的编写内容参考了本专业和本领域国内外学者的研究成果，有些没有一一列出，在此，编写组向大家表示诚挚的感谢。

教材的出版得到了教育部高等学校测绘学科教学指导委员会的支持，武汉大学教务部和武汉大学出版社为本书的出版也给予了大力支持，在此一并表示感谢!

由于作者水平有限，书中难免有不妥之处，恳请大家批评指正。

编　者

2014 年 8 月

目　　录

第1章　绪　　论

1.1　遥感的概念

人类一直憧憬具有遥感的能力，从古代神话中的千里眼和顺风耳的幻想，到1858年利用气球获得巴黎上空的鸟瞰照片，以及用信鸽做平台的照相侦察都有所体现。然而直到20世纪后期，人类才真正走进了从航空航天平台上频繁获取地表海量空间信息的时代。

遥感一词来源于英语Remote Sensing，简称RS，顾名思义，就是遥远地感知。作为一门综合技术，它的概念是由美国海军科学研究部的学者E. L. Pruitt于1960年提出来的。为了比较全面地描述这种技术和方法，E. L. Pruitt把遥感定义为"以摄影方式或非摄影方式获得被探测目标的影像或数据的技术"。"遥感"这一术语随后得到科学技术界的普遍认同和接受，并被广泛使用，遥感技术也逐步发展起来，成为一门对地观测的综合性技术。

遥感就是通过不接触被探测的目标，利用传感器获取目标数据，通过对数据进行分析，获取被探测目标、区域和现象的有用信息。对于遥感的概念，遥感学者们还有一些其他的解释。加拿大遥感中心(The Canada Centra for Remote Sensing，CCRS)的Larry Morley解释遥感为探测和分析电磁辐射的技术，这些电磁辐射产生于地表或近地表空间大气、水、物质的电磁反射、传输、吸收和散射，其目的是理解、解决地球资源和环境问题。

遥感的科学含义通常有广义和狭义两种解释。广义遥感是指在不直接接触目标的情况下，对目标物或自然现象远距离感知的一种探测技术。狭义遥感是指应用探测仪器，不与探测目标相接触，从远处把目标的电磁波特性记录下来，通过分析处理，揭示出目标物的特征性质及其变化的综合性探测技术。狭义遥感主要是指电磁场的遥感，图1-1表示了广义遥感和狭义遥感之间的关系。

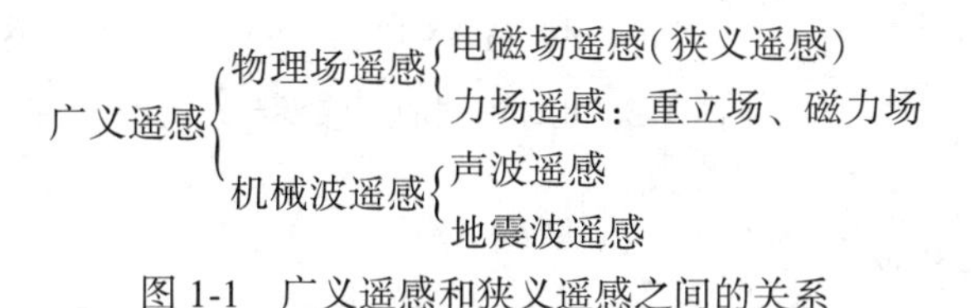

图1-1　广义遥感和狭义遥感之间的关系

遥感是在现代科技推动下发展起来的对地观测信息获取和处理技术的一场革命，也是一门科学。遥感科学是在地球科学与传统物理学、现代高科技基础上发展起来的一门新兴交叉学科，有自己独特的科学问题。

1.2 遥感的分类与特点

1.2.1 遥感的分类

1. 所选波性质

从广义遥感的概念来理解，遥感并非单纯是电磁波的遥感，泛指一切无接触的远距离探测。因此，按照所选波的性质，遥感可以分为：电磁波遥感、声学遥感(如声呐)和物理场遥感(如重力场)。

2. 遥感平台

按遥感平台通常分为航天遥感、航空遥感和地面遥感。

航天遥感：在航天平台上进行的遥感。平台有探测火箭、卫星、宇宙飞船、空间站和航天飞机。航天平台的高度从地轨(小于500km)、极轨(保持太阳同步，随重复周期轨道高度可变，一般为700~900km)到静止轨道(与地球自转同步，高度约3.6万km)，再到L-1轨道(此处太阳与地球对卫星引力平衡，离地约150万km)。

航空遥感：在航空平台上进行的遥感。平台包括飞机和气球。按高度可以分为高空(12000m左右的对流层以上，如高空侦察机、无人驾驶飞机)、中空(2000~6000m的对流层中层，如航空摄影飞机、飞艇)和低空平台(2000m以内的对流层下层，如低空气球)。

地面遥感：平台处于地面或近地面的遥感。平台有三角架(0.75~2m)、遥感车(高度可变化，2~20m)、遥感塔(固定地面平台，30~350m)等。

图1-2所示为几种不同的遥感平台。

(a) 航天平台

(b) 航空平台

(c) 地面平台

图1-2 几种不同的遥感平台

3. 传感器探测电磁波段

以传感器探测的电磁波段，可以分为可见光遥感、红外遥感、微波遥感、紫外遥感等。可见光遥感波长一般为0.38~0.76μm；红外遥感从近红外到远红外的波长范围一般为0.76~1000μm；微波遥感波长可以从亚毫米到米(一般为1mm~1m)，此时衍射、干涉和极化已经很难忽略，故与光学遥感在成像机理上有很大的差异。

紫外遥感波长为0.05~0.38μm，只用于某些特殊的场合，如监测海面石油污染等。

4. 信息记录表现形式

按信息记录的表现形式，遥感可以分为成像方式和非成像方式遥感。

成像方式遥感：能获取遥感对象影像的遥感。一般有摄影方式和扫描方式两种，摄影方式遥感，是以照相机或摄影机进行的遥感；扫描方式的遥感，即以扫描方式获取影像的遥感，如多光谱扫描仪、线性阵列扫描仪、合成孔径雷达(Synthetic Aperture Radar, SAR)等。

非成像方式遥感：不能获取遥感对象影像的遥感。如光谱辐射计、激光高度计等，获取反映对象的参数或高度信息，而非影像形式。

5. 传感器工作方式

按传感器的工作方式，遥感可以分为主动遥感和被动遥感。

主动遥感：先由探测器向目标物发射电磁波，然后接收目标物的回射，如雷达遥感。

被动遥感：不由探测器向目标物发射电磁波，只接收目标物的自身发射和对天然辐射源(主要是太阳)的反射能量，如航空摄影遥感。

6. 遥感应用

以应用来分，这本身就是一个多维的分类问题。从空间尺度分类，有全球遥感、区域遥感、局部遥感(如城市遥感)；从地表类型分类，有海洋遥感、陆地遥感、大气遥感；从行业分类，有测绘遥感、资源遥感、环境遥感、农业遥感、林业遥感、水文遥感、地质遥感等。

遥感还可以按图1-3所示来分类。

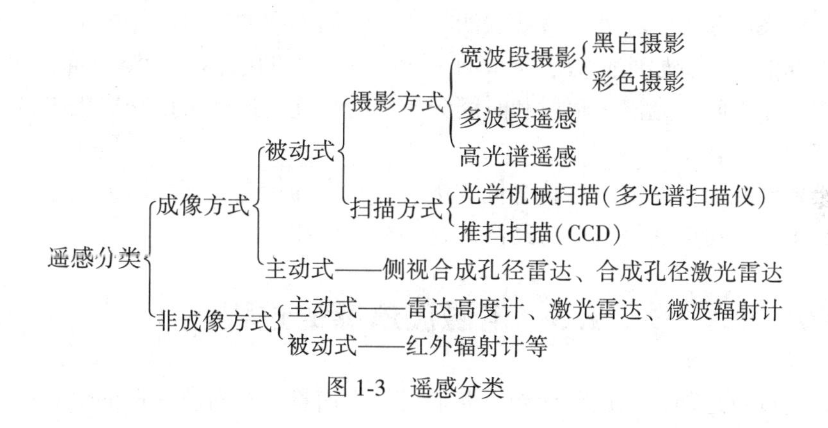

图1-3　遥感分类

1.2.2　遥感的特点

1. 探测范围广

遥感依据平台和传感器成像方式的不同，探测范围有较大的差异，通常均可以进行大面积同步观测，以发现和研究宏观现象。遥感平台越高，视角越广，同步探测的范围也越大。陆地卫星的卫星轨道高度达910km左右，一景陆地卫星影像，其覆盖面积可达3万多平方千米，覆盖我国全部陆地领土大约需要500多景影像，而航空照片大约需要100万张。

2. 时效性

遥感获取信息的速度快，周期短。由于卫星围绕地球运转，从而能及时获取所经地区的各种自然现象的最新资料，以便更新原有资料。例如，陆地卫星 4/5，每 16 天可覆盖地球一遍，美国国家海洋和大气管理局(National Oceanic and Atmospheric Administration，NOAA)气象卫星每天能收到两次影像。欧洲气象卫星(Meteorological Satellite，Meteosat)每 30 分钟可获得同一地区的影像。

3. 周期性

遥感可以在短时间内对同一地区进行重复探测，这非常有利于对同一地区进行动态监测和动态分析，是人工实地测量和航空摄影测量无法比拟的。例如，遥感对台风、洪水等灾害的动态变化的监测成为减灾的一种重要手段。

4. 综合性

遥感可以利用多时相、多波段、多层空间的特性，获取不同时间、不同波段、不同空间成像的观测信息，从而使我们能够从时间空间、光谱空间、地理空间更全面、深入地观察和分析客观世界的相关问题。

5. 约束少

遥感不受地理条件、国界的限制，可以获取任何区域所期望得到的信息，在地球上有很多地方，自然条件极为恶劣，人类难以到达，如沙漠、沼泽、高山峻岭等。采用不受地面条件限制的遥感技术，特别是航天遥感可方便及时地获取各种宝贵急需资料。

6. 手段多、信息量大

根据不同的任务，遥感技术可选用不同波段和遥感仪器来获取信息，可采用可见光探测物体，也可采用紫外、红外、微波探测物体。利用不同波段对物体的不同穿透性，还可获取地物内部信息，例如地面深层、水的下层、冰层下的水体、沙漠下面的地物特性等。随着遥感传感器空间、光谱、辐射和时间分辨率的提高，遥感可以获取更丰富的信息。

7. 经济性

相对于地面测量，航空遥感具有低成本、效益高的特点，随着航天遥感的发展，遥感在更低的成本下，可以获得更高的经济效益和社会效益。

1.3 电磁波遥感的过程

遥感是通过对地面目标进行探测，获取目标的信息，再对所获取的信息进行处理，从而实现对目标的了解和描述，它获取信息是通过传感器来实现的。传感器之所以能收集地表的信息，是因为地表任何物体表面都辐射电磁波，同时也反射入射的电磁波。这种入射的电磁波可以是太阳直射光、天空和环境的漫射光，也可以是有源遥感器的“闪光灯”。总之，地表任何物体表面，随其材料、结构、物理/化学特性，都可呈现自己的波谱辐射亮度。图 1-4 所示为电磁波遥感的过程。

这些不同的亮度的辐射，向上穿过大气层，经大气层的吸收、衰减和散射，穿透大气层，到达航天遥感器。遥感器可以是框幅式成像的，如相机，一次成一幅二维遥感影像；也可以是推扫式的，即一次成一条线状影像，随着卫星向前运行，再成下一条影像，最后拼成一幅卫星影像；还可以是扫描式的，即一次记录下一个像元的亮度波谱，逐点扫描，

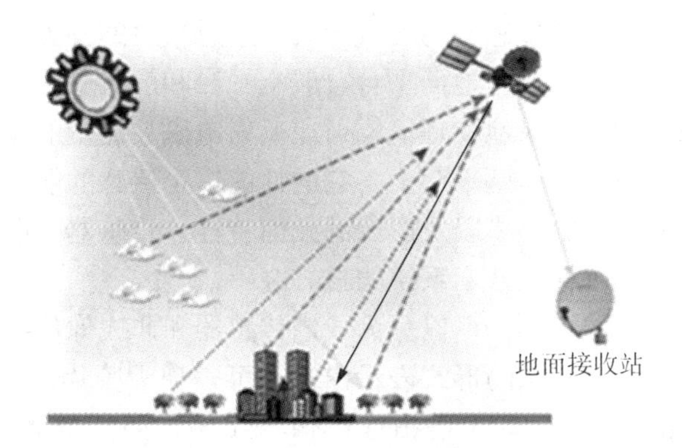

图 1-4　电磁波遥感的过程

形成一条反映地物目标的影像线，随着平台的移动，最后形成一幅遥感影像。

1.4　遥感技术系统

遥感技术系统主要由信息源、信息获取、信息记录和传输、信息处理以及信息应用 5 个部分组成，如图 1-5 所示。

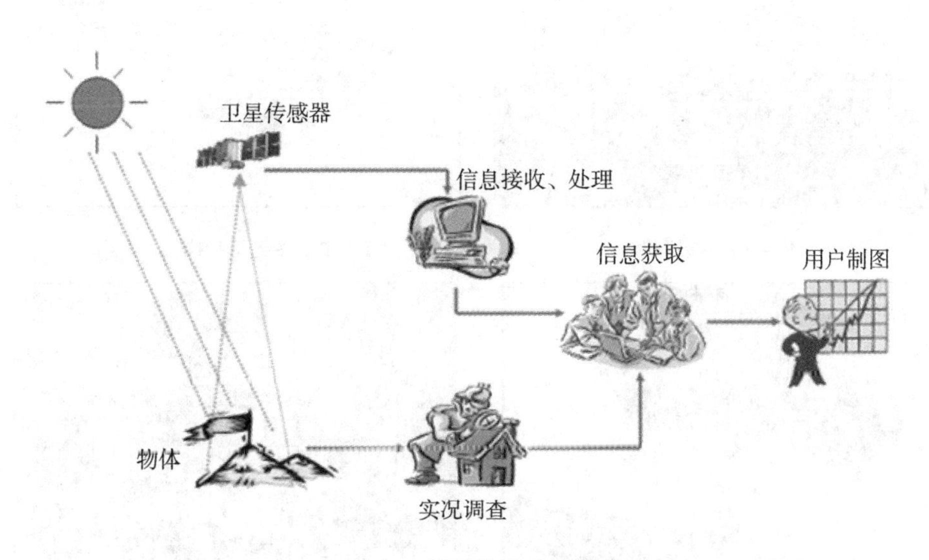

图 1-5　遥感技术系统组成

1. 信息源

遥感的能源是电磁辐射源发出的电磁辐射，如物体自身、太阳、人工发射源等，电磁辐射是遥感的信息源。目标与电磁辐射相互作用后，产生的目标物电磁波特性(反射、辐射等)是遥感的依据。因此，电磁辐射理论是遥感的物理基础，测定物体的电磁波特性是遥感的基础工作。

2. 信息获取

遥感信息的获取，主要是通过搭载遥感平台的传感器来记录目标物的电磁波特性。

遥感平台是指遥感中搭载传感器的运载工具。遥感平台的种类很多，如前所述，按平台距离地面的高度大体上可以分为地面平台、航空平台和航天平台。

传感器是远距离探测和记录地物环境辐射或反射电磁波能量的遥感仪器，传感器通常安装在不同类型和不同高度的遥感平台上。它的性能决定遥感的能力，即传感器对电磁波的响应能力、传感器的空间分辨率以及影像的几何特性、传感器获取地物信息量的大小和可靠程度。因此，传感器是遥感技术系统的核心之一。

传感器依据记录方式的不同，可以分为成像传感器和非成像传感器。成像传感器把所探测到的地物辐射能量，用影像的形式表示出来，可表现为胶片记录或数字存储形式(磁带、磁盘)，如航空摄影像片、多光谱扫描影像、线性阵列扫描影像、合成孔径雷达影像。非成像传感器把所探测到的地物辐射能量，用数字或曲线图表示，直接记录目标的测量参数信息，如激光高度计记录高度信息、光谱辐射计记录目标的光谱辐射信息、微波辐射计记录目标的微波反射信息等。

(a) 数字航空摄影机

(b) 多光谱扫描仪

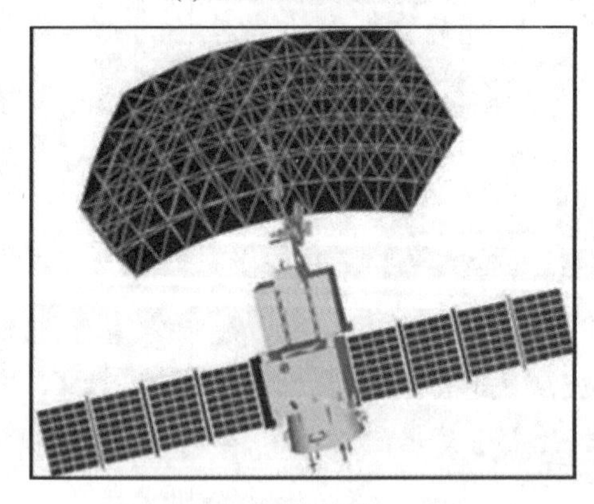

(c) 合成孔径雷达

(d) 激光高度计

图 1-6　成像和非成像传感器

3. 信息记录与传输

遥感信息主要是指由航空遥感或卫星遥感所获取的胶片和数字影像。遥感成像的胶片，可以在航空遥感摄影结束后待航空器返回地面时回收，即直接回收；卫星遥感需要通过返回舱，待卫星经过指定回收地面上空时，投放回收舱而得到成像胶片。遥感成像的数字影像，机载可以记录在储存器内直接回收；星载通常以无线电传送的方式，将遥感信息传送到地面站。依据数据是否立即传送回地面站，可以分为实时传输和非实时传输。实时传输是指传感器接收到信息后，立即传送回地面接收站；非实时传输是将信息暂时存储于数字介质内，待卫星通过地面接收站的接收范围时，再把数据发送到地面接收站。

考虑到通信信道的带宽及遥感信息的信息量，为了保证信息的实时和有效传输，遥感信息获取后首先进行数据压缩，压缩的信息传输到地面接收站后，再进行解压缩，以便数据的预处理。

4. 信息处理

通过传感器获取并传输到地面接收站的遥感信息，通常会受到多种因素的影响，如传感器性能、平台姿态的稳定性、大气的影响、地球曲率、地物本身及周围环境等，使得遥感影像记录的地物光谱特性和几何特性发生变化，即辐射畸变和几何畸变。因此，接收站接收的遥感影像，必须经过地面数据处理中心的预处理，才能提交给用户使用。

信息预处理主要是辐射校正和几何纠正。对于合成孔径雷达传感器，信息预处理则更为复杂一些。辐射校正包括影像的相对和绝对辐射标定，目的是建立传感器数字量化输出值与所对应目标辐射亮度值之间的定量关系；几何纠正通常依据用户的不同，采用不同的几何纠正过程，如地球曲率改正、大气改正、地形起伏改正等。

5. 信息应用

信息应用是遥感的最终目的，通常需要各类专业人员完成。信息的应用需要进行大量的信息处理和分析工作，并且依据应用领域的不同，可能有不同的应用处理过程，但通常都需要对数据进行分析、分类和解译，从而将影像数据转化为能解决不同领域实际问题的有用信息。例如，应用于农业，需要识别土壤的类别信息和作物类型信息，形成土壤分类图和作物分类图等；应用于林业和生态时，要识别出植物或植被的类型信息以及植被的生长状况；应用于地质时，需要识别出岩石类型和地质构造信息，形成岩石类型和地质构造专题图。

可以看出，遥感技术包括传感器技术、信息传输技术、信息处理技术等，它是空间技术、光学技术、无线电技术、计算机技术等相结合的一门新的科学技术。

1.5　遥感发展简况

人类希望从高空观察地球的历史是非常悠久的，人类同样期望看到千里以外所发生的事情，即所谓的千里眼。1608 年，世界上第一架望远镜制造成功，为远距离观测目标开辟了先河。1839 年，摄影技术的发明，为摄影术与望远镜的结合奠定了基础，并发展成为远距离的摄影。1858 年，法国人用载人气球从空中拍摄了巴黎的空中照片，使空中摄影的发展迈出了第一步。

1.5.1　空中摄影萌芽阶段

在法国拍摄到地球表面照片后的接下来数年中，摄影技术突飞猛进，人们利用各种空中可以拍照的设施，如风筝、气球等，甚至利用绑在鸽子上的相机进行拍照。这些从空中拍摄的地面照片可以认为是最初的遥感，图 1-7 中的照片说明了空中摄影发展的历程。

(a) 1858年法国人（G.F.Tournachon）在气球上拍照

(b) 1903年鸽子身上捆绑的相机

(c) 1903年鸽子捆绑相机所拍照片

(d) 1906年风筝捆绑相机拍摄的地震后“废墟中的旧金山”

(e) 1903年Wright兄弟发明了飞机

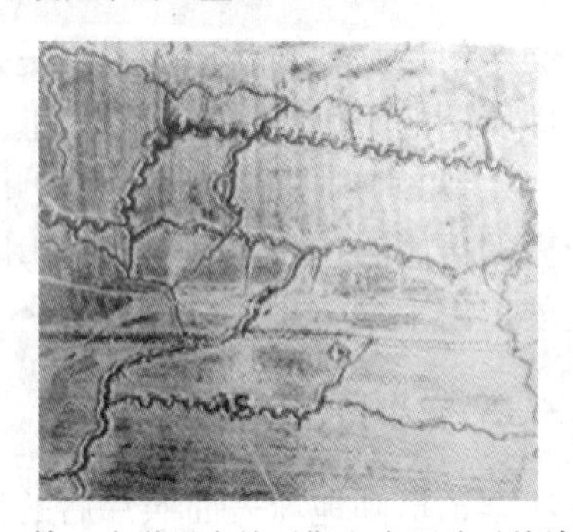

(f) 第一次世界大战时期空中照片（战壕）

图 1-7　空中摄影发展历程

利用飞机作为获取航空像片的平台是遥感发展的一个里程碑。1903年，飞机问世，莱特(Wright)兄弟于1909年驾驶飞机拍摄了意大利Centocelli附近地面景观照片，这被认为是从飞机上获取的最早的航空像片。飞机能很好地控制速度、高度和方向，保障区域航空像片的一致性，奠定了航空遥感的发展基础。

第一次世界大战(1914—1918年)发展了获取航空像片的常规方法。在战争中，人们专门设计了航空摄影仪器，航空照相技术开始用于获取军事情报。第一次世界大战之后，战争中的航空摄影技术转向民用，航空摄影开始用于地形测绘、森林调查、地质调查。

1.5.2 航空遥感阶段

航空遥感是随着飞机以及航空摄影测量仪器的发展，而逐渐发展和扩大应用的。20世纪20年代，随着精确摄影测量仪器的使用，才开始形成现代摄影测量学。摄影测量技术最初用于编制地形图，后来又逐渐用于土地调查、地质制图及森林调查等。到20世纪30年代，美国已经开始全国的航空摄影测量工作；1937年，彩色航空像片诞生。

第二次世界大战(1939—1945年)是遥感发展历史上又一个重要的里程碑。在战争期间，电磁波的使用范围从可见光波段扩展到了其他波段，其中最值得注意的是超过人类视觉范围的红外和微波。图1-8所示为第二次世界大战拍摄到的航空摄影的火箭发射基地照片。战争结束后，这些技术又转向民用。由于军事侦察技术的要求，更新、更精密的照相设备不断问世，一些旧的已经被淘汰的技术就应用到民用领域，从而促进了民用遥感应用的发展。

20世纪中期遥感技术值得提及的重大发展有：①1957年10月4日，世界上第一颗人造地球卫星由苏联发射成功，卫星在离地面900km的高空正常运行，图1-9所示为苏联发射的第一颗人造地球卫星。②1960年，一位在美国海军研究局工作的科学家艾弗林·普鲁伊特(Evelyn Pruitt)首次提出了“遥感”这一术语，并在1962年美国密执安大学召开的第一次国际环境遥感讨论会后被普遍采用。③20世纪60年代早期，美国国家航空航天局开启了有关遥感的研究项目，旨在未来的几十年能支持美国各个科研机构对遥感的研究。

图1-8 第二次世界大战期间航空摄影的火箭发射基地照片

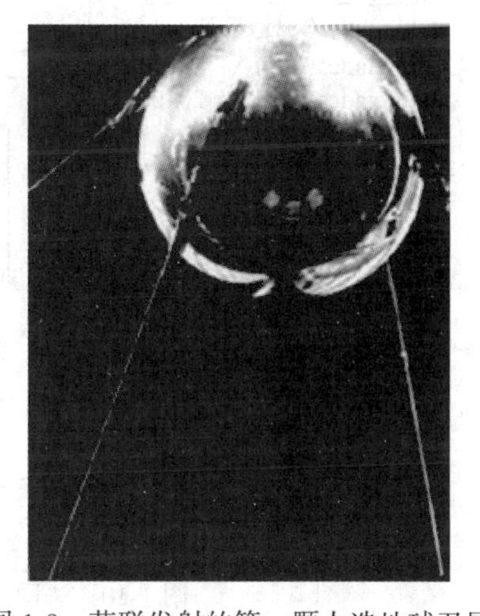

图1-9 苏联发射的第一颗人造地球卫星

1.5.3 卫星遥感阶段

1972 年 7 月 23 日，美国陆地卫星 Landsat-1 成功发射，它是第一颗真正的对地观测卫星，成为遥感发展史上一个新的里程碑。Landsat-1 实现了第一次系统地、重复地观测地面区域。每景 Landsat-1 影像包含了不同波段的电磁波所获取的大面积地面信息，可以应用于不同领域。由于它的出色的观测能力，推动了卫星遥感的飞速发展。Landsat-7 卫星于 1999 年成功发射，目前还在服役。

1986 年 2 月 22 日，法国成功发射了 SPOT-1 卫星，卫星由法国 SPOT IMAGE 公司研制，相继发射了 SPOT-2、SPOT-3(失败)、SPOT-4 和 SPOT-5 四颗卫星，SPOT-6 卫星于 2012 年 9 月成功发射，是当前运营的主要卫星。SPOT 系列卫星是目前商业化运营最早的、最为成功的卫星之一。图 1-10 是法国 SPOT 系列卫星管理和商业化运营流程。

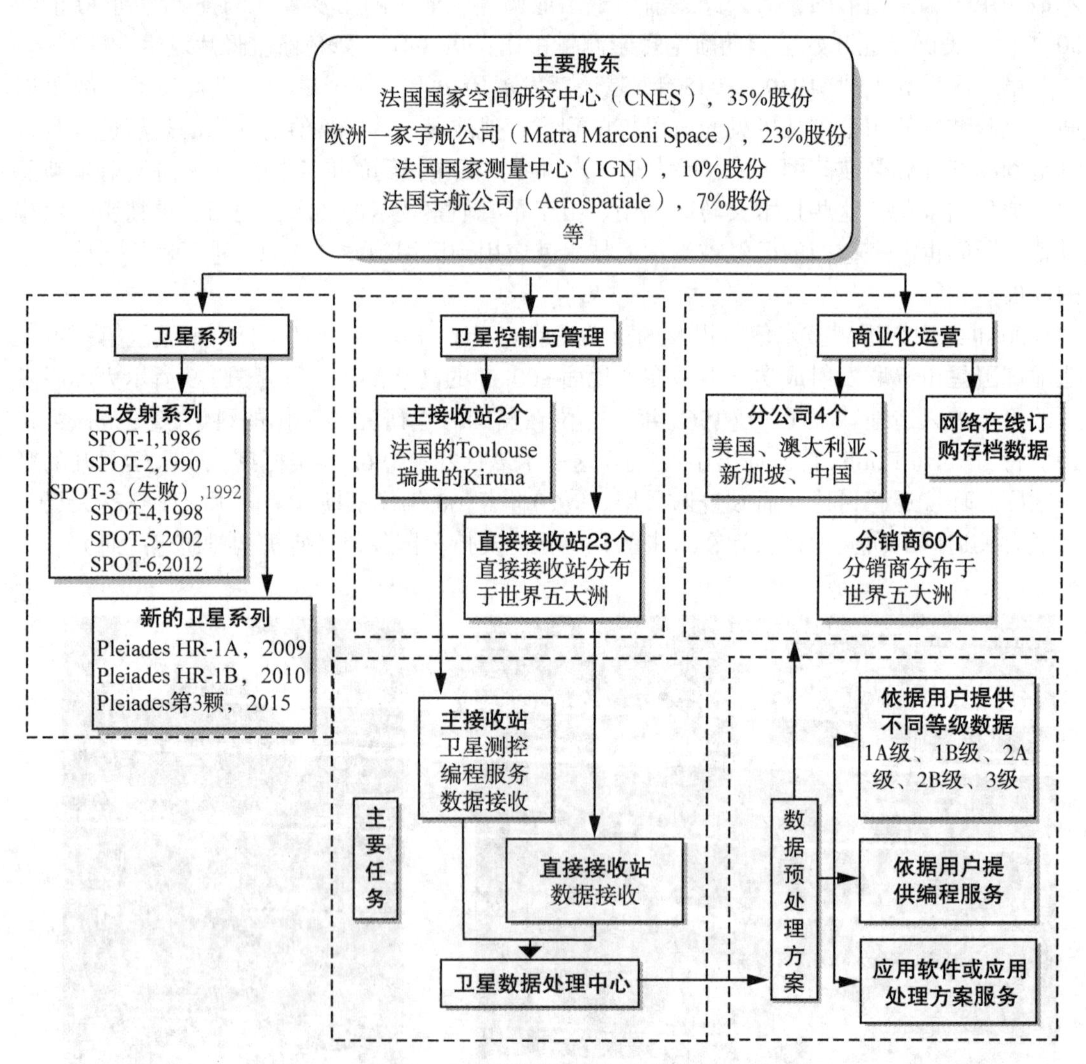

图 1-10 法国 SPOT 系列卫星管理和商业化运营流程

20世纪末到21世纪初，随着计算机技术和航天技术的进步，卫星遥感技术得到了突飞猛进的发展。1999年9月24日，IKONOS卫星成功发射，它是世界上第一颗提供高空间分辨率影像的商业遥感卫星，可提供1m分辨率的全色和4m分辨率的多光谱影像。2001年10月18日，美国DigitalGlobe公司成功发射的高分辨率商业遥感卫星QuickBird，其遥感影像的空间分辨率更高，全色影像分辨率为0.61m。2007年发射的WorldView-1成为空间分辨率达到0.41m的商业遥感卫星。

随着卫星遥感光学影像空间分辨率的提高，微波遥感技术也在迅速发展。1978年6月，美国Seasat卫星发射升空，揭开了星载合成孔径雷达时代的序幕。随着SIR-A/B/C(1981/1984/1991)的巨大成功，各发达国家迅速跟进，苏联在1987年和1990年分别成功发射钻石-Ⅰ/Ⅱ；欧州空间局发射了ERS-1/2(1991/1995)、Envisat-1(2000)；日本在1992年发射了JERS-1。加拿大于1995年11月4日发射的Radarsat-1卫星，成为首颗商业化获得巨大成功的合成孔径雷达卫星。进入21世纪，星载合成孔径雷达更是得到迅猛的发展。2007年，德国TerraSAR-X和加拿大Radarsat-2卫星先后成功发射，其中TerraSAR-X的精细模式可以提供1米空间分辨率的雷达影像。星载雷达卫星遥感的发展，不仅限于空间分辨率的提高，其多极化、多模式、分布式也为微波遥感的应用创造了条件。2007年发射的意大利COSMO-SkyMed星座，由4颗X波段合成孔径雷达卫星组成，是一个军民两用的对地观测系统。到2008年7月22日，德国SAR-Lupe间谍卫星系统的5颗卫星成功发射运行。

1.5.4 中国遥感发展概况

1931年，德国汉莎公司首次在中国杭州水利大坝进行航空摄影，这可以说是在我国最早进行的遥感活动，如图1-11所示。到了20世纪50年代，随着经济建设的恢复和发展，我国系统地开展了以地形制图为主要目的可见光黑白航空摄影工作，同时对航空像片进行了一些地质判读应用的试验，国家测绘总局也正是在这个阶段基本完成了全国范围的第一代航空摄影工作。

图1-11 德国汉莎公司首次在中国杭州水利大坝航空摄影(1931年)

20世纪60年代，我国航空摄影工作粗具规模，完成了我国大部分地区的航空摄影测量工作，应用范围不断扩大。20世纪70年代开始，我国的遥感事业迅速发展，逐步由航空遥感发展到航天遥感。1970年4月24日，我国成功发射第一颗人造卫星。1975年11

月，我国发射的科学实验卫星在正常运行之后按计划返回地面，获得的影像质量良好。1979年，中国科学院遥感应用研究所组建，并进行了腾冲资源遥感、天津城市环境遥感和四川二滩能源遥感，标志遥感实验获得了巨大成功。20世纪80年代，我国在农业、林业、海洋、地质、石油、环境监测等方面积极开展遥感试验，取得了丰硕的成果。1985年10月，我国成功发射并收回的国土资源卫星，提供了以国土资源调查为主要目的的黑白和彩色照片。1986年，我国建成遥感卫星地面站，逐步形成了接收美国Landsat、法国SPOT、加拿大Radarsat和中巴资源卫星等遥感卫星数据的能力。20世纪90年代，我国遥感事业得到长足的发展，大大缩短了与世界先进水平的差距。1999年10月14日，中巴地球资源卫星CBERS-1的成功发射，使我国拥有了自己的资源卫星。2010年8月24日，中国首颗传输型立体测绘卫星天绘一号01星在酒泉卫星发射中心成功送入预定轨道，实现了中国传输型立体测绘卫星零的突破。2012年1月9日，高分辨率立体测绘卫星资源三号卫星在太原卫星发射中心成功发射，开辟了中国高分辨率传输型立体测绘卫星的新时代。

进入21世纪，我国已经全面形成了遥感技术与应用的发展能力，在某些方面已经处于世界领先水平，先后发射了近20颗不同类型的人造地球卫星。2002年发射首颗海洋小卫星；2007年发射首颗合成孔径雷达卫星；2007年10月24日，中国成功发射首颗月球探测卫星“嫦娥一号”。图1-12所示为我国获取的第一幅全月球影像图。

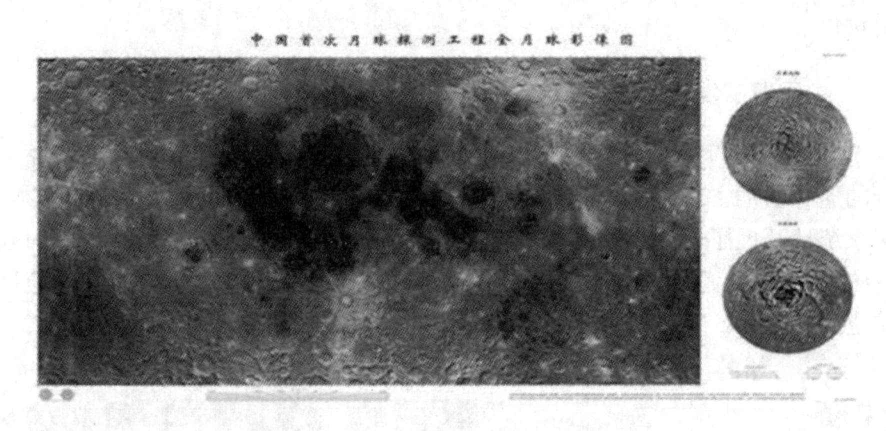

图1-12 中国获取的第一幅全月球影像图

中国的遥感事业在经历了数十年的发展后，已经取得了令人瞩目的成就，并形成了自己的特色，为遥感学科的发展和国家经济建设、国防建设做出了巨大贡献。

1.5.5 遥感技术的发展趋势

从Landsat系列到如今的商业卫星QuickBird(全色波段影像空间分辨率为0.61m)、军用卫星KH-11/12(空间分辨率0.1m)，美国的遥感技术在数据获取等方面实现了质的飞跃。新一代对地传感器的标志性指标大致是：全色波段空间分辨率0.1~3m，在保持中等空间分辨率的情况下，光谱分辨率达到2nm，从可见光到红外范围获取数百到上千波段，波段覆盖向长波红外延伸。

以德国TerraSAR-X为代表的星载合成孔径雷达技术已成功投入商业应用，并向着分布式的方向发展。分布式合成孔径雷达小卫星星座也称编队小卫星，如美国的“天基雷达计划(SBR)”拟建造一个由 8~10 颗雷达成像卫星组成的星座。要实现分布式合成孔径雷达卫星系统，目前仍有一些关键技术需要进一步研究和解决。

航天遥感小卫星技术近年来发展很快，小卫星是指体积小、重量轻、功能单一的卫星，使用小火箭发射，研制周期短，卫星成本低。小卫星质量一般小于 500 千克，在近地轨道运行。在对地观测领域，小卫星的对地观测功能较强，向大众化和商业化迈进了一大步。美国在 20 世纪 80 年代初期开始进行小卫星技术项目的研究，先后发射了多颗试验卫星；日本发射了多颗小卫星用于空中探测和地面监测；英国在商业化小卫星研制和应用开发方面处于领先地位的是英国萨瑞大学空间技术中心，它已经先后发射了数十颗遥感小卫星。2000 年，我国首颗小卫星“清华 1 号”成功运行，总体上采用了萨瑞大学的技术；2005 年 10 月 27 日我国成功发射了北京一号小卫星；2010 年 8 月 24 日发射成功的天绘一号立体测绘小卫星，成为我国完全自主研发的首颗小卫星。为了能够利用小卫星来实现地球观测系统(Earth Observing System，EOS)那样大计划的目的，很快又发展了“小卫星群”的概念，但仍有很多关键技术有待突破。

除了遥感卫星及传感器技术，遥感信息处理技术也获得了长足的进展，主要表现在影像的校正与恢复、影像增强、影像分类、影像数据融合、高光谱影像分析、影像传输与压缩等方面。其中，影像的校正与恢复的方法已经比较成熟；影像增强方面成熟的算法已集成于商业化的 ERDAS、PCI、ENVI 等遥感影像处理软件，包括辐射增强、空间域增强、频率域增强、多光谱增强等；影像分类是遥感影像处理定量化和智能化发展的主要方向，目前比较成熟的是基于光谱统计分析的分类方法，如监督分类和非监督分类；为了提高基于光谱统计分析的分类精度和准确性，出现了一些光谱特征分类的辅助处理技术，如上下文分析方法、辅以纹理特征的光谱特征分类法等，同时神经网络分类器、专家系统方法等智能型影像分类方法得以更深入研究；影像数据融合技术目前还主要是像素和特征层的融合，决策层的数据融合仅处于研究的初期；在高光谱遥感信息处理方面，发展了许多处理方法，如光谱微分技术、光谱匹配技术、混合光谱分解技术、光谱维特征提取方法等。尽管如此，遥感信息处理技术任重而道远，仍需要研究可以把信息处理得更精确、更高效，具有普适性的算法，并逐步推广应用于国民经济的各个领域。

总之，遥感技术正在进入一个能够快速、准确地提供多种高分辨率对地观测海量数据及应用研究的新阶段，随着电子技术、计算机技术、航空航天技术等的飞速发展，遥感技术将会迅速发展，逐步达到更新的高度。

1.6　遥感与各学科发展的关系

遥感是一门技术服务性学科。一方面它依赖其他学科，为其他学科的应用提供技术服务；另一方面别的学科技术又为其提供支撑。遥感科学涉及的一级学科有：地球科学、测绘科学技术、环境科学技术、林学等；二级学科有：地理学、地质学、摄影测量与遥感技术、地图制图技术、海洋科学等；三级学科有：地物波谱学、遥感信息工程、地理信息系统、遥感地质学、林业遥感等。遥感需要计算机科学技术，电子、通信与自动控制技术等学科提供技术支撑，同时又为水利工程、交通运输工程等工程应用提供服务。因此，遥感是空间科学、电子科学、地球科学、计算机科学、地理学以及其他学科交叉渗透、相互融合的一项科学技术。

遥感是一门综合学科，可以从遥感技术系统的组成来了解遥感与各学科发展的关系。遥感的技术系统包括信息源、信息获取、信息记录与传输、信息处理和信息应用。遥感的信息源是电磁辐射源发出的电磁辐射，目标与电磁辐射相互作用后，产生的目标物电磁波特性是遥感的依据。因此，地物波谱学是遥感的重要基础，由于电磁辐射受大气影响，使得遥感获取的信息产生较大的差异，大气科学成为研究遥感信息获取过程的重要依据。遥感信息的获取离不开传感器和遥感平台，先进的传感器和遥感平台需要仪器仪表技术、机械制造工艺与设备等学科的发展和支撑。遥感信息可以通过回收和实时传输提供应用，暂时存储于数字介质再回收，或者实时传输再存储于数字介质提供处理和应用，都需要电子技术、通信技术、信息处理技术等学科提供技术手段。遥感的信息处理主要包括辐射处理和几何处理，地球科学、测绘科学技术、计算机科学技术等学科为遥感信息的处理提供了技术途径。信息应用是遥感的最终目的，遥感的信息应用涉及环境、地质、海洋、水利、农业、林业、城市、交通等国民经济的各个领域。图 1-13 从遥感技术系统的组成描述了遥感与其他学科之间的关系。

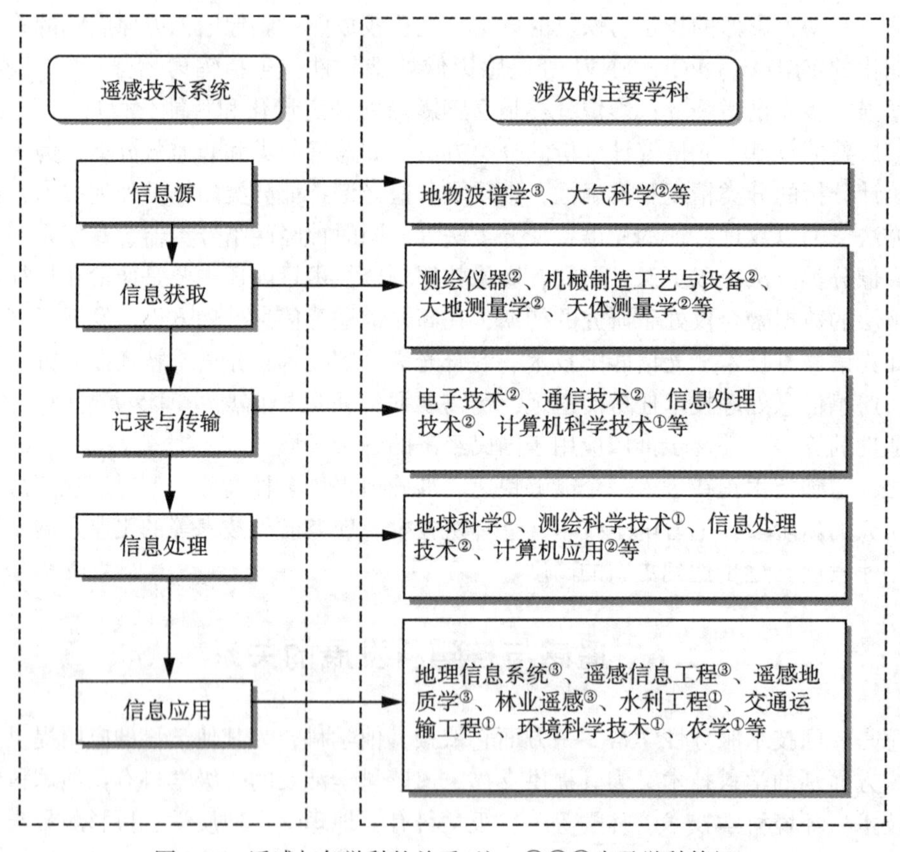

图 1-13　遥感与各学科的关系(注：①②③表示学科等级)

习 题

1. 什么是遥感？查阅遥感概念的不同解释，了解遥感技术的内涵。
2. 从应用的角度，分析遥感的分类和特点。
3. 了解遥感发展简史，谈谈你对遥感技术发展新趋势的看法。
4. 阐述遥感与各学科发展的关系以及在国民经济中的作用。
5. 查阅资料概述近五年我国遥感技术发展的主要成果。

第2章　电磁波与光谱响应

遥感中依赖的主要媒介是电磁波，通过传感器接收电磁波的情况，来反映被观察物体的特性。遥感之所以能够根据收集到的电磁波来判断地物目标和自然现象，是因为一切物体，由于其种类、特征和环境条件的不同，而具有不同的电磁波反射或发射辐射特征。本章对电磁波与电磁波谱的性质、物体发射与反射电磁波的特性、电磁波传播特性、地物波谱特性曲线的应用以及光谱响应进行介绍。

2.1　电磁波及电磁波谱

2.1.1　电磁波与电磁波谱

1. 电磁波

电磁波(也称电磁辐射)是由同相振荡且互相垂直的电场与磁场在空间中以波的形式移动，传递能量和动量，其传播方向垂直于电场与磁场构成的平面。根据麦克斯韦电磁场理论，变化的电场能够在它周围引起变化的磁场，这一变化的磁场又在较远的区域内引起新的变化电场，并在更远的区域内引起新的变化磁场。这种变化的电场和磁场交替产生，以有限的速度(光速)由近及远在空间内传播的过程称为电磁波。电磁波是一种横波，具有波粒二象性，如彩图2-1所示。

电磁波可用下列方程组表示：

$$
\begin{aligned}
\frac{\mu}{c}\frac{\partial H}{\partial t} &= -\frac{\partial E}{\partial x} \\
\frac{\varepsilon}{c}\frac{\partial E}{\partial t} &= -\frac{\partial H}{\partial x}
\end{aligned}
\tag{2-1}
$$

式中：ε 为介质的相对介电常数；μ 为相对导磁率；c 为光速；E 是电场；H 是磁场。

电磁波具有波动性与粒子性，这里先介绍其波动性。

(1)波动性

单色波的波动性可用波函数来描述，如：

$$E(r,\ t) = E_0 \sin[(\omega t - kr) + \varphi]$$

式中：r 是位置矢量；t 是时间；ω 是角频率；φ 是初相位；E_0 是振幅。

它是一个时空的周期性函数，由振幅和相位组成，一般成像原理只记录振幅，而全息成像和雷达成像时，既记录振幅又记录相位。

光的波动性形成了光的干涉、衍射、偏振等现象。

干涉：由两个(或两个以上)频率、振动方向相同、相位相同或相位差恒定的电磁波在空间叠加时，合成波振幅为各个波的振幅的矢量和。因此会出现交叠区某些地方振动加强，某些地方振动减弱或完全抵消的现象。

一般地，凡是单色波都是相干波。取得时间和空间相干波对于利用干涉进行距离测量是相当重要的。激光就是相干波，它是光波测距仪的理想光源。微波遥感中的雷达也是应用了干涉原理成像的，其影像上会出现颗粒状或斑点状的特征，这是一般非相干的可见光影像所没有的，对微波遥感的判读意义重大。

衍射是指光通过有限大小的障碍物时偏离直线路径的现象。从夫朗和费衍射装置的单缝衍射实验中可以看到：在入射光垂直于单缝平面时的单缝衍射实验图样中，中间有特别明亮的亮纹，两侧对称地排列着一些强度逐渐减弱的亮纹。如果单缝变成小孔，由于小孔衍射，在屏幕上就有一个亮斑，它周围还有逐渐减弱的明暗相间的条纹，其强度分布如图 2-2 所示。

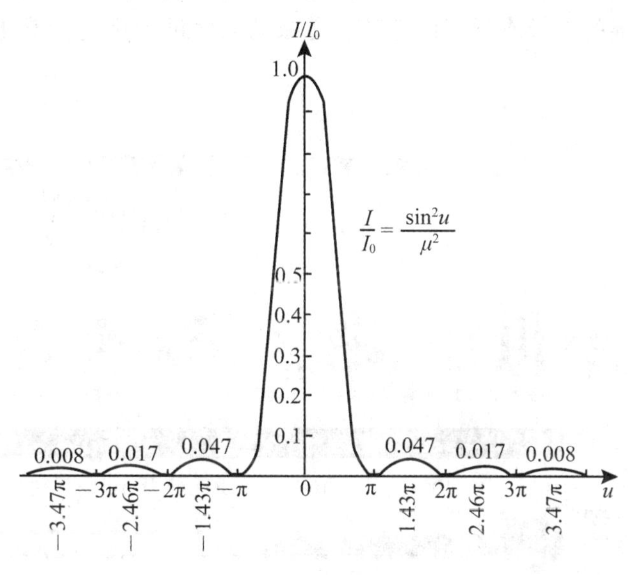

图 2-2　衍射光强度分布

一个物体通过物镜成像，实际上是由物体各点发出的光线，在屏幕上形成的亮斑组合而成。研究电磁波的衍射现象对设计遥感仪器和提高遥感影像空间分辨率具有重要意义。另外在数字影像的处理中也要考虑光的衍射现象。

振动方向对于传播方向的不对称性叫做偏振，它是横波区别于纵波的一个最明显的标志，只有横波才有偏振现象。电磁波是横波，因此它具有偏振性，包括偏振波、部分偏振波和非偏振波。许多散射光、反射光、透射光都是部分偏振光。偏振在微波技术中被称为“极化”。遥感技术中的偏振摄影和雷达成像就利用了电磁波的偏振这一特性。

(2)粒子性

电磁波还具有粒子性。电磁辐射是由离散能量的波包形成的，该波包又称为量子或光子，其能量与电磁辐射的频率成正比。由于光子可以被带电粒子吸收或发射，因此光子承担了一个重要的角色——能量的传输者。根据普朗克关系式，光子的能量是：

$$E = h\nu$$

式中：E 是能量，h 是普朗克常数，ν 是频率。

一个光子被原子吸收的同时，也会激发它的束缚电子，将电子的能级升高。假若光子给出的能量足够大，电子可能会逃离原子核的束缚吸引，成为自由电子。反过来，一个跃迁至较低能级的电子，会发射一个能量等于能级差的光子。由于原子内的电子能级是离散的，每一种原子只能发射和吸收它的特征频率的光子。综合在一起，这些效应解释了物质对电磁波的吸收光谱与发射光谱。

电磁波不需要依靠介质传播，各种电磁波在真空中的速率固定，速度为光速。

2. 电磁波谱

电磁波如果按照频率分类，从低频率到高频率为：无线电波、微波、红外线、可见光、紫外光、X 射线和伽马射线等。不同的电磁波是由不同的波源产生。电磁波是电磁场的传播，而电磁场具有能量，因而波的传播过程也就是电磁能量的传播过程。如果我们把电磁波在真空中传播的波长或频率按递增或递减的顺序进行排列，就能得到电磁波谱图，如图 2-3 所示。

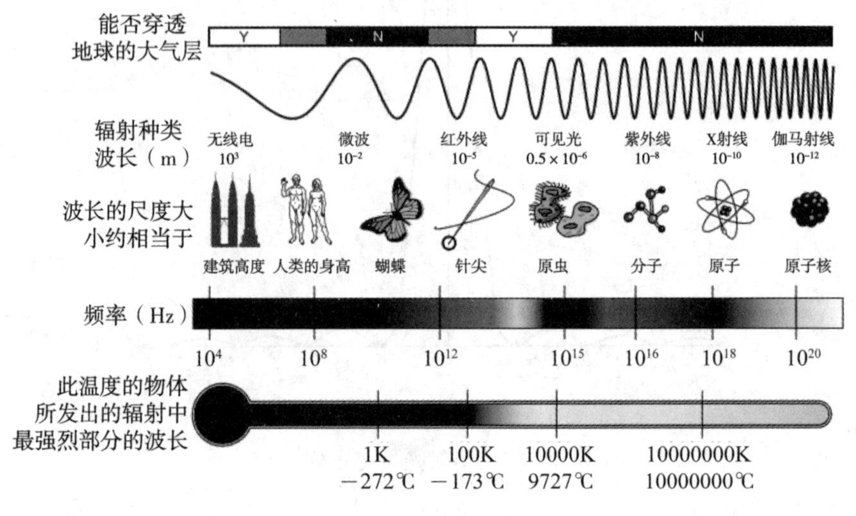

图 2-3　电磁波谱图

电磁波谱区段的界限是渐变的，一般按产生电磁波的方法或测量电磁波的方法来划分。习惯上人们常常将电磁波区段按表 2-1 的方式划分，也有人将 0. 76 ~ 15μm 看作近红外，将 15 ~ 1000μm 看作远红外。

从电磁波谱图可见，电磁波的波长范围非常宽，从波长最短的 γ 射线到最长的无线电波，它们的波长之比高达 10^{22} 以上。但人眼可接收感受到的电磁辐射波长范围为 380 ~ 780nm，称为可见光。只要是自身温度大于绝对零度的物体，都可发射电磁波；由于自然界并不存在温度低于或等于绝对零度的物体，因此人们周边所有的物体时刻都在发射电磁辐射。但只有处于可见光频域内的电磁波，才可被人眼感知。不过遥感采用的电磁波波段可以从紫外一直到微波波段。遥感器就是通过探测或感测物体对不同波段电磁波的发射、反射辐射能级而成像的，可以说电磁波的存在是获取影像的物理前提。在实际的遥感工作中，需根据不同的目的选择不同的波谱段。

表 2-1　　**各电磁波谱段的产生及其遥感应用特征**

产生方式	谱　段		波　长	遥感应用特征
原子核内部的相互作用	γ 射线		<0. 03nm	来自太阳的辐射完全被上层大气所吸收，不能为遥感利用，来自放射性矿物的 γ 辐射作为一种探矿手段可被低空飞机探测到
层内电子的离子化	X-射线		0. 03~3nm	进入的辐射全被大气所吸收，遥感中未用
外层电子的离子化	紫外线		3nm~0. 38μm	波长小于 0. 3μm 的由太阳进入的紫外辐射完全为上层大气中的臭氧所吸收
	摄影紫外		0. 3~0. 38μm	穿过大气层，用胶片和光电探测器可检出，但是大气散射严重
外层电子的激励	可见光	紫	0. 38~0. 43μm	用照相机、电视摄影机和光电扫描仪等均可检测，包括在 0. 5μm 附近的地球反射比峰值
		蓝	0. 43~0. 47μm	
		青	0. 47~0. 50μm	
		绿	0. 50~0. 56μm	
		黄	0. 56~0. 59μm	
		橙	0. 59~0. 62μm	
		红	0. 62~0. 76μm	
分子振动 晶格振动	红外线		0. 76~1000μm	与物质的相互作用随波长而变，各大气传输窗口被吸收谱段所隔开，一般有以下的划分
		近红外（反射红外）	0. 76~3μm	这是初次反射的太阳辐射，0. 7~1. 4μm 的辐射用红外胶片检测，称为摄影红外辐射
		中红外（热红外）	3~5μm	这是热区中的主要大气窗口，是一个宽谱段内的总辐射，用这些波长成像需要使用光学-机械扫描器（红外辐射计）而不是用胶片
		远红外（热红外）	8~14μm	
分子旋转和反转，电子自转与磁场的相互作用	微波		0. 1~100cm	这些较长的波长能穿透云和雾，可用于全天候成像，其下可续分为毫米波、厘米波和分米波，而且都是无线电波的一种
核自转与磁场的相互作用	无线电波工业用电		100~106cm 及>106cm	用于无线电通信，分超短波、短波、中波、长波

2.1.2 物体的发射辐射

1. 黑体辐射

如果一个物体对于任何波长的电磁辐射都全部吸收，则这个物体就是绝对黑体(简称“黑体”)，而黑体辐射是指黑体发出的电磁辐射。任何自身温度大于绝对零度的物体，都可发射电磁波，但一般物体发射电磁波的情况比较复杂。1860 年，物理学家基尔霍夫得出了好的吸收体也是好的辐射体这一定律。它说明了凡是吸收热辐射能力强的物体，它们的热发射能力也强；凡是吸收热辐射能力弱的物体，它们的热发射能力也就弱。根据这一定律黑体不仅能全部吸收外来的电磁辐射，且其发射电磁辐射的能力比同温度下的任何其他物体强。

一个不透明的物体对入射到它上面的电磁波只有吸收和反射作用,而且此物体的光谱吸收率 $\alpha(\lambda,T)$ 与光谱反射率 $\rho(\lambda,T)$ 之和恒等于 1。实际上对于一般物体而言，上述参数都与波长和温度有关，但绝对黑体的吸收率 $\alpha(\lambda,T)\equiv1$，反射率 $\rho(\lambda,T)\equiv0$；与之相反的绝对白体则能反射所有的入射光，即反射率 $\rho(\lambda,T)\equiv1$，吸收率 $\alpha(\lambda,T)\equiv0$，两参数与温度和波长无关。

在现实中黑体辐射是不存在的，只有非常近似的黑体；理想的绝对黑体在实验上是用一个带有小孔的空腔做成的(见图 2-4)。空腔壁由不透明的材料制成，空腔器壁对辐射只有吸收和反射作用，当从小孔进入的辐射照射器壁上时大部分辐射被吸收，仅有 5%或更少的辐射被反射，经过 n 次反射后，如果有通过小孔射出的能量的话，也只有 $5\%n$，当 n 大于 10 时，认为此空腔符合绝对黑体的要求。黑色的烟煤，因其吸收系数接近 99%，因而被认为是最接近绝对黑体的自然物体。恒星和太阳的辐射也被看作是接近黑体辐射的辐射源。

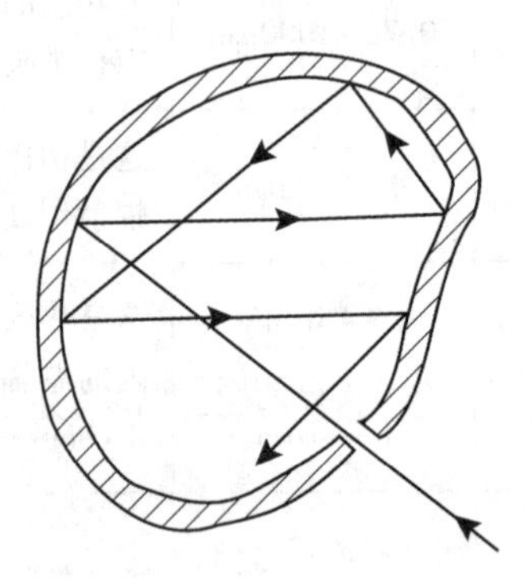

图 2-4 理想的绝对黑体

1900 年普朗克用量子理论推导了黑体辐射通量密度和其温度的关系以及按波长 λ 分布的辐射定律：

$$W_\lambda=\frac{2\pi hc^2}{\lambda^5}\cdot\frac{1}{e^{ch/\lambda kT}-1} \tag{2-2}$$

式中：W_λ 为分谱辐射通量密度，单位 $W/(cm^2\cdot\mu m)$；λ 为波长，单位 μm；h 为普朗克常数(6.6256×10^{-34} J·s)；c 为光速(3×10^{10} cm/s)；k 为玻尔兹曼常数(1.38×10^{-23} J/K)；T

为绝对温度，单位 K。

图 2-5 为几种温度下用普朗克公式(2-2)绘制的黑体辐射波谱曲线。

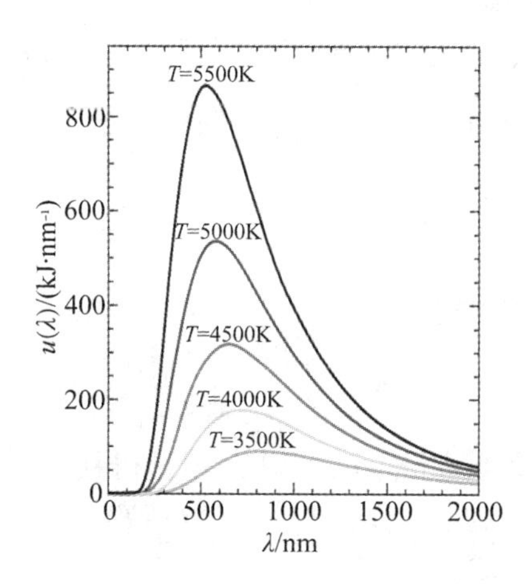

图 2-5　几种温度下的黑体波谱辐射曲线

图中可直观地看出黑体辐射的三个特性：

①与曲线下的面积成正比的总辐射通量密度 W 随温度 T 的增加而迅速增加。总辐射通量密度 W 可在从零到无穷大的波长范围内，对普朗克公式进行积分，即

$$W=\int_0^{\infty}\frac{2\pi hc^2}{\lambda^5}\cdot\frac{1}{e^{ch/\lambda kT}-1}d\lambda \tag{2-3}$$

可得到从 $1cm^2$ 面积的黑体辐射到半球空间里的总辐射通量密度的表达式：

$$W=\frac{2\pi^5k^4}{15c^2h^3}T^4=\sigma T^4 \tag{2-4}$$

$$\sigma=\frac{2\pi^5k^4}{15c^2h^3}=5.66697\times10^{-12}(\mathrm{W}\cdot\mathrm{cm}^{-2}\cdot\mathrm{K}^{-4})$$

式中：σ 为斯特凡-玻尔兹曼常数，T 为绝对黑体的绝对温度，单位 K。

从上式可以看出：绝对黑体表面上，单位面积发出的总辐射能与绝对温度的四次方成正比，称为斯特凡-玻尔兹曼公式。对于一般物体来讲，传感器检测到它的辐射能后就可以用此公式概略推算出物体的总辐射能量或绝对温度(T)，这就是热红外遥感探测和识别目标物的机理。

②分谱辐射能量密度的峰值波长 λ_{max} 随温度的增加向短波方向移动。对普朗克公式微分，并求极值，表达式为：

$$\frac{\partial W_\lambda}{\partial\lambda}=\frac{-2\pi hc^2\left[5\lambda^4\left(e^{\frac{ch}{\lambda kT}}-1\right)+\lambda^5e^{\frac{ch}{\lambda kT}}\left(-\frac{ch}{kT\lambda^2}\right)\right]}{\lambda^{10}\left(e^{\frac{ch}{\lambda kT}}-1\right)^2}=0 \tag{2-5}$$

令 $X=\frac{ch}{\lambda kT}$，解出 $X=4.96511$，因此

$$\lambda_{max}T=\frac{ch}{k4.96511}=2897.8 \tag{2-6}$$

这称为维恩位移定律，表明黑体的绝对温度增高时，它的最大辐射本领向短波方向位移。若知道了某物体温度，就可以推算出它所辐射的波段。在遥感技术上，常根据此原理选择遥感器和确定对目标物进行热红外遥感的最佳波段。

③每根曲线彼此不相交，故温度 T 越高，所有波长上的波谱辐射通量密度也越大。

在长波区，普朗克公式用频率变量代替波长变量，即用 $\lambda = \frac{c}{\nu}$ 代入式(2-2)，有

$$W_\nu = \frac{2\pi h\nu^5}{c^3} \cdot \frac{1}{\mathrm{c}^{h\nu/kT} - 1} \tag{2-7}$$

倘若考虑是朗伯体，则辐射亮度为：

$$L_\nu = \frac{2\pi h\nu^3}{c^2} \cdot \frac{1}{\mathrm{e}^{h\nu/kT} - 1} \tag{2-8}$$

在波长大于 1mm 的微波波段情况下，$h\nu \ll kT$，展开得到：

$$\mathrm{e}^{h\nu/kT} = 1 + \frac{h\nu}{kT} + \frac{(h\nu/kT)^2}{2!} + \frac{(h\nu/kT)^3}{3!} + \cdots = 1 + \frac{h\nu}{kT}$$

则

$$L_\nu = \frac{2kT}{c^2}\nu^2 = \frac{2kT}{\lambda^2} \tag{2-9}$$

式(2-9)表示黑体发射的微波亮度，若在微波波段从 λ_1 到 λ_2 积分，则有

$$L = \int_{\lambda_1}^{\lambda_2} \frac{2kT}{\lambda^2}\mathrm{d}\lambda = \frac{2kT}{\lambda}\Bigg|_{\lambda_1}^{\lambda_2} \tag{2-10}$$

因此，在微波波段黑体的微波辐射亮度与温度的一次方成正比。

2. 一般物体的发射辐射

黑体热辐射由普朗克定律描述，它仅依赖于波长和温度。然而，自然界中实际物体的发射和吸收的辐射量都比相同条件下绝对黑体的要低。而且，实际物体的辐射不仅依赖于波长和温度，还与构成物体的材料、表面状况等因素有关。我们用发射率 ε 来表示它们之间的关系：

$$\varepsilon = \frac{W'}{W} \tag{2-11}$$

显然，发射率 ε 就是实际物体与同温度的黑体在相同条件下辐射功率之比。

依据光谱发射率随波长的变化形式，将实际物体分为两类：一类是选择性辐射体，在各波长处的光谱发射率 ε_λ 不同，即 $\varepsilon_\lambda = f(\lambda)$；另一类是灰体，在各波长处的光谱发射率 ε_λ 相等，即 $\varepsilon = \varepsilon_\lambda$，各种物体发射率相比较列于下面：

①绝对黑体：$\varepsilon_\lambda = \varepsilon = 1$；

②灰体：$\varepsilon_\lambda = \varepsilon$，但 $0 < \varepsilon < 1$；

③选择性辐射体：$\varepsilon_\lambda = f(\lambda)$；

④理想反射体(绝对白体)：$\varepsilon_\lambda = \varepsilon = 0$。

发射率是一个介于 0 和 1 的数，用于比较此辐射源接近黑体的程度。各种不同的材料，表面磨光的程度不一样，发射率也不一样，并且随着波长和材料的温度而变化，表 2-2 列出一些材料在各自温度下的发射率。

表 2-2　**几种主要地物的发射率**

材料	温度/℃	发射率 ε
人皮肤	32	0.98~0.99
土壤(干)	20	0.92
水	20	0.96
岩石(石英岩)	20	0.63
(大理石)	20	0.94
铝	100	0.05
铜	100	0.03
铁	40	0.21
钢	100	0.07
油膜(厚 0.0508mm)	20	0.46
(厚 0.0254mm)	20	0.27
沙	20	0.90
混凝土	20	0.92

同一种物体的发射率还与温度有关。表 2-3 列出了石英石和花岗岩随温度变化时发射率的变化情况。

表 2-3　**同一物体不同温度下的发射率**

	-20℃	0℃	20℃	40℃
石英石	0.694	0.682	0.621	0.664
花岗岩	0.787	0.783	0.780	0.777

大多数物体可以视为灰体，根据公式(2-11)可知

$$W' = \varepsilon W = \varepsilon\sigma T^4 \tag{2-12}$$

实际测定物体的光谱辐射通量密度曲线并不像描绘的黑体光谱辐射通量密度曲线那么光滑，图 2-6 给出了石英的光谱辐射通量密度曲线，为了便于分析，常常用一个最接近灰体辐射曲线的黑体辐射曲线作为参照，这时的黑体辐射温度称为等效黑体辐射温度(或称等效辐射温度)，写为 $T_{等效}$(注：在光度学中称为色温)。等效黑体辐射温度与辐射曲线温度不等，可近似地确定它们之间的关系为：

$$T_{等效} = \sqrt[4]{\varepsilon}\,T' \tag{2-13}$$

式中：T' 为实际物体的辐射温度。

基尔霍夫定律：在任一给定温度下，辐射通量密度与吸收率之比对任何材料都是一个常数，并等于该温度下黑体的辐射通量密度，即有

$$\frac{W'}{\alpha} = W \tag{2-14}$$

式中：α 为吸收率。将 $W' = \varepsilon\sigma T^4$ 和 $W = \sigma T^4$ 代入上式，得 $\varepsilon = \alpha$，说明任何材料的发射率等于其吸收率。

根据能量守恒定理，入射在地表面的辐射功率 E 等于吸收功率 E_α、透射功率 E_τ 和反

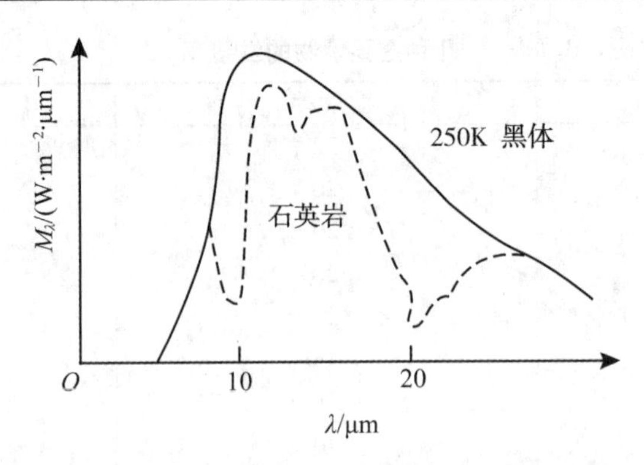

图 2-6　石英的辐射曲线和 250K 黑体的辐射曲线

射功率 E_ρ 三个分量之和，即 $E = E_\alpha + E_\tau + E_\rho$，等式两边分别除以 E，得

$$1 = \frac{E_\alpha}{E} + \frac{E_\tau}{E} + \frac{E_\rho}{E} = \alpha + \tau + \rho \tag{2-15}$$

式中：α 为吸收率；τ 为透射率；ρ 为反射率。对于不透射电磁波的物体，有

$$\alpha + \rho = 1 \tag{2-16}$$

可以得到

$$\varepsilon = 1 - \rho \tag{2-17}$$

3. 太阳辐射源

地球上的能源主要来源于太阳辐射，太阳是被动遥感最主要的辐射源，因此太阳辐射源是一重要的辐射源。传感器从空中或空间接收的地物反射电磁波，主要是来自太阳辐射的一种转换形式。

太阳常数是指不受大气影响，在距离太阳一个天文单位(日地平均距离：太阳和地球的距离在天文学上称做“天文单位”，这是一个很重要的数字，很多天文数字都是以它为基础的；日地平均距离大约为 15000 万千米)内，垂直于太阳光辐射的方向上，单位面积单位时间黑体所接收的太阳辐射能量。它是进入地球大气的太阳辐射在单位面积内的总量，包括所有形式的太阳辐射，不是只有可见光的范围；它需要在地球大气层之外，垂直于入射光的平面上测量。用人造卫星测得的数值大约是 1366W/m^2，而地球的截面积是 $1.274\times10^8\text{km}^2$，因此整个地球接收到的能量是 $1.740\times10^{17}\text{W}$。由于太阳表面常有黑子等太阳活动的缘故，太阳常数并不是固定不变的，一年当中的变化幅度在 1%左右。

太阳辐射包括了整个电磁波波谱范围。图 2-7 中描绘出了黑体在 5800K 时的辐射曲线，在大气层外接收到的太阳辐照度曲线以及太阳辐射穿过大气层后在海平面接收的太阳辐照度曲线。

从图 2-7 可以看出，太阳辐射的光谱是连续的，它的辐射特性与绝对黑体的辐射特性基本一致。太阳辐射从近紫外到中红外这一波段区间能量最集中而且相对来说较稳定。在 X 射线、射线、远紫外及微波波段，能量小但变化大。但就遥感而言，被动遥感主要利用可见光、红外等稳定辐射，因而太阳的活动对遥感的影响没有太大影响可以忽略。另外，海平面处的太阳辐照度曲线与大气层外的曲线有很大不同。这主要是地球大气对太阳辐射的吸收和散射的结果。

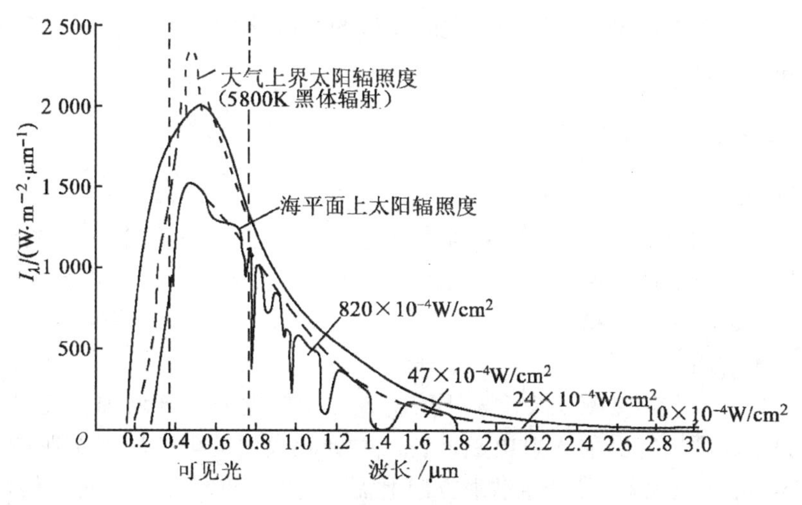

图 2-7　太阳辐照度分布曲线

部分太阳波谱辐射照度的平均值(指在大气上界) P_λ 和小于该波长所有太阳光谱辐射照度占全部太阳辐射照度的百分率 D_λ 列于表 2-4。

表 2-4　**部分太阳波谱辐射照度 P_λ 和 D_λ**

波长(μm)	P_λ/W(cm² · μm)	D_λ(%)
0. 20	0. 00107	0. 0081
0. 25	0. 00704	0. 1944
0. 30	0. 0514	1. 211
0. 35	0. 1093	4. 517
0. 40	0. 1429	8. 725
0. 42	0. 1747	11. 222
0. 44	0. 1810	13. 726
0. 46	0. 2066	16. 653
0. 48	0. 2074	19. 682
0. 50	0. 1942	22. 599
0. 52	0. 1833	25. 379
0. 54	0. 1783	28. 084
0. 56	0. 1695	30. 648
0. 58	0. 1715	33. 176
0. 60	0. 1666	35. 683
0. 65	0. 1511	41. 550
0. 70	0. 1369	46. 880
0. 75	0. 1235	51. 691
0. 80	0. 1107	56. 019
0. 90	0. 0889	63. 358
1. 00	0. 0746	69. 465
1. 50	0. 0287	86. 645
2. 00	0. 0103	93. 489
3. 00	0. 0031	97. 8277
5. 00	0. 000383	99. 5115
10. 00	0. 000025	99. 937221
20. 00	0. 0000016	99. 90963

各波长范围内辐射能量大小不同，太阳能量约 99%集中在 0.2~4μm，可见光部分约集中了 38%的太阳能量。

2.1.3 地物的反射辐射

1. 反射形式

物体对电磁波的反射有三种形式：镜面反射、漫反射、方向反射。

镜面反射：是指物体的反射满足反射定律。当发生镜面反射时，对于不透明物体，其反射能量等于入射能量减去物体吸收的能量。自然界中真正的镜面很少，非常平静的水面可以近似认为是镜面。

漫反射：如果入射的电磁波波长 λ 不变，表面粗糙度 h 逐渐增加，直到 h 与 λ 同数量级，这时整个表面均匀反射入射电磁波，入射到此表面的电磁辐射按照朗伯余弦定律(Lambert's cosine Law)反射(在任意散射方向上辐射亮度不变的表面，对任何角为恒定值，即面元表面的反射辐射亮度在其表面上半球的所有方向相等，并符合 $I(\theta)=I_0\cdot\cos\theta$)，通常把具有这种特性的表面称作朗伯表面，如图 2-8 所示。当目标物的表面足够粗糙，以至于它对太阳短波辐射的反射辐射亮度在以目标物的中心的 2π 空间中呈常数，即反射辐射亮度不随观测角度而变，我们称该物体为漫反射体，亦称朗伯体。漫反射又称朗伯(Lambert)反射，也称各向同性反射。实际上多数自然表面对可见光辐射的波长而言都是粗糙表面。

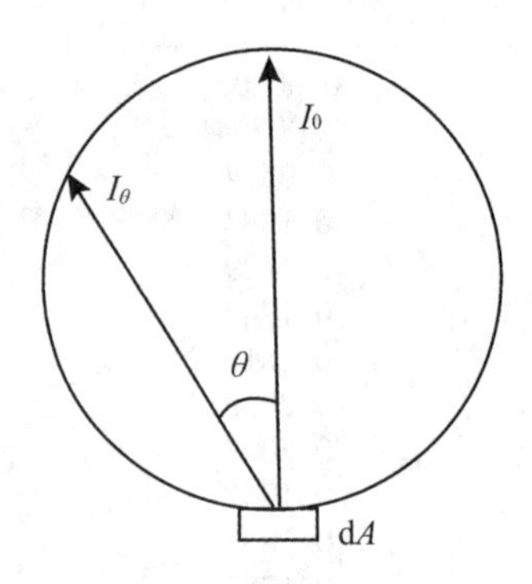

图 2-8 朗伯表面的余弦定律

方向反射：介于漫反射和镜面反射之间，各向都有反射，但各向反射强度不均一。实际地物表面由于地形起伏，在某个方向上反射最强烈，这种现象称为方向反射。它是镜面反射和漫反射的结合，通常发生在地物粗糙度继续增大的情况下，并且这种反射没有规律可寻。

以上三种反射形式如图 2-9 所示。

从空间对地面进行观察时，对于平面地区且地面物体均匀分布的情况，物体对电磁波的反射可以看成漫反射；对于地形起伏和地面结构复杂的地区，物体对电磁波的辐射形式则为方向反射。产生方向反射的物体在自然界中占绝大多数，即它们对太阳短波辐射的散射具有各向异性性质。当遥感应用进入定量分析阶段，必须抛弃"目标是朗伯体"的假设。描述方向反射不能简单地用反射率来表述，因为各方向的反射率都不一样。对非朗伯体而

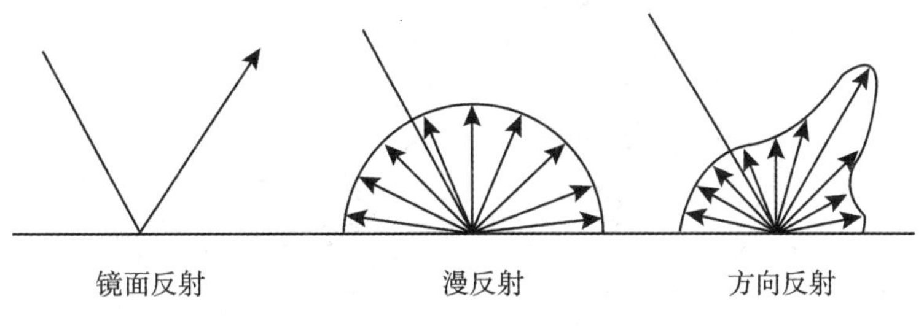

图 2-9　几种反射形式

言，它对太阳短波辐射的反射、散射能力不仅随波长而变，同时亦随空间方向而变。而地物的方向特征是用来描述地物对太阳反射辐射、散射能力在方向空间的变化，这种空间变化特征主要决定于两种因素，其一是物体的表面粗糙度，它取决于表面平均粗糙高度值与电磁波波长之间的比例关系，其二还与视角关系密切。

设波长为 λ，空间具有 δ 分布函数的入射辐射从 (θ_0,ϕ_0) 方向，以辐射亮度 $L_0(\theta_0,\phi_0,\lambda)$ 投射向点目标，造成该点目标的辐照度增量为 $dE(\theta_0,\phi_0,\lambda)=L_0(\theta_0,\phi_0,\lambda)\cos\theta_0 d\Omega$。传感器从方向 (θ,ϕ) 观察目标物，接收到来自目标物对外来辐射 dE 的反射辐射，其亮度值为 $dL(\theta,\phi,\lambda)$（见图 2-10），则可定义双向反射率分布函数（Bidirectional Reflectance Distribution Function，BRDF）为：

$$f=\frac{dL(\theta,\ \phi,\ \lambda)}{dE(\theta_0,\ \phi_0,\ \lambda)} \tag{2-18}$$

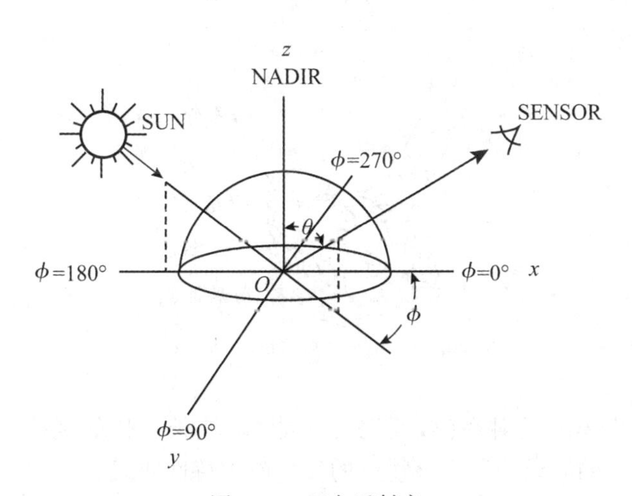

图 2-10　双向反射率

BRDF 的物理意义：来自方向地表辐照度的微增量与其所引起的方向上反射辐射亮度增量之间的比值。这个在定量遥感中非常重要。

由此可引出双向反射率因子（Bi-directional Reflectance Factor，BRF）的定义：在相同的辐照度条件下，地物向 (θ,ϕ) 方向的反射辐射亮度与一个理想的漫反射体在该方向上的反射辐射亮度之比值，称为双向反射率因子 R。如图 2-11 所示，R 的表达式为：

$$R=\frac{\mathrm{d}L_T(\theta,\phi,\lambda)}{\mathrm{d}L_P(\theta,\phi,\lambda)} \tag{2-19}$$

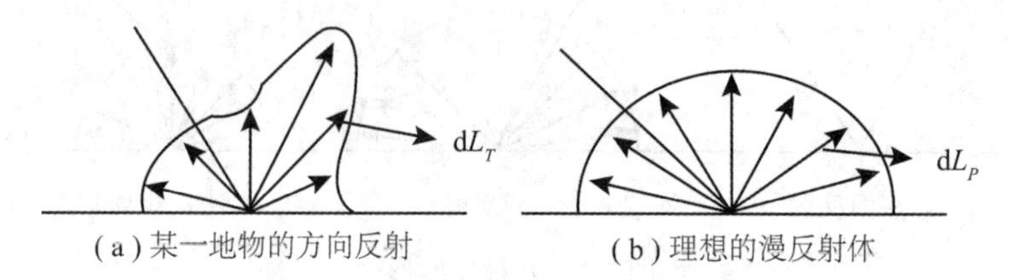

图 2-11　地物的反射

2. 波谱反射率以及地物的反射波谱特性

1) 波谱反射率与反射波谱特性

反射率是物体的反射辐射通量与入射辐射通量之比，$\rho = E_\rho / E$，这个反射率是在理想漫反射体的情况下，整个电磁波长的反射率。实际上由于物体固有的结构特点，对于不同波长的电磁波会有选择地反射。例如，绿色植物的叶子由表皮、叶绿素颗粒组成的栅栏组织和多孔薄壁细胞组织构成，如图 2-12 所示，入射到叶子上的太阳辐射透过上表皮，蓝、红光辐射能被叶绿素吸收进行光合作用；绿光也吸收了一大部分，但仍反射一部分，所以叶子呈现绿色；而近红外线可以穿透叶绿素，被多孔薄壁细胞组织所反射，因此在近红外波段上形成强反射。我们定义波谱反射率 ρ_λ 为：

$$\rho_\lambda=\frac{E_{\rho_\lambda}}{E_\lambda} \tag{2-20}$$

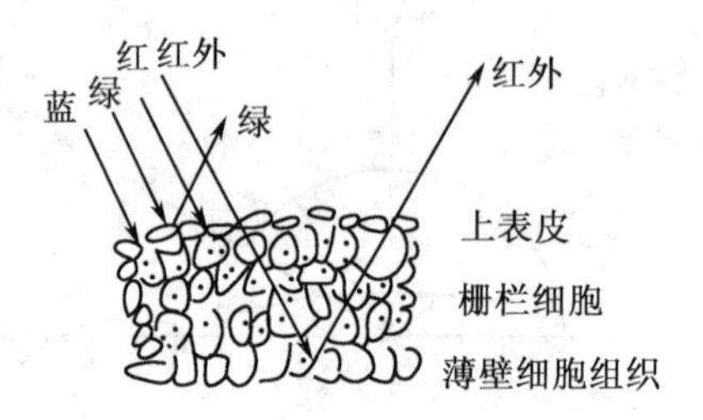

图 2-12　叶子的结构及其反射

反射波谱是某物体的反射率(或反射辐射能)随波长变化的规律，以波长为横坐标，反射率为纵坐标所得的曲线即称为该物体的反射波谱特性曲线。

物体的反射波谱限于紫外、可见光和近红外，尤其是后两个波段。一个物体的反射波谱的特征主要取决于该物体与入射辐射相互作用的波长选择，即对入射辐射的反射、吸收和透射的选择性，其中反射作用是主要的。物体对入射辐射的选择性作用受物体的组成成分、结构、表面状态以及物体所处环境的控制和影响。在漫反射的情况下，组成成分和结构是控制因素。

2) 地物的反射波谱以及反射波谱特性曲线的应用分析

图 2-13 为四种地物的反射波谱特性曲线。从图中曲线可以看到，雪的反射波谱与太

阳波谱最相似，在青光 0.49μm 附近有个波峰，随着波长增加反射率逐渐降低；沙漠的反射率在橙色光 0.6μm 附近有峰值，但在长波范围里比雪的反射率要高；湿地的反射率较低，色调发暗灰；小麦叶子的反射波谱与太阳的波谱有很大差别，在绿波处有个反射波峰，在红外部分 0.7~0.9μm 附近有一个强峰值。

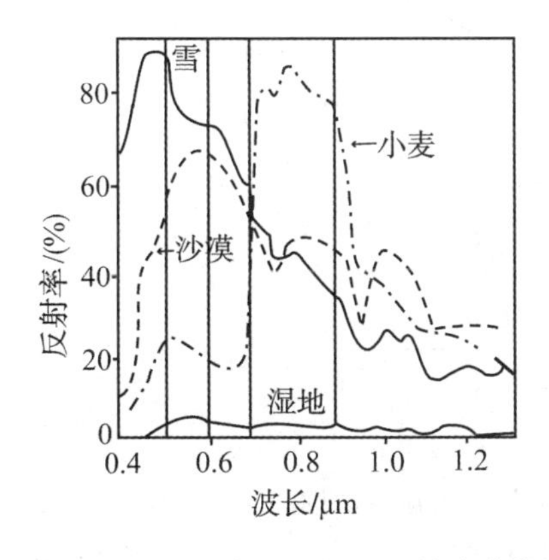

图 2-13　四种典型地物的反射波谱特性曲线

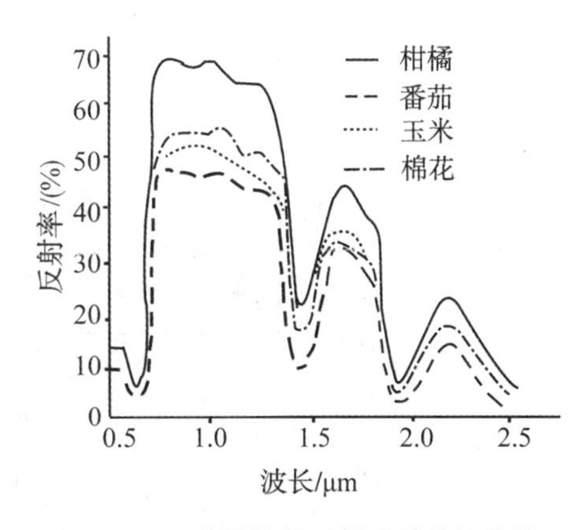

图 2-14　四种植物的反射波谱特性曲线

各种物体，由于其结构和组成成分不同，反射波谱特性是不同的。即各种物体的反射特性曲线的形状是不一样的，即便是在某波段相似，甚至一样，但在另外的波段还是有很大的区别的。例如图 2-14 所示的柑橘、番茄、玉米、棉花四种地物的反射波谱特性曲线，在 0.6~0.7μm 很相似，而其他波长(例如 0.75~2.5μm 波段之间)的波谱反射特性曲线形状则不同，且有很大差别。不同波段的地物反射率不同，这就使人们很容易想到用多波段进行地物探测，例如在地物的波谱分析以及识别上用多光谱扫描仪、成像光谱仪等传感器，另外多源遥感数据融合、假彩色合成等也逐渐成为遥感影像的重要处理方式。

正因为不同地物在不同波段有不同的反射率这一特性，物体的反射特性曲线才作为判读和分类的物理基础，广泛地应用于遥感影像的分析和评价中。

3)物体的反射波谱特性在影像判读和识别中的应用

(1)同一地物的反射波谱特性

地物的波谱特性一般随时间季节变化，这称为时间效应；处在不同地理区域的同种地物具有不同的波谱响应，称为空间效应。图 2-15 显示同一春小麦在花期、灌浆期、乳熟期、黄叶期的光谱测试所得的结果。可以看出，花期的春小麦反射率明显高于灌浆期和乳熟期。至于黄叶期，由于不具备绿色植物特征，其反射波谱近似于一条斜线。这是因为黄叶的水含量降低，导致在 1.45μm、1.95μm、2.7μm 附近 3 个水吸收带的减弱。当叶片有病虫害时，也有与黄叶期类似的反射率。

(2)不同地物的反射波谱特性

①城市道路、建筑物的反射波谱特性

在城市遥感影像中，通常只能看到建筑物的顶部或部分建筑物的侧面，所以掌握建筑材料所构成的屋顶的波谱特性是我们研究的主要内容之一。从图 2-16 中可以看出，铁皮屋顶表面成灰色，反射率较低而且起伏小，所以曲线较平坦；石棉瓦反射率最高；沥青黏

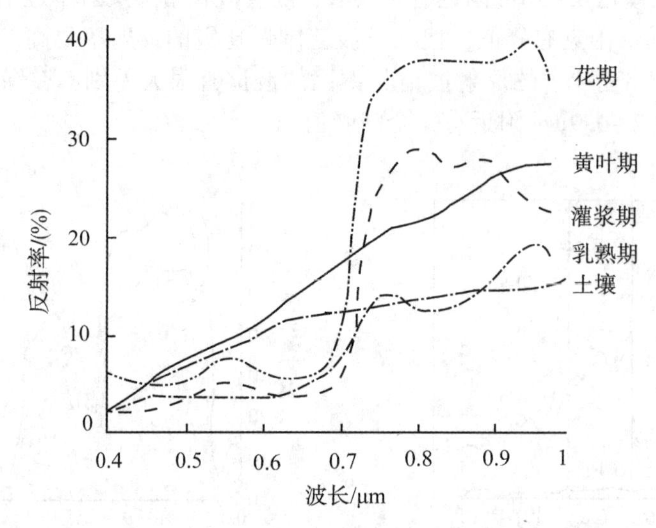

图 2-15　同一作物(春小麦)在不同生长阶段的波谱特性曲线

砂屋顶由于表面铺着反射率较高的砂石而决定了其反射率高于灰色的水泥屋顶；绿色塑料棚顶的波谱曲线在绿波段处有一反射峰值，与植被相似，但它在近红外波段处没有反射峰值，有别于植被的反射波谱。军事遥感中常用近红外波段区分在绿色波段中不能区分的绿色植被和绿色的军事目标。

城市中道路的主要铺面材料为水泥沙地和沥青两大类，只有很少部分为褐色地，它们的反射波谱特性曲线形状大体相似，水泥沙路在干爽状态下呈灰白色，反射率最高，沥青路反射率最低，如图 2-17 所示。

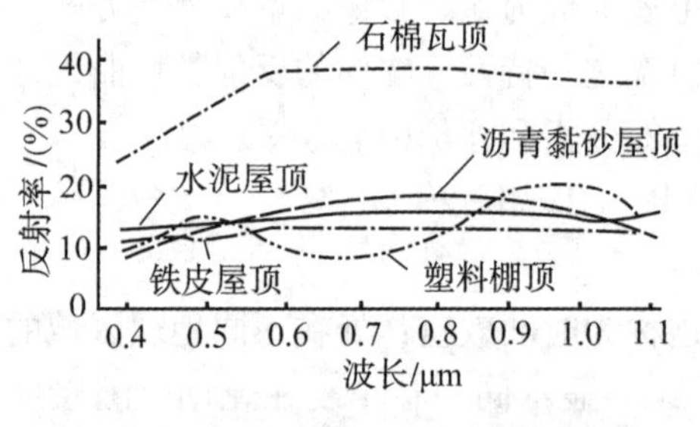

图 2-16　各种建筑物屋顶的波谱特性

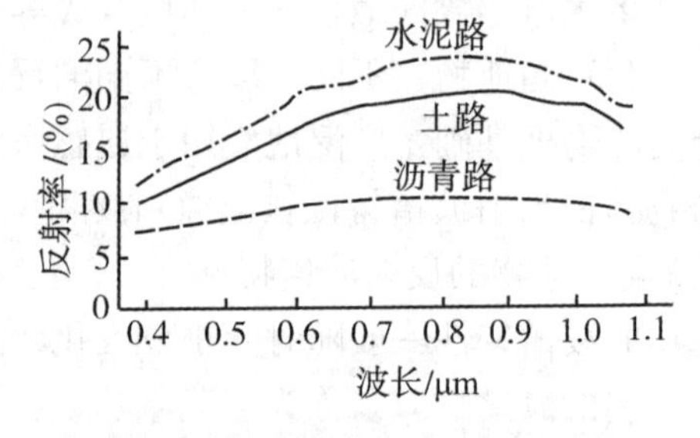

图 2-17　各种道路的波谱特性

②土壤的反射波谱特性

自然状态下土壤表面反射率没有明显的峰值和谷值，一般来讲土壤的光谱特性曲线与以下一些因素有关，即土壤类别、含水量、有机质含量、砂和土壤表面的粗糙度、粉砂相对百分含量等。此外肥力也对反射率有一定的影响。由图 2-18 可以看出，土壤反射波谱特性曲线较平滑，因此在不同光谱段的遥感影像上，土壤的亮度区别不明显。

③植物的反射波谱特性

由于植物均进行光合作用，所以各类绿色植物具有很相似的反射波谱特性，其特征

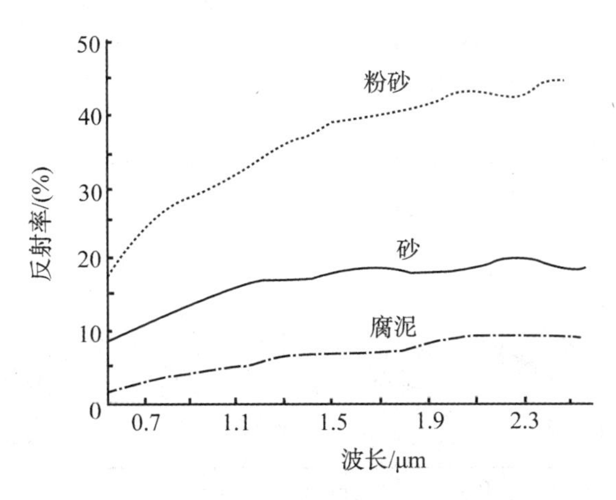

图 2-18　三种低含水量土壤的反射特性曲线

是：在可见光波段 0.55μm(绿光)附近有反射率为 10%～20%的一个波峰，其两侧 0.45μm (蓝光)和 0.67μm(红光)有两个吸收带。这一特征是由于叶绿素的影响造成的，叶绿素对蓝光和红光吸收作用强，而对绿色反射作用强。在近红外波段 0.8～1.0μm 间有一个反射的陡坡，至 1.1μm 附近有一峰值，形成植被的独有特征。这是由于受到植被叶的细胞结构的影响，电磁波除了被吸收和透射的部分，其余形成高的反射。在中红外波段(1.3～2.5μm)由于受到绿色植物含水量的影响，被吸收的电磁波增加，则发生反射的电磁波就减少，特别是以 1.45μm、1.95μm 和 2.7μm 为中心是水的吸收带，形成低谷，如图 2-19 所示。

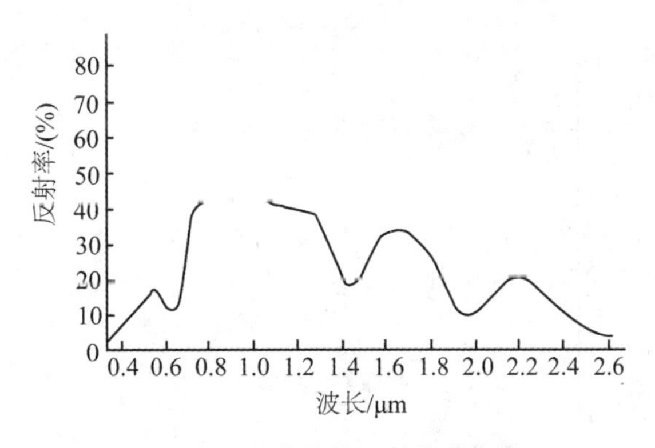

图 2-19　绿色植物反射波谱曲线

植物波谱在上述基本特征下仍有细部差别，这种差别与植物种类、季节、病虫害影响、含水量多少有关系。

④岩石的反射波谱特性

岩石成分、矿物质含量、含水状况、风化程度、颗粒大小、色泽、表面光滑程度等都影响反射波谱特性曲线的形态。在遥感探测中，可以根据所测岩石的具体情况选择不同的波段，如图 2-20 所示。

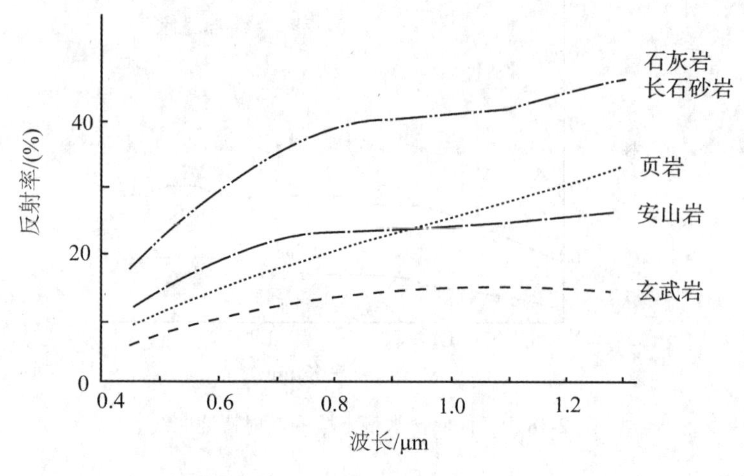

图 2-20　几种岩石的反射波谱曲线

⑤水体的反射波谱特性

我们知道，水体的反射主要在蓝绿光波段，其他波段吸收率很强，特别是近红外、中红外波段有很强的吸收带，反射率几乎为零，因此在遥感中常用近红外波段确定水体的位置和轮廓。在此波段的黑白正片上，水体的色调很黑，与周围的植被和土壤有明显的反差，很容易识别和判读。但是当水中含有其他物质时，反射光谱曲线会发生变化。水含泥沙时，由于泥沙的散射作用，可见光波段反射率会增加，峰值出现在黄红区。如图 2-21 所示，水中含有叶绿素时，近红外波段明显抬升，这些都是影像分析的重要依据。

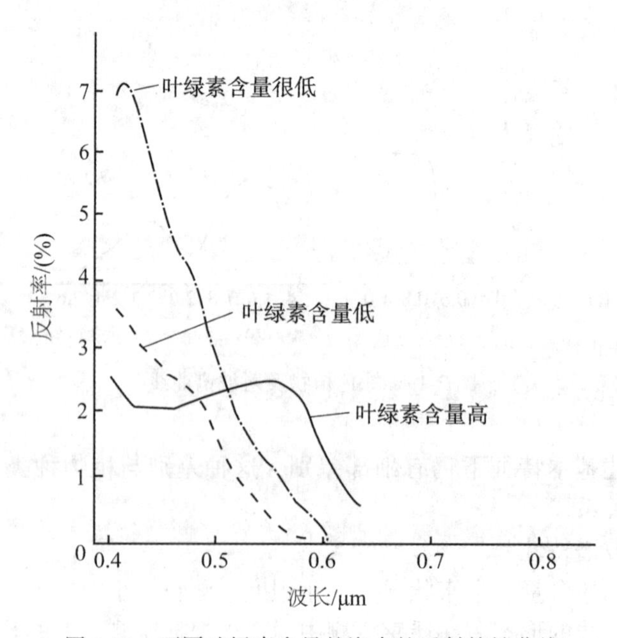

图 2-21　不同叶绿素含量的海水的反射特性曲线

3. 影响地物波谱反射率变化的因素

有很多因素会引起反射率的变化，如太阳位置、传感器位置、地理位置、地形、季节、气候变化、地面湿度变化、地物本身的变异、大气状况等。

太阳位置主要是指太阳高度角和方位角，如果太阳高度角和方位角不同，则地面物体入射照度也就发生变化。为了减小这两个因素对反射率变化的影响，遥感卫星轨道大多设计在同一地方时间通过当地上空，但由于季节的变化和当地经纬度的变化，造成太阳高度角和方位角的变化是不可避免的。

传感器位置是指传感器的观测角和方位角，一般空间遥感用的传感器大部分设计成垂直指向地面，这样影响较小，但由于卫星姿态引起的传感器指向偏离垂直方向，仍会造成反射率变化。

不同的地理位置，太阳高度角和方位角、地理景观等都会引起反射率变化，还有海拔高度不同、大气透明度改变也会造成反射率变化。地物本身的变异，如植物的病害将使反射率发生较大变化。土壤的含水量也直接影响着土壤的反射率，含水量越高红外波段的吸收越严重；反之，水中的含沙量增加将使水的反射率提高。

随着时间的推移、季节的变化，同一种地物的波谱反射率特性曲线也发生变化，比如新雪和陈雪（见图 2-22），不同月份的树叶等。即使在很短的时间内，由于受到各种随机因素的影响（包括外界的随机因素和仪器的响应偏差），反射率也会发生变化。这种随机因素的影响还表现在同一幅影像中，但是这种因素的影像引起的波谱反射率变化将在某一个区间中出现，如图 2-23 所示为大豆反射率变化的区间。

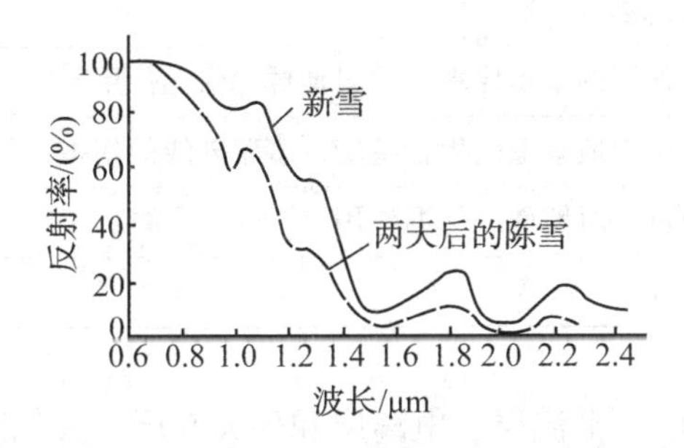

图 2-22　新雪和陈雪的反射特性曲线

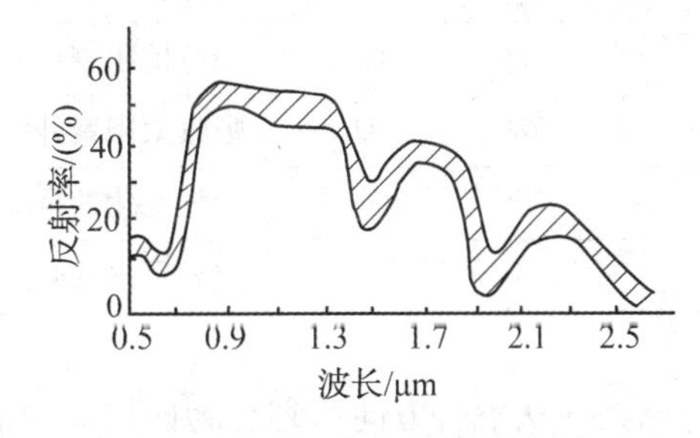

图 2-23　大豆反射率变化范围

所有这些因素，使得遥感影像上产生“同物异谱、异物同谱”现象，造成遥感分析判别的困难。

2.2　电磁波在大气中传播的特性

2.2.1　电磁波的传输特性

电磁波不需要依靠介质传播，但在遥感过程中，电磁波是在各种空间场所中传播，因此各种介质必然要对所传输的电磁波信号产生影响，即传播过程中会有能量的损耗，这种能量损耗可能是由各种介质对电波的吸收或散射所引起。

电磁波在非线性介质内(例如某些晶体)传播时，会与电场或磁场产生相互作用，如法拉第效应和克尔效应。当电磁波从一种介质入射另一种介质时，假若两种介质的折射率不相等，那么就会产生折射现象，电磁波的方向和速度就会改变，斯涅尔定律专门描述了折射的物理行为。

此外，当电磁波在大气中传播时，大气中的各种分子会对电磁波产生吸收和散射，较长的电磁波(微波)对大气中的大分子产生绕射，这些都使得接收到的电磁波信号强度小于发射或反射电磁波点的强度。由于遥感过程中，地球大气是电磁波传输必经的媒介，所以这里着重讨论地球大气对电磁辐射的影响。

2.2.2 大气对电磁辐射的影响

1. 地球大气组成

大气成分主要有氮、氧、氩、二氧化碳、氦、甲烷、氧化氮、氢(这些气体在 80km 以下的相对比例保持不变，称为不变成分)、臭氧、水蒸气、液态和固态水(雨、雾、雪、冰等)、盐粒、尘烟(这些气体的含量随高度、温度、位置而变，称为可变成分)等。大气的成分及其作用详见表 2-5。

表 2-5 **大气的组成及各成分的作用**

大气成分			主要作用
干洁空气	主要成分	N_2	地球上生物体的基本成分
		O_2	维持生命活动的必需物
	微量成分	CO_2	绿色植物进行光合作用的基本原料，并对地球起保温作用
		O_3	吸收太阳紫外线，保护地球上的生物免受过多紫外线的伤害
水汽			天气变化的重要角色；对地面起保温作用
固体杂质			成云致雨的必要条件

地球大气从垂直方向可划分为四层：对流层、平流层、电离层和外大气层。大气分层区间及各种航空、空间飞行器在大气层中的垂直位置如图 2-24 所示。

对流层，即从地表向高空延伸到平均高度 12km 处，其主要特点是：(1)温度随高度上升而下降，每上升 1km 下降 6℃；(2)空气密度和气压也随高度上升而下降，地面空气密度为 $1.3\times10^{-3}g/cm^3$，气压 10^5Pa。对流层顶部空气密度仅为 $0.4\times10^{-3}g/cm^3$，气压下降到 0.26×10^5Pa 左右；(3)空气中不变成分的相对含量是氮占 78.09%，氧占 20.95%，氩等其余气体共占不到 1%；可变成分中，臭氧含量较少，水蒸气含量不固定，在海平面潮湿的大气中，水蒸气含量可高达 2%，液态和固态水含量也随着气象而变化。1.2~3.0km 的对流层是最容易形成云的区域，近海面或盐湖上空含有盐粒，城市工业区和干旱无植被覆盖的地区上空有尘烟微粒。

平流层在 12~80km 的垂直区间中，可分为同温层、暖层和冷层，空气密度也是随高度上升而下降。这一层中不变成分的气体含量与对流层的相对比例关系一样，只是绝对密

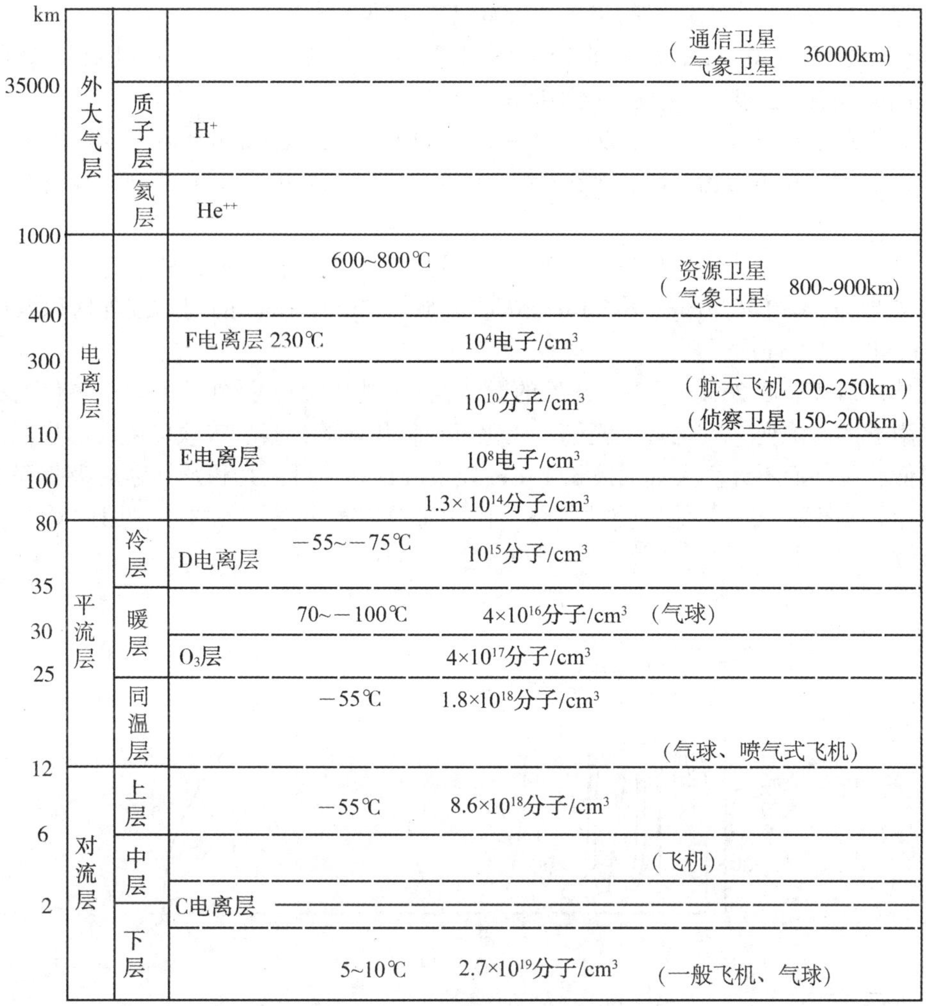

高度/km	大气层	分层	特征
km			（通信卫星 气象卫星 36000km）
35000	外大气层	质子层	H^+
		氦层	He^{++}
1000	电离层		600~800℃ （资源卫星 气象卫星 800~900km）
400			F电离层 230℃ 10^4电子/cm^3
300			10^{10}分子/cm^3 （航天飞机 200~250km）（侦察卫星 150~200km）
110			E电离层 10^8电子/cm^3
100			1.3×10^{14}分子/cm^3
80	平流层	冷层	D电离层 −55~−75℃ 10^{15}分子/cm^3
35		暖层	70~−100℃ 4×10^{16}分子/cm^3 （气球）
30			O_3层 4×10^{17}分子/cm^3
25		同温层	−55℃ 1.8×10^{18}分子/cm^3 （气球、喷气式飞机）
12	对流层	上层	−55℃ 8.6×10^{18}分子/cm^3
6		中层	（飞机）
2			C电离层
		下层	5~10℃ 2.7×10^{19}分子/cm^3 （一般飞机、气球）

图 2-24 大气层的垂直分布

度变小，平流层中水蒸气含量很少，可忽略不计。平流层的臭氧含量比对流层大，在这一层的 25~30km 处，臭氧含量较大，这个区间称为臭氧层。臭氧层往上臭氧含量又逐渐减少，至 55km 处趋近于零。

80~1000km 的大气层称为电离层。电离层空气稀薄，因太阳辐射作用而发生电离现象，分子被电离成离子和自由电子状态。电离层中气体成分为氧、氦、氢及氧离子，无线电波在电离层中发生全反射现象。电离层温度很高，上层温度为 600~800℃。

1000km 以上的大气层称为外大气层，1000~2500km 区间主要成分是氦离子，称为氦层；2500~25000km 区间主要成分是氢离子，氢离子又称质子，因此该区间称为质子层，温度可达 1000℃。

2. 大气对太阳辐射的吸收、散射及反射作用

在可见光波段，引起电磁波衰减的主要原因是分子散射。在紫外、红外与微波区，引

起电磁波衰减的主要原因是大气吸收，而引起大气吸收的主要成分是氧气、臭氧、水、二氧化碳等，它们吸收电磁辐射的主要波段有以下几种。

臭氧主要吸收 0.3μm 以下的紫外区的电磁波，另外在 9.6μm 处有弱吸收；在 4.75μm 和 14μm 处的吸收更弱，已不明显。

二氧化碳主要吸收带有：2.60~2.80μm，吸收峰在 2.70μm 处；4.10~4.45μm，吸收峰在 4.3μm 处；9.10~10.9μm，吸收峰在 10.0μm 处；12.9~17.1μm，吸收峰在 14.4μm 处；全在红外区。

水蒸气主要吸收带有：0.70~1.95μm，最强处为 1.38μm 和 1.87μm；2.5~3.0μm，2.7μm 处最强；4.9~8.7μm，6.3μm 处吸收最强；15μm~1mm 的超远红外区以及微波中 0.164cm 和 1.348cm 处。

此外，氧气对 0.253cm、0.5cm 处的微波也有吸收现象。另外，甲烷、氧化氮和工业集中区附近的高浓度一氧化碳、氨气、硫化氢、氧化硫等都具有吸收电磁波的作用，但吸收率很低，可略而不计。大气对波长 15μm 以下的红外、可见光和紫外区的吸收程度如图 2-25 所示。至于大气中其他成分的气体，由于都是对称分子，无极性，因此对电磁波不存在吸收。

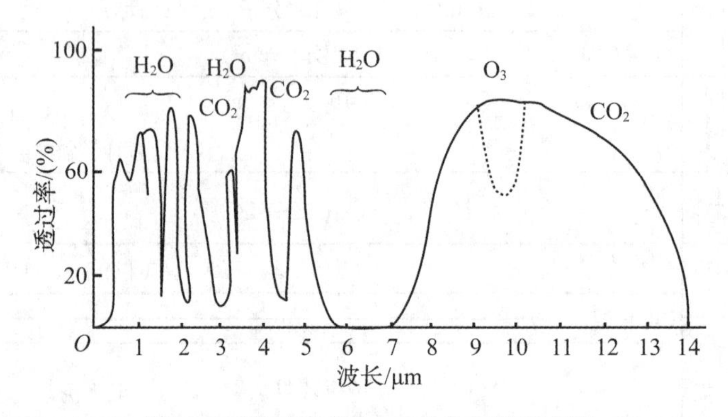

图 2-25　波长小于 15μm 的大气透视率图

大气吸收的主要影响是造成遥感影像暗淡，由于大气对紫外线有很强的吸收作用，因此现阶段对地遥感中很少用到紫外线波段。

在可见光波段范围内，大气分子吸收的影响很小，主要是散射引起衰减。电磁波在传播过程中遇到小微粒而使传播方向发生改变，并向各个方向散开，这种现象称为散射。尽管强度不大，但是从遥感数据角度分析，在太阳辐照到地面又反射到传感器的过程中，两次经过大气，传感器所接收到的能量除了反射光还增加了散射光。这两次影响增加了信号中的噪声部分，造成遥感影像质量的下降。

散射的方式随电磁波波长与大气分子直径、气溶胶微粒大小之间的相对关系而变，主要有米氏(Mie)散射、均匀散射、瑞利(Rayleigh)散射等。当介质中不均匀颗粒的直径 a 与入射波长(λ)同数量级时，发生米氏散射；当不均匀颗粒的直径 $a \gg \lambda$ 时，发生均匀散射；而瑞利散射的条件是介质的不均匀程度 a 小于入射电磁波波长的十分之一。

瑞利认为散射的强度为：

$$I \propto E'^{2}_{s} \propto \sin^2\theta/\lambda^4 \tag{2-21}$$

式中：E'_s 为电磁波强度；θ 是入射电磁波振动方向与观察方向的夹角。

式(2-21)可以看出：散射强度 I 与波长的四次方成反比。由于蓝光波长比红光短，因而蓝光散射较强，而红光散射较弱。晴朗的天空，可见光中的蓝光受散射影响最大，所以天空呈现蓝色；清晨太阳光通过较厚的大气层，直射光中红光成分大于蓝光成分，因而太阳呈现红色。大气中的瑞利散射对可见光影响较大，而对红外的影响很小，对微波基本没有多大影响。

对于同一物质来讲，电磁波的波长不同，表现的性质也不同。例如，晴朗的天空，可见光通过大气发生瑞利散射时，蓝光比红光散射得多；当天空有云层或雨层时，满足均匀反射的条件，各个波长的可见光散射强度相同，因而云呈现白色，此时可见光散射较大，难以通过云层，这就是阴天时候不利于用可见光进行遥感探测地物的原因。而对于微波来说，微波波长比粒子的直径大得多，属于瑞利散射的类型，散射强度与波长四次方成反比，即波长越长，散射强度越弱，所以微波才可能有最小散射、最大透射，而被认为具有穿云透雾的能力。

由以上分析可知，散射造成太阳辐射的衰减，但是散射强度遵循的规律与波长密切相关。而太阳的电磁波辐射几乎包括电磁辐射的各个波段，因此，在大气状况相同时，同时会出现各种类型的散射。对于大气分子、原子引起的瑞利散射主要发生在可见光和近红外波段。对于大气微粒引起的米氏散射从近紫外到红外波段都有影响。

另外，电磁波与大气的相互作用还包括大气反射。由于大气中有云层，当电磁波到达云层时，就像到达其他物体界面一样，不可避免地要产生反射现象，这种反射同样满足反射定律。而且各波段受到不同程度的影响，削弱了电磁波到达地面的程度，因此应尽量选择无云的天气接收遥感信号。

为定量分析电磁波与大气的相互作用，下面引入辐射传输方程。

3. 辐射传输方程

传感器从高空探测地面物体时，所接收到的反射电磁波能量(注意：这里的分析只是针对地表反射辐射情况，针对的是可见光与近红外波谱段，不适用于中波—热红外谱段)大小与以下因素有关：①太阳辐射能的光谱分布特性；②大气传输特性，即大气对太阳辐射的衰减作用；③太阳高度角和方位角，它们与水平面上的辐射照度与光程长度有关，同时也影响方向反射率的大小；④地物的波谱特性，即地物对特定波长的反射率情况；⑤传感器的高度与位置，能量大小与传播距离的平方成反比。此外，传感器本身的性能，如仪器的光谱灵敏度和能量转换效率等，也对最终记录的能量数值大小有影响。

辐射传输方程是用数学模型来表达上述能量及其影响因素。假设地表为朗伯面，且传感器接收的辐射亮度为 L_λ，则对于反射辐射，传感器响应的反射能量包含三部分，如图2-26所示。

直射太阳辐射的反射(L_λ^{su})，即太阳经大气衰减后照射地面，经地物反射后，又经大气第二次衰减进入传感器的能量；来自散射光的地表反射(L_λ^{sd})，即大气散射辐射中到达地面被地面反射进入传感器的能量；反射路径上天光散射加入的成分(L_λ^{sp})，即大气散射直接到达传感器的能量，也称为路径辐射。所以向上到达传感器高度的总辐射为：

$$L_\lambda = L_\lambda^{su} + L_\lambda^{sd} + L_\lambda^{sp} \tag{2-22}$$

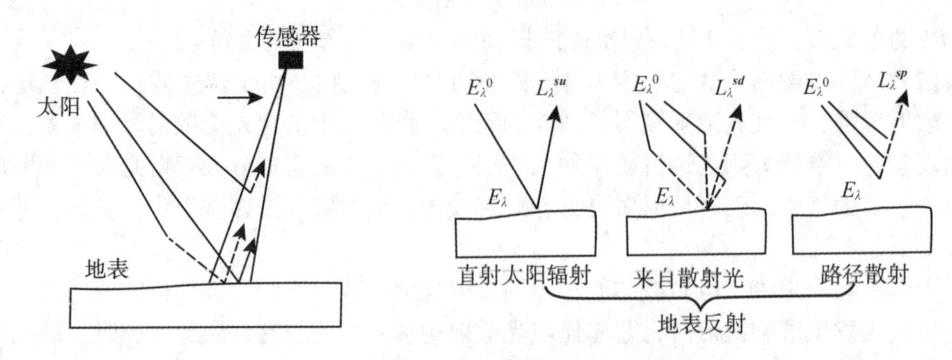

图 2-26　传感器接收到的地表反射信号组成

下面分析前面两项的构成：

①对直射太阳辐射的反射（L_λ^{sd}），有

$$L_\lambda^{sd} = K_\lambda E_\lambda^0 \tau_\lambda^s \sin\theta \rho_\lambda \tau_\lambda^\nu \tag{2-23}$$

式中：K_λ 为传感器光谱响应系数；E_λ^0 为太阳入射的光谱能量；τ_λ^s 为太阳辐射路径上的大气传输参数，即大气光谱透过率，$\tau_\lambda^s = f(h)$；θ 为太阳高度角；ρ_λ 为地物光谱反射率，$\rho_\lambda = f(\theta, \phi)$，$\phi$ 为太阳方位角；τ_λ^ν 为观测路径上的大气传输参数。

②来自散射光的地表反射（L_λ^{sd}），有

$$L_\lambda^{su} = K_\lambda E_\lambda^d \tau_\lambda^\nu \rho_\lambda \tag{2-24}$$

式中：E_λ^d 为大气散射到达地面的能量，其他字母含义同上。

传感器响应的全部太阳辐射能量是上述三者的线性叠加：

$$L_\lambda = L_\lambda^{su} + L_\lambda^{sd} + L_\lambda^{sp} = K_\lambda [\tau_\lambda^\nu \rho_\lambda (E_\lambda^0 \tau_\lambda^s \sin\theta + E_\lambda^d) + L_\lambda^{sp}] \tag{2-25}$$

2.2.3　大气窗口与大气屏障

1. 大气窗口

太阳辐射在到达地面之前穿过大气层，大气折射只是改变太阳辐射的方向，并不改变辐射的强度。但是大气反射、吸收和散射的共同影响却衰减了辐射强度，剩余辐射才为透射部分。不同电磁波段通过大气后衰减的程度是不一样的，因而遥感所能够使用的电磁波是有限的。有些波段的电磁辐射通过大气后衰减较小，透过率较高，对遥感十分有利，这些波段通常称为大气窗口，如图 2-27 所示。研究和选择有利的大气窗口，最大限度地接收有用信息是遥感技术的重要课题之一。

目前遥感常用的大气窗口大体有如下 5 个：

①0. 30~1. 15μm 大气窗口：这个窗口包括全部可见光波段、部分紫外波段和部分近红外波段，是遥感技术应用最主要的窗口之一。其中，0. 3~0. 4μm 近紫外窗口，透过率约为 70%；0. 4~0. 7μm 可见光窗口，透过率约为 95%；0. 7~1. 10μm 近红外窗口，透过率约为 80%。该窗口的光谱主要是反映地物对太阳光的反射，通常采用摄影或扫描的方式在白天感测、收集目标信息成像，因此也称为短波区。

②1.3～2.5μm 大气窗口：属于近红外波段。该窗口习惯分为 1.40～1.90μm 和 2.00～2.50μm 两个窗口，透射率为 60%～95%。其中，1.55～1.75μm 窗口透过率较高，白天夜间都可应用，是以扫描的成像方式感测、收集目标信息，主要应用于地质遥感。

③3.5～5μm 窗口：属于中红外波段，透过率为 60%～70%，包含地物反射及发射光谱，可用来探测高温目标，例如森林火灾、火山、核爆炸等。

④8～14μm 热红外窗口：属于地物的发射波谱，透过率为 80%左右。常温下地物波谱辐射出射度最大值对应的波长是 9.7μm，所以此窗口是常温下地物热辐射能量最集中的波段，所探测的信息主要反映地物的发射率及温度。

⑤1mm～1m 微波窗口：分为毫米波、厘米波、分米波。其中，1.0～1.8mm 窗口的透过率为 35%～40%，2～5mm 窗口的透过率为 50%～70%，8～1000mm 微波窗口的透过率为 100%。微波的特点是能穿透云层、植被及一定厚度的冰和土壤，具有全天候的工作能力，因而越来越受到重视。遥感中常采用被动式遥感(微波辐射测量)和主动式遥感，前者主要是测量地物热辐射，后者是用雷达发射一系列脉冲，然后记录分析地物的回波信号。

2. 大气屏障

相对大气窗口而言，有些大气的电磁波透过率很小，甚至完全无法透过电磁波。这些区域就难于或不能被遥感所使用，称为大气屏障；在图 2-27 中，有些波段电磁辐射在大气中的透过率很小(如紫外区域)，甚至接近于 0，这些波段的电磁波很难用于对地观测。

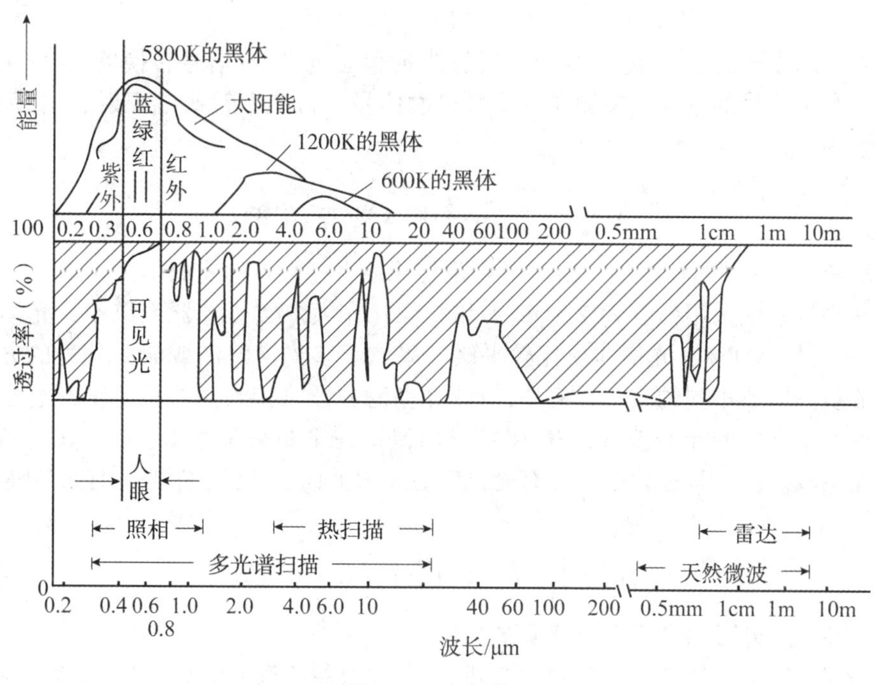

图 2-27　大气窗口

2.3 光谱响应与参比数据

2.3.1 光谱响应

传感器成像过程中，模拟/数字(Analog to Digital，A/D)转换器决定了传感器中各波段记录的地球表面反射、辐射能量载荷、信号的表达形式和特征。它首先将空间分布的光信号转变成连续时间域的电信号，再由模/数(A/D)转换器转换成标准化的离散数据(Digital Number，DN)，得到由矩阵形式的 DN_{ij} 表示的遥感影像。这个遥感信号的形成过程可概括为光学传感器模型，如图 2-28 所示。

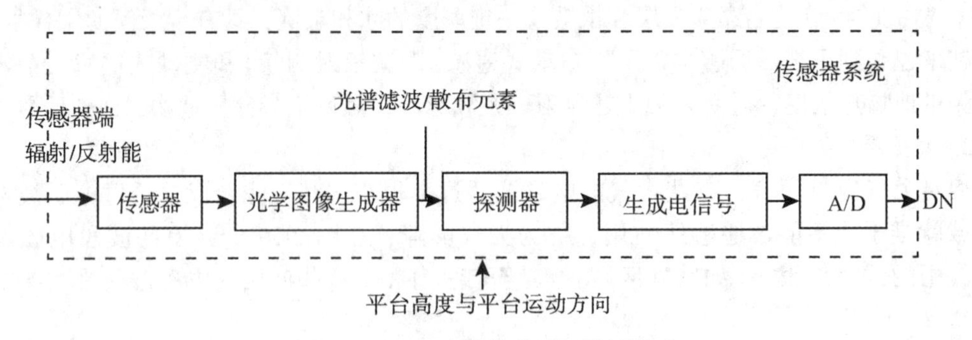

图 2-28 一般光学传感器探测的模型

图 2-28 简要描述了到达传感器端的辐射能量和通过光/电信号转换器及 A/D 转换器转换成影像数字信号的过程。探测器端反射辐射信号与传感器镜头端辐射 L_λ 相关，在镜头端可表示为：

$$E_\lambda^i(x,y)=\frac{\pi\tau_0}{4N^2}L_\lambda(x,y)\ (\mathrm{W/m^2\cdot\mu m}) \tag{2-26}$$

式中：N 是光学焦距 f 的长度值，由光学焦距与孔径直径端点的比取得。

在同一坐标系中采用(x，y)表示镜头和影像；在大多数传感器系统中，光学转换系数 $\tau_0(\lambda)$ 一般大于 90%，光谱曲线比较平缓。采取了多光谱滤波或波谱分光的方法，将接收到的能量分解成不同的波段。例如，TM 光栅滤波器将接收到的总能量经过多个分光路径分配给 6 个不同的光谱波段，SPOT 将接收到的总能量分配给 R、G、NIR、SWIR 四个不同的光谱段。此分解过程中会存有光谱响应度 $R_b(\lambda)$， 信号 S_b 被 b 波段响应的表达式为：

$$S_b(x,y)=\int_{\lambda_{min}}^{\lambda_{max}}R_b(\lambda)E_\lambda^i(x,y)\mathrm{d}\lambda\ (\mathrm{W/m^2}) \tag{2-27}$$

式中：λ_{max} 和 λ_{min} 决定光谱波段的灵敏度。

公式(2-27)定义了接收到的综合光谱和光/电转换器转换的电流。图 2-29 中展示了不同遥感传感器的光谱响应。

由于传感器获取的地物光谱响应与地物的光谱特性对应，因此可以利用地物的光谱响应来分辨出地物的类型和条件，所以这类光谱响应常称之为光谱响应标志。在这种情况下

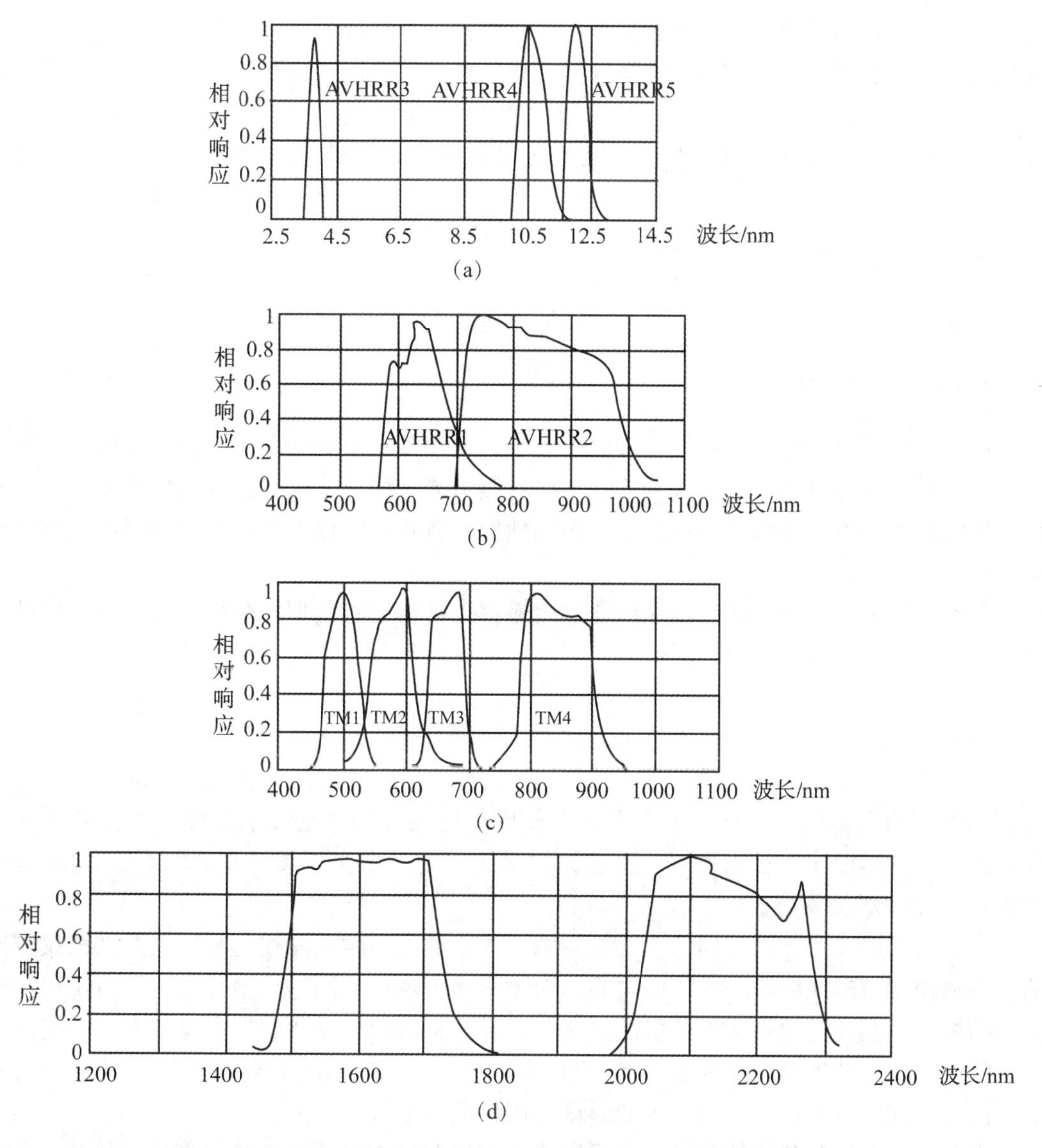

图 2-29　AVHRR 和 TM 传感器归一化的光谱响应((a)、(b)是 AVHRR 的响应，(c)、(d)是 TM 的响应)

经常会涉及前面所介绍的反射光谱曲线和发射光谱曲线(对波长大于 3.0μm 的波段来说)的问题。对不同波长下的特定地面物体取得的自然辐射测定值，也经常叫做这些地物的光谱特性标志。

我们已经知道物体本身的某些特性会影响它们的光谱响应标志，也就是说，光谱标志是可变的。如果我们的目的是通过光谱分析来区分各种地物类型，那么这种可变性就会在遥感数据分析中造成严重问题。不过，如果分析的目的是区分同类型不同个体的地物条件，则可依赖光谱响应标志的可变性以得出这种信息。区别某一种属内的病变植物与健康植物，就属于这种用途。可见，在有些情形下，我们要缩小光谱标志的可变性，但在另一些特殊场合，我们可能要增强这种可变性。导致光谱响应标志可变性的因素主要有时间效应、空间效应和大气的影响等。时间效应是指某时间内改变地物光谱特性的任何因素。例如，在整个生长季节中，许多植物品种的光谱特性几乎持续不断地变化着。当我们为了实际应用而用传感器采集数据时，常受这种变化的影响。空间效应是指这样的一些因素，即它们造成处于不同地理位置的同一种类的地物(如谷类作物)，在不同的时间产生不同的特性。在进行小区域分析时，地理位置的间距或许仅有数米，此时空间效应可以忽略不计。不过在分析星载数据时，被研究的区域可能相距数百公里，就可能会遇到完全不同的土壤、气候和作物，那么空间效应就明显了。

除了受时间和空间效应影响外，光谱响应标志还受大气的影响，而在某种程度上发生改变。这常常使得传感器测得的光谱响应标志是相对的和不确定的。

2.3.2 参比数据

由于光谱响应标志的可变性，遥感中经常会使用某种形式的参比数据。获取参比数据就是收集遥感待测目标、区域或现象的某些量测值或观测值。这些数据可以从一个来源或数个来源取得。参比数据也可包括各种不同地面物体特征的温度以及其他物理或化学特性的野外量测数据。

参比数据可用于下述任一用途或全部用途：①帮助遥感数据的分析和解译；②校准传感器；③验证遥感数据所提取的信息。因此，参比数据的收集通常必须符合统计采样设计的原则。

我们经常用地面实况这一术语来统称参比数据。所谓地面实况，不能从它的字眼上去理解，因为有许多参比数据并不是从地面收集的，而只能逼近于实际地面状况。例如，“地面”实况有关数据可以从空中取得，在分析小比例尺的高空或卫星影像时，就可利用较详细的航空影像作为参比数据。再者，如果研究的是水文要素，那么“地面”实况实际上就是指“冰域”的实况。

由上面可以看出，虽然理论上讲，遥感影像上的光谱响应曲线与利用地面光谱仪测出的标准地物光谱曲线应该一致，同时相同地物应该表现出相同的光谱特性。但由于地物成分和结构的多变性、地物所处环境的复杂性以及遥感成像中受传感器本身和大气状况的影响，使得影像上的地物光谱响应呈现多重复杂的变化，在不同的时空会显示出不同的特点。因此，在影像解译中，深入了解影像光谱特征是十分必要的。

根据光谱响应与参比数据，我们可以建立地理单元与遥感信息单元之间的联系。

例如，地-空电波环境是由自然介质构成的电波传播路径。由于地-空电波环境的存在，电波在到达地面前和地面微波遥感信息返回星载遥感器的过程中将受到空间环境效应复杂的影响。在星载遥感中，传感器如合成孔径雷达与地表目标间的电离层和对流层是遥感信息传播的空间环境，合成孔径雷达信号除了与地面实况参数、雷达参数和卫星参数有关外，也受到空间环境时空变化的影响，如相位失真、极化旋转、电波损耗和大气折射、闪烁现象。例如，电离层电子浓度和对流层中折射指数随高度的变化将使电波射线产生弯曲，并随季节、昼夜、地理位置、俯仰角和天气条件等变化，要根据实际参数进行俯仰角和传播距离修正，这对辐射、几何定标和对目标的精确识别定位十分重要。另外，遥感信息在电离层和对流层中传播时，由于较小尺度的介质的不均匀性或不规则性以及随时间变化的特性，还会引起信号振幅与相位、到达角和极化状态快速随机起伏的闪烁现象，从而影响成像质量和数据精度。大气环境和电离层变化也具有一定的规律性，如日变化和季节变化呈现某种周期性以及具有地理位置的相关性。

以上说明，若要正确解译遥感数据，必须透彻地了解遥感研究对象的地学属性(空间分布、波谱反射与辐射特征及时相变化)以及由于时间、地理位置变化而引起的光谱响应的变化(即光谱响应的时间效应与空间效应)，并把它们与遥感信息本身的物理属性(空间分辨率、波谱和辐射分辨率、时间分辨率)对应起来，才能取得较好的分析效果，如表 2-6 所示。

表 2-6　　地球资源观测的遥感参数

	空间分辨率/m		间隔时间/日	覆盖面积/km^2	遥感器波段数	数据速率/(字位/日)	
	详测	勘测				最小	最大
农业	10~30	30~100	7~21	3×10^6	12	2×10^{10}	5×10^{11}
测绘	3~20	20~200	1825	9×10^6	3	3×10^8	2×10^{10}
森林	10~50	50~200	7~30	3×10^6	8	3×10^9	3×10^{11}
地理	6~30	6~100	365	9×10^6	3	1×10^9	3×10^{10}
地质	6~10	30~200	365	2×10^6	4	2×10^8	6×10^{10}
水文	3~100	50~250	10~20	1×10^6	4	2×10^8	4×10^{11}
气象	1000~2000	1000~4000	0.25~1.0	30×10^6	2	1×10^8	2×10^9
海洋	20~300	200~1000	14~30	15×10^6	4	1×10^8	1×10^{11}

2.4　地物波谱特性的测定

地物波谱也称地物光谱。地物波谱特性是指各种地物各自所具有的电磁波特性(发射辐射或反射辐射)。在遥感技术的发展过程中，世界各国都十分重视地物波谱特征的测定。1947 年前苏联学者克里诺夫就测试并公开了自然物体的反射光谱。美国测试了七八年的地物光谱才发射陆地资源卫星。遥感影像中灰度与色调的变化是遥感影像所对应的地面范围内电磁波谱特性的反映。遥感影像有三大信息内容：波谱信息、空间信息、时间信息，其中波谱信息用得最多。

在遥感中，测量地物的反射波谱特性曲线主要有以下三种作用：其一，它是选择遥感波谱段、设计遥感仪器的依据；其二，在外业测量中，它是选择合适的飞行时间的基础资料；第三，它是有效地进行遥感影像数字处理的前提之一，是用户判读、识别、分析遥感影像的基础。

2.4.1　实地测量

实地进行地物波谱特性的测量，是进行遥感反演、地物识别、定量遥感的基础。实地测量主要包括三个方面的内容：位置数据测定、生物量的测定以及地物波谱特性的测定。

1. 位置数据

现在位置数据一般来自全球定位系统(Global Positioning System，GPS)所测得的坐标数据，此外在已经有控制信息的情况下，亦可以利用全站仪等进行位置的测定。位置数据可作为后面所测的生物量数据及波谱特征信息的重要说明数据。在生物量测定中，一般实地样方的地理位置/坐标都可如此测定。

2. 生物量的测定

生物量是生态学及环境研究中的重要参量，它指的是一条食物链可支持的生物总质量。一个动物或植物物种的活个体的总量或重量，称为物种生物量。而群落中所有物种活个体的总量或重量，称为群落生物量。生物量通常以生境的单位面积或单位体积来表示，常以每单位的干质量计算。在生态学及环境研究中，最常测定的是植物的生物量，专称植物量。但在实际应用中实地野外测定大面积区域的生物量非常困难，因此一般利用遥感技术加小范围实地数据来进行生物量(主要是植物生物量)的测定。在此过程中，实地测定生物量是遥感大面积生物量测定的基础。

对于草本群落地上植物生物量的测定，传统采用的样方收获法一般如下：

①选取有代表性的样地并确定样方数量和位置(一般样地中机械布设5~10个1~2m^2的样方)；

②记录每个样方的地理坐标/地理位置；

③统计该样方中植株的密度(株数/m^2)、盖度、平均高度、最大高度等参数；

④采用收割法收割植株地上部分，并立即称其鲜重；

⑤选取一部分带回实验室，在80℃或105℃下烘干至恒重后称重，获得该样方中地上部分干物质产量；

⑥计算各类型样方地上部分干重平均值，可得到各植被类型中单位面积地上部分生物量。

这种测定方法实际是一种毁坏性的测定方法。

森林群落生物量包括乔木层生物量和林下植被生物量。其中，林下植被生物量可采用上述的样方收获法测定。而乔木层生物量的测定比较复杂，方法也比较多，比较常用的是收获法中的等断面积径级法，即根据一定标准选择一组标准木，伐倒后测定其生物量，然后以样本组生物量实测数据构建回归方程，以回归方程推算乔木生物量。下面是一种针对测定乔木层植物量的方法——径阶等比标准木法的测定步骤：

①标准地的建立。根据标准“生物群落监测中的调查采样”中的规定，建立具有代表性标准地若干地块，一般块数要大于6，每块面积为0.1公顷，形状为正方形或长方形，并用测绳圈好。破坏性调查不能在该固定标准地中进行。

②标准地环境记录。记录森林的层次结构、郁闭度、各树种密度、林下植物的种类及状况。

③样地内每木调查。在各样地内，对样地内全部树木，逐一地测定其胸高直径、树高并记录，每测一树要进行编号，避免漏测。胸高直径D是采用1.3m高的标杆，在树干上坡一侧地表面立上标杆，在齐杆的上端，用卷尺测定树干的圆周长，以此求出直径(以cm为单位)，或用测围尺直接量得直径。树高H的测定采用测杆或测高器为工具，在测树高时一定要以测量者能看到树木顶端为条件，尽量减少误差，以m为计量单位。

3. 地物波谱特性的测定

(1)地物波谱特性的测定原理

对于不透明的物体，其发射率与反射率有下列关系：

$$\varepsilon_{(\lambda)} = 1 - \rho_{(\lambda)}$$

可见，各种地物发射辐射电磁波的特性可以通过间接地测试各种地物反射辐射电磁波的特性得到。因此，地物波谱特性通常都是用地物反射辐射电磁波的特性来描述，即在给定波段范围内，某地物的电磁波反射率的变化规律。

地物波谱特征(反射波谱)测定的原理：用光谱测定仪器(置于不同波长或波谱段)分别探测地物和标准板，测量、记录和计算地物对每个波谱段的反射率，其反射率的变化规律即为该地物的波谱特性。

地物波谱特征测定有两种测定环境：实验室内样本测定和野外测定。对可见光和近红外波段的波谱反射特征，在限定的条件下，可以在实验室内对采回来的样品进行测试，精度较高。但实验室内不可能逼真地模拟自然界千变万化的条件，所以一般以实验室所测的数据作为参考。因此，进行地物波谱反射特性的野外测量是十分重要的，它能反映测量瞬间地物实际的反射特性。

测定地物反射波谱特性的仪器分为分光光度计、光谱仪、摄谱仪以及高光谱成像仪等，其中前三种仪器的一般的结构如图 2-30 所示。仪器由收集器、分光器、探测器和显示或记录器组成。其中收集器的作用是收集来自物体或标准板的反射辐射能量，一般由物镜、反射镜、光栏(或狭缝)组成；分光器的作用是将收集器传递过来的复色光进行分光(色散)，它可选用棱镜、光栅或滤光片；探测器的类型有光电管、硅光电二极管、摄影负片等；显示或记录器是将探测器上输出信号显示或记录下来，或驱动 X-Y 绘图仪直接绘成曲线。摄影类型的仪器则需经摄影处理才能得到摄谱片。

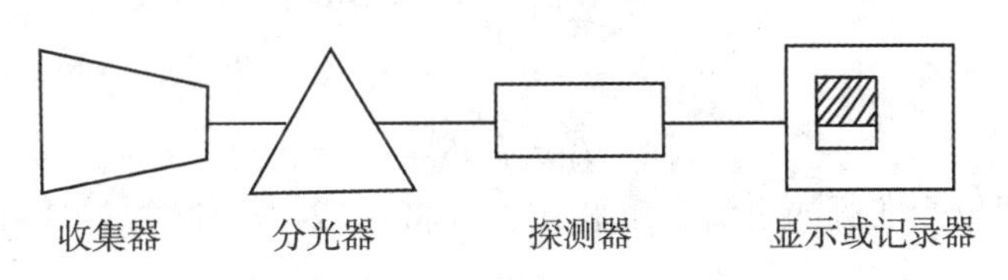

图 2-30　分光光度计一般结构

图 2-31 为一种典型的野外用分光光度计——长春光学仪器厂的 302 型野外分光光度计的结构原理图。

地物或标准板的反射光能量经反射镜和入射狭缝进入分光棱镜产生色散，由分光棱镜旋转螺旋和出射狭缝控制使单色光逐一进入光电管，最后经微电流计放大后在电表上显示光谱反射能量的测量值。其测量的原理是先测量地物的反射辐射通量密度，在分光光度计视场中收集到的地物反射辐射通量密度为：

$$\phi_{\lambda} = \frac{1}{\pi}\rho_{\lambda} E_{\lambda} \tau_{\lambda} \beta G \Delta\lambda \tag{2-28}$$

式中：ϕ_{λ} 为物体的光谱反射辐射通量密度；ρ_{λ} 为物体的光谱反射率；E_{λ} 为太阳入射在地物上的光谱照度；τ_{λ} 为大气光谱透射率；β 为光度计视场角；G 为光度计有效接收面积；$\Delta\lambda$ 为单色光波长宽度。

经光电管转变为电流强度在电表上指示读数 I_{λ}，它与 ϕ_{λ} 关系为：

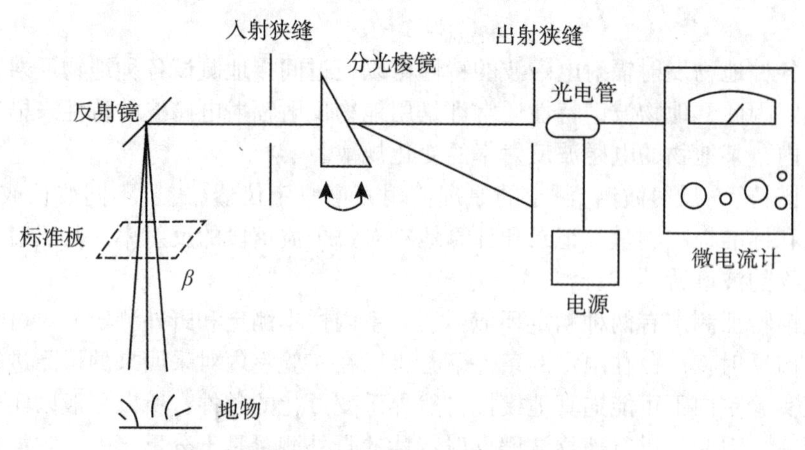

图 2-31　302 型野外分光光度计结构原理图

$$I_\lambda = k_\lambda \phi_\lambda \tag{2-29}$$

式中：k_λ 是仪器的光谱辐射响应灵敏度。

接着是测量标准板的反射辐射通量密度。标准板为一种理想的漫反射体，它一般由硫酸钡或石膏做成。最理想的标准板的反射率为 1，称为绝对白体，但一般只能做出灰色的标准板，它的反射率 ρ_λ^0 预先经过严格测定并经国家计量局鉴定。用仪器观察标准板时，所观察到的光谱辐射通量密度为：

$$\phi_\lambda^0 = \frac{1}{\pi}\rho_\lambda^0 E_\lambda \tau_\lambda \beta G \Delta\lambda \tag{2-30}$$

同理电表读数为：

$$I_\lambda^0 = k_\lambda \phi_\lambda^0 \tag{2-31}$$

将地物的电流强度与标准板的电流强度相比，并将式(2-29)和式(2-31)代入，得

$$\frac{I_\lambda}{I_\lambda^0} = \frac{k_\lambda \phi_\lambda}{k_\lambda \phi_\lambda^0} = \frac{\phi_\lambda}{\phi_\lambda^0} \tag{2-32}$$

再将式(2-28)和式(2-30)代入式(2-32)，得

$$\frac{I_\lambda}{I_\lambda^0} = \frac{\frac{1}{\pi}\rho_\lambda E_\lambda \tau_\lambda \beta G \Delta\lambda}{\frac{1}{\pi}\rho_\lambda^0 E_\lambda \tau_\lambda \beta G \Delta\lambda} = \frac{\rho_\lambda}{\rho_\lambda^0} \tag{2-33}$$

则求得地物的光谱反射率为：

$$\rho_\lambda = \frac{I_\lambda}{I_\lambda^0}\rho_\lambda^0 \tag{2-34}$$

然后在以波长为横轴、反射率为纵轴的直角坐标系中，绘制出地物的反射特性曲线。

(2)地物波谱特性的测定步骤

地物波谱特性的测定，通常按以下步骤进行：

①架设好光谱仪，接通电源并进行预热；

②安置波长位置，调好光线进入仪器的狭缝宽度；

③将照准器分别照准地物和标准板，并测量和记录地物、标准板在波长 λ_1，λ_2，…，λ_n处的观测值 I_λ和 I_λ^0；

④按照式(2-34)计算 λ_1，λ_2，…，λ_n处的 ρ_λ；

⑤根据所测结果，以 ρ_λ 为纵坐标轴、λ 为横坐标轴画出地物反射波谱特性曲线。

图 2-32 为某种蓝藻实际测定的反射波谱特性曲线。

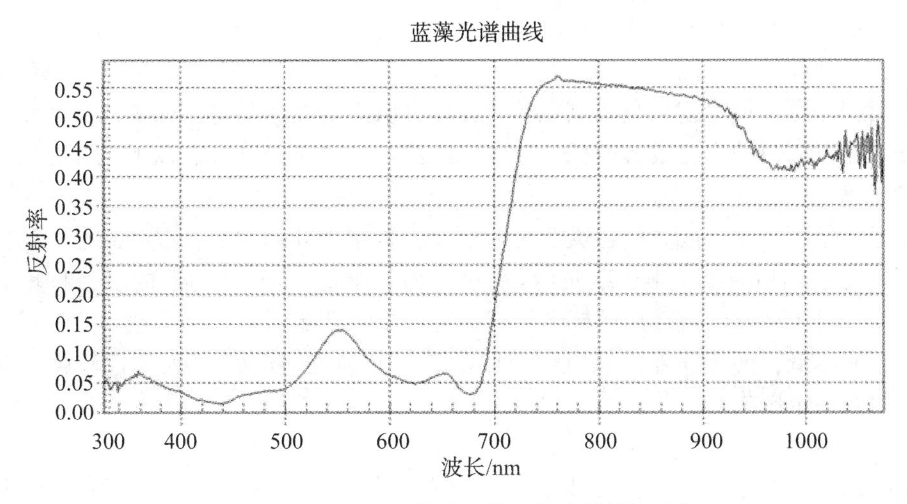

图 2-32　测定的某种蓝藻反射波谱特性曲线

由于地物波谱特性的变化与太阳和测试仪器的位置、地理位置、时间环境(季节、气候、温度等)、地物本身有关，因此应记录观测时的地理位置、自然环境(季节、气温、温度等)和地物本身的状态，并且测定时要选择合适的光照角。正因为波谱特性受多种因素的影响，所测的反射率定量但不唯一。

由于地形、大气等的影响，实际遥感影像上地物反映出的波谱特性也与地面实测的同类地物波谱特性有一定的差异，因此在利用地面实测数据以及遥感影像数据进行反演时，要注意这些因素的影响。

高光谱成像仪的发展使得现在可以在获得地物反射光谱曲线的同时，生成地物的高光谱影像。

2.4.2　实验数据

遥感实验涉及两类数据，一类是所测地物的光谱反射数据，可以利用 2.4.1 中的实地测量方法获取，还可以利用遥感影像进行地物的光谱反射测定；另一类是地物的相关参数，如生物量等。利用遥感影像进行地物光谱反射测定，要考虑各种辐射误差的影响，这部分内容在第四章中会有相关介绍。关于地物的相关参数测定，这里介绍实地叶面积指数的测定方法。

叶面积指数(Leaf Area Index，LAI)是单位土地面积上植物的总叶面积，叶面积指数越大，叶片交错重叠程度越大。它是极其重要的植被特征，因为生态系统的能量流动中，光能主要是靠植物叶片吸收转化，而在较大尺度上表征对光能吸收的一个重要的生物学指标就是LAI，它直接与光能捕获效率有关。叶面积指数能直接反映出在多样化尺度的植物冠层中的能量、CO_2及物质循环。它也与许多生态过程有直接相关，例如蒸散量、土壤水分平衡、树冠层光量的截取、地上部净初级生产力、总净初级生产力(Net Primary Production，NPP)等。故了解林分叶面积指数也是遥感应用中一个重要内容。

叶面积指数作为一个重要的生物结构参数，大范围叶面积指数的获取还是比较困难的。遥感技术为大范围叶面积指数的测量提供了条件，但遥感得到的叶面积指数需要进一步的地面验证，因此实地叶面积指数的获取具有重要意义。叶面积指数实地测量方法包括直接测量方法和间接光学测量方法。直接测量方法就是根据其概念来测定——单位土地面积上的叶面积，所以最关键的是要测定叶片面积，直观的概念是把一棵树的叶面积都测量完毕，然后除以树冠的垂直投影面积。叶面积的测定，对于阔叶林有以下几种方法：

1. 原始方法

直接把叶子画下来，或者画在透明坐标纸上，数格子计算大小；或者画在均匀的透明纸(硫酸纸)上，然后剪纸，由于纸质均匀(单位面积纸重一定)，剪下的纸经称重后即可换算出面积。对于针叶，直接用游标卡尺根据针叶形状测定长宽，然后按相关公式计算。

优点：成本低，便于作业。缺点：工作量大，又画又剪(数)；人为性较强，对于反映客观规律有一定影响。

2. 叶面积仪法

用叶面积仪，如Licor系列，如果配上传送带，效率就非常高了，只用看着叶子一片一片哗哗地通过传送带就可计算出面积了。对于普通大中小型叶子，有传送带最好；如果是很大的叶子(如芭蕉)，可以剪小了再测，并且可以直接测定活体而不用传送带。

优点：对于所采样品能及时拿回实验工作地的情况，效率较高。缺点：仪器和传送带较重，不便于野外携带；测定针叶类型精度调试比较难；仪器比较贵。

3. 电脑+扫描法

将所采集的叶子用扫描仪扫描，然后用相关软件(如mapinfo、arcgis等)作数字化处理，直接得出多边形的面积，但要注意分辨率的问题。一个更简化的方法是把叶子直接在复印机(例如用小型便携式复印机)上复印(相当于把叶子画下来，减少部分工作量)。

优点：成本有所降低。缺点：对于实地野外操作也不是很方便。

4. 电脑+相机法

将方法3中的采集工具换成数码相机，注意采集象素和拍摄距离，采集后进行图像处理。

优点：大大方便了野外作业，充分利用了野外常用工具之一的相机，成本显然下降。缺点：拍摄距离的换算有点麻烦，可以考虑用固定三角架；处理时存在角度矫正问题，如果不矫正则存在误差。

对于诸如马尾松之类的针叶林则通常是测量光合叶面积的长宽等，根据一定的公式进行计算——不同物种，形态差异较大，2针、3针以及5针松计算方法都有所不同。

调查叶面积指数的方法众多，除了上述直接测定叶片面积，还有树冠透光法及瞬间拍摄等方法。

1. 树冠透光法

以植物蒸散率分析仪(Porometer)配合光量子光度计(Quantum Sensor)，于晴朗无云之日上午 10 时至下午 14 时，在样区内每隔 10m 设一样点，每个样点上，水平手持光度计每隔 90 度测一光度，将其平均值作为林内光度(Q_i)。林外光度(Q_0)则是在测定林内光度的同时，以另一组仪器于开阔地测定，最后导入 Ber-Lambert 定律，以推估林分叶面积指数：

$$\mathrm{LAI} = \frac{\left[-\ln\left(\frac{Q_i}{Q_0}\right)\right]}{K} \tag{2-35}$$

2. 瞬间拍摄法

利用叶面积指数测定仪(如 CID 公司所制造的 CI-110 叶面积指数测定仪)，于阴天或光度不强之早晨与黄昏，直接由鱼眼镜头拍摄林内树冠影像，如图 2-33 所示，再经由软件推估叶面积指数。此法最为便捷，可运用于广大森林测量，并因其不破坏林木，故可应用于长期监测，为一便捷准确的测量方法。

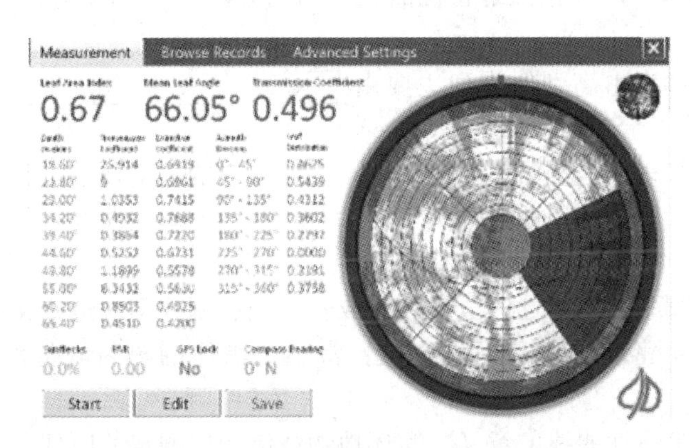

图 2-33　拍摄的树冠影像以及处理的界面

2.4.3　参照数据

在遥感应用中相关参照数据是用于建立地面参比数据的来源。一般相关参照数据主要有：各种专题图、数字高程模型(Digital Elevation Model，DEM)数据、航空遥感影像以及实地野外调绘数据。

1. 各种专题图

很多专题图上有地物类别情况的空间信息和属性信息，一些典型地物已测定其波谱特性曲线，并且专题图上还可以得到其他自然经济信息。专题图上的信息对于利用遥感影像获取地物波谱特性，具有很大的意义，是测定地物波谱特性中重要的参照数据。

2. DEM 数据

在遥感测定地物波谱特性时，须考虑不同地形起伏对传感器所接收到的地物反射辐射与发射辐射的影响，DEM 数据是地形起伏的一种精确表述，在地物波谱特性的测定中，作为重要参照数据应用于数值处理中。

3. 航空遥感影像

一般航空遥感影像的分辨率远高于卫星遥感影像，利用航空遥感影像进行摄影测量处理，可以得到地物的很多几何信息。同时因为其分辨率高、比例尺大、离地面近、大气影响相对较小，所以利用航空遥感影像可以解译出精度与可靠性较高的地面信息，以此作为卫星遥感影像进行地物波谱特性确定的参照。

4. 实地野外调绘数据

在遥感应用中，野外实地调绘数据是最准确、可靠的参照数据，同时在遥感影像测定地物波谱特性时也是最可靠、最直接的依据。因此在大多数的遥感应用中，野外实地调绘是非常重要的过程，获得的数据都是不可替代的信息。

习　题

一、名词解释

1. 电磁波　2. 电磁波谱　3. 绝对黑体　4. 灰体　5. 大气窗口　6. 大气屏障　7. 发射率　8. 波谱反射率　9. 波谱反射特性曲线　10. 漫反射(朗伯反射)

二、填空题

1. 电磁波谱按频率由高到低排列主要由____、____、____、____、____、____、____等组成。

2. 维恩位移定律表明当绝对黑体的温度增高时，它的辐射峰值波长向____方向移动。

3. 大气层顶上太阳的辐射曲线与黑体在________的辐射曲线相似。

三、问答题

1. 电磁波谱由哪些不同特性的电磁波组成？它们有哪些不同点，又有哪些共性？

2. 物体辐射通量密度与哪些因素有关？常温下黑体的辐射峰值波长在哪个电磁波区域？

3. 测定地物波谱特性曲线的意义。简述地物波谱特性测定的原理。

4. 叙述沙土、植被和水的光谱反射率随波长变化的一般规律，并在下图标出植被(小麦)、湿地对应的波谱反射曲线。

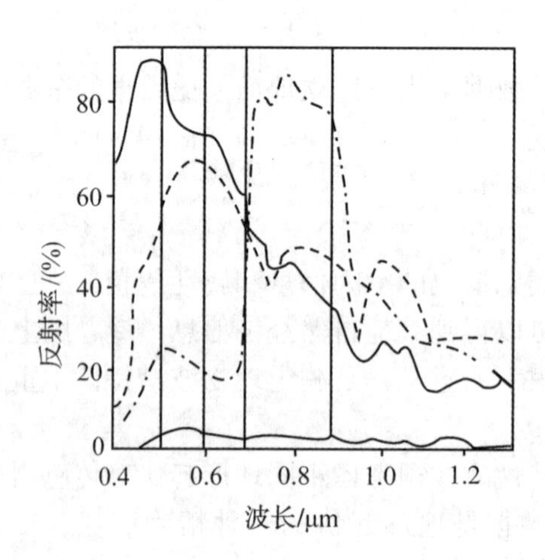

5. 地物波谱反射率有哪些主要的因素影响？

6. 何谓大气窗口？简要分析形成大气窗口的原因。

7. 根据下图，分析传感器从大气层外探测地面物体时，传感器入瞳处接收到哪些电磁波能量？

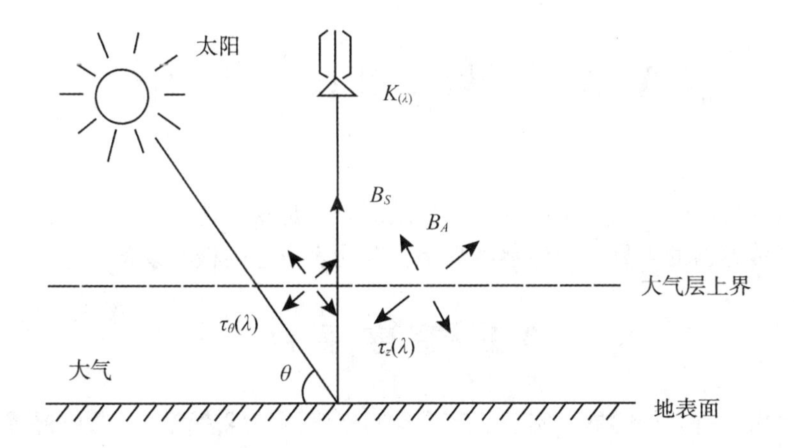

8. 什么是波谱响应？它在遥感应用中有什么意义？
9. 参比数据在遥感应用中有什么意义？如何获取参比数据？

实　　习

光谱测定(地物波谱特性测量)

目的要求：掌握地物波谱特性测量的方法，认识地物波谱特性与地物种类及遥感影像间的关系。

主要内容：利用光谱仪在实验室光源下和日光光源下测定典型地物的波谱特性曲线。

第3章　遥感平台与传感器

遥感平台和传感器是遥感系统的重要组成部分，是获取地表信息的关键设备。遥感平台是用于装载传感器的工具，而传感器则是获取地表信息的核心设备。

3.1　遥感平台

遥感平台用来搭载传感器，实现从宇宙空间来观测地球表面。通常由遥感传感器、数据记录装置、姿态控制仪、通信系统、电源系统、热控制系统等组成。遥感平台的功能为记录准确的传感器位置，获取可靠的数据以及将获取的数据传送到地面站。

3.1.1　遥感平台的种类

遥感平台可以按照不同的方式分类，比如按照平台高度、用途、对象进行分类。按照运行高度的不同，可以分为地面遥感平台、航空遥感平台、太空遥感平台、星系(月球)遥感平台等。如表3-1所示为不同类型的遥感平台。

遥感平台按不同的用途可以分为以下几类：

①科学卫星。科学卫星是用于科学探测和研究的卫星，主要包括空间物理探测卫星和天文卫星，用来研究高层大气、地球辐射带、地球磁场、宇宙射线、太阳辐射等，并可以观测其他星体。

②技术卫星。技术卫星进行新材料试验或为应用卫星进行试验的卫星。航天技术中有很多新原理、新材料、新仪器，其能否使用，必须在太空进行试验；一种新卫星的性能如何，也只有把它发射到太空去实际“锻炼”，试验成功后才能应用。

③应用卫星。针对不同的应用采用不同的遥感平台。应用卫星是直接为人类服务的卫星，它的种类最多，数量最大，包括地球资源卫星、气象卫星、海洋卫星、环境卫星、通信卫星、测绘卫星、高光谱卫星、高空间分辨率卫星、导航卫星、侦察卫星、截击卫星、小卫星、雷达卫星等。

对于太空遥感平台，按照其运行轨道高度的不同可以分为三种类型：

①低高度、短寿命的卫星。其高度一般为150~200km，寿命只有1~3周，可以获得分辨率较高的影像，这类卫星多为军事目的服务。

②中高度、长寿命的卫星。其高度一般在300~1500km，寿命可达一年以上，如陆地卫星、气象卫星和海洋卫星等。

③高高度、长寿命的卫星。这类卫星即地球同步卫星或静止卫星，其高度约为35800km，一般通信卫星、静止气象卫星属于此类。

此外，目前遥感卫星监测的对象已经不只限于人类居住的地球，还开始关注地球以外的星球，比如月球、水星、火星等。

表 3-1　　**遥感平台类型**

遥感平台	高度	目的/用途
星球探测	远离地球	月球探测，火星探测
静止卫星	36000km	定点地球观测，如气象卫星、通信卫星
圆轨道卫星(地球观测卫星)	500~1000km	定期地球观测，如陆地卫星系列
小卫星	400km 左右	各种调查
航天飞机	240~350km	不定期的地球观测空间实验
高高度喷气机	10000~12000m	侦察大范围调查
中低高度飞机	500~8000m	各种调查航空摄影测量
飞艇	500~3000m	空中侦察各种调查
直升机	100~2000m	各种调查摄影测量
无线遥控飞机	500m 以下	各种调查摄影测量
吊车	5~50m	近距离摄影测量
地面测量车	0~30m	地面实况调查，地物光谱特性测定

3.1.2　卫星轨道及运行特点

1. *卫星轨道参数*

卫星轨道在空间的具体形状位置可由 6 个轨道参数来确定，如图 3-1 所示。

①升交点赤经(Ω)。升交点赤经为卫星轨道的升交点与春分点之间的角距。升交点为卫星由南向北运行时，与地球赤道面的交点。轨道面与赤道面的另一个交点称为降交点。春分点为黄道面与赤道面在天球上的交点。

②近地点角距(ω)。ω 是指卫星轨道的近地点与升交点之间的角距。

③轨道倾角(i)。i 是指卫星轨道面与地球赤道面之间的两面角，即从升交点一侧的轨道量至赤道面。

④卫星轨道的长半轴(a)。a 为卫星轨道远地点到椭圆轨道中心的距离。

⑤卫星轨道的偏心率，或称扁率(e)。e 是卫星椭圆轨道的焦距 c 与卫星轨道的长半轴 a 之比。

⑥卫星过近地点时刻 T。

以上 6 个参数可以根据地面观测来确定。其中，Ω、ω、i 和 t 决定了卫星轨道面与赤道面的相对位置，而 a 和 e 则决定了卫星轨道的形状。

其他一些与卫星轨道相关的参数包括：

①卫星速度，是指卫星运行时相对于地表的速度。

②卫星运行周期，是指卫星绕地一圈所需要的时间。根据开普勒第三定律，卫星运行周期与卫星的平均高度有关。

③卫星高度，依据开普勒第一定律可解求卫星的平均高度。

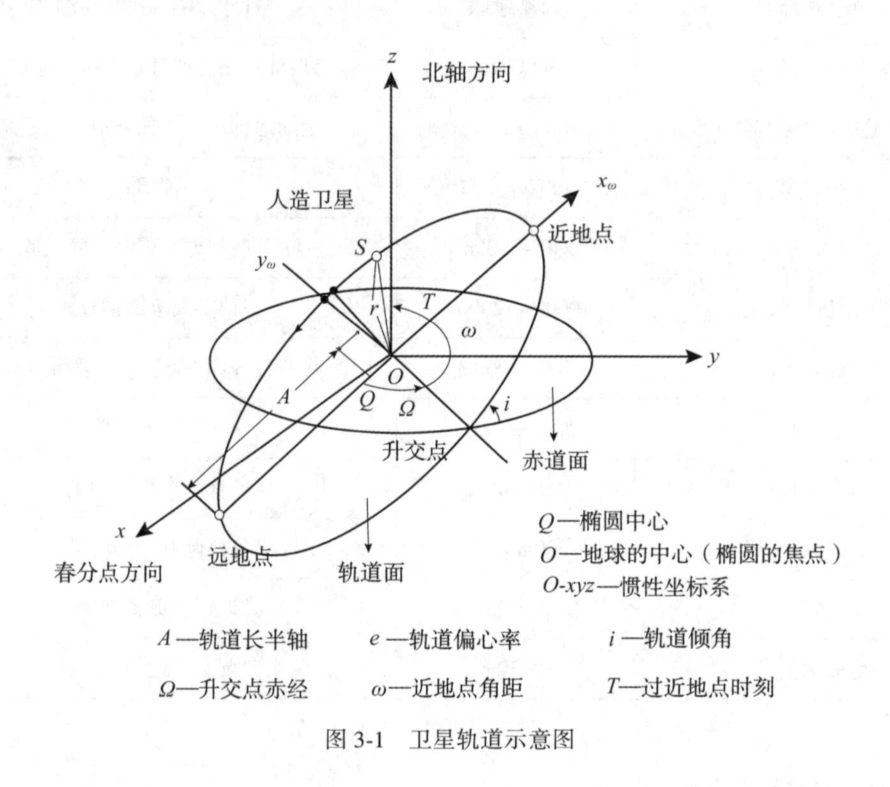

图 3-1　卫星轨道示意图

④同一天相邻轨道间在赤道处的距离。

⑤每天卫星绕地圈数。

⑥重复周期，是指卫星从某地上空开始运行，经过若干时间的运行后，回到该地空时所需要的天数。

2. 卫星的坐标和姿态的测定和解算

(1)卫星的坐标

上面已介绍了卫星轨道可用六个轨道参数来描述，这些参数可通过地面对卫星的观测来确定。要测定卫星的坐标，有两种常用方法：第一种是在预先编制的星历表中查到。已知 6 个参数后，要计算卫星某一瞬间的坐标，还须测定卫星在该瞬间的精确时间。卫星坐标以时间为参数，在预先编制的星历表中可以查到。第二种方法是用定位系统测定卫星坐标。目前比较普遍使用的是 GPS——一种快速而精确的定位方法，可用于导航、授时校频及地面和卫星的精确定位测量。通过对 GPS 卫星的观测，可以求得接收机所在点的三维坐标和时钟改正数，如果进行多普勒测量还能求出接收机的三维运动速度。

(2)卫星的姿态

绕飞行方向旋转的姿态角称为滚动，绕扫描方向旋转的姿态角称为俯仰，绕偏离飞行方向的轴旋转的姿态角称为航偏。姿态角可用星相机、红外姿态仪等测定。根据实测的数据，可由地面控制加以校正，使其限制在一定的范围内。

3. 陆地资源卫星轨道的特点

用于资源调查、测绘成图的遥感影像对获取影像的遥感平台的轨道有一定的要求，以尽量保证获取的影像的比例尺、光照等一致，并能对陆地表面进行重复观测。因此陆地资源遥感卫星轨道一般具有以下四个特点。

(1)近圆形轨道

近圆形轨道可以保证在不同地区获取的影像比例尺接近一致。同时近圆形轨道使得卫星的速度也近于匀速。便于扫描仪用固定扫描频率对地面扫描成像，避免造成扫描行之间不衔接的现象。

(2)近极地轨道

轨道近极地有利于增大卫星对地面总的观测范围，卫星的轨道倾角设计接近90度。利用地球自转并结合轨道运行周期和影像扫描宽度的设计，可以观测到南北极附近的高纬度地区。

(3)与太阳同步轨道

卫星轨道与太阳同步是指卫星轨道面与太阳地球连线之间在黄道面内的夹角，不随地球绕太阳公转而改变。

卫星与太阳同步轨道，可确保卫星位于同一地方时通过地面上空，也有利于卫星在相近的光照条件下对地面进行观测。但是由于季节和地理位置的变化，太阳高度角并不是任何时间都一致的。与太阳同步轨道还有利于卫星在固定的时间飞临地面接收站上空，并使卫星上的太阳电池得到稳定的太阳照度。

(4)可重复轨道

由于各种因素的影响，地表存在各种缓慢的或者急速的变化，需要利用卫星来获取这些变化。卫星绕地球运转，可以连续获取反映地表信息的数据。轨道的重复周期与卫星的运行周期关系密切，轨道的重复性有利于保证对地面地物或自然现象的变化作动态监测。

3.2　传感器分类与特性

3.2.1　传感器的分类

传感器是在电磁波谱的多个波段上采集感兴趣的目标或区域的反射、发射或后向散射能量(接收地面的辐射或传感器自身发射经目标反射的辐射)并将其转换为输出信号的设备，是获取遥感数据的关键设备。

到目前为止，传感器种类非常丰富，有框幅式光学相机、缝隙、全景相机、数码相机、光机扫描仪、光电扫描仪、CCD线阵、面阵扫描仪、微波散射计雷达测高仪、激光扫描仪和合成孔径雷达等，它们几乎覆盖了可透过大气窗口的所有电磁波段。

传感器按照成像方式可以分为主动式传感器和被动式传感器。被动式传感器为接收目标对电磁波的反射和目标本身辐射的电磁波而成像的遥感方式；主动式传感器是由传感器向目标物发射电磁波，经过目标反射，由传感器收集目标物反射回来的电磁波的遥感方式。每种遥感方式还可以分为扫描方式和非扫描方式。表 3-2 列出了目前使用的传感器类型。

表 3-2　　按成像方式分类的传感器

<table>
<tr><th colspan="10">传　感　器</th></tr>
<tr><td rowspan="12">被动方式</td><td rowspan="8">非扫描方式</td><td rowspan="4">非影像方式</td><td colspan="2">微波辐射计</td><td rowspan="12">主动方式</td><td rowspan="7">非扫描方式</td><td rowspan="7">非影像方式</td><td></td><td>微波散射机</td></tr>
<tr><td colspan="2">地磁测量仪</td><td></td><td>微波高度计</td></tr>
<tr><td colspan="2">重力测量仪</td><td></td><td>激光光谱仪</td></tr>
<tr><td colspan="2">傅立叶光谱仪</td><td></td><td>激光高度计</td></tr>
<tr><td rowspan="4">影像方式</td><td rowspan="4">相机</td><td>黑白</td><td></td><td>激光水深计</td></tr>
<tr><td>真彩色</td><td></td><td>激光测距仪</td></tr>
<tr><td>红外</td><td></td><td>激光雷达</td></tr>
<tr><td>彩红外</td><td rowspan="5">扫描方式</td><td rowspan="5">影像方式</td><td rowspan="3">物面扫描方式</td><td>微波散射计</td></tr>
<tr><td rowspan="4">扫描方式</td><td rowspan="4">影像方式</td><td rowspan="2">像面扫描</td><td>TV 摄像机</td><td rowspan="2">真实孔径雷达</td></tr>
<tr><td>固体扫描仪</td></tr>
<tr><td rowspan="2">物面扫描</td><td>光机扫描仪</td><td rowspan="2">像面扫描方式</td><td>合成孔径雷达</td></tr>
<tr><td>微波辐射计</td><td>被动型相控阵雷达</td></tr>
</table>

图 3-2 为按照电磁波段划分的三种常见传感器。

传感器一般由收集器、探测器、处理器、输出器组成。对于主动式传感器，还有信号的发射装置。

①收集器：收集地物辐射来的能量，具体的元件如透镜组、反射镜组、天线等。

②探测器：将收集的辐射能转变成化学能或电能，具体的元件如感光胶片、光电管、光敏和热敏探测元件、共振腔谐振器等。

③处理器：对收集的信号进行如显影、定影、信号放大、变换、校正和编码等处理。

④输出器：输出获取的数据，主要类型有扫描晒像仪、阴极射线管、电视显像管、磁带记录仪、彩色喷墨仪、光盘、硬盘、磁盘阵列等。

3.2.2　传感器的特性

对于电磁波遥感传感器，传感器获取的信息包括目标地物的大小、形状及空间分布特点，目标的属性特点，目标的运动变化特点。这些特点可分为几何、物理和时间 3 个方面，表现为传感器的 4 个特征：遥感影像的空间分辨率、光谱分辨率、辐射分辨率、时间分辨率。这些特性决定了遥感影像的应用能力和需求，传感器的发展往往体现在这 4 个指标的改善上。

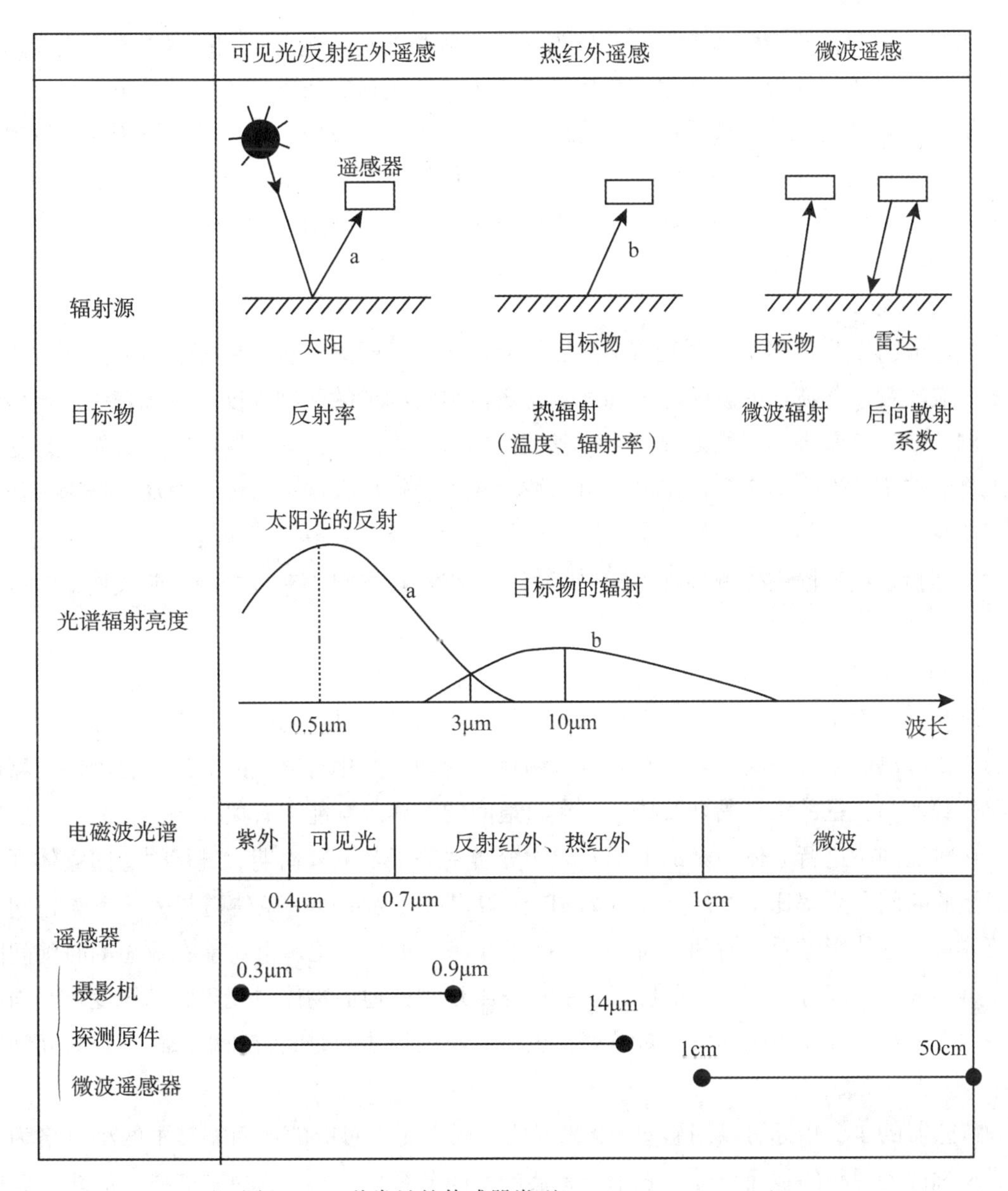

图 3-2　三种常见的传感器类型（a=6000K，b=300K）

1. 空间分辨率

传感器瞬时视场内所观察到的地面的大小称为空间分辨率，其值由传感器的瞬时视场角和平台高度确定，其大小决定了影像上地物细节的再现能力。传感器空间分辨率决定了遥感影像的成图比例尺，如 Landsat MSS 影像的空间分辨率（即每个像元在地面的大小）为 79m×79m；TM 多光谱影像的空间分辨率为 30m×30m；SPOT-5 多光谱影像的空间分辨率为 10m×10m，而其全色波段影像空间分辨率可以达到 2. 5m×2. 5m；GeoEye 影像的全色波段空间分辨率已经达到 0. 41m×0. 41m。

2. 辐射分辨率

辐射分辨率是指传感器能区分两种辐射强度最小差别的能力，在遥感影像上表现为每一像元的辐射量化等级，一般用量化比特数表示最暗至最亮灰度值之间的分级数目。传感器的辐射分辨率决定某个波段各类地物的细节，在可见光波段、近红外波段用噪声等效反射率表示，在热红外波段用噪声等效温差、最小可探测温差和最小可分辨温差表示。传感器的输出包括信号和噪声两大部分，如果信号小于噪声，则输出的是噪声；如果两个信号之差小于噪声，则在输出的记录上无法分辨这两个信号。

3. 光谱分辨率

光谱分辨率为传感器探测光谱辐射能量的最小波长间隔，包括传感器总的探测波段的宽度、波段数、各波段的波长范围和间隔，决定地物细节的区别程度。一般来说，若传感器探测的波谱范围大、波段的数量多、各波段的波长间隔小，则它输出的数据能较好地反映地物的波谱特性。但实际使用中，由于波段太多，输出数据量太大，增加了处理工作量和判读难度。有效的方法是根据被探测目标的特性选择一些最佳探测波段。所谓最佳探测波段，是指这些波段中探测各种目标之间和目标与背景之间，有最好的反差或波谱响应特性的差别。

4. 时间分辨率

时间分辨率是指对同一地区重复获取影像所需的最短时间间隔，决定传感器对应用对象的变化检测能力。时间分辨率与所需探测目标的动态变化有直接的关系。各种传感器的时间分辨率与卫星的重复周期及传感器在轨道间的立体观察能力有关。

在轨道间不进行立体观察的卫星，时间分辨率等于其重复周期。进行轨道间立体观察的卫星的时间分辨率比重复周期短。如 SPOT 卫星，在赤道处一条轨道与另一条轨道间交向获取一个立体影像对，时间分辨率为 2 天。未来的遥感小卫星群将能在更短的时间间隔内获得影像。时间分辨率愈高的影像，能更详细地观察地面物体或现象的动态变化。与光谱分辨率一样，并非时间间隔越短越好，也需要根据物体的时间特征来选择一定时间间隔的影像。

传感器的 4 个指标可以用彩图 3-3 来说明。图中 a 为对应的地面，其中的小方格为传感器瞬时视场观测的地面范围，表示传感器的空间分辨率。b 为地物波谱特性曲线，其中的曲线为小方格对应地物的波谱特性曲线，有色方块为成像的波段及范围，表示传感器的光谱分辨率，传感器在方块对应的波段里对小方格内的地物成像。c 为量化等级，代表传感器的辐射分辨率，是小方格对应的地物在某个波段辐射的量化，灰级范围为 $0 \sim 2^n - 1$，n 为比特数。d 为对应的多光谱影像，其影像数量与传感器的波段数对应。T_2、T_1之间的时间间隔代表传感器对地观测的时间分辨率，没有倾斜观测的传感器其时间分辨率与重复周期相同，有倾斜观测能力的传感器其时间分辨率的值小于重复周期。

表 3-3 为部分卫星携带的传感器相关参数比较。

表 3-3　　**部分卫星携带的传感器相关参数**

卫星	卫星携带的传感器空间分辨率全色/多光谱(m)	多光谱波段数	光谱范围(nm)	量化等级(byte)	时间分辨率(天)
LANDSAT-7	30 30 30 30 30 30 60 15	7	ETM1　450~520 ETM2　520~600 ETM3　630~690 ETM4　760~900 ETM5　1550~1750 ETM7　2080~2350 ETM6　10400~12500 PAN　520-900	8	16
SPOT-5	2. 5/10	4	绿：　500~590 红：　610~680 近红外：　780~890 短波红外：1. 58~1. 75	8	2~26
IRS P6	5. 8/23. 5	4	绿：　520~590 红：　620~680 近红外：　770~860 短波红外：1. 55~1. 70	8	5
CBERS-1	2. 36/19. 5	5	蓝：　450~520 绿：　520~590 红：　630~690 近红外：　770~890 短波红外：510~730 全色：　500~800	8	26
IKONOS	1/4	4	蓝：　450~530 绿：　520~610 红：　640~720 近红外：770~990 全色：　450~900	11	3
QUICK BIRD	0. 6/2. 4	4	蓝：　450~520 绿：　520~660 红：　630~690 近红外：760~900 全色：　610~720	11	1~6
GeoEye	0. 41/1. 65	4	蓝：　450~510 绿：　510~580 红：　660~690 近红外：780~920 全色：　450~900	11	3
TERRA-MODIS	250/500/1000	36	分布在可见光，红外波段	12	0. 5
FY-2C/D 双星	可见光 1150 红外 5000	5	可见光一个波段，红外 4 个波段	12	15 分钟

3.3 被动式遥感传感器

常见的被动式传感器如图 3-4 所示。

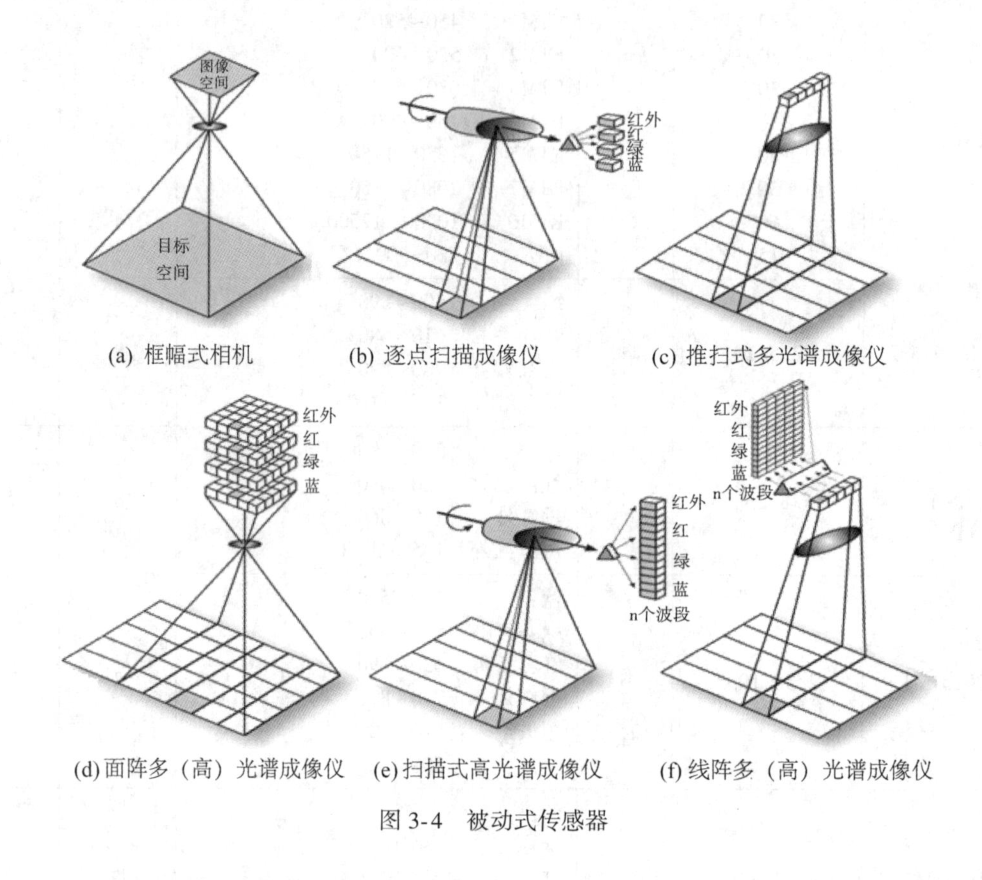

图 3-4　被动式传感器

3.3.1 可见光与近红外传感器

可见光近红外传感器主要包括框幅式和推扫式两类传感器。

1. 框幅式传感器

(1) 框幅式胶片摄影机

框幅式胶片摄影机是传统的成像设备，主要由物镜、快门、光圈、暗合、机械传动装置等组成。

摄影机搭载在平台上，通过对地表垂直方向的连续摄影，从而进行地面观测获取地表信息，如图 3-4(a) 所示。影像上目标的色调取决于地物的反射率、感光材料性能和镜头的分辨率。获取的一景影像属于单中心投影，影像的几何关系稳定严密，其比例尺取决于摄影机焦距和航高，与地形起伏有关。框幅式摄影成像信息量大、分辨率高；其不足是拍摄成本高、摄影处理繁琐、相机笨重且与后续数字化处理方法衔接不顺畅，而且使用的波段是可见光近红外波段，不便于连续对地观测以及数据的传输。

为了保证影像质量，对透镜的要求很高，需要摄影系统有较高的分辨率，底片有压平装置。为了实现连续摄影，还需配备自动卷片、时间间隔控制等装置。

在航天环境下的摄影机，由于所处环境的特殊性，需要采取一定的措施来保证获取数据的质量：

①摄影机内大气和外界真空之间存在差异，会造成窗口变形，另外舱内的合成材料会产生沉淀物，附着在窗口上，影响摄影质量。需要选择表面质量、光学均匀性和抗弯强度极好的玻璃做窗口，有清除窗口污染的装置。

②获取的地表范围大，地理纬度相差大，太阳高度角不同，目标的反射亮度也不同，为了随时得到合适的曝光量，需要配备自动曝光装置。

③大气的环境会影响光学系统的性能，必须控制舱内合适温度、压力和湿度，尽量减小这些因素对空间相机光学系统的影响。

④必须采用高感光度胶片或配以像移改正装置来消除飞行器运动引起的像移。

(2)面阵 CCD 数字航测相机

面阵 CCD 数字航测相机获取的影像与传统的框幅式影像类似，与传统胶片航测相机相比，具有非常显著的优势，其优势体现在：

①大像幅影像保证了定位精度，提高了作业效率，获取大像幅影像是数字航测相机追求的目标。

②与定姿、定位传感器的结合，利用 GPS/IMU 的组合数据精确求解航空摄影时刻传感器的地理位置坐标和姿态，可以最大程度地摆脱对地面控制点的依赖，使直接利用影像对地面定位成为可能。

③与现有摄影测量系统资源的衔接，面阵 CCD 数字航测相机最终处理的影像是中心投影方式的数字影像，与处理框幅式航空相机获取的影像一样，可以与现有的摄影测量软件系统完全兼容，充分利用了现有的资源。

面阵 CCD 数字航测相机使得成像传感器在飞行过程中直接获取数字影像，增强了传感器对地观测能力，有利于缩短信息处理的周期，提高对地观测的时效性。

2. CCD 固体推扫式传感器

电荷耦合器件(Charge Coupled Devices, CCD)是 20 世纪 70 年代初发展起来的新型半导体器件。四十多年来，它的研究和应用取得了惊人的发展，特别是在传感器应用方面，已成为现代光电子学和现代测量技术中最活跃、最富有成果的新兴领域之一。CCD 一经问世，人们就对它在摄像领域中的应用产生了浓厚的兴趣，于是精心设计出各种 CCD 线阵摄像器件和 CCD 面阵传感器。CCD 器件不但具有体积小、重量轻、功耗小、工作电压低和抗烧毁等优点，而且在分辨率、动态范围、灵敏度、实时传输和自扫描等方面的优越性也是其他摄像器件无法比拟的。

目前 CCD 固体扫描仪按其探测器的排列形式不同，分为线阵列扫描仪(见图 3-4(c)、图 3-4(f))和面阵列扫描仪(见图 3-4(d))两种。线阵列扫描仪一般称为推扫式扫描仪，由收集器、分光器、探测器、处理器和输出器等部分组成，与光机扫描仪相比，没有机械装置，探测器的探测原理也不同，其他部分使用的元件及其原理与光机扫描仪相同。

CCD 的基本原理：构成 CCD 的基本单元是 MOS 结构，一个完整的 CCD 器件由光敏元、转移栅、移位寄存器以及一些辅助输入输出电路组成。CCD 工作时，在设定的积分时间内，光敏元对光信号取样，将光的强弱转换为各光敏元的电荷量。取样结束后，各光敏元的电荷在转移栅信号驱动下，转移到 CCD 内部的移位寄存器相应单元中。移位寄存器在驱动时钟的作用下，将信号电荷依次转移到输出端。输出信号可以输出到显示器或信号存储处理设备，对信号进行再现或存储处理。每一个脉冲只能反映一个光敏元的受光情况，脉冲幅度的高低反映该光敏元受光的强弱，输出脉冲的顺序反映光敏元的位置。

推扫式扫描仪使用的是固体探测器件，如图 3-4(c)所示。地面上扫描线对应的辐射信息经光学系统收集，聚焦在 CCD 线阵列元件上。要取得多光谱影像先经过分光器，CCD 的输出端以一路时序视频信号输出，在瞬间能同时得到垂直于航向的一条影像线，随着平台的向前移动，以“推扫”方式获取沿轨道的连续影像条带。

与垂直航迹的光/机摆扫系统相比，线性阵列系统更有优势。线性阵列给每个探测器提供了在测量每个地面分辨单元的能量时有更长的延迟时间的机会，能记录到更强的信号(有更高的信噪比)，在信号水平上能够感测到更大范围内的信号，得到更好的辐射分辨率。线性阵列系统的几何完整性非常好，记录每条扫描线上的探测器元件之间有确定的关系。在感测过程中，由于垂直航迹扫描仪的扫描镜的速度变化而导致的排列错误在沿航迹(推扫式)扫描仪中都是不存在的。

3. 时间延迟积分 CCD

对于普通线阵来说，一旦 CCD 器件已经确定，那么器件的灵敏度 S 和光敏元的面积 A 就确定。在输入光照度 E 一定的情况下，欲提高 CCD 灵敏度也即增加 CCD 的能量，唯一的办法就是增加积分时间 T，而增加积分时间将带来空间分辨率的降低，这是实际应用中绝对不允许的。所以说，对于高速、微光应用普通线阵 CCD 是无能为力的。而 TDI-CCD 的工作过程是基于对同一目标多次曝光，通过延时积分的方法，增强光能的收集。它能轻易地解决灵敏度与速度、分辨率之间的矛盾。

高空间分辨率成像一般采用时间延迟积分 CCD(Time Delayed and Integration CCD，TDI-CCD)。TDI-CCD 器件是近几年发展起来的一种新型光电传感器。TDI 是一种扫描方式，是一项能够增加线扫描传感器灵敏度的技术。TDI-CCD 的结构像一个长方形的面阵 CCD，但从功能上说它是一个线阵 CCD。由于其特殊的结构和扫描方式，TDI-CCD 是基于对同一目标多次曝光，通过延迟积分的方法，大大增加了光能的收集。与一般线阵 CCD 相比，它具有光电灵敏度和信噪比很高、动态范围宽等优点。在光线较暗的场所也能输出一定信噪比的信号，大大改善环境条件恶劣引起信噪比太低这一不利因素。而 TDI-CCD 在低照度下可以捕获到目标的相关信息，但它和普通线阵 CCD 的工作原理不同，在对高速动态目标成像时，要求行扫描速率和目标像移速率严格同步，否则难以正确提取目标的影像信息。TDI-CCD 相机在对运动目标成像时，由于在光积分时间内成像目标的快速变化，导致目标影像与 CCD 像元之间存在着相对运动，相应地引起光敏面上成像点的变化，造成不同步采集而产生的像移。在空间对地面的遥感中，采用 TDI-CCD 器件作为焦平面探测器可以减小相对孔径，也可减小探测器的重量和体积。因此，TDI-CCD 器件一出现，便在工业检测、空间探测、航天遥感、微光夜视探测等领域中得到了广泛的应用。

基于对同一目标多次曝光，通过延时积分的方法，以增加等效积分时间，增强光能的收集。它的列数是 CCD 器件一行的像元数，行数为延迟积分的级数 M，如图 3-5 所示。某一行上的第一个像元在第一个曝光积分周期内收集到的信号电荷并不直接输出，而是与同列第二个像元在第二个积分周期内收集到的信号电荷相加，相加后的电荷移向第三行……CCD 第 M 行的像元收集到的信号电荷与前面 $M-1$ 次收集到的信号电荷累加后转移到输出移位寄存器中，按普通线阵 CCD 的输出方式读出。由此可见，CCD 输出信号的幅度是 M 个像元积分电荷的累加，即相当于一个像元的 M 倍积分周期所收集到的信号电荷，输出幅度扩大了 M 倍。在 TDI-CCD 中，根据不同的应用背景，积分级数 M 可设计为 6，12，24，48，96 等。由于 TDI-CCD 的曝光时间与使用的 TDI 级数成比例，通过改变 TDI 级数，可改变可见光 CCD 的曝光时间。因此，可见光 TDI-CCD 用于成像系统，在不改变帧频的情况下，通过改变 TDI 级数，可以在不同的照度下正常工作。随着 TDI 级数增加，信号随 TDI 级数 M 成线性增加，而噪声随 TDI 级数成平方根增加，TDI-CCD 的信噪比（SNR）可以增加 $\sqrt{M}$ 倍。TDI-CCD 的另一个特点是通过多次曝光可减少像元间响应不均匀和固定图形噪声的影响。

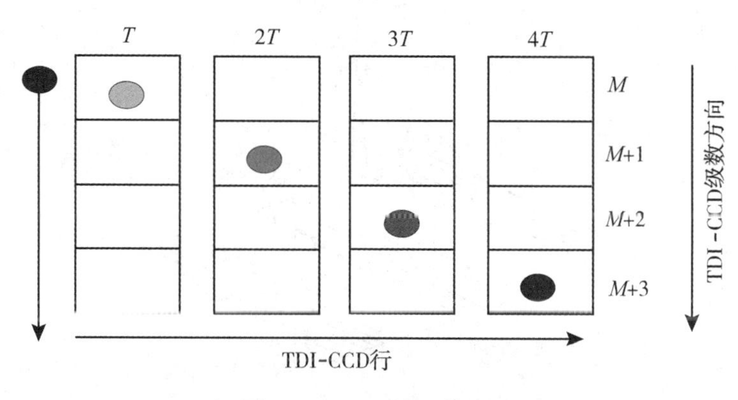

图 3-5　TDI-CCD 工作原理

高分辨率星载遥感 TDI-CCD 相机的成像原理如图 3-6 所示。光学系统的视场决定影像的扫描宽度。TDI-CCD 相机成像时，相机随卫星向前运动，对地面景物目标多次曝光成像。随着曝光级数增大，传感器累计的电荷与级数成正比增大。地面目标经由主反射镜镜组、次反射镜镜组、折轴镜镜组、第三反射镜镜组、成像 TDI-CCD 焦平面组和电子信号处理系统完成影像处理。

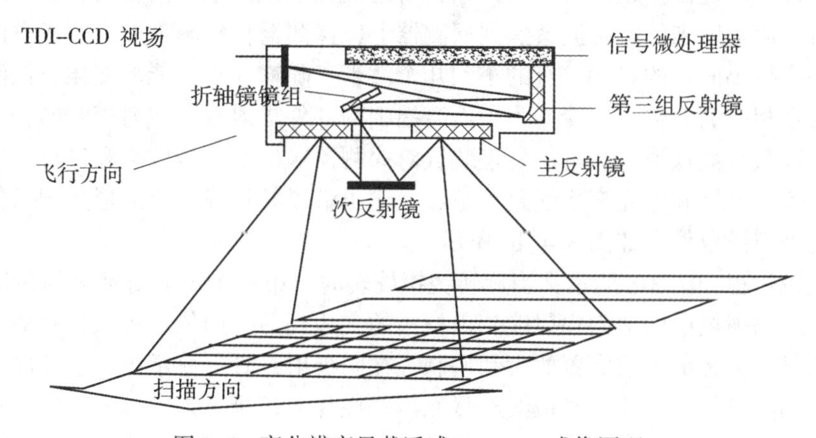

图 3-6　高分辨率星载遥感 TDI-CCD 成像原理

4. 三线阵 CCD 测量相机

三线阵 CCD 测量相机的光电扫描成像部分是由光学系统焦面上的三个线阵 CCD 传感器组成的。垂直对地成像的称为正视传感器，向前倾斜成像的称为前视传感器，而向后倾斜成像的称为后视传感器。如图 3-7 所示，B 为正视传感器，A 为前视传感器，C 为后视传感器。这三个 CCD 阵列 A、B、C 相互平行排列并与航天飞行器飞行方向垂直。当航天飞行器飞行时，每个 CCD 阵列以一个同步的周期 N 连续扫描地面并产生三条相互重叠的航带影像 A_s、B_s、C_s，这三个 CCD 阵列的成像角度不同。推扫所获取的航带影像 A_s、B_s、C_s 的视角也各不同，从而可构成立体影像。

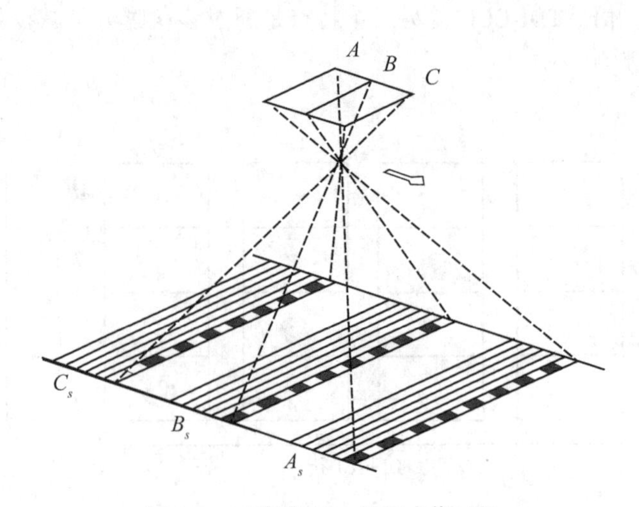

图 3-7　三线阵 CCD 相机成像过程

3.3.2 热红外扫描成像传感器

1. 扫描成像过程

红外扫描仪的结构包括一个旋转扫描镜、一个反射镜系统、一个探测器、一个制冷设备、一个电子处理装置和一个输出装置。

旋转扫描镜对地面横越航线方向扫描，将地面辐射来的电磁波反射到反射镜组，然后反射镜组将地面辐射来的电磁波聚焦到探测器上，探测器再将辐射能转变成电能。探测器通常做成一个很小面积的点元，有的小到几个微米。随输入辐射能的变化，探测器输出的电流强度发生相应的变化。致冷器为了隔离周围的红外辐射直接照射探测器，一般机载传感器可使用液氧或液氮致冷。电子处理装置对探测器输出的信号放大和进行光电变换，它由低噪声前置放大器和电光变换线路等组成。输出端以胶片或数字的形式记录信号，完成对地面热红外扫描成像，如图 3-4(b)所示。

扫描成像过程如图 3-8 所示，当旋转棱镜旋转时，第一个镜面对地面横越航线方向扫视一次，在扫描视场内的地面辐射能，由扫描的一边到另一边依次进入传感器，经探测器输出视频信号，再经电子放大器放大和调制，在阴极射线管上显示出一条相应于地面扫描视场内的景物的影像线，这条影像线经曝光后在底片上记录下来。接着第二个扫描镜面扫视地面，由于飞机向前运动，胶片也作同步旋转，记录的第二条影像正好与第一条衔接。

依次下去，就得到一条与地面范围相应的二维条带影像。

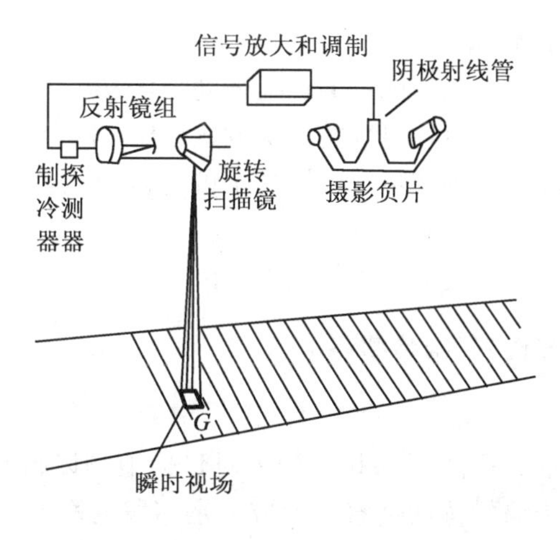

图 3-8　红外扫描仪结构原理图

2. 红外扫描仪影像的全景畸变

红外扫描仪垂直指向地面的地面空间分辨率 a_0，则由瞬时视场 β 和航高 H_0 决定，即

$$a_0 = \beta H_0$$

红外扫描仪的瞬时视场 β 与探测器尺寸 d（直径或宽度）、扫描仪的焦距 f 的关系为：

$$\beta = \frac{d}{f}$$

则垂直指向地面的地面空间分辨率 a_0 为：

$$a_0 = \frac{d}{f} H_0$$

β 在设计仪器时已确定，传感器地面分辨率的变化只与航高有关。航高值大，a_0 值自然就大，则地面分辨率就差。当观测视线倾斜时（在某一个不等于 0 的扫描角 θ 下观测），传感器和目标的距离 H_θ 将发生变化，因此其地面分辨率 a_θ 及相应的比例尺也将发生变化。

$$\left.\begin{aligned} a_\theta &= \beta H_\theta = a_0 \sec\theta, & \frac{1}{m_x} &= \frac{d}{a_\theta} = \frac{1}{m_0}\cos\theta \\ a'_\theta &= a_\theta \sec\theta = a_0 \sec^2\theta, & \frac{1}{m_y} &= \frac{d}{a'_\theta} = \frac{1}{m_0}\cos^2\theta \end{aligned}\right\} \tag{3-1}$$

式中：a_θ 为扫描方向分辨率，a'_θ 为飞行方向的分辨率。

由于地面分辨率随扫描角发生变化，而使红外扫描影像产生畸变称为全景畸变。

红外扫描仪还存在一个温度分辨率的问题，温度分辨率与探测器的响应率 R 和传感器系统内的噪声 N 有直接关系。为了获得较好的温度鉴别力，红外系统的噪声等效温度限制在 0.1~0.5K 之间，而系统的温度分辨率一般为等效噪声温度的 2~6 倍。

3. 扫描线的衔接

当扫描镜的某一个反射镜面扫完一次后，第二个反射镜面接着重复扫描，平台的飞行使得两次扫描衔接。只要保持平台速度与平台航高之比为一常数，就能确保扫描线正确衔接，不出现条纹影像。

4. 热红外影像的色调特征

热红外影像的色调变化与相应地物的辐射强度变化成函数关系。地物发射电磁波的功率与地物的发射率成正比，与地物温度的四次方成正比，因此影像上的色调与这两个因素呈相应关系。地物温度较高，则在热红外影像上的色调很浅，显得亮；反之则显得很暗。发射率高的地物在影像出现灰色调，发射率很低，显得很黑。热红外扫描仪对温度比对发射本领的敏感性更高，温度的变化能使热红外影像产生较高的色调差别。

3.3.3 多光谱(高光谱)扫描传感器

1. 多光谱摆扫成像

多光谱摆扫成像是依靠探测元件和扫描镜对目标地物以瞬时视场为单位进行逐行取样，以得到目标地物电磁辐射特性信息，形成一定谱段的影像，如图 3-4(e)所示。光学机械扫描仪是借助于遥感平台沿飞行方向运动和遥感器自身光学机械横向扫描达到地面覆盖，从而得到地面条带影像的成像装置。

(1)光学机械扫描仪

光学机械扫描仪主要由扫描镜、收集器、分光器、探测器、处理器和输出器等几部分组成。扫描镜负责收集地面目标的电磁辐射，收集器把收集到的电磁辐射聚成光束，然后通过分光器分成不同波长的电磁波，它们分别被一组探测器中的不同探测元件所接收，经过信号放大，然后记录在磁带、光盘、硬盘上，或通过电光转换后记录在胶片上。

目前的光机扫描仪主要有多光谱扫描仪和高光谱扫描仪。在不同波段进行探测，需采用不同的扫描探测元件。扫描影像的物理特性决定于其所采用的探测元件的波段响应。

多光谱扫描仪的工作波段范围很宽，包括近紫外、可见光到远红外波段。多光谱扫描仪根据大气窗口和地物目标的波谱特性，用分光系统(棱镜或光栅等)把扫描仪的光学系统所接收的电磁辐射(从紫外、可见光到红外)分成若干波段。

光机扫描仪的成像过程如图 3-9 所示。当旋转棱镜旋转时，第一个镜面对地面横越航线方向扫视一次，在地面瞬时视场内的地面辐射能由旋转棱镜反射到反射镜组，经其反射、聚焦到分光器上，经分光器分光后分别照射到相应的探测器上。探测器则将辐射能转变为视频信号，再经电子放大器放大和调整，在阴极射管上显示瞬时视场的地面影像，在底片曝光后记录下来(称为一个像元)，或者视频信号经模/数转换器转换，变成数字的电信号，经采样、量化和编码，变成数据流，向地面实时发送或由磁带记录仪记录后作延时回放。随着棱镜的旋转，垂直于航向上的地面依次成像形成一条影像线，并被记录下来。平台在飞行过程中，扫描旋转棱镜依次对地面扫描，形成一条条相互衔接的地面影像，最后形成连续的地面条带影像。因此光/机扫描成像方式也称垂直航迹扫描系统。

用多光谱扫描仪可记录地物在不同波段的信息，因此不仅可根据扫描影像的形态和结构识别地物，而且可用不同波段的差别区分地物，为遥感数据的分析和识别提供了非常有利的条件，它常用于收集植被、土壤、地质、水文和环境监测等方面的遥感信息。

瞬时视场(Instantaneous Field Of View，IFOV)是多光谱扫描仪的一个重要指标，会影响获取影像的空间分辨率，它是指探测系统的成像单元在某一瞬间覆盖的地面范围，而不

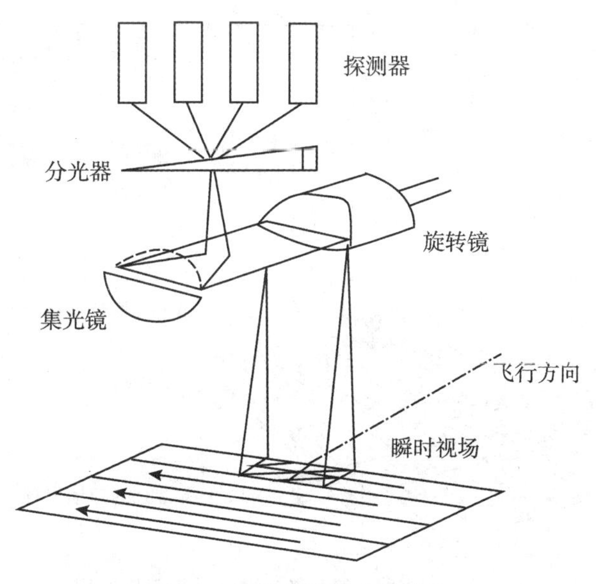

图 3-9 光机扫描仪成像过程

管这个瞬时视场内有多少性质不同的目标。IFOV 通常用入射能量聚集在探测器上的圆锥角来表示，圆锥角 β 的大小由仪器的光学系统和探测器的大小来决定。在某一瞬时，IFOV 内的所有传送到仪器里的能量都会引起探测器的响应。因此，在给定的时间瞬间，IFOV 中都包含不止一种土地覆盖类型或要素，记录下来的是它们的复合信号响应。这样，一幅典型的影像通常是由“纯”像素和“混合”像素组合而成，其组合程度取决于 IFOV 和地面特征的空间(组成)复杂性。

一个典型的光/机多光谱扫描仪(垂直航迹多光谱扫描仪)的工作原理如图 3-10 所示。这个系统使用一个旋转镜或振荡镜，沿着与飞行路线成 90°角的扫描线来进行地形扫描，这样，扫描仪不断地来回重复测量平台左右两侧的能量，数据采集范围在平台下方 90°～120°的弧形内。当平台不断向前飞行，覆盖连续的扫描线，产生一系列毗邻的观测窄带，入射能量被分解成多个光谱成分，传感器都能感测这些光谱成分。比如，该系统使用分色光栅将能量分解成热能和非热能波长这两种形式并将其记录下来。非热能波长分量直接来自光栅，通过一个棱镜(衍射光栅)把能量分裂成一个个紫外线、可见光、近红外波长的连续能量区；与此同时，分色光栅也把入射信号的热分量分散成它的成分波长。通过在光栅和棱镜后面的适当位置放置一个光电探测器，可以使该系统在一个特定的波长范围达到最高光谱灵敏度。

(2)推扫式多光谱成像

提高扫描成像系统的性能，最现实的方法是增加探测器的个数，这样扫描机械速度减慢，在每个敏感元上辐射积分的时间增加，信噪比提高，因而地面分辨率也能提高。固体自扫描成像是用固定的探测元件(每个探测元件对应地面的一个瞬时像元)，通过遥感平台的航向运动对目标地物进行扫描的一种成像方式。目前常用的探测元件是电荷耦合器件 CCD，电荷耦合的原理使得制成大型面阵或线阵探测器件成为可能。

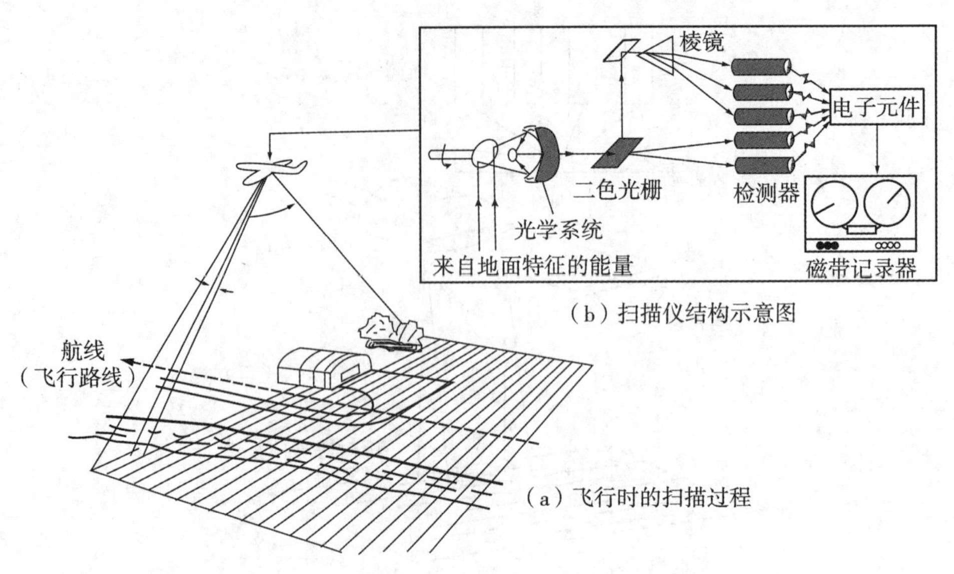

（b）扫描仪结构示意图

（a）飞行时的扫描过程

图 3-10　扫描式多光谱扫描仪系统工作原理

在光机扫描仪中，由于探测元件需要靠机械摆动进行扫描，如果要立即测出每个瞬时视场的辐射特征，就要求探测元件的响应时间足够快。例如，要在 1/20s 的时间内扫描完一帧含有 512×512 个像元(瞬时视场或分辨率)的影像，探测元件在每个瞬时视场的停留时间只有 $1/(20×512×512)= 1.9×10^{-7}$s，即约为 0.2μs 的 1/3，因而对可供选择的探测器有很大的限制。

如果应用 CCD 多元阵列探测器同时进行扫描时，用一竖列的 10 个探测元件进行扫描，每帧影像每个探测元件只要扫描 51 条线，那么探测元件在瞬时视场的停留时间就只有 2μs 了。如果用 512 个元件的 CCD 阵列，每一帧同样大小的影像只要一次自扫描就可以了。由于每个 CCD 探测元件与地面上的像元(瞬时视场)相对应，靠遥感平台前进运动就可以直接以推扫成像。因此所用的探测元件数目越多，体积越小，分辨率就越高。在 CCD 元件扫描仪中设置波谱分光器件和不同的 CCD 元件，可使扫描仪既能进行单波段扫描也能进行多波段扫描。

2. 高光谱扫描成像

相对于多光谱成像，高光谱成像则具有更多更窄连续的光谱波段。其成像时多采用摆扫式或推扫式，收集的波段数据更为丰富，使得影像中的每一像元均得到连续的反射率曲线，达到图谱合一。

由于成分、结构、构造、环境等性质的不同，自然界物质的波谱特性存在一定的差异，但有时这种差异不是很明显，即许多物质的特征往往表现在一些较窄的光谱范围内。常规的多光谱成像仪包括少数几个探测波段，波谱分辨率较低，无法精确地记录目标物在较窄波段范围内的精细光谱特征，无法将多个较相似的研究对象区分开来。对遥感而言，在一定波长范围内，被分割的波段数越多，即波谱取样点越多，则越接近地物连续波谱曲线，因此可以使得扫描仪在取得目标地物影像的同时也能获取该地物的光谱组成。而高光谱遥感技术通过应用具有高光谱分辨率的探测仪器，可以将探测波段范围分为几十或上百个连续的光谱探测波段，从而能够获取目标物在较窄波段范围内的波谱信息，这样就达到了既能成像又能获取目标光谱曲线的“谱像合一”的目的，而这种波谱信息恰恰是目标物区分于其他相似地物的特征信息，即诊断性的光谱特征。

高光谱遥感技术使目标物的光谱特征与影像特征达到了完美的结合。通过高光谱遥感来捕获物体的诊断性光谱特征，能够保留其整体形态及其与周围地物的相互关系，而且获取的信息更加丰富，更有利于遥感解译与应用。

高光谱传感器是一类可以在许多很窄的相邻光谱波段(包括整个可见光、近红外、中红外、热红外的部分光谱)获取影像的仪器，它可以使用垂直航迹或者沿航迹或者二维阵列扫描。这类仪器可以采集更多波段的数据，以保证为场景中的每个像素提供连续的反射比(对于热红外能量而言就是辐射度)光谱。这类仪器可以在很窄的波长间隔内识别具有诊断吸收和反射特征的地物，而这些间隔不在传统的多光谱扫描仪各波段相对粗糙的带宽范围内。高光谱成像光谱测量的概念如图 3-11 所示。

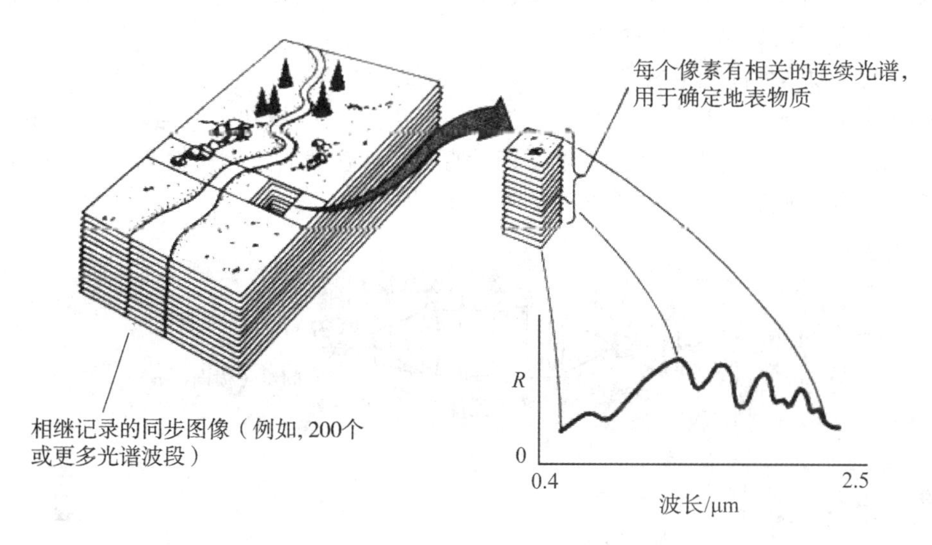

图 3-11　成像光谱测量的概念

高光谱扫描仪又称成像光谱仪，基本上属于多光谱扫描仪，它是在扫描成像的基础上加了一个色散装置。根据实施扫描成像的方式和光电探测器种类，成像光谱仪系统大致可划分为光/机摆扫式和推扫式两种。

(1) 光学/机械摆扫成像光谱仪

光学/机械摆扫成像光谱仪的工作原理(见图 3-12)：从地表反射或辐射的入射能经过光学系统准直后，经棱镜和光栅狭缝色散，由成像系统将色散后的光能按照波长顺序成像在探测器的不同位置上。这种光谱仪的特点是二维影像空间上的一个点经过色散元件色散为一条线，最后形成一维灰度集合。

这种成像光谱仪会产生很多个连续光谱波段，经过光学色散装置分色后，不同波段的辐射照射到 CCD 线阵列的各个元件上。来自地面瞬时视场的辐射强度被分色记录下来，其光谱通道数与线阵列元件数相同。在逐行逐个像元摆扫过程中，产生了上百个窄波段组

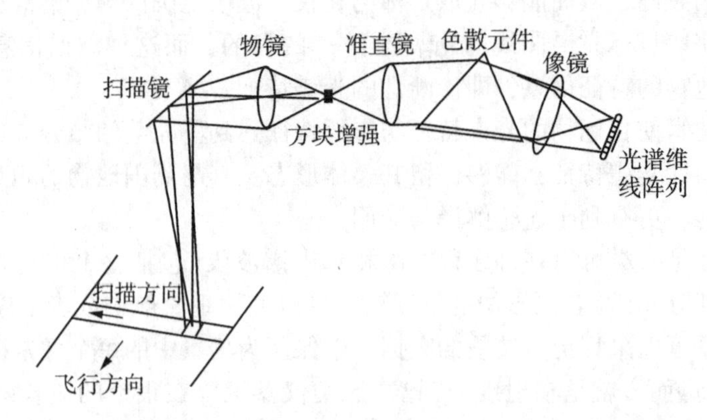

图 3-12　光/机摆扫成像光谱仪的工作原理

成的连续光谱的影像。这种摆扫式的高光谱成像仪主要用于航空遥感探测，其较慢的飞行速度使空间分辨率的提高成为可能。

(2)推扫式面阵列高光谱成像

推扫式面阵列成像光谱仪的工作原理如图 3-13 所示。其成像过程与多光谱成像类似，从地表反射或辐射的入射射能经过光学系统准直后，经棱镜和光栅狭缝色散，由成像系统将色散后的光能按照波长顺序成像在探测器的不同位置上。

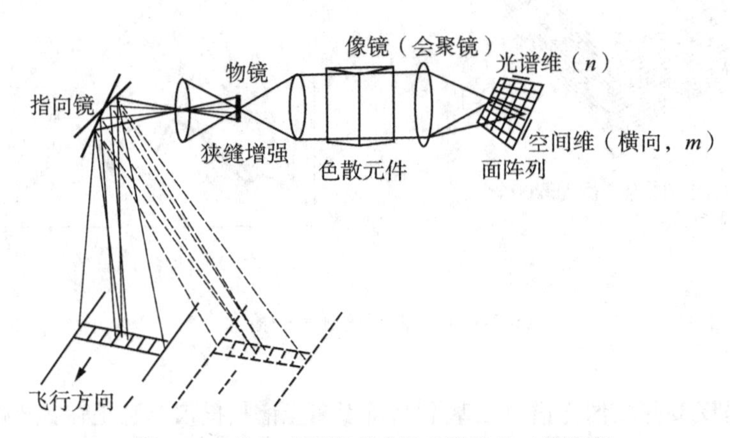

图 3-13　推扫式面阵列成像光谱仪的工作原理

推扫式面阵列成像光谱仪为一个二维面阵列，一维是线性阵列，另一维为光谱仪。二维影像空间上的一条线经过色散元件色散为多条线，对应一个二维灰度集合。

推扫式面阵式像光谱仪的成像过程为影像一行一行地记录数据，不再移动元件。成像装置在横向上测量一行中的每个像元所有波段的辐射强度，有多少波段就有多少个探测元件。在工作时，与光学/机械摆扫成像光谱仪方式类似，通过快门曝光，将来自地面的辐射能传输到寄存器来记录数据。光电探测器采用 CCD 或汞-镉-碲/CCD 混合器件，空间扫描由器件的固体扫描完成。由于像元的摄像时间长，系统的灵敏度和空间分辨率的提高可以实现。

还有一类高光谱成像采用干涉原理成像。干涉成像光谱仪并不直接分光，而是生成各种光程差条件下的干涉图，再根据干涉图与光谱图之间的傅里叶变换关系，得到光谱图。

3.3.4　微波辐射计

1. 微波的特点

微波具有穿透云层、小雨、雾和抗太阳辐射影响等特点，所以具有较强的全天候、全天时工作能力。微波具有一定的穿透被测物体的能力，而微波遥感具有一定的定量测量能力，以弥补可见光和红外遥感的不足。微波遥感可以测量研究目标的频率特性、多普勒效应、偏振特性、后向散射特性，还可以利用这些数据测定用可见光及红外遥感器难于观测的物理量。

在微波遥感中，所观测的电磁波的辐射源有目标物(被动)和雷达(主动)两种。

2. 微波传感器

微波遥感有两种观测方式。一是主动方式：利用遥感器向地面发射微波后接收其散射波，这种方式的传感器有雷达、合成孔径雷达、微波散射机和雷达高度计；二是被动方式：观测目标的自身辐射，这种方式的传感器有微波辐射计。微波传感器类别如表 3-4 所示。

表 3-4　**微波传感器类别**

	类别	观测对象
被动式	微波辐射机	海面状态、海面温度、海风、海水盐分浓度、海冰水蒸气量、云层含水量、降水强度、大气温度、风、臭氧、气溶胶、其他大气微量成分
主动式	成像雷达	地表的影像，海浪、海风，地形、地质，海冰、雪冰的检测
	微波散射机	土壤水分，地表面的粗糙度，湖冰、海冰分布，积雪分布，植被密度，海浪、海风、风向、风速
	微波高度计	海面形状、大地水准面、海流、中规模旋涡、潮汐风速
	降雨雷达	降水强度

3. 微波辐射计

微波辐射计是用于测量物体微波辐射能量的被动遥感仪器。由于是被动接收，所以不容易被发现，具有良好的保密性，同时辐射计的体积、功耗都很小。

物体的微波辐射信号是非相干的微弱信号，其功率比辐射计本身的噪声功率要小得多，所以辐射计实质上是高灵敏度的接收机。

在微波辐射计中，与信号相比，噪声相对较大，所以必须采取措施来抑制噪声。

(1)理想系统的灵敏度

辐射计灵敏度是辐射计系统的主要指标，辐射计设计的目标是使其性能尽可能地接近理想系统的灵敏度。系统灵敏度指的是辐射计输出端能检出的输入噪声温度的最小变化，亦称温度分辨率。

$$\Delta T = k' T_S \sqrt{\frac{2B_n}{B}} = \frac{k' T_S}{\sqrt{Bt}} \tag{3-2}$$

式中：T_S 为系统噪声温度，B 为检波前宽度，B_n 为检波后宽度，k' 为辐射计系统因子，t 为积分时间。

(2)星载微波辐射计的工作原理

微波辐射计是能够测量低电平微波辐射的高灵敏接收机，当用微波辐射计通过其天线波束观察某场景时，天线接收的辐射包括场景本身的辐射和因环境例如大气的反射而形成的辐射。

微波辐射计是以辐射测量学为基础，测量物质自身辐射的微波波段能量的高灵敏度的接收机，其待测信号通常比接收机的噪声功率小得多。就辐射计而言，"发射源"就是目标本身，而辐射计仅仅是一部被动式的接收机。辐射计收到的能量是被天线收集起来的辐射，这些辐射来自场景的自发射和反射。目前星载微波辐射计一般采用全功率型微波辐射计结构。

应用辐射测量学原理可知，处于热力学平衡的物体所发射的功率 P 是其物理温度 T 的函数，在微波波段，P 与 T 成正比。若 T 值给定，则物体可能发射的功率最大值等于理想黑体所发射的功率 P_{bb}。如果把微波辐射计天线置于四壁是理想吸收材料(也是理想发射材料)构成的暗箱内，则被天线所接收的功率为：

$$P_{\mathrm{bb}} = kTB \tag{3-3}$$

式中：k 为玻尔兹曼常数，B 为微波辐射计带宽。上述功率与温度的对应关系引出了辐射测量温度的定义，它表征由真实场景发射的，或者说从真实场景接收的功率。

具体来说，材料的发射特性是用辐射测量中亮温度 T_{B} 这个术语来表征，表达式为：

$$T_{\mathrm{B}} = \frac{P}{kB} \tag{3-4}$$

式中：P 为材料在整个带宽 B 内所发射的功率。

如果材料具有恒定的物理温度 T，则称该材料具有的发射率为：

$$e = \frac{T_{\mathrm{B}}}{T}$$

e 的变化范围在 0 和 1 之间，对于理想的无发射材料(标准白板)，$e=0$；对于理想的发射材料(黑体)，$e=1$。

对应于微波辐射计天线收到的功率 P_{A}，可以定义天线的辐射测量温度为 T_{A}，其定义式为：

$$P_{\mathrm{A}} = k\, T_{\mathrm{A}} B \tag{3-5}$$

式中：P_{A}为天线的输出功率；如果被天线波束所观察的场景特性可以用均匀的亮温度 T_{B}(它代表在天线方向上的辐射)来表征，则 $T_{\mathrm{A}} = T_{\mathrm{B}}$。

在一般情况下，T_{A}代表入射到天线的各方向上按照天线方向加权的全部辐射的积分。在实际情况下，还涉及一些其他的因素，如大气的影响和天线自发射的影响。因此，T_{A}

为有损天线的天线辐射测量温度。

微波辐射计的功能就是测量 T_A。微波辐射计的天线主波束指向地面时，天线收到地物辐射、地物散射和大气辐射等辐射流量，引起天线温度 T_A 的变化。对微波辐射计进行温度绝对定标后，可确定天线温度 T_A，该温度值就包含了辐射体和传播介质的一些物理信息，从而了解探测目标的物理特性。合理地选择辐射计的参数(波长、极化和观测角)，可建立起辐射计所接收的能量大小与目标参数之间的关系。

微波辐射计不仅可进行地面观测，还可以利用大气吸收带，对大气参数进行监测。

(3)全功率辐射计

微波辐射计有多种类型，主要有全功率微波辐射计、Dicke 型微波辐射计、零平衡 Dicke 型微波辐射计、负反馈零平衡 Dicke 型微波辐射计、双参考温度自动增益控制微波辐射计、Graham 型微波接收机、数字增益自动补偿微波辐射计等。

全功率辐射计是一种最简单的辐射计，其系统包括天线、放大部分(射频和中频部分)、平方检波器、低通滤波器、积分器和输出器，如图 3-14 所示。在该系统中，把高频带的信号与系统本身带有的本机振荡器信号相混合，通过混频器变换成差分的低频，从而可以容易地把较高的信号放大。如果忽略系统增益变化的影响，那么观测带宽越宽或积分时间越长，辐射计的灵敏度就越好。

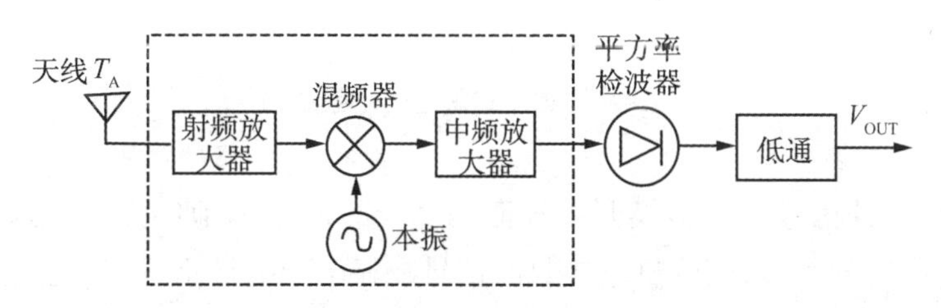

图 3-14　全功率微波辐射计系统图

与天线相连的是带宽为 B、总功率增益为 G 的超外差接收机，后面是检波器和低通滤波器。由天线提供的功率通常是带宽噪声，其带宽覆盖大于接收机的带宽 B。射频放大器的功能是对输入信号进行滤波，采用的方法是对中心频率为 f_{RF} 且包含在带宽 B 内的射频频率分量进行放大。混频器和中频放大器把带宽为 B 的射频信号变换成同样带宽的中频信号，并提供进一步的放大。实际上，射频放大器的带宽通常宽于中频放大器的带宽，因此，检波前的带宽决定于中频放大器的带通特性。

由于对控制系统增益变化进行观测还很困难，因此可以采用狄克型辐射计。这种辐射计在具有一定温度的噪声源与天线间用开关交替采样接收，然后用同步检波来定标，从而减少系统增益变化的影响。为了消除系统增益变化的影响，进一步提高灵敏度，还可以采用零平衡狄克方式。这种方式是在信号上附加噪声，与参考噪声源同样地进行检波，从而测量出附加在该信号上的噪声量。该方式的系统灵敏度为全功率辐射计的 2 倍。

3.4 主动式遥感传感器

3.4.1 雷达传感器

1. 概述

雷达属于主动式传感器，在主动微波遥感中，辐射源是观测目标对雷达发生的微波信号的散射强度，即后向散射系数。

侧视雷达成像与航空摄影不同：航空摄影利用太阳光作为照明源，而侧视雷达利用发射的电磁波作为照射源；雷达是根据回波时间记录数据，而摄影机或光学-机械扫描系统是根据系统视角记录数据的。它与普通脉冲式雷达的结构大体上相近。图 3-15 为脉冲式雷达的一般组成格式，它由一个发射机、一个接收机，一个转换开关和一根天线等构成。

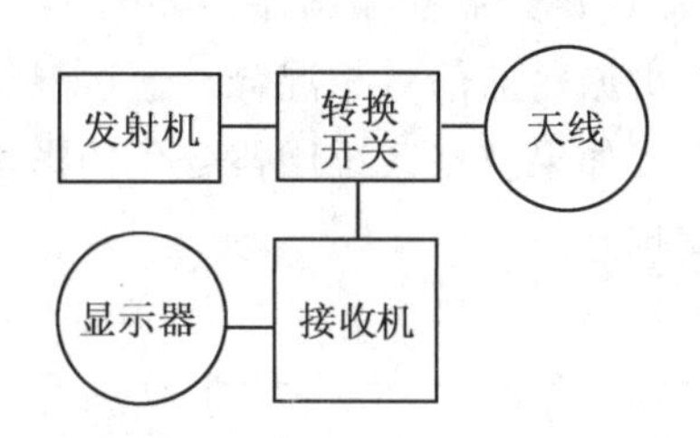

图 3-15 脉冲式雷达的一般结构

发射机产生脉冲信号，由转换开关控制，经天线向观测地区发射。地物反射脉冲信号，也由转换开关控制进入接收机，接收的信号在显示器上显示或记录在磁带上。

雷达接收到的回波中，含有多种信息，如雷达到目标的距离和方位、雷达与目标的相对速度(即作相对运动时产生的多普勒频移)以及目标的反射特性等。其中距离信息由脉冲返回的时间和电磁波的传播速度决定。雷达接收到的回波强度是系统参数和地面目标参数的复杂函数。系统参数包括雷达波的波长、发射功率、照射面积和方向和极化等，地面目标参数与地物的复介电常数、地面粗糙度等有关。

2. 真实孔径侧视雷达

真实孔径侧视雷达的工作原理如图 3-16 所示。天线装在平台的侧面，发射机向侧向面内发射一束窄脉冲，经地物反射的微波脉冲由天线收集后，被接收机接收。由于地面各点到平台的距离不同，接收机接收到的相应信号以它们到平台距离的远近，先后依序被记录，从而实现距离方向上的扫描。通过平台的前移，实现方位方向上的扫描，获取地表的二维影像。

信号的强度与辐照带内各种地物的特性、形状和坡向等有关。例如，图 3-16 中的 a 处由于地物隆起，反射面朝向天线，出现强反射；b 处为阴影，无反射；c 处为草地，是中等反射；d 处为金属结构，导电率大，出现最强的反射；e 处为平滑表面，出现镜面反射，回波很弱。

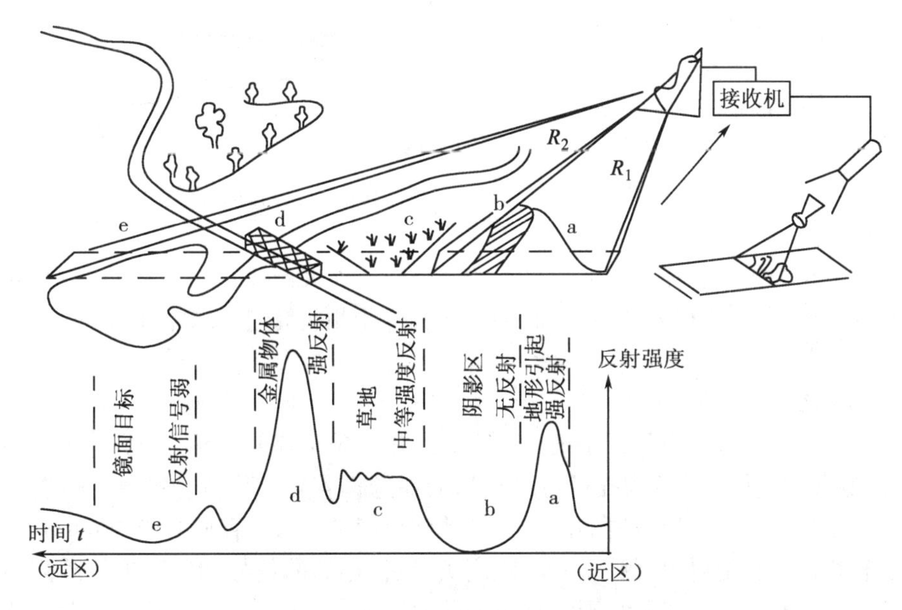

图 3-16　真实孔径侧视雷达的工作原理

真实孔径侧视雷达影像的分辨率包括距离分辨率和方位分辨率两种。

距离分辨率是在脉冲发射的方向上，能分辨两个目标的最小距离，它与脉冲宽度有关，如图 3-17 所示，可用下式表示：

$$R_r = \frac{\tau c}{2}\sec\varphi \text{（地距分辨率）} \tag{3-6}$$

或者

$$R_r = \frac{\tau c}{2} \text{（斜距分辨率）} \tag{3-7}$$

式中：τ 为脉冲宽度；φ 为俯角。

距离分辨率与距离无关，若要提高距离分辨率，需减小脉冲宽度，这样将使作用距离减小。为了保持一定的作用距离，需加大发射功率，造成设备庞大，费用昂贵。目前一般是采用脉冲压缩技术来提高距离分辨率。

方位分辨率是在雷达飞行方向上，能够分辨两个目标的最小距离，其大小等于脉冲宽度与到目标的距离之积，它与波瓣角 β 有关，如图 3-18 所示，这时的方位分辨率为：

$$R_\beta = \beta R \tag{3-8}$$

式中：β 为波瓣角；R 为斜距。

波瓣角 β 与波长 λ 成正比，与天线孔径 d 成反比，因此方位分辨率又可表示为：

$$R_\beta = \frac{\lambda}{d}R \tag{3-9}$$

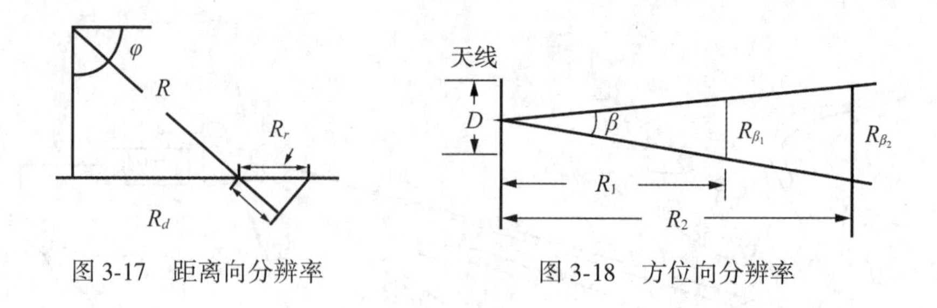

图 3-17　距离向分辨率　　　　图 3-18　方位向分辨率

要提高方位分辨率，需采用波长较短的电磁波，加大天线孔径和缩短观测距离。在平台上搭载的天线尺寸是有限的，目前利用合成孔径侧视雷达来提高侧视雷达的方位分辨率。

3. 合成孔径雷达

合成孔径技术的基本思想，是用一个小天线作为单个辐射单元，将此单元沿一直线不断移动。如图 3-19 所示，合成孔径雷达在移动中选择若干个位置，在每个位置上发射一个信号，然后接收相应发射位置的回波信号并储存记录下来。存储时必须同时保存接收信号的幅度和相位。当辐射单元移动一段距离 L_S 后，存储的信号和实际天线阵列诸单元所接收的信号非常相似。合成孔径天线是在不同位置上接收同一地物的回波信号，而真实孔径天线则在一个位置上接收目标的回波。如果把真实孔径天线划分成许多小单元，则每个单元接收回波信号的过程与合成孔径天线在不同位置上接收回波的过程十分相似，如图 3-20 所示。真实孔径天线接收目标回波后，好像物镜那样聚合成像。而合成孔径天线对同一目标的信号不是在同一时刻得到，在每一个位置上都要记录一个回波信号。每个信号由于目标到平台之间球面波的距离不同，其相位和强度也不同。这样形成的整个影像，并不像真实孔径雷达影像那样，能看到实际的地面影像，而是相干影像，它需经处理后，才能恢复地面的实际影像。

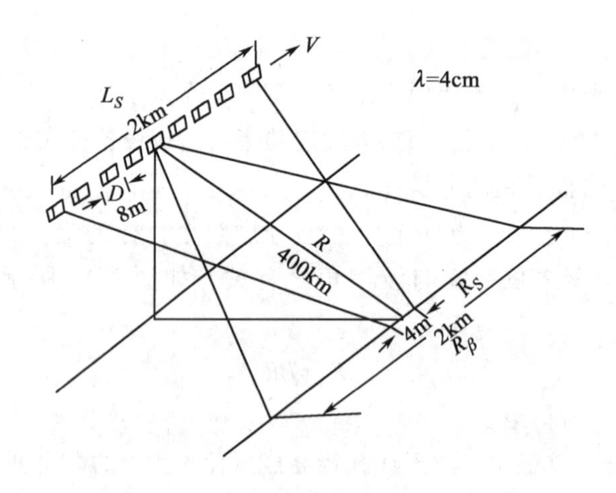

图 3-19　合成孔径侧视雷达工作过程

合成孔径雷达的方位分辨率可从图 3-19 中看出。若用合成孔径雷达的实际天线孔径

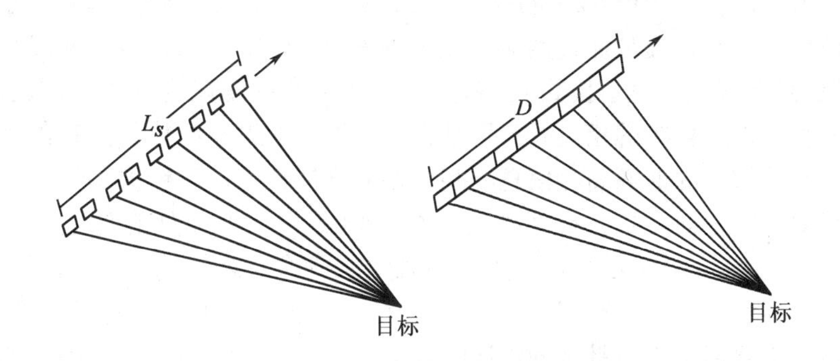

图 3-20　两种天线接收信号的相似性

来成像，则其分辨率会很差。如图中所列，天线孔径为 8m，波长为 4cm，目标与平台间的距离为 400km 时，按式(3-8)计算，其方位分辨率为 2km。现在若用合成孔径技术，合成后的天线孔径为 L_S，则其方位分辨率为：

$$R_S = \frac{\lambda}{L_S} R \tag{3-10}$$

由于天线最大的合成孔径为：

$$L_S = R_\beta = \frac{\lambda}{d} R \tag{3-11}$$

将式(3-11)代入式(3-10)，得

$$R_S = d \tag{3-12}$$

式(3-12)说明合成孔径雷达的方位分辨率与距离无关，只与实际使用的天线孔径有关。

4. 雷达影像色调特征

雷达影像的色调特征与微波的入射角、地面粗糙程度、地物的电特性有关。

地形起伏和坡向的不同，会造成雷达波入射地面单元的角度不同。而不同的入射角可能造成强反射或者没有反射的情况出现。

由于微波的特点，不同的地面粗糙程度可能产生镜面反射，也可能会产生漫反射或者“角隅反射”，因此反射波强度不一样。

物体的电特性量度是各种不同物质的反射率和导电率的一种指标。一般金属物体导电率很高，反射雷达波很强。水的介电常数为 80，对雷达波的反射也较强，地面物体不同的含水量将反映出不同的反射强度。含有不同矿物的岩石，有不同的介电常数，在雷达影像上能显示出来。

当然，地物的电特性应与其他引起色调变化的因素结合起来分析。如水面很平坦时，造成镜面反射，此时的反射波还是很弱。

5. 相干雷达(INSAR)

(1)相干雷达(SAR Interferometry，InSAR)的概念及模式

雷达干涉测量方式一般有 3 种：交轨干涉测量、顺轨干涉测量和重复轨道干涉测量。

相干雷达利用合成孔径雷达在平行轨道上对同一地区获取两幅(或两幅以上)的单视

复数影像来形成干涉，进而得到该地区的三维地表信息。该方法充分利用了雷达回波信号所携带的相位信息，其原理是通过两副天线同时观测（单轨道双天线横向或纵向模式）或两次平行观测（单天线重复轨道模式），获得同一区域的重复观测数据（复数影像对），综合起来形成干涉，得到相应的相位差，再结合观测平台的轨道参数等提取高程信息，可以获取高精度、高分辨率的地面高程信息。利用差分干涉技术可以精密地测定地表沉降。

对于单轨双天线横向模式，空间基线 B 的方向是与飞机方向正交的。这种模式的时间基线（Temporal Baseline）为零，排除了不同时间所成像对之间地表变化的影响，影像间的配准也相对容易解决。但是空间基线 B 的选择余地很小，受到飞行平台的几何尺寸限制。该模式目前主要用于机载平台的干涉实验中。

对于双天线单轨纵向模式，天线顺着平台飞行方向来安装。前后两副天线间的基线通常为2~20m。这种模式可以用来精确测定地物的运动，如运动物体的变化检测、海洋洋流的速度场等。

对于重复轨道单天线模式，是用相邻轨道上的两次对同一地区获取的影像来形成干涉。

（2）利用 InSAR 解求地面点高程的原理

以重复轨道干涉测量为例来介绍雷达干涉测量的基本原理。

假设飞行平台上同时架设了两副天线 S_1、S_2，若由 S_1发射电磁波，S_1、S_2同时接收从目标返回的信号，天线相对位置如图 3-21 所示，由空间关系就可以得到目标点的高程为：

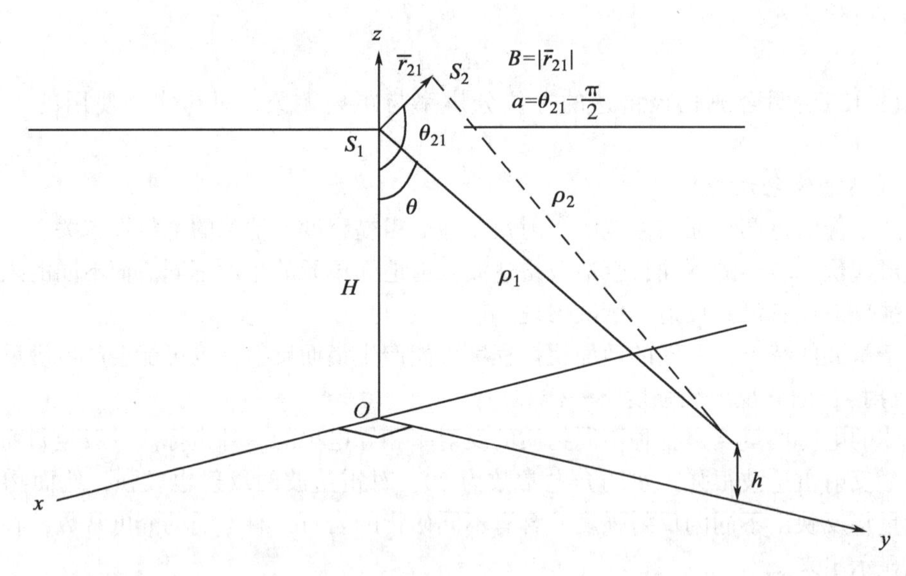

图 3-21 雷达干涉测量原理

$$h = H - \rho_1\cos\theta \tag{3-13}$$

式中：$\theta = \alpha - \arcsin\left[\dfrac{\lambda\varphi}{2\pi PB}\right]$，$\alpha = \theta_{21} - \dfrac{\pi}{2}$，$\varphi = \varphi_1 - \varphi_2 = \dfrac{2\pi}{\lambda}p(\rho_1 - \rho_2)$。

P 为系数，若是一副天线用于发射信号（单轨道双天线模式），则 $P=1$，即在干涉图中只反映出单程(信号的返程)的相位差；若是两副天线都发射和接收信号(单天线重复轨道模式)，则 $P=2$，即干涉图中反映出往返双程的相位差。

如果已知天线位置(参数 H，B，a)和雷达成像系统的参数(θ)等，就可以从 φ 计算出地面的高程值 h。

(3) InSAR 数据处理的一般流程

InSAR 数据处理的主要步骤包括：影像配准、干涉图生成、噪声滤除、基线估算、平地效应消除、相位解缠、高程计算和纠正(地理编码处理)等。

3.4.2　激光雷达传感器

1. 概念

激光是具有大功率、高度方向性的光束，在空间上是高度相干的。

机载激光雷达系统(Light Detection And Ranging，LiDAR)是一种新型的综合应用激光测距仪、GPS 和惯性导航系统(Inertial Navigation System，INS)的快速测量系统，可以直接联测地面物体各个点的三维坐标。该系统还可以集成高分辨率数码相机，用于同时获取目标影像，具有数据密度高、数据精度高、植被穿透能力强、不受阴影和太阳高度角影响、人工野外作业量少等特点，已被广泛应用于地面三维数据获取和模型的恢复、重建等，显示出巨大的应用前景，成为三维数据模型获取的一种重要手段。LiDAR 与传统航摄技术相比，具有以下特点，如表 3-5 所示。

表 3-5　**LiDAR 技术与传统航摄技术对比**

技术类型\技术特点	摄影测量	LiDAR 系统
工作方式	被动式测量	主动式测量
测量方式	采用覆盖整个摄影区域	逐点采样
野外工作量	间接获取地面三维坐标，野外工作量大	直接获取地面三维坐标，野外工作量小
获取数据	获取高质量的灰度影像或多光谱数据	能够识别比激光斑点小的物体，如输电线等
软硬件技术	软硬件经多年发展已比较成熟	新技术需不断发展，具有很大的发展潜力
受影响因素	受地面植被影响	植被穿透能力强，探测真实树下地形
	受天气及太阳高度角影响	不受太阳高度角影响，抗天气干扰能力强
自动化处理的程度	数据处理自动化程度低，特别是处理航片时需要人工干预	容易实现数据处理自动化

2. 组成及特点

机载 LiDAR 系统主要包括：

(1)激光扫描系统：用于获取激光发射点至地面测量点之间距离的装置。该系统主要包括激光测距单元、光学机械扫描单元、控制记录单元等。其中，激光测距单元包括激光发射器和接收机。

(2)GPS：根据地面基站GPS和机载GPS计算高速移动的平台位置。

(3)INS：获取平台姿态和加速度的惯性测量系统。

(4)成像装置(CCD数码相机)：用于获取对应地面的彩色数码影像，用于最终制作数字正射影像(Digital Orthophoto Map，DOM)。

(5)工作平台：固定翼飞机、飞艇、直升机或卫星等为工作平台。

LiDAR系统工作原理如图3-22所示。

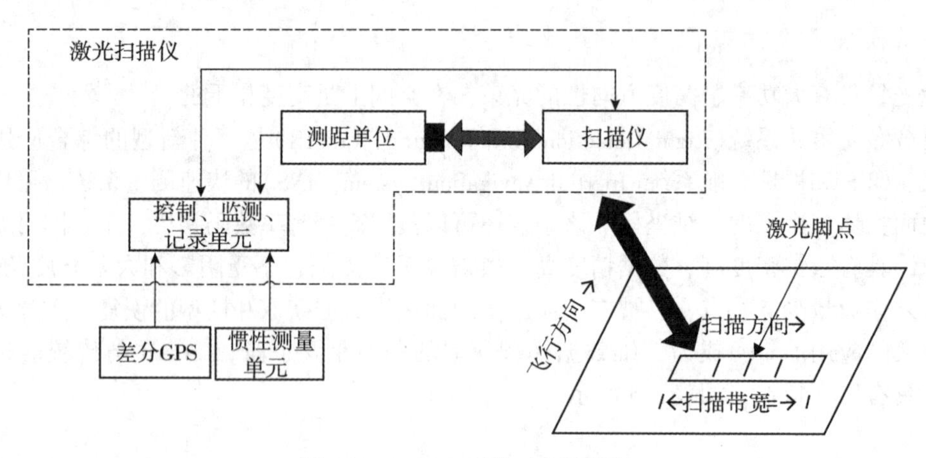

图3-22　LiDAR系统工作原理图

目前根据平台的不同，有地面的、车载的、船载(蓝光)的、机载的和星载的激光雷达系统。

激光雷达系统获取的原始数据，包括位置、方位/角度、距离、时间、强度等飞行过程中系统得到的各种数据。在实际应用中，用户得到的通常是以上数据联合处理得到的LiDAR点云，包括点的坐标信息及强度信息。

激光雷达系统的能量方程为：

$$P_r = \rho \frac{M^2 D_r^2 D_{\text{tar}}^2}{4R^2\gamma} P_T \tag{3-14}$$

式中：ρ为反射率，M为大气透过率，D_r为接收孔孔径，D_{tar}为目标的直径，R为目标到激光器的距离，γ为激光束的发散角度。

3. 测距原理

激光雷达测距是通过量测信号传播时间确定扫描仪与对象点的相对距离。时间量测方式有两种，一种是通过量测连续波信号的相位差间接确定传播时间，另一种是直接量测脉冲信号传播时间。

目标到激光器的距离R，主要是通过测量光波从发射到被目标反射返回后接收所经历的时间t_L来计算的，目标到激光器的距离R可以表示为：

$$R = \frac{1}{2} c t_L \tag{3-15}$$

$$\Delta R = \frac{1}{2}c\Delta t_L \tag{3-16}$$

式中：c 为光波的速度，ΔR 是激光测距的距离分辨率，Δt_L 是测距系统的测时分辨率。

一般来说，对于脉冲发射激光器，一束激光脉冲被发射出去，遇目标被反射，返回激光接收机之后，才会再发射另一束激光。因此，需要考虑可能的最大量测距离，即

$$R_{\max} = \frac{1}{2}ct_{L\max} \tag{3-17}$$

4. 扫描方式

一束激光脉冲一次回波只能获得航线下方的一条扫描线上的回波信息，为了获取一系列的激光距离信息，需采用一定的扫描方式进行作业。目前常用的扫描方式有：线扫描、圆锥扫描、纤维光学阵列扫描等。

①线扫描方式一般通过摆动式和旋转式扫描镜实现。摆动扫描镜从两个摆动方向对地面双向扫描，在地面上形成“Z”字形扫描轨迹；旋转式扫描镜则始终沿着一个方向进行扫描，在地面上的扫描轨迹为平行线。图 3-23(a)所示为“Z”字形方式。

②圆锥扫描方式通过倾斜扫描镜实现。扫描镜的镜面有一个倾角，其旋转轴与发射装置的激光束成 45°夹角。随着飞行平台的运动，光斑会在地面上形成一系列重叠的椭圆，如图 3-23(b)所示。

③光纤扫描方式中，很多根光纤沿一条直线排列，工作时，光斑在地面上形成的扫描线呈平行或“Z”字形。平行线模式中，沿扫描线方向的点距很小，扫描线间的距离则相对大。“Z”字形模式通过摆动扫描仪实现，在某种程度上弥补了扫描线间距大的问题。图 3-23(c)为该方式得到的地面轨迹分布情况。

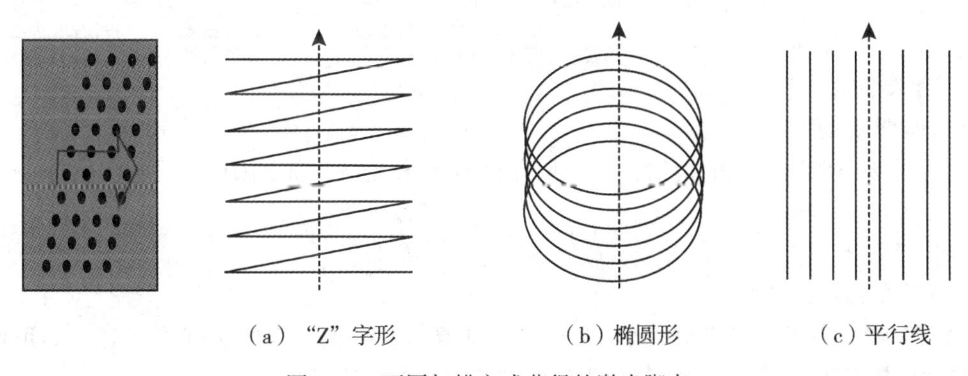

(a) “Z”字形　　(b) 椭圆形　　(c) 平行线

图 3-23　不同扫描方式获得的激光脚点

5. 数据获取过程

激光扫描采用的是主动工作方式，由激光发射器产生激光，再由扫描装置控制激光束发射出去的方向，在接收机接收被反射回来的激光束之后由记录单元进行记录。激光扫描的方向一般与平台飞行方向垂直，扫描的宽度由扫描视场决定。发射和接收激光束的光孔是同一光孔，以保证发射光路和接收光路是同一光路，孔径一般为 8~15cm。发射出去的激光束是一束很窄的光，发散角很小，所形成的瞬时视场 IFOV 是由一个很小的角度确定的，一般为 0. 2~0. 3mrad。它是扫描成像过程中激光束通过一个照射角投射到地面上的一

小块区域(激光脚点)。在扫描装置的作用下，不同的脉冲激光束按垂直于飞行方向的方向移动，对地面形成一个条带状的扫描。而随着平台的飞行，就可以得到整个被照射区域的数据，如图 3-24 所示。

目前机载激光扫描系统的平面定位精度为 10~100cm，而高程精度依航高的大小通常为 15~25cm。地面激光点密度从每平方米 20 个点到几平方米一个点不等，这与激光扫描仪的扫描频率、扫描角以及航高等有关。

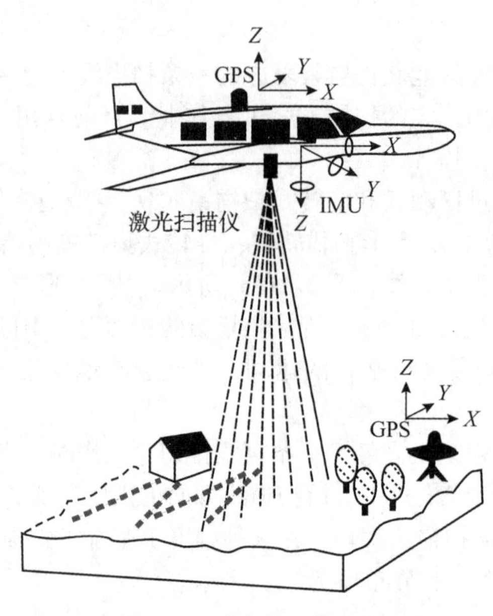

图 3-24　激光的工作过程

6. 有关参数

(1)瞬时视场角

瞬时视场角取决于光的衍射，是发射孔径 D 和激光波长 λ 的函数：

$$\mathrm{IFOV}_{\mathrm{diff}} = 2.44\frac{\lambda}{D} \tag{3-18}$$

(2)激光脚点光斑大小

地面上瞬时激光脚点光斑大小 f 与飞行器航高 H、激光发散角 γ 有关，还与地形坡度 α 、瞬时扫描角 θ_i 有关。垂直于航线方向的光斑大小表达式为：

$$f = \frac{H\sin\frac{\gamma}{2}}{\cos\theta_i\cos\left(\theta_i + \frac{\gamma}{2} + \alpha\right)} + \frac{H\sin\frac{\gamma}{2}}{\cos\theta_i\cos\left(\theta_i - \frac{\gamma}{2} - \alpha\right)} \tag{3-19}$$

当激光垂直照射到水平表面时，$\alpha = 0$，$\theta_i = 0$，而 γ 为小角度值，故垂直于航线方向的光斑大小为：

$$f \approx H\gamma$$

航线方向的光斑大小为：

$$f \approx H\gamma$$

(3)扫描宽度

当 θ_i 到最大值 $\frac{\theta}{2}$ 时，扫描线宽度 W 为：

$$W = SH\tan\left(\frac{\theta}{2}\right)$$

(4)激光脚点数

每条扫描线的脚点数 N 与飞行高度和带宽有关，表达式为：

$$N = \frac{F}{f_{\text{scan}}}$$

式中：F 为激光脉冲发射的重复频率(每秒发射多少次激光脉冲)，f_{scan} 为激光系统的扫描频率(每秒扫描多少条扫描线)。

(5)激光脚点间隔

激光脚点间距包括沿航线方向的激光脚点的最大间距 $d_{x_{\text{along}}}$ (纵向)与同一扫描线相邻激光脚点的间距 dx_{across} (横向)，它们的表达式为：

$$d_{x_{\text{along}}} = \frac{V}{f_{\text{scan}}}$$

$$d_{x_{\text{across}}} = \frac{W}{N}$$

(6)激光回波信号的多值性

激光脉冲经反射后，入射到地物就会产生反射信号，由于激光光斑有一定的大小，同一束激光脉冲可能有几个回波信号被接收系统接收。利用激光回波信号的多值性，可以有针对性地设计出相应的系统。

7. 定位原理

LiDAR 主要目的之一是获取地面点的空间坐标。设三维空间中一点 O_S 的坐标(X_S，Y_S，Z_S)已知，求出该点到地面上某一待定点 $P(X, Y, Z)$ 的向量 $\boldsymbol{S}$，则 P 点的坐标就可以由 O_S 加 $\boldsymbol{S}$ 得到，如图 3-25 所示。在机载激光雷达系统中，利用 INS 可获得飞行过程中的 3 个姿态角 ω、φ、κ，通过 GPS 得到激光扫描仪中心坐标为(X_0，Y_0，Z_0)，最后利用激光扫描仪获取激光扫描仪中心至地面点的距离 S，由此可以计算出此刻地面上相应激光点(X，Y，Z)的空间坐标为：

$$\begin{bmatrix} X \\ Y \\ Z \end{bmatrix} = \begin{bmatrix} X_0 \\ Y_0 \\ Z_0 \end{bmatrix} + R(\omega, \varphi, \kappa)\begin{bmatrix} 0 \\ 0 \\ S \end{bmatrix} \tag{3-20}$$

最大量测距离 S 与最远的目标有关，脉冲往返于激光器与最远目标之间所需的时间最长。为避免最远的目标所反射的激光束还未返回激光接收机就发射下一束激光，脉冲激光器的最大量测距离取决于时间间隔计数器所能量测出的最大距离和脉冲发射率。脉冲发射率是指一秒钟内能发射多少次激光束，它决定了两束脉冲激光之间的时间间隔；最大量测距离也由此可以确定。在目前的实际激光测距工作中，最大测量距离并未因时间计数器和脉冲发射率受到限制，因为目前机载激光雷达的飞行高度一般在 1000m 以内，远远小于

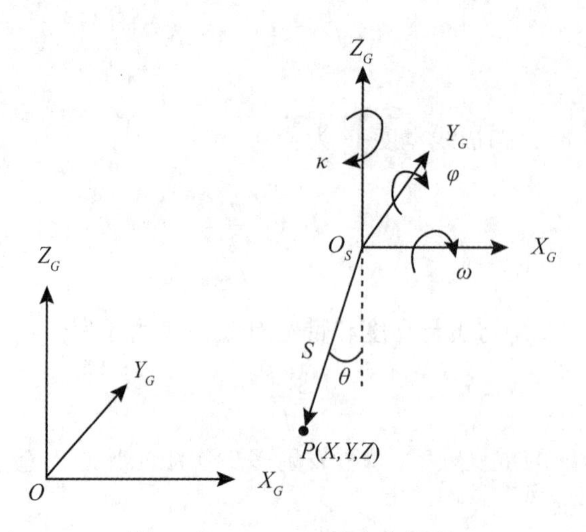

图 3-25　LiDAR 对地定位原理

发射率所决定的最大量测距离。

目前在激光测距中，影响距离量测的主要因素如激光功率、光束发散度、大气传输、目标反射特性、探测器灵敏度、飞行高度和飞机姿态的记录误差等是需要加以考虑的。

在实际定位中需要涉及很多因素，除了坐标系的转换、激光中心相对于 GPS 天线中心的偏差、激光扫描仪的三个姿态角，还必须顾及一些系统安置偏差参数：激光测距光学参考中心相对于 GPS 天线相位中心的偏差；激光扫描器机架的三个安装角，即倾斜角、仰俯角和航偏角；IMU 机体同载体坐标轴系间的不平行等。这些参数都需要通过一定的检校方法来测定。

8. 激光雷达数据特点

激光雷达数据具有以下特点：

①激光雷达数据是分布于对象表面的一系列三维点坐标；

②激光雷达数据在形式上呈离散分布；

③扫描带中数据分布不均匀——不同位置的光斑密度不同；

④三维坐标强度信号是另一个有用的信息源，它反映了地表物体对激光信号的响应；

⑤激光雷达数据也存在一些问题，包括缺少光谱信息、覆盖面积较小、存在数据缝隙，如在"阴影"问题、树木高度偏低时只用雷达量测树木高度的情况，测量结果低于实际高度。

9. 激光雷达数据的应用

激光雷达数据产品非常丰富，包括点云数据、DSM、DEM、DOM、DLG、电子沙盘等，其应用十分广泛，在城市测量、线路及通道工程勘测设计、力线路勘测设计、高速公路和铁路监控、防洪和水压模拟、露天矿和垃圾堆放场监控、森林管理以及地质灾害监测等领域发挥重要作用。

3.4.3　声呐传感器

1. 声呐的基本情况

声波是人类迄今为止唯一的能在海水中远距离传播的能量形式。其他的辐射能量形式中，光波和电磁波不能在海水中远距离传播，超长波和光波的少量窗口虽然可以在水中传播得远一些，但是与声波相比，其传播距离还差几个数量级，应用也受到很大局限。在水中进行观察和测量，声波具有得天独厚的条件，因此是观察和测量的重要手段。英文"sound"一词作为名词是"声"的意思，作为动词有"探测"的意思，可见声与探测关系之紧密。相反，其他探测手段的作用距离都很短，不能用于水中观察和探测。如光在水中的穿透能力很有限，即使在最清澈的海水中，人们也只能看到十几米到几十米内的物体；而电磁波在水中衰减太快，而且其波长越短，损失越大，即使用大功率的低频电磁波，也只能传播几十米。相比之下，声波在水中传播的衰减就小得多，在深海声道中爆炸一个几公斤的炸弹，在两万千米外还可以收到信号，低频的声波还可以穿透海底几千米的地层，并且得到地层中的信息。在水中进行测量和观察，至今还没有发现比声波更有效的手段。

声呐是指利用水中声波对水下目标进行探测、定位和通信的电子设备，是水声学中应用最广泛、最重要的一种装置。它是SONAR一词的"义音两顾"的译称，由声音(Sound)、导航(Navigation)和测距(Ranging)三个英文单词(声音导航测距)的字头构成的。

声呐设备利用水下声波判断海洋中物体的存在、位置及类型，也用于水下信息的传输。

2. 声呐的结构与分类

(1)声呐的结构

声呐装置一般由基阵、电子机柜和辅助设备三部分组成。

基阵由水声换能器以一定几何图形排列组合而成，其外形通常为球形、柱形、平板形或线列形，有接收基阵、发射基阵或收发合一基阵之分。电子机柜一般有发射、接收、显示和控制等分系统。辅助设备包括电源设备，连接电缆，水下接线箱和增音机，与声呐基阵的传动控制相配套的升降、回转、俯仰、收放、拖曳、吊放、投放等装置以及声呐导流罩等。

换能器是声呐中的重要器件，它是声能与其他形式的能如机械能、电能、磁能等相互转换的装置。它有两个用途：一是在水下发射声波，称为"发射换能器"，相当于空气中的扬声器；二是在水下接收声波，称为"接收换能器"，相当于空气中的传声器(俗称"麦克风"或"话筒")。换能器在实际使用时往往同时用于发射和接收声波，专门用于接收的换能器又称为"水听器"。换能器的工作原理是利用某些材料在电场或磁场的作用下发生伸缩的压电效应或磁致伸缩效应。

(2)声呐的分类

声呐可按其工作方式、装备对象、战术用途、基阵携带方式和技术特点等进行分类。按工作方式可分为主动声呐和被动声呐；按装备对象可分为水面舰艇声呐、潜艇声呐、航空声呐、便携式声呐和海岸声呐等。

①主动声呐

主动声呐技术是指声呐主动发射声波"照射"目标，而后接收水中目标反射的回波以测定目标的参数。大多数采用脉冲体制，也有采用连续波体制的。它是由简单的回声探测仪器演变而来，主动地发射超声波，然后收测回波进行计算，适用于探测冰山、暗礁、沉船、海深、鱼群、水雷和关闭了发动机的隐蔽潜艇。

主动声呐工作过程如图3-26所示。

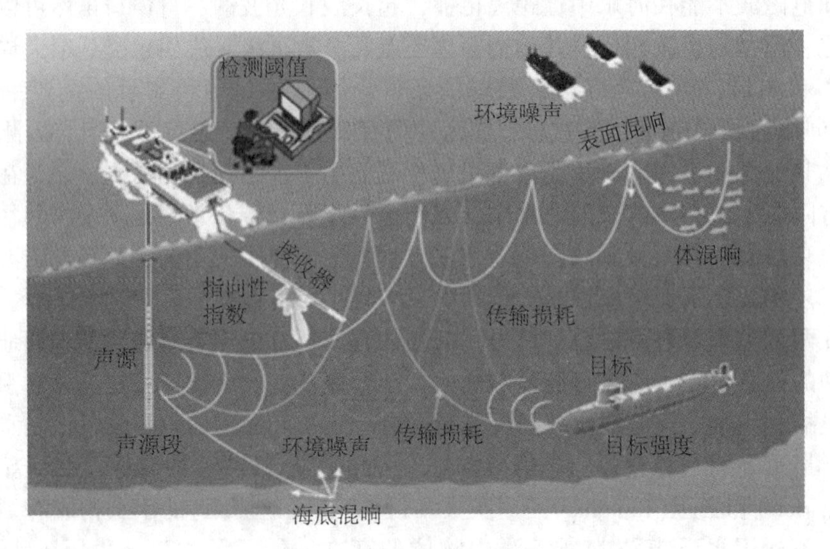

图 3-26 主动声呐工作过程

②被动声呐

被动声呐技术是指声呐被动接收舰船等水中目标产生的辐射噪声和水声设备发射的信号，以测定目标的方位。它是由简单的水听器演变而来，通过收听目标发出的噪声来判断出目标的位置和某些特性。

被动声呐工作过程如图 3-27 所示。

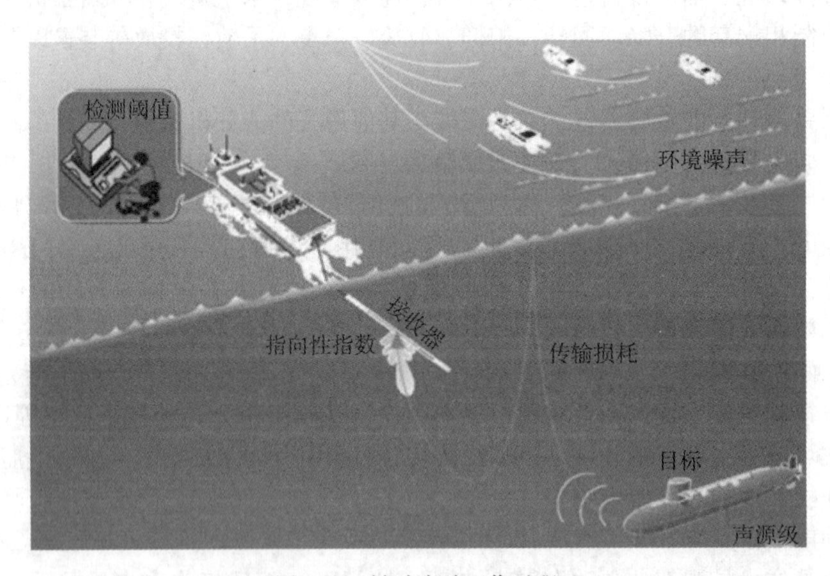

图 3-27 被动声呐工作过程

被动声呐与主动声呐的最根本区别在于它在本舰船噪声背景下接收远场目标发出的噪声。此时，目标噪声作为信号，且经远距离传播后变得非常微弱，所以被动声呐往往在低信噪比的情况下使用，而且需采用比主动声呐更多的信号处理措施。声呐波束形成之后的信号，要进行一系列处理才能完成信号的检测。被动声呐基本的工作原理如图 3-28 所示。

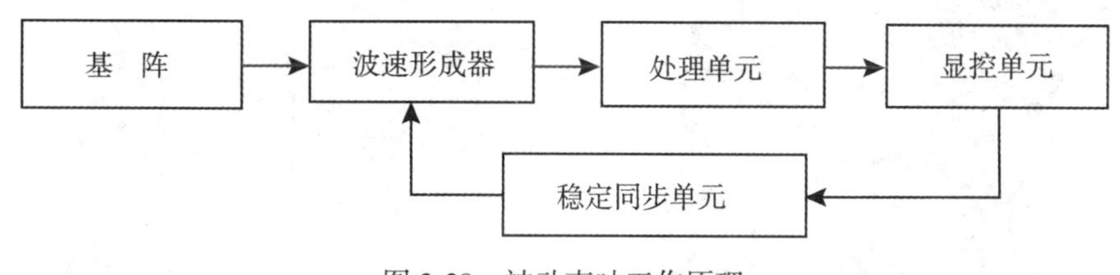

图 3-28　被动声呐工作原理

由于被动声呐本身不发射信号，目标将不会察觉声呐的存在和意图，因此具有隐蔽性好的优点。

③干涉仪合成孔径声呐

干涉仪合成孔径声呐(InSAS)是在合成孔径声呐基础上增加一副(或多副)接收基阵，通过比相测深的方法得到场景的高度信息，从而得到场景的三维影像。InSAS 兼备了合成孔径声呐的分辨率、成像距离和工作频率无关的优点和干涉测深精度高、设备简单的优点，近年来在国际上发展迅速。

④多波束声呐

多波束声呐的水平开角为 90°，垂直开角为 6°或 12°可调，分辨率为 1.69。最大探测范围 200m，高度计与声呐集成在声呐头上，向下与水平面夹角成 33°，用来测量海底高度。多波束声呐产生描述障碍物的模拟信号。

⑤多波束测深系统

多波束测深系统是一个全覆盖式声呐测深系统，实现了测深从点到面的突破。影响测深精度的因素有很多，主要有声速断面、到达角和旅行时等的不准确。声速断面影响声速传播的方向，从而严重影响波束脚印的平面位置，最终影响测深的精度。到达角决定了测点在测线中的位置，旅行时决定波束传播的距离，它们共同决定测点的三维位置。多波速声呐影像如彩图 3-29 所示。

⑥侧扫声呐

侧扫声呐主要是为了提供高分辨率的海底“声影像”。侧扫声呐系统包括一个记录设备、一个水下传感器以及连接这两个设备的电缆。在海洋地球科学中，它主要用于地质表面可视化近似表示。侧扫声呐还是一种有用的目标检测工具，如船舶沉船、管道和电缆。图 3-30 为侧扫声呐影像与其对应区域的水深图。

3. 侧扫声呐的工作原理

当潜艇使用主动声呐探测目标时，先通过声呐换能器不断发射声波，再通过声呐换能器接收回音信号，来获取目标运动参数；当使用被动声呐探测目标时，声呐本身并不发射声波，而是通过处理声呐换能器接收到的敌舰艇的各种航行噪音信号，来得到目标的运动参数。

声呐作用距离。潜艇主被动声呐的作用距离不仅取决于声呐本身的技术参数，同时还受作战海区的水文，潜艇航行的深度、速度，目标航行的深度、速度和旋角等诸多因素的

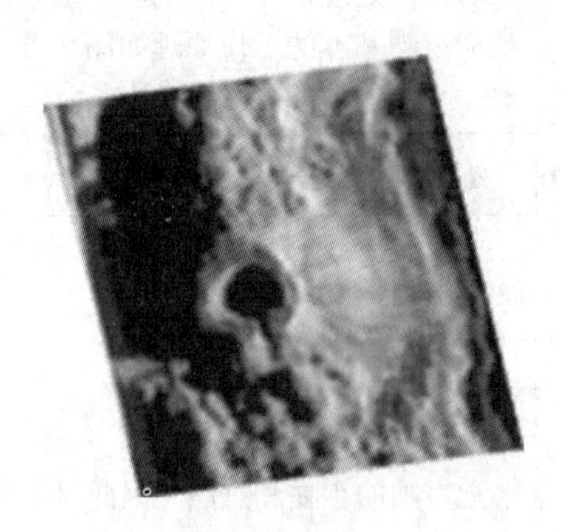
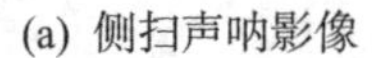

(a) 侧扫声呐影像

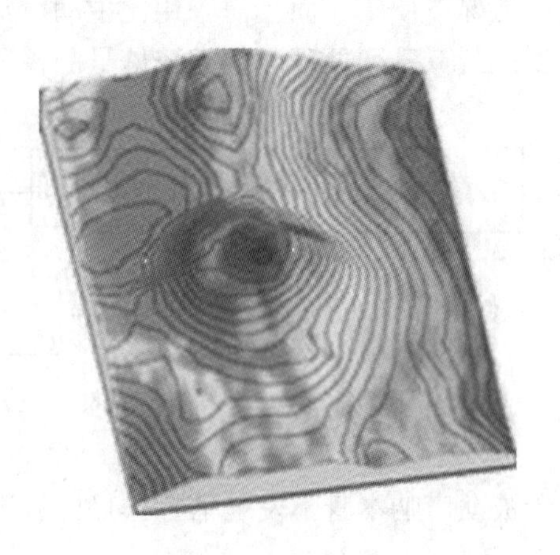

(b) 左图对应区域的水深图

图 3-30　侧扫声呐影像

影响。主、被动声呐的作用距离都是在规定虚警或漏报条件下，正确检测目标信号的概率等于给定值时，恰好满足主、被动声呐方程的距离。

反潜直升机在隐蔽状态下，主要使用被动声呐来观察目标。

声呐系统的主要任务之一是在测向的同时完成对目标距离的测定。

(1)主动声呐测距方法

主动声呐测距方法是利用目标的回波或应答信号进行测距的方法，用得最多、最广泛的方法是脉冲测距法。

脉冲测距法是利用接收回波和发射脉冲信号间的时间差来测距的方法，两者之间的距离为：

$$R = \frac{1}{2}ct \tag{3-21}$$

式中：R 为声呐和目标之间的距离，t 为往返时间，c 为脉冲速度。测距误差由测时误差和声速误差引起，通常声速测量误差是主要因素。本方法具有应用范围广泛，可用于对多个目标进行测距的优点。

利用脉冲法测距时，脉冲重复周期必须大于最大目标距离所对应的信号往返时间，否则会出现所谓的距离模糊。脉冲测距法的距离分辨率与脉冲宽度有关，距离分辨率是指在同一方向，声呐能分辨两个目标的最小距离差。能分辨两个目标的条件为：

$$t_2 - t_1 \geqslant \tau \tag{3-22}$$

故能分辨的最小目标间距为：

$$\Delta R = \frac{1}{2}c(t_2 - t_1) \geqslant \frac{1}{2}c\tau \tag{3-23}$$

式中：τ 为脉冲宽度。

因此，要提高距离分辨率必须使脉冲宽度减小。

(2)被动声呐测距方法

被动声呐测距是利用目标声源发出的信号或噪声进行测距。它的典型方法为时差法，其机理是利用三个子阵测量波阵面的曲率。假定目标是点源，声波按柱面波或球面波方式传播。

如图3-31所示，设在直线上放置三个等间距的阵元或子阵，间距为d。要测量的是点声源M与中心阵元B的距离r与方位角α。

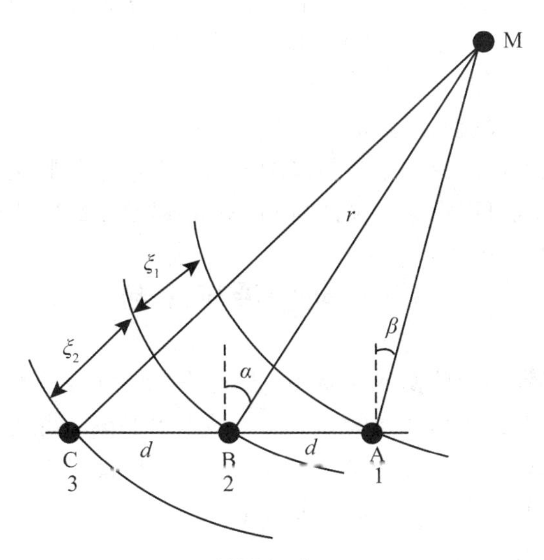

图3-31　三阵元被动测距几何关系(被动测距原理)

点源发出的声波到达阵元A、B、C的声程差为ξ_1、ξ_2，对应的时差分别为τ_{12}、τ_{23}，由余弦定理及泰勒级数展开可以得到目标距离r为：

$$r=\frac{d^2\cos^2\alpha}{(\tau_{23}-\tau_{12})c}=\frac{d^2\cos^2\alpha}{\tau_d c}\tag{3-24}$$

式中：$\tau_d=(\tau_{23}-\tau_{12})$，为两个时差之差。

因此，在已知阵元(或子阵声学中心)间距d、声速c时，测得ξ_1、ξ_2及角度α便可求出目标距离r。α的测量可利用远场平面波近似，因此有：

$$\sin\alpha\approx\frac{\xi_1+\xi_2}{2d}=\frac{c(\tau_{12}+\tau_{13})}{2d}\tag{3-25}$$

4. 影响声呐工作性能的因素

影响声呐工作性能的因素除声呐本身的技术状况外，还有外界条件的影响。比较直接的影响因素有传播衰减、多路径效应、混响干扰、海洋噪声、自噪声、目标反射特征或辐射噪声强度等，它们大多与海洋环境因素有关。例如，声波在传播途中受海水介质不均匀分布和海面、海底的影响和制约，会产生折射、散射、反射和干涉，也会产生声线弯曲、信号起伏和畸变，造成传播途径的改变，以及出现声阴区，严重影响声呐的作用距离和测量精度。现代声呐根据海区声速——深度变化形成的传播条件，可适当选择基阵工作深度和俯仰角，利用声波的不同传播途径(直达声、海底反射声、会聚区、深海声道)来克服水声传播条件的不利影响，从而提高声呐探测距离。又如，运载平台的自噪声主要与航速有关，航速越大自噪声越大，声呐作用距离就越近，反之则越远；目标反射本领越大，被对方主动声呐发现的距离就越远；目标辐射噪声强度越大，被对方被动声呐发现的距离就越远。

5. 声呐的应用

声呐技术至今已有一百多年的历史，1906 年由英国海军刘易斯·尼克森所发明。他发明的第一部声呐仪是一种被动式的聆听装置，主要用来侦测冰山。这种技术，到第一次世界大战时被应用到战场上，用来侦测潜藏在水底的潜水艇。

作为各国海军进行水下监视时的主要技术，声呐可对水下目标进行探测、分类、定位和跟踪；进行水下通信和导航，保障舰艇、反潜飞机和反潜直升机的战术机动和水中武器的使用。另外，声呐技术还广泛用于鱼雷制导、水雷引信、鱼群探测、海洋石油勘探、船舶导航以及水下作业，也可以用于水文测量和海底地质地貌的勘测等。

3.5 典型遥感平台

随着科学技术的进步和全球发展的需要，遥感平台的发展呈现多平台、多层次和多角度的趋势。典型的遥感平台包括陆地资源卫星、高光谱卫星、雷达卫星、环境卫星、海洋卫星、气象卫星、小卫星以及针对外星的平台等。按照携带的传感器空间分辨率高低可以分为高分辨率卫星、中分辨率卫星以及低分辨率卫星。

3.5.1 高分辨率卫星系列

遥感的发展趋势之一是高空间分辨率卫星的出现。这类卫星能够提供高清晰度、高空间分辨率的卫星影像，开拓了一个新的更快捷、更经济地获得最新地球影像微观信息的途径，可以从大尺度范围对地球目标进行观察；还可以部分代替航空遥感，广泛用于城市、港口、土地、森林、环境、灾害的调查，地理国情普查和监测，更大比例尺的测图，军事目标动态监测及国家级、省级、市县级数据库的建设、更新。高空间分辨率卫星所获取的影像已经对人们的生活、商业活动及政府的管理产生了巨大的影响。

目前，高空间分辨率卫星包括在空间分辨率 1m 以内的卫星、5m 以内卫星以及雷达卫星。

1. 空间分辨率 1m 以内的遥感卫星

1m 以内的遥感传感器有 IKONOS，Quick Bird，Orbview，Resurs-DK，Resurs-P，WorldView-1，WorldView-2，GeoEye-1，GeoEye-2，Pleiades-1A，Pleiades-1B 等卫星携带的传感器。

IKONOS 卫星于 1999 年 9 月 24 日发射，它具有太阳同步轨道，倾角为 98.1°，卫星高度 681km，轨道周期为 98.3 分钟，赤道上空的过境时间为上午 10:30，重复周期为 1~3 天。

QuickBird-2 卫星于 2001 年 10 月 18 日发射，它具有太阳同步轨道，轨道高度为 450km，运行在倾角为 97.2°，运行周期为 93.5 分钟，过赤道时间为(降交点)上午10:30，重访周期随纬度不同为 1~3.5 天，传感器可以向前后以及跨轨道定向观测，以获取立体影像。

Orbview-3 卫星于 2003 年 6 月 26 日发射，属于太阳同步轨道，卫星高度 470km，赤道上空的过境时间为上午 10：30，传感器对地球上各点的重访周期少于 3 天，具有 45°的侧视能力。

以上三种卫星传感器的特性参数如表 3-6 所示。

表 3-6　**美国三系列卫星传感器参数表**

卫星		IKONOS-2	Quick Bird-2	Orbview-3
公司		Space Imaging	Earth Watch	Orbital Imaging
全色波段(nm)		450~900	450~900	450~900
多光谱波段 (nm)		445~516 506~595 632~698 757~853	450~520 520~600 630~890 760~890	450~520 520~600 625~695 760~900
地面分辨率(m) 星下点/26°	全色	0. 82~1. 0	0. 61~0. 72(非底点 25°)	1
	多光谱	3. 2~4. 0	2. 44~2. 88(非底点 25°)	4
扫描宽度(km)	11. 3~13. 8	16. 5	8	
重访周期	3(北纬 40°)	1~3. 5	—	
量化(bit)	11	11	11	

俄罗斯的 Resurs-DK 卫星于 2006 年 6 月发射，轨道高度 360~604km，轨道倾角 70°，重访周期为 5~7 天。其全色波段(0. 58~0. 8μm)空间分辨率在 361km 高度为 0. 9~1. 0m，在 604km 高度为 1. 5~1. 7m；三个多光谱波段(绿波段 0. 5~0. 6μm、红波段 0. 6~0. 7μm、近红外波段 0. 7~0. 8μm)的空间分辨率为 2~3m。

俄罗斯的 Resurs-P 卫星是“资源”系列 Resurs-DK 的后继星，先后发射了三颗。Resurs-P1 卫星于 2013 年 6 月发射，轨道高度 475km，倾斜角 97. 3°，重访周期为 3 天。Resurs-P1 可以获取高精度的 1m 全色波段影像(0. 5~0. 8μm)和 4m 的五个波段多光谱影像(蓝色波段 0. 45~0. 52μm、绿色波段 0. 52~0. 6μm、红色波段 0. 61~0. 68μm、红色波段 0. 72~0. 8μm、近红外波段 0. 8~0. 9μm)。与 Resurs-DK 不同，Resurs-P1 有两个附加传感器，分别为幅宽 25km、光谱分辨率 5~10nm、空间分辨率 25m 的高光谱传感器(96 个波段)和 97~441km 超幅宽、空间分辨率 12~120m 的多光谱传感器。

WorldView-1 于 2007 年 9 月 18 日由美国 DigitalGlobel 公司发射，是一颗半米级分辨率的商业卫星。WorldView-1 在对目标进行定位方面具有更加精确的地面定位能力和空前灵活、快捷和高效性的优势，同时具有强大的立体影像采集能力。

WorldView-2 卫星于 2009 年 10 月 8 日发射，为全球带来了更快捷、更精确、更大容量、更多波段的扫描。WorldView-2 卫星拥有先进的地理位置技术，在扫描的精确度上有了非常大的进步。未经处理，在无地面控制点也无高程模型的情况下，它的精确度已经达到了 6. 5m(CE90)。

WorldView-3 预计 2014 年后发射，其携带的传感器将能获取 8 个波段的多光谱高分辨率影像和高分辨率的全色波段影像。

WorldView-1/2 传感器参数如表 3-7 所示。

表 3-7　　**WorldView-1/2 传感器参数表**

卫星		WorldView-1	WorldView-2
轨道	高度	496km	770km
	类型	太阳同步	太阳同步
	过降交点地方时	上午 10:30	上午 10:30
	周期	95 分钟	100 分钟
	倾角	97. 34°	98. 49°
波段(nm)		全色:400~900	全色:450~800 多光谱:海岸:400~450,蓝:450~510,绿:510~580,黄:585~625,红:630~690,红外:705~745,近红外 1:770~895,近红外 2:860~1040
空间分辨率		星下点处:0. 45m(GSD)	全色:星下点处:0. 46m(GSD);偏离星下点 20°处:0. 52m(GSD)
		偏离星下点 20°处:0. 51m(GSD)	多光谱:星下点处:1. 8m(GSD);偏离星下点 20°处:2. 4m(GSD)
动态范围		每像元 11bit	每像元 11bit
成像带宽		星下点处 16km	星下点处 16. 4km
最大侧摆角和相应的地面宽度		标称±45°,1035km	标称±45°,1651km
		可有选择地采用更高角度	可有选择地采用更高角度
单圈轨道最大连续成像区域		60×60km^2(相当于 4×4 幅方形影像)	60×60km^2(相当于 4×4 幅方形影像)
		30×30km^2(相当于 2×2 幅方形影像)	30×30km^2(相当于 2×2 幅方形影像)
重访周期		以 1m GSD 成像时,1. 7 天	以 1m GSD 成像时,1. 1 天
		对偏离星下点 20°处以 0. 51m GSD 成像时,5. 9 天	对偏离星下点 20°处以 0. 52m GSD 成像时,3. 7 天

GeoEye-1 于 2008 年 9 月 6 日发射,其轨道为太阳同步轨道,高度 684km,重复周期 98 分钟,轨道倾角 98°,过降交点地方时为每天上午 10:30。其传感器参数如表 3-8 所示。计划于 2016 年发射的 GeoEye-2,其携带的传感器全色波段空间分辨率将达到 0. 30m。

表 3-8　　**GeoEye-1 传感器参数表**

传感器模式	全色和多光谱同时(全色融合)，单全色，单多光谱	
空间分辨率(m)	星下点全色：0.41；侧视 28°全色：0.5；星下点多光谱：1.65	
波段范围(nm)	全色	450~800
	多光谱	蓝：450~510
		绿：510~580
		红：655~690
		近红外：780~920
定位精度(无控制点)	立体 CE90：2m；LE90：3m 单片 CE90：2.5m	
幅宽	星下点：15.2×15.2km²；单景：15km×15km²	
成像角度	60°	
重访周期	2 3 天	

Pleiades-1A 于 2011 年 12 月 16 日发射，Pleiades-1B 于 2012 年 12 月 2 日发射，它们的轨道高度 708.2km，周期 98.73 分钟，倾角 98.2°，具有每天重访的能力，扫描宽度 20km(底点)。它的影像定位精度在有地面控制点时为 1m，没有地面控制点时为 3m(CE90)；可以提供分辨率为 0.5m 黑白影像、0.5m 的彩色影像以及 2m 的多光谱影像。全色波段范围为 480~830nm；四个多光谱波段范围为：蓝波段 430~550nm，绿波段 490~610nm，红波段 600~720nm，近红外波段 750~950nm。

2. 空间分辨率 1~5m 的遥感卫星

空间分辨率在 5m 以内的传感器有 SPOT-5、SPOT-6、SPOT-7、FORMOSAT-2、CARTOSAT-1、“北京一号”小卫星、KOMPSAT-2、RapidEye、天绘一号卫星、资源三号卫星、高分一号等卫星携带的传感器以及 ALOS 的 PRISM 传感器。

SPOT-5 于 2002 年 5 月 3 日发射。SPOT-5 卫星携带的高分辨率几何成像仪(High Resolution Geometric Imaging Instrument，HRG)在卫星上可以获取空间分辨率为 5m 的影像。HRG 采用全新的 Supermode 成像处理方式，通过对地面的处理，可以得到空间分辨率为 2.5m 的影像。

SPOT-6 于 2012 年 9 月 9 日发射，与 2011 年发射的 Pleiades 1A 卫星在同一轨道平面上；SPOT-7 卫星于 2014 年 6 月 30 日发射。SPOT-6 和 SPOT-7 卫星发射后替换 2002 年发射的 SPOT-5 卫星，它们的全色波段空间分辨率达到 1.5m。SPOT-6/7 与 Pleiades-1A/1B 形成一个地球成像卫星星座，旨在保证将高分辨率、大幅宽数据服务延续到 2023 年。

福卫二号由中国台湾于 2004 年 5 月 21 日发射，进入距地球表面 891km 的太阳同步轨道飞行，兼具“遥测”与“科学”两大任务。福卫二号的基本参数如表 3-9 所示。

表 3-9　**福卫二号传感器参数表**

成像模式及分辨率	多光谱(R，G，B，NIR)：8m；全色：2m
光谱波段(nm)	PAN：450~900(全色) B1：450~520(蓝) B2：520~600(绿) B3：630~690(红) B4：760~900(近红外)
卫星高度	891km
传感器覆盖面积	24×24km^2
重访间隔	每日
可视角度	垂直轨迹和沿轨迹(前/后)角度：+/-45°
卫星编程服务	可接受，可同时获取全色和多光谱影像
影像形态	8bits/像素

Cartosat-1 于 2005 年 5 月 5 日发射，轨道高度 617.99km，轨道倾角 97.87°，运行一周需 96 分钟，过赤道时间为上午 10:30，搭载两个分辨率为 2.5m 的全色传感器，扫描宽度 30km，沿轨道方向的一个前视角为 26°，一个后视角为 5°。在立体观测模式下，卫星平台通过定量调整，补偿了地球自转因素，使得这两个不同视角的传感器能够获取地面同一位置上的影像，构成立体像对，并且获取同一景影像的时间差仅为 52s，因此两幅影像的辐射效应基本一致，有利于立体观察和影像匹配。形成像对的有效幅宽为 26km，基线高度比为 0.62。两个传感器具有两套独立的成像系统，可以同时在轨工作，这样就能构成一个连续条带的立体像对。该卫星的数据主要用于地形图制图、高程建模、地籍制图以及资源调查等。

"北京一号"小卫星于 2005 年 10 月 27 日发射，进入距地表 686km 的太阳同步轨道，轨道倾角 98.17°，过赤道时间为上午 10:45。其数据主要应用于土地利用、地质调查、流域水资源调查、洪涝灾害、冬小麦播种面积监测、森林类型识别、城市规划监测和考古等方面。北京一号的相关参数如表 3-10 所示。

表 3-10　**北京一号相关参数**

卫星	北京一号	
卫星高度(km)	891	
侧摆	+/-30°	
成像模式	多光谱	全色
空间分辨率(m)	32	4
光谱波段(nm)	520~620(绿) 630~690(红) 760~900(近红外)	500~800
量化等级(bit)	8	10
扫描宽度(km)	24	600
重访周期(天)	5~7	3~5

KOMPSAT-2由韩国于2006年7月28日发射，卫星高度685.31km，轨道倾角98.1°，运行一周98分钟，重访周期为3天，侧摆角度30°。该卫星用于获得专门针对韩国制图、城市规划以及灾害管理的影像，其数据主要供韩国进行土地管理、作物和植被监测、海洋观测及其他环境研究工作。KOMPSAT-2传感器的参数如表3-11所示。

表3-11　**KOMPSAT-2传感器参数表**

成像模式和分辨率	全色：1m；彩色(4波段)：1m；多光谱(R，V，B，PIR)：4m
光谱波段(nm)	全色：500~900 蓝：450~520 绿：520~600 红：630~690 近红外：760~900
视场宽度	15km
编程服务	可提供编程服务，可同时获得全色及多光谱影像
动态范围	10bits/像素

RapidEye于2008年8月29日发射，轨道高度630km，为太阳同步轨道，过赤道时间为上午11：00，重访周期非星下点为每天，星下点为5.5天。其传感器获取的地面采样间隔6.5m，影像像素大小5m，扫描宽度77km，量化等级12bit。四个多光谱范围为：蓝波段440~510nm，绿波段520~590nm，红波段630~685nm，红边波段690~730nm，近红外波段760~850nm。

天绘一号卫星(Mapping Satellite-1)于2010年8月24日发射，其中CCD相机地面像元分辨率5m，成像幅宽60km，光谱范围510~690nm，相机交会角25°；多光谱相机地面像元分辨率10m，各个波段范围分别为430~520nm、520~610nm、610~690nm、760~900nm。该卫星主要用于科学研究、国土资源普查、地图测绘等诸多领域的科学试验任务。

资源三号卫星是中国第一颗自主的民用高分辨率立体测绘卫星，于2012年1月9日发射。卫星运行在轨道倾角为97.421°，高度为505.984km的太阳同步圆轨道，降交点地方时为上午10:30。卫星可对地球南北纬84°以内地区实现无缝影像覆盖，回归周期为59天，重访周期为5天，卫星的设计工作寿命为4年。资源三号卫星共装载四台相机，包括一台2.5m分辨率的全色相机和两台4m分辨率全色相机，按照正视、前视、后视方式排列进行立体成像；还有一台10m分辨率的多光谱相机，包括蓝、绿、红和近红外四个波段，光谱范围分别为450~520nm、520~590nm、630~690nm、770~890nm。前视、后视相机，正视相机，多光谱相机的地面覆盖范围分别为52km、51km、52km。

资源三号卫星的应用，填补了中国民用测绘卫星的空白，对于增强中国独立获取地理空间信息的能力，解决中国基础地理信息资源战略性短缺，提升中国测绘服务保障水平，提高国土资源调查与监测能力，加强中国地理信息安全，推动测绘事业和地理信息产业的发展，具有里程碑意义。

高分一号卫星(GF-1)是中国高分辨率对地观测系统的首发星，于2013年4月26日发射，突破了高空间分辨率、多光谱与宽覆盖相结合的光学遥感等关键技术，设计寿命5~8年。卫星采用太阳同步圆轨道，平均轨道高度644.5km，降交点地方时为上午10:30，重访周期 16m 相机为 4 天，2/8m 相机为 41 天，侧摆条件下重访时间 2/8m 相机为 4 天。

GF-1 卫星携带的传感器有高分成像传感器和宽幅传感器，其中高分传感器技术指标为：2m 全色（450～900nm），8m 多光谱（有四个波段：B1：450～520nm，B2：520～590nm，B3：630～690nm，B4：770～890nm），影像幅宽为 60km。宽幅成像多光谱传感器：空间分辨率为 16m，有四个光谱波段（B1：450～520nm，B2：520～590nm，B3：630～690nm，B4：770～890nm），幅宽为 800km。

以后将陆续发射高分系列卫星，目标是建成高空间分辨率、高时间分辨率、高光谱分辨率的对地观测系统，并与其他观测手段相结合，到 2020 年形成具有时空协调、全天时、全天候、全球范围观测能力的稳定运行系统。

3. 高分辨率雷达卫星

（1）意大利的 COSMO-SkyMed

高分辨率雷达卫星 COSMO-SkyMed-1 于 2007 年 6 月 8 日由意大利发射，轨道高度 633.8km，轨道倾角 97.87°，周期 97.16 分钟，重复观测周期为 16 天。作为全球第一颗分辨率高达 1m 的雷达卫星星座，COSMO-SkyMed 系统将以全天候全天时对地观测的能力、卫星星座特有的高重访周期、1m 高分辨率为资源环境监测、灾害监测、海事管理以及科学应用等相关领域的探索开辟更为广阔的道路。

COSMO-SkyMed 雷达卫星的分辨率为 1m，扫描带宽为 10km，具备全天候全天时对地观测的能力、卫星星座特有的高重访周期以及雷达干涉测量地形的能力。COSMO-SkyMed 系统是一个可服务于民间、公共机构、军事和商业的两用对地观测系统，其目的是提供民防（环境风险管理）、战略用途（防务与国家安全）、科学与商业用途，并广泛应用于农业、林业、城市规划、灾害管理、地质勘测、海事管理、环境保护等领域。

（2）德国的 TerraSAR-X

高分辨率雷达卫星 TerraSAR-X 于 2007 年 6 月 15 日由德国发射，其卫星轨道属于太阳同步轨道，轨道高度约 514km，轨道倾角 97.44°，重复观测周期为 11 天。它携带高频 X 波段合成孔径雷达传感器，可以采用三种成像模式（分辨率）和四种极化进行工作。

TerraSAR-X 的任务是为科学研究或其他应用提供高质量的、不同模式的 X 波段合成孔径雷达数据，基于 TerraSAR-X 的衍生产品建立一个商业对地观测市场并开发稳定的服务业务。

X 波段的传感器的三种成像模式为：

①聚束成像模式（Spotlight 模式）：分辨率为 1～2m，幅宽 5km×10km；

②条带成像模式（Stripmap 模式）：拍摄宽度为 30km 的条带，分辨率为 3～6m；

③宽扫成像模式（ScanSAR 模式）：拍摄宽度为 100km 的条带，分辨率为 16m。

TerraSAR-X 支持干涉测量法雷达数据，可生产 DEM。

（3）日本的 IGS-Radar 系列

日本先后发射了 IGS-Radar-1/2/3/4 系列卫星，用于国防和民用自然灾害监测。目前运行的第二代 IGS-Radar-3/4，其空间分辨率优于 1m。

3.5.2 中分辨率卫星系列

该类卫星主要应用于陆地资源调查、变化监测、灾害监测等，一般采用近极地、近圆形、太阳同步以及可重复轨道。

1. Landsat 系列

（1）卫星基本情况

1967年，美国国家航空航天局(National Aeronautics and Space Administration，NASA)启动了地球资源卫星(Earth Resource)计划。ERTS-1卫星于1972年7月23日成功发射，它最早用于测试无人卫星采集地球资源数据可行性的实验系统。在1975年1月22日发射ERTS-B卫星之前，NASA将ERTS计划重新命名为Landsat。因此，ERTS-1更名为Landsat-1，ERTS-B在发射时更名为Landsat-2。之后，NASA又陆续发射了Landsat-3/4/5/6/7/8，分别于1978年3月、1982年7月、1984年3月、1993年10月、1999年4月、2013年2月发射，其中Landsat-6发射失败。到目前仍在运行的是Landsat-7/8卫星，其轨道高度为705km，轨道倾角98.22°，运行周期98.9分钟，降交点时间为上午10：00±15，重复周期16天。

(2)搭载的仪器

Landsat-1/2/3卫星携带的仪器主要有四个波段的多光谱扫描仪(Multi-Spectral Scanner，MSS)，波长范围分别为0.5~0.6μm、0.6~0.7μm、0.7~0.8μm、0.8~1.1μm；Landsat-4/5携带MSS(波段数和范围与Landsat-1/2/3的MSS对应，编号不同)和七个波段的专题制图仪(Thematic Mapper，TM)；Landsat-7携带增强型专题制图仪(Enhanced Thematic Mapper Plus，ETM+)。ETM+是Landsat-4/5上的专题制图仪TM的改进型，其多光谱波段数与波段范围与TM对应，但它比TM灵敏度更高，并且在以下三方面作了改进：①增加一个全色波段，其空间分辨率为15m，使数据速率增加；②采用双增益技术使远红外波段分辨率提高到60m，也增加了数据率；③改进后的太阳定标器使卫星的辐射定标误差小于5%，其精度比Landsat-5的TM约提高一倍，辐射校正有了很大改进。

Landsat-8携带业务陆地成像仪(the Operational Land Imager，OLI)和热红外传感器(the Thermal Infrared Sensor，TIRS)。OLI的分辨率分别是全色波段为15m，多光谱波段为30m。除了与ETM+类似的波段，OLI还增加了一个用于水资源和海岸带调查设计的蓝色波段和一个用于卷云探测的红外通道。TIRS的空间分辨率为100m。OLI和TIRS的数据质量(信噪比)、辐射量化(12位)比TM和ETM+要好，对于地球表面变化能力的探测有了显著改善。OLI和TIRS的参数分别如表3-12、表3-13所示，其中表3-12中最后一列为ETM的波长范围。Landsat-8的OLI和TIRS与Landsat-7的ETM+传感器的波段带宽比较如图3-32所示。

表3-12 **OLI工作谱段参数**

	OLI波段	波长范围(nm)	中心波长(nm)	空间分辨率底点(m)	ETM+波段范围(nm)
1	蓝色波段	433~453	443	30	
2	蓝绿波段	450~515	482	30	450~520
3	绿波段	525~600	562	30	520~600
4	红波段	630~680	655	30	630~690
5	近红外	845~885	865	30	770~900
6	中红外	1560~1660	1610	30	1550~1750
7	中红外	2100~2300	2200	30	2090~2350
8	全色	500~680	590	15	520~900
9	短波红外波段	1360~1390	1375	30	

表 3-13　**TIRS 工作谱段参数**

热红外波段	中心波长(μm)	波长范围(μm)	空间分辨率底点(m)	噪声等效温差(NEΔT)	
热红外 1	10.9	10.6~11.2	100	0.4K	0.35K
热红外 2	12.0	11.5~12.5	100	0.4K	0.35K

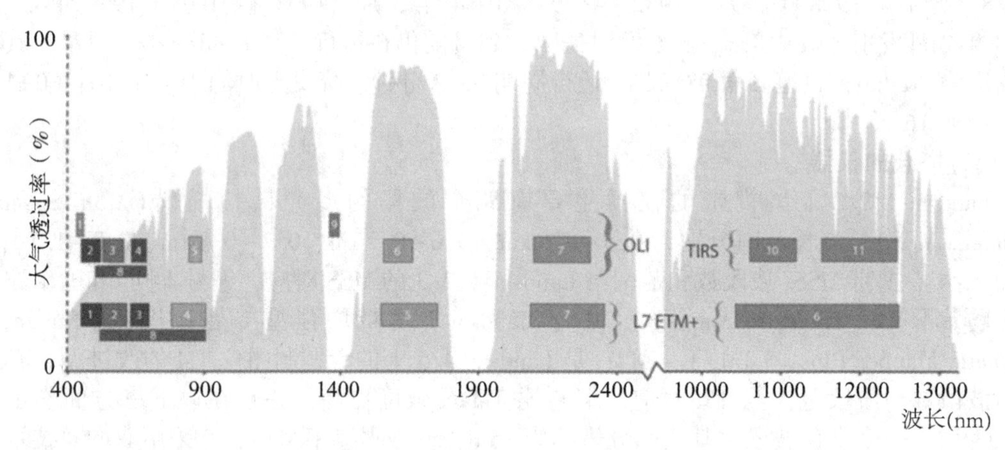

图 3-32　Landsat-8 的 OLI 和 TIRS 与 Landsat-7 ETM+的波段带宽比较

(3)成像过程

①多光谱扫描仪

多光谱扫描仪(Multi Spectral Scanner，MSS)搭载在 Landsat-1—Landsat-5 上，扫描镜在垂直于卫星前进方向对地面进行单向扫描。扫描仪每个探测器的瞬时视场为 86μrad，卫星轨道高为 915km，因此扫描瞬间每个像元的地面分辨率为 79m；每个波段由六个相同大小的探测元与飞行方向平行排列，这样在瞬间看到的地面大小为 474m×79m；扫描总视场为 11.56°，相应的地面宽度为 185km，扫描一次每个波段获取六条扫描线影像，其地面范围为 474m×185km；扫描周期为 73.42ms，卫星速度(地速)为 6.5km/s，在扫描一次的时间里卫星往前正好移动 474m，接着开始第二次扫描，扫描线恰好衔接，获取地表的连续影像。

②专题制图仪

专题制图仪(Thematc Mapper，TM)是一种改进的多光谱扫描仪，可以在电磁波谱的可见光、反射红外、中红外和热红外区记录能量。TM 的多光谱影像具有比 MSS 更高的空间、光谱、时间和辐射分辨率。

TM 的探测器共有 100 个通道，采用带通滤光片分光，并且滤光片紧贴于探测器阵列的前面。探测器每组 16 个，呈错开排列。TM 有 7 个波段：TM1~TM4 采用硅探测器(即 CCD 探测阵列)，TM5 和 TM7 各使用 16 个锑化铟红外探测器，其排列同 TM1~TM4 一样。TM6 用 4 个汞镉碲热红外探测器，也成两行排列，致冷温度为 95K。TM1~TM5 及 TM7 的每个探测器的瞬时视场在地面上为 30m×30m，TM6 为 120m×120m。扫描瞬间 16 个探测器(TM6 为 4 个)观测到的地面长度为 480m。TM 采用半个扫描周期，即单向扫描所用的时间为 71.46ms，扫描线的长度为 183km，一次扫描成像对应地面范围为 480m×183km。半个扫描周期卫星正好飞过地面 480m，且下半个扫描周期获取的 16 条影像线正好与上半个扫描周期的影像线衔接。

TM 中增加一个扫描改正器，使扫描行垂直于飞行轨道，往返双向都对地面扫描。

最初的 MSS 带宽是根据植被调查和地质研究的应用需求选取的。与此相反，TM 的波段设置是在对水体的穿透能力、植被类型和生长状况的差别、植物的土壤水分测量值、云雪冰的区别、特定岩石类型、水热蚀变的鉴别等方面进行多年分析后确定的。

(4)影像各波段特点

TM 各个波段的影像特征如表 3-14 所示。

表 3-14 **TM 七个波段的影像特征**

通道序号	波长范围(nm)	辐射灵敏度 NEΔρ(%)	特　征
TM1	450~515(蓝)	0.8	这个波段的短波端相应于清洁水的峰值，长波端在叶绿素吸收区。这个蓝波段对针叶林的识别比 Landsat-1/2/3 的能力更强
TM2	525~605(绿)	0.5	这个波段在两个叶绿素吸收带之间，因此相应于健康植物的绿色。TM1 和 TM2 合成，相似于水溶性航空彩色胶片 SO.224，它显示水体的蓝绿比值，能估测可溶性有机物和浮游生物
TM3	630~690(红)	0.5	这个波段为红色区，在叶绿素吸收区内。在可见光中这个波段是识别土壤边界和地质界线的最有利的光谱区，在这个区段，表面特征经常展现出高的反差，大气朦雾的影响比其他可见光谱段低，因此影像的分辨能力较好
TM4	750~900(红外)	0.5	这个波段相应于植物的反射峰值，它对于植物的鉴别和评价十分有用。TM2 与 TM4 的比值对绿色生物量和植物含水量敏感
TM5	1550~1750(红外)	1.0	在这个波段中叶面反射强烈地依赖于叶湿度。一般来说，这个波段在对收成中干旱的监测和植物生物量的确定是有用的。另外，1.55~1.75μm 区段水的吸收率很高，所以用于区分不同类型的岩石，或区分云、地面冰和雪就十分有利。湿土和土壤的温度从这个波段上也很容易看出
TM6	10.4~12.6μm(热红外)	(NEΔT/K) 0.5	这个波段对于植物分类和估算收成很有用。在这个波段来自表面发射的辐射量，按照发射本领和温度(表面的)来测定，这个波段可用于热制图和热惯量制图实验
TM7	2090~2350	(NEΔT/K) 2.0	这个波段主要的价值是用于地质制图，特别是热液变岩环的制图，它同样可用于识别植物的长势

(5)Landsat 数据应用

Landsat 系列卫星提供了大量地球资源观测数据，为各学科和领域的用户和研究人员提供所需要的遥感影像信息，对整个地球科学具有重大的价值和意义。Landsat 遥感影像数据可以用于自然资源保护、能源勘探、环境管理、自然灾害监测等多个研究领域。

2. SPOT 卫星系列

(1)卫星基本情况

第一颗 SPOT 卫星于 1986 年 2 月 21 日发射，SPOT-2/3 分别于 1990 年 1 月 22 日和

1993 年 9 月 25 日发射，SPOT-4 于 1998 年 3 月 24 日发射。

(2)搭载的传感器

①SPOT-1/2/3 卫星搭载的传感器为两台高分辨率可见光成像仪(High Resolution Visible，HRV)；

②SPOT-4 卫星搭载的传感器为两台高分辨率可见光红外成像仪(High Resolution Visible and Infrared，HRVIR)和一台植被传感器(VEGETATIOM)；

③SPOT-5 卫星搭载高分辨率几何成像仪(High Resolution Geometric Imaging Instrument，HRG)和高分辨率立体成像仪(High Resolution Stereoscopic Imaging Instrument，HRS)。

传感器相关参数见表 3-15。

表 3-15　**SPOT 系列传感器特征参数**

SPOT-1/2/3 HRV 和 SPOT-4 HRVIR			SPOT-5 HRG			SPOT-4/5 植被传感器		
波段号	光谱分辨率(μm)	空间分辨率(m)	波段号	光谱分辨率(μm)	空间分辨率(m)	波段号	光谱分辨率(μm)	空间分辨率(m)
1	0. 50~0. 59	20	1	0. 50~0. 59	10	0	0. 43~0. 47	1
2	0. 61~0. 68	20	2	0. 61~0. 68	10	2	0. 61~0. 68	1
3	0. 79~0. 89	20	3	0. 79~0. 89	10	3	0. 79~0. 89	1
全色 全色(4)	0. 51~0. 73 0. 61~0. 68	10 10	全色	0. 48~0. 71	2. 5	—	—	—
SWIR(4)	1. 58~1. 75	20	SWIR	1. 58~1. 75	20	SWIR	1. 58~1. 75	1
量化登级	8bits		8bits			10bits		
成像方式	线阵列推扫式							
幅宽	60km					2250km		
重复周期	26 天							
轨道	832km，太阳同步，倾角=98. 7°，过赤道时间：上午 10:30							

SPOT 多光谱波段影像的特点如表 3-16 所示。

表 3-16　**SPOT 多光谱波段影像的特点**

波段	特　点
绿波段	波段中心位于叶绿素反射曲线最大值，即 0. 55μm 处；对于水体混浊度评价以及水深 10~20m 以内的干净水体的调查有用。 用于探测健康植物绿色反射率，可区分植被类型和评估作物长势，对水体有一定的穿透
红波段	位于叶绿素吸收带，受大气散射的影像较小，用于识别裸露的地表、植被、土壤、岩性、地层、地貌现象等。 可用于测量植物绿色素吸收率，依次进行植物分类，可区分人造地物类型

续表

波段	特　　点
近红外波段	能够很好地穿透大气层；在该波段，植被表现得特别明亮，水体表现得非常黑。可用于测定生物量和作物长势，区分植被类型，绘制水体边界，探测水中生物的含量
短波红外波段	对水分、植被比较敏感，常用于土壤含水量监测、植被长势调查、地质调查中的岩石分类，对于城市地物特征也有较强的突显效应；也可用于探测植被含水量及土壤湿度，区分云与雪
植被传感器和 3 个波段(与 HRVIR 的波段 2、波段 3 和近红外波段一致)	主要用于监测全球耕地、森林和草地的状态，红波段和近红外波段的综合使用对植被和生物的研究相当有利的
0. 43~0. 47μm 波段	主要用于海洋制图和大气校正

(3)成像过程

在可见光和反射红外光谱区，HRV 传感器有两种运行模式：一种为全色模式，另一种是多光谱模式。传感器成像时，来自地面的反射辐射通量通过平面反射镜进入 HRV，然后投射到两个 CCD 阵列上，全色模式每个 CCD 阵列包含 6000 个呈线性排列的探测器。线阵列推扫是传感器在与轨迹垂直的方向上逐行对地成像，在瞬间能同时得到垂直航线的一条影像线，随着传感器系统沿轨道向前推进，以“推扫”方式获取沿轨道的连续影像条带。当传感器系统直接观测传感器下方的地面时，两台 HRV 仪器可对两相邻区域成像，每个区域的扫幅宽度为 60km。该模式总扫描宽度为 117km，两区域有 3km 的重叠。也可以通过地面站发出指令，让反射镜有选择地指向非星下点视场。这种模式可以观测到以星下地面轨迹为中心的宽 950km 的范围内的任意感兴趣区域。实际观测扫描幅宽度在星下点为 60km，在非星下点最宽可达到 80km。

如果 HRV 仪器只对星下点观测，则任一给定区域的重访周期为 26 天。对于要观测时间尺度为几天甚至几个星期的现象，尤其是在一些被云层覆盖而无法获取有效数据的地区，这一时间周期是不可接受的。在 26 天的观测周期内，SPOT 卫星连续两次观测地球上某一给定点。在考虑传感器可控性的条件下，若该观测点在赤道，就有 7 次成像机会；若在纬度 45°，则有 11 次成像机会。因此，给定区域的重复观测周期为 1~4 天(偶尔为 5 天)。

(4)立体观测

SPOT-5 的 HRS 配有前视和后视两套光学望远镜系统，焦距为 0. 580m，共用一个有 12000 个尺寸为 6. 5μm 的像元的线阵全色波段 CCD 传感器，其空间分辨率为 10m，视场为 120km，前向和后向视角均为 20°。立体像对的最大覆盖范围为 120km×600km。当 HRS 工作时，打开前向望远镜，沿轨道飞行 90 秒钟后，关闭前向望远镜，同时打开后向望远镜，再飞行 90 秒钟，就能完成 120km×600km 条带的立体像对接收。两幅影像接收时间差仅为 90 秒钟，这大大提高了立体像对的接收成功率，也保证了像对间的相关性和相似性。HRS 的地面采样间隔为 5m(沿飞行方向)×10m(垂直于飞行方向)，生成 DEM 的高程相对精度为 5~10m，绝对精度为 10~15m。

高分辨率立体成像装置用两个相机沿轨道成像，一个向前，一个向后，实时获取立体影像。较之SPOT系统前几颗卫星的旁向立体成像模式——轨道间立体成像，SPOT-5号卫星几乎能在同一时刻以同一辐射条件获取立体像对，避免了像对之间由于获取时间不同而存在的辐射差，大大提高了获取的成功率。

(5)SPOT数据的应用

SPOT数据的应用目的和Landsat-7相似，以陆地资源环境调查和监测为主。在土地利用与管理、森林覆盖监测、土壤侵蚀和土地沙漠化的监测以及城市规划等人与环境的关系研究方面，都发挥了重要的作用。由于它的分辨率高，可以用于地图的制作。通过立体观测和高程观测，可以制作相应比例尺的地形图。

3. CBERS系列

中巴地球资源卫星(CBERS)是1988年中国和巴西两国政府联合议定书批准，由中、巴两国共同投资、联合研制的卫星。1999年10月14日，中巴地球资源卫星01星发射，在轨运行3年10个月；02星(CBERS-02)于2003年10月21日发射。

CBERS的基本特征参数如表3-17所示。

表3-17 **资源一号卫星传感器及其基本参数**

传感器名称	CCD相机	宽视场成像仪(WFI)	红外多光谱扫描仪(IRMSS)
传感器类型	推扫式	推扫式(分立相机)	振荡扫描式(前向和反向)
可见/近红外波段(nm)	1：450~520 2：520~590 3：630~690 4：770~890 5：510~730	10：630~690 11：770~890	6：500~900
短波红外波段(μm)	无	无	7：1.55~1.75 8：2.08~2.35
热红外波段(μm)	无	无	9：10.4~12.5
辐射量化(bit)	8	8	8
扫描带宽(km)	113	890	119.5
空间分辨率(星下点，m)	19.5	258	波段6、7、8：78 波段9：156
是否具有侧视功能	有(-32°~+32°)	无	无
视场角	8.32°	59.6°	8.80°
太阳同步轨道	卫星高度778km，倾角98.5°，重复周期26天，上午10:30±30过赤道		

资源02B星于2007年9月19日发射，是具有高、中、低三种空间分辨率的对地观测卫星，具体指标如表3-18所示。该卫星搭载的2.36m分辨率的HR相机改变了国外高分辨率卫星数据长期垄断国内市场的局面，在国土资源、城市规划、环境监测、减灾防灾、农业、林业、水利等众多领域发挥重要作用。

表 3-18　　**CBERS-02B 星有效载荷及其性能指标**

平台	有效载荷	波段号	光谱范围（nm）	空间分辨率（m）	幅宽（km）	侧摆能力	重访时间（天）	数据传输率（Mbps）
CBERS-02B	CCD 相机	B01	450~520	20	113	±32°	26	106
		B02	520~590	20				
		B03	630~690	20				
		B04	770~890	20				
		B05	510~730	20				
	高分辨率相机（HR）	B06	500~800	2. 36	27	无	104	60
	宽视场成像仪（WFI）	B07	630~690	258	890	无	5	1. 1
		B08	770~890	258				

4. IRS 系列卫星

印度已经发射了几颗 IRS（Indian Remote Sensing Satellite）遥感系列卫星，共有四个系列，即 IRS-1 系列、IRS-P 系列、IRS-2 系列和 IRS-3 系列，其中 IRS-2 系列是海洋和气象卫星系列，IRS-3 系列是合成孔径雷达卫星系列。

（1）IRS-1 系列卫星

印度在 1979 年 6 月和 1981 年 11 月发射的 Bhaskara1 和 Bhaskara2 两颗实验性卫星的基础上，制订了 IRS 系列计划，并于 1988 年 3 月发射了第一颗。IRS-1 系列卫星特征参数如表 3-19 所示，其中 LISS-Ⅰ/Ⅱ/Ⅲ为卫星携带的相机型号。

表 3-19　　**IRS-1 系列卫星特征参数**

	IRS-1A/1B		IRS-1C/1D	
相机 LISS-Ⅰ和 LISS-Ⅱ的波段号	光谱分辨率（μm）	星下点空间分辨率（m）	光谱分辨率（μm）	星下点空间分辨率（m）
1	0. 45~0. 52	LISS-1：72. 5 LISS-Ⅱ：36. 25	—	—
2	0. 52~0. 59	LISS-1：72. 5 LISS-Ⅱ：36. 25	0. 52~0. 59	23. 5
3	0. 62~0. 68	LISS-1：72. 5 LISS-Ⅱ：36. 25	0. 62~0. 68	23. 5
4	0. 77~0. 86	LISS-1：72. 5 LISS-Ⅱ：36. 25	0. 77~0. 86	23. 5
5	—	—	1. 55~1. 70	70. 5
PAN	—	—	0. 50~0. 70	5. 2

续表

	IRS-1A/1B	IRS-1C/1D
传感器	线阵列推扫式	线阵列推扫式
扫描宽度	LISS-1：148km LISS-Ⅱ：146km	LISS-Ⅲ的第2、3、4波段为141km，第5波段为148km；Pan为70km，WiFS为692km
重访周期	赤道上为22天	LISS-Ⅲ在赤道上为24天，Pan偏离星下点±26°内为5天，WiFS在赤道上为5天
轨道	卫星高度904km，倾角99.5°，每天上午10:26过赤道	卫星高度817km，倾角99.69°，每天上午10:30±5分钟过赤道
发射时间	IRS-1A：1988.3.17 IRS-1B：1991.8.29	IRS-1C：1995.12.28 IRS-1D：1997.9.30

(2)IRS-P 系列

IRS-P3 于 1996 年 3 月 21 日发射，星上搭载的 WiFS 与 IRS-1D 相比，增加了一个中红外波段，其他类似。IRS-P3 还搭载一个模块化光电扫描仪，能同时采集三种空间分辨率的三个波段的影像。

IRS-P4 卫星又名海洋卫星，于 1999 年 5 月 26 日发射，卫星有效载荷包括 1 台 8 波谱海色监测仪，可以采集谱段范围为 402~885μm、空间分辨率为 236~360m、辐射分辨率为 12bit、扫描宽度为 1420km 的数据，主要用于测量海洋物理数据和生物参数，可以提供很有价值的海洋表面观测数据。

IRS-P6(Resourcesat-1)于 2003 年 10 月 17 日发射，携带三个传感器：LISS-4、LISS-3 和 WiFS，专门用于地球资源和农业应用的探测。

LISS-4 传感器具有全色和多光谱两种工作模式，空间分辨率达到 5.8m。在全色模式下，传感器可传送波段 2、3、4 中任意一个波段数据，缺省设定为波段 3 数据。在多光谱模式下，数据幅宽为 23.9km(预先设定，在全色模式数据幅宽 70km 的范围内可调)。

LISS-3 传感器具有四个光谱波段，分别位于可见光、近红外与短波红外区域，空间分辨率为 23.5m。

AWiFS 传感器具有与 LISS-3 传感器完全相同的四个波段，两者的不同则在于成像幅宽与几何分辨率。

IRS-P7 于 2007 年 2 月发射，主要用于洋流和海底地形测绘，可得到海洋观测如风力、海面气温、波浪等的参数。

5. ALOS 卫星

日本地球观测卫星计划主要包括两个系列：大气和海洋观测系列以及陆地观测系列。先进对地观测卫星(Advanced Land Observation Satellite，ALOS)是 JERS-1 与 ADEOS 的后继星，采用了先进的陆地观测技术，能够获取全球高分辨率陆地观测数据，主要应用于测绘、区域环境观测、灾害监测、资源调查等领域。ALOS 卫星轨道高度 692km，轨道倾角

98.2°，重复周期为 46 天。卫星载有三个传感器：全色遥感立体测绘仪(PRISM)、先进可见光与近红外辐射计-2(AVNIR-2)、相控阵型 L 波段合成孔径雷达(PALSAR)。

(1) PRISM 传感器

PRISM 传感器为高分辨率传感器，星下点空间分辨率为 2.5m，具有独立的三个观测相机，分别用于星下点、前视和后视观测，沿轨道方向获取立体影像，波段范围为 520～770nm。其数据主要用于建立高精度 DEM。

(2) AVNIR-2 传感器

新型的 AVNIR-2 传感器比 ADEOS 卫星所携带的 AVNIR 具有更高的空间分辨率，其空间分辨率为 10m，波段包括蓝波段 420～500nm、绿波段 520～600nm、红波段 610～690nm，近红外波段 760～890nm。数据主要用于陆地和沿海地区观测，为区域环境监测提供土地覆盖图和土地利用分类图。为了满足灾害监测的需要，AVNIR-2 提高了交轨方向指向能力，侧摆指向角度为±44°，能够及时观测受灾地区。

(3) PALSAR 传感器

PALSAR 是一主动式微波传感器，它不受云层、天气和昼夜影响，用于全天时全天候陆地观测，比 JERS-1 卫星所携带的合成孔径雷达传感器性能更优越。该传感器具有高分辨率(分辨率为 10m 和 100m)、扫描式合成孔径雷达、极化三种观测模式。

6. JERS-1 卫星

日本的地球资源卫星(Japan's Earth Resouces Satellite，JERS-1)于 1992 年 2 月发射，属于太阳同步轨道，轨道高度 568km，倾角 97.6°，运行周期 87.42 分钟，重复周期 44 天，卫星过境的当地时间为上午 10:30～11:00。

JERS-1 星上搭载的合成孔径雷达，分辨率为 18m，扫描幅宽为 75km，主要用于地表、地形的研究；搭载的一个 7 波段光学遥感器分辨率为 18m×24m，扫描幅宽为 75km。

JERS-1 利用光学遥感仪器和合成孔径雷达进行地球资源、环境的研究，光学遥感仪器可收集 8 波段的光谱信息，而工作于 L 频段的合成孔径雷达可收集微波波段信息。光学遥感的 8 个波段及其用途如表 3-20 所示。

表 3-20　**JERS-1 光学遥感波段以及应用**

名称	波段号	光谱范围	用　途
VNIR (nm)	1	520～600	植被调查、土地使用、水检测
	2	630～690	用于植被普查
	3	760～860	生物数量调查(天底点观察)
	4	760～860	生物数量调查(前向 15.3°观测，可进行立体三波段覆盖)
SWIR (μm)	5	1.60～1.71	植被湿度
	6	2.01～2.12	温湿绘图(土壤、地质)
	7	2.13～2.25	温湿绘图(土壤、地质)
	8	2.27～2.40	温湿绘图(土壤、地质)

7. RADARSAT 卫星

加拿大的 RADARSAT-1 卫星于 1995 年 11 月 4 日发射，属太阳同步轨道，轨道高度 796km，倾角 98.6°，运行周期为 100.7 分钟，重复周期为 24 天，卫星过境的当地时间约为上午 6 点和下午 6 点。RADARSAT 的雷达能够穿过云层覆盖并且能够在夜里工作。它具有 7 种模式、25 种波束和不同的入射角，因而具有多种分辨率、不同幅宽和多种信息特征，如表 3-21 所示。该卫星适用于全球环境、土地利用和自然资源的监测等。

表 3-21　**RADARSAT-1 工作模式**

工作模式	波束位置	入射角(度)	标称分辨率(m)	标称轴宽(km×km)
精细模式(5 个波束位置)	F1~F5	37~48	10	50×50
标准模式(7 个波束位置)	S1~S7	20~49	30	100×100
宽模式(3 个波束位置)	W1~W3	20~45	30	150×150
窄幅 ScanSAR (2 个波束位置)	SN1	20~40	50	300×300
	SN2	31~46	50	300×300
宽幅 ScanSAR	SW1	20~49	100	500×500
超高入射角模式(6 个波束位置)	H1~H6	49~59	25	75×75
超低入射角模式	L1	10~23	35	170×170

RADARSAT-1 传感器的特点为：

①具有 50km、75km、100km、150km、300km 和 500km 多种扫描宽度和 10~100m 的不同分辨率；

②带宽分别为 11.6MHz、17.3MHz 和 30MHz，使分辨率可调；

③每天可覆盖 73°N 至北极全部地区，3 天可覆盖加拿大及北欧地区，24 天可覆盖全球一次。

RADARSAT-2 于 2007 年 12 月 14 日发射，除了正常偏移外，RADARSAT-1 与 RADARSAT-2 以相同轨道飞行，70°N 以北最大幅宽覆盖频率达到 1 天，48°N 以北最大幅宽覆盖频率达到 1~2 天，赤道最大幅宽覆盖频率达到 2~3 天。RADARSAT-2 具有 1m 高分辨率成像能力，多种极化方式使用户的选择更为灵活，根据指令进行左右视切换获取影像缩短了卫星的重访周期，增强了立体数据的获取能力。RADARSAT-2 工作模式如表3-22 所示。

表 3-22　**RADARSAT-2 工作模式**

工作模式	空间分辨率(m)	极化方式	观测幅度(km)	入射角(°)
超精细模式	3	可选单极化	20	30~40
多视精细模式	8	可选单极化	50	30~50

续表

工作模式	空间分辨率(m)	极化方式	观测幅度(km)	入射角(°)
精细模式	8	可选单极化或双极化	50	30~50
标准模式	25	可选单极化或双极化	100	20~49
宽模式	30	可选单极化或双极化	150	20~45
窄幅 ScanSAR	50	可选单极化或双极化	300	20~46
宽幅 ScanSAR	100	可选单极化或双极化	500	20~49
超高入射角模式	25	单极化	75	49~60
超低入射角模式	35	单极化	170	10~23
全极化精细模式	8	四极化	25	20~41
全极化标准模式	25	四极化	25	20~41

8. ERS 与 Envisat-1 卫星

“欧洲遥感卫星”(ERS)系列属于海洋动力环境卫星，第 1 颗 ERS-1 卫星于 1991 年 7 月发射并运行到 2000 年 8 月，是继 Seasat-1 卫星之后的新一代综合性海洋遥感卫星。第 2 颗 ERS-2 于 1995 年 4 月发射。

ERS-1 的核心仪器有：①主动式微波仪(AMI)，工作在 C 波段(5. 30Hz)，具有成像、测风和测浪三种工作模式，相当于一部合成孔径雷达和两部散射计的组合，但三种工作模式只能选择其中一种进行工作；②雷达高度计(RA)，工作在 Ku 波段(130H2、7GHz)；③沿轨迹扫描辐射计(ATSR)，由微波探测仪和红外辐射计组成，它以微波超感为主，具有全天候、全天时和全球探测能力；④激光测距仪器(LRR)；⑤精确测距测速设备(PRARE)。

ERS-2 与 ERS-1 基本一致，但增加了 ATSR 的可视通道和 GOME，轨道高度增加到 824km，可获得臭氧层变化的资料。

Envisat-1 于 2002 年 3 月发射，属极轨对地观测卫星(ESA Polar Platform)系列之一，其轨道高度 800km，轨道倾角 98°，运行周期 101 分钟，重复周期 35 天。星上载有多种探测设备，分别对陆地、海洋、大气进行观测。其中 4 种探测设备是 ERS-1/2 所载设备的改进型，其所载设备是先进的合成孔径雷达(ASAR)，可生成海洋、海岸、极地冰冠和陆地的高质量影像，为科学家提供更高分辨率的影像来研究海洋的变化。其他设备将提供更高精度的数据，用于研究地球大气层及大气密度。作为 ERS-1/2 合成孔径雷达卫星的延续，Envisat-1 数据主要用于监视环境，即对地球表面和大气层进行连续的观测，供制图、资源勘查、气象及灾害判断之用。

ASAR 传感器工作在 C 波段，波长为 5. 6cm。但 ASAR 具有许多独特的性质，如多极化、可变观测角度、宽幅成像等。ASAR 传感器共有 5 种工作模式，各种工作模式的特性如表 3-23 所示。

表 3-23　　**ASAR 传感器工作模式**

模式	IMAGE	ALTERNATING POLARISATION	WIDE SWATH	GLOBAL MONITORING	WAVE
成像宽度(km)	最大 100	最大 100	约 400	约 400	5
极化方式	VV 或 HH	VV/HH 或 VV/VH 或 HH/HV	VV 或 HH	VV 或 HH	VV 或 HH
分辨率(m)	30	30	150	1000	10

9. EO-1 卫星

地球观测-1(Earth Observation, EO-1)卫星于 2000 年 11 月 21 日由美国 NASA 发射，其轨道与 LANDSAT-7 轨道基本相同，使 EO-1 和 LANDSAT-7 两颗星的影像每天至少有 1~4 景重叠。EO-1 卫星携带先进的陆地成像仪(ALI)、LEISA 大气校正仪(LAC)和高光谱成像仪(Hyperion)等 3 台仪器。其中 ALI 的用途和技术性能与 LANDSAT-7 上的 ETM+相当；LAC 用于测量大气中的水汽和气溶胶；Hyperion 共有 220 个波段(0. 4~2. 5μm 范围内)，地面分辨率为 30m，用于地物波谱测量和成像、海洋水色要素测量以及大气中水汽、气溶胶和云参数等的测量。

(1)ALI

ALI(Advanced Land Imager)的波段数为 10 个(光谱 400~2400nm 范围内)，比 ETM+多 3 个。这 3 个波段是：443nm、867. 5nm 和 1250nm。其中，443nm 是为大气气溶胶测量而设置的，867. 5nm 和 1250nm 是为大气水汽测量而设置的，而 ETM+没有大气校正波段。ALI 没有热红外波段，而 ETM+有一个热红外波段(11. 45μm)。表 3-24 为 ALI 和 ETM+技术指标比较，表 3-25 为 ALI 和 ETM+的信噪比(SNR)比较。

表 3-24　　**ALI 和 ETM+技术指标比较**

仪器	ALI	ETM+
卫星	EO-1	LANDSAT-7
制造商	Lincoln Lab, MIT	Huges Santa Barbara
波段范围(μm)	0. 4~2. 4	0. 4~2. 4, 10. 4~12. 5
波段数	10	7, 1
地面分辨率(m)	10/30	15/30/60
幅宽(km)	37	185
辐射精度(%)	5	5
质量(kg)	106	425
功耗(W)	118	590
尺寸(m^3)	0. 25	1. 7
数据率(Mbit/s)	300	150

表 3-25　**ALI 和 ETM+的 SNR 比较表**

仪器	ALI		ETM+	
波段	范围/μm	SNR/dB	范围/μm	SNR/dB
Pan	0. 480～0. 690	153	0. 520～0. 900	17
MS-1’	0. 433～0. 453	178	无	无
MS-1	0. 450～0. 515	178	0. 450～0. 520	54
MS-2	0. 525～0. 605	217	0. 530～0. 610	52
MS-3	0. 630～0. 690	268	0. 630～0. 690	34
MS-4	0. 775～0. 805	207	0. 780～0. 900	45
MS-4’	0. 845～0. 890	137	无	无
MS-5’	1. 200～1. 300	115	无	无
MS-5	1. 550～1. 750	185	1. 550～1. 750	26
MS-7	2. 080～2. 350	134	2. 090～2. 350	14

(2) LAC

LAC(Linear Etalon Imaging Spectrometer Array Atmospheric Corrector)是一台高光谱中等分辨率成像光谱仪，在水汽吸收带设置了很多个波段，光谱范围为 0. 85～1. 5μm，光谱分辨率为 1. 0～2. 5nm，地面分辨率为 250m，可以获得大气水汽和气溶胶的影像和光谱曲线。

(3) Hyperion

Hyperion(Hyper-spectral sensors)是一台图谱测量仪，既可以用于测量目标的波谱特性，又可对目标成像。Hyperion 包含 220 个波段，光谱范围为 0. 40～2. 50μm，光谱分辨率达到 10nm，地面空间分辨率为 30m，量化等级为 12bit，辐射精度达到 6%，幅宽 7. 5km。

3. 5. 3　低分辨率系列卫星

低分辨率系列卫星包括高光谱卫星、环境卫星、气象卫星及海洋卫星等。

高光谱卫星的成像光谱仪能够获取许多非常窄的光谱连续的影像数据，包括电磁波谱的可见光、近红外、中红外和热红外波段。从感兴趣物体获得的有关数据，包含了丰富的空间、辐射和光谱三重信息，使本来在宽波段遥感中不可探测的物质，在高光谱遥感中能被探测。其应用领域涵盖地球科学的各个方面，在地质找矿和制图、大气和环境监测、农业和森林调查、海洋生物和物理研究等领域发挥着越来越重要的作用。

气象卫星的应用与人们的生活密切相关，目前在气象变迁和天气预报方面已经取得较为成功的应用。气象卫星按卫星运行的轨道可分为太阳同步近极地轨道卫星和地球同步静止轨道气象卫星。前者的轨道平面与地球赤道平面的交角略大于 90°，通过卫星绕极运行和地球自转实现获取全球资料并在大致相同的地方时通过地球上任一地区。后一种卫星位于离地面 35800km 的赤道平面上，卫星相对于地球静止而围绕地球赤道平面运行，从而实现高频次观测卫星视场范围内的区域。目前的业务气象卫星大多选用这两种轨道，其目的是既要获取气候和大尺度天气系统监测所需要的全球资料，也要获取监测中尺度天气系统所需要的高频次观测资料。气象卫星资料主要用于灾害性天气如旋风、水灾、风暴、雷暴和飓风等的短期警报，以及雾、降水、雪覆盖、冰盖运动的监测等。

海洋卫星主要用于海洋水色色素、海面温度、海冰、海流和海平面高度等的探测，为海洋生物资源的开发利用、海洋污染监测与防治、海岸带资源开发、海洋科学研究等领域服务，在海洋资源、环境、减灾和科学研究等方面具有重要作用。

1. TERRA、AQUA 和 AURA 卫星

TERRA、AQUA 和 AURA 卫星分别于 1999 年 12 月 18 日、2002 年 5 月 4 日和 2004 年 7 月 15 日发射，相应的卫星技术指标如表 3-26 所示。

表 3-26　**TERRA、AQUA、AURA 卫星技术指标**

技术指标 \ 平台	TERRA	AQUA	AURA
发射时间	1999 年 12 月 18 日	2002 年 5 月 4 日	2004 年 7 月 15 日
运载火箭	ATLAS IIAS	DELTA CLASS	DELTA CLASS
轨道高度	太阳同步，705km	太阳同步，705km	太阳同步，705km
轨道周期	98. 8 分钟	98. 8 分钟	98. 8 分钟
过赤道时间	上午 10：30	下午 1：30	下午 1：30
地面重复周期	16 天	16 天	16 天
重量	5190 公斤	2934 公斤	3000 公斤
展开前体积	3. 5m×3. 5m×6. 8m	2. 68m×2. 49m×6. 49m	2. 7m×2. 28m×6. 91m
星载传感器数据量	5 个	6 个	4 个
星载传感器名称	MODIS、MISR、CERES、MOPITT、ASTER	AIRS、AMSU-A、CERES、MODIS、HSB、AMSR-E	HIRDLS、MLS、OMI、TES
遥测	S 波段	S 波段	S 波段
卫星设计寿命	5 年	6 年	6 年

(1)TERRA 卫星

TERRA 卫星的发射成功标志着人类对地观测新的里程的开始。NASA 在介绍 TERRA 卫星时，采用"如果把地球比作一位从来没有做过健康检查的中年人的话，TERRA 就是科学家对具有 45 亿年历史的地球的健康状况第一次进行全面检查和综合诊断的科学工具"来比喻说明 TERRA 卫星的意义。

TERRA 卫星共载有五个对地观测传感器，它们分别是：

①对流层污染测量仪(Measurements Of Pollution In The Troposphere，MOPITT)；

②云与地球辐射能量系统测量仪(Clouds and the Earth's Radiant Energy System，CERES)；

③中分辨率成像光谱仪（MODerate-resolution Imaging Spectroradiometer，MODIS），它的各波段特性和主要用途如表 3-27 所示，其中波段 1 和波段 2 的空间分辨率为 250m，波

段 3~7 的空间分辨率为 500m，波段 8~36 的空间分辨率为 1000m；

④多角度成像光谱仪(Multi-angle Imaging Spectro Radiometer，MISR)，其技术指标如表 3-28 所示；

⑤先进星载热辐射与反射测量仪(Advanced Spaceborn Thermal Emission and reflection Radiomctcr，ASTER)，它属于中分辨率传感器，具体技术指标如表 3-29 所示。

表 3-27　　**MODIS 各波段的特性和主要用途**

通道	波谱范围(nm)	波谱辐射率	信噪比(SNR)	主要用途
1	620 - 670	21.8	128	陆地、云边界
2	841 - 876	24.7	201	
3	459 - 479	35.3	243	陆地、云特性
4	545 - 565	29.0	228	
5	1230 - 1250	5.4	74	
6	1628 - 1652	7.3	275	
7	2105 - 2155	1.0	110	
8	405 - 420	44.9	880	海洋水色、浮游植物、生物地理、化学
9	438 - 448	41.9	838	
10	483 - 493	32.1	802	
11	526 - 536	27.9	754	
12	546 - 556	21.0	750	
13	662 - 672	9.5	910	
14	673 - 683	8.7	1087	
15	743 - 753	10.2	586	
16	862 - 877	6.2	516	
17	890 - 920	10.0	167	大气水汽
18	931 - 941	3.6	57	
19	915 - 965	15.0	250	
通道	波谱范围(nm)	波谱辐射率	等效噪声温度 NEΔT(K)	主要用途
20	3.660 - 3.840(μm)	0.45(300K)	0.05	地球表面和云顶温度
21	3.929 - 3.989	2.38(335K)	2.00	
22	3.929 - 3.989	0.67(300K)	0.07	
23	4.020 - 4.080	0.79(300K)	0.07	

续表

通道	波谱范围(nm)	波谱辐射率	等效噪声温度 NEΔT(K)	主要用途
24	4.433 - 4.498	0.17(250K)	0.25	大气温度
25	4.482 - 4.549	0.59(275K)	0.25	
26	1.360 - 1.390	6.00	150(SNR)	卷云、水汽
27	6.535 - 6.895	1.16(240K)	0.25	
28	7.175 - 7.475	2.18(250K)	0.25	
29	8.400 - 8.700	9.58(300K)	0.05	云特性
30	9.580 - 9.880	3.69(250K)	0.25	臭氧
31	10.780 - 11.280	9.55(300K)	0.05	地球表面和云顶温度
32	11.770 - 12.270	8.94(300K)	0.05	
33	13.185 - 13.485	4.52(260K)	0.25	云顶高度
34	13.485 - 13.785	3.76(250K)	0.25	
35	13.785 - 14.085	3.11(240K)	0.25	
36	14.085 - 14.385	2.08(220K)	0.35	

表 3-28 **MISR 技术指标表**

指标项目	指标数值
覆盖全球时间	9 天，不同纬度 2~9 天
视角	0°、26.1°、45.6°、60.0°、70.5°
测绘带宽	360km
光谱波段	4 个(蓝、绿、红和近红外)
辐射精度	3%
探测仪温度	-5±0.1℃
主要仪器温度	5℃

表 3-29 **ASTER 技术指标表**

特征	VNIR	SWIR	TIR
光谱范围(μm)	B1：0.52~0.6 B2：0.63~0.69 B3：0.76~0.86 (B3 可以立体成像)	B4：1.6~1.7 B5：2.415~2.185 B6：2.185~2.225 B7：2.235~2.285 B8：2.295~2.365 B9：2.360~2.430	B10：8.125~8.475 B11：8.475~8.825 B12：8.925~9.275 B13：10.25~10.95 B14：10.95~11.65

续表

特征	VNIR	SWIR	TIR
地面分辨率(m)	15	30	90
扫描角	±24°	±8.55°	±8.55°
长度(km)	±318	±116	±116
宽度(km)	60	60	60
量化	8	8	12

(2)AQUA 卫星

AQUA 卫星保留了 TERRA 卫星上已有的 CERES 和 MODIS 传感器，并在数据采集时间上与 TERRA 形成补充。它也是太阳同步极轨卫星，每日地方时下午过境，称为地球观测第一颗下午星(EOS-PM1)。

AQUA 卫星共载有六个传感器：CERES、MODIS、大气红外探测器(Atmospheric Infrared Sounder，AIRS)、先进微波探测器(Advanced Microwave Sounding Unit-A，AMSU-A)、巴西湿度探测器(Humidity Sounder for Brazil，HSB)、地球观测系统先进微波扫描辐射计(Advanced Microwave Scanning Radiometer-EOS，AMSR-E)。

(3)AURA 卫星

AURA 卫星主要用于研究大气成分，测定污染物的移动和平流层臭氧的恢复情况以及对气候变化的影响。Aura 卫星定位于 705km 高度，每日绕地 13 到 14 圈，计划运行寿命为 6 年。Aura 卫星的重要功能之一是了解局地的空气污染将如何影响全球大气，同时探明全球大气的化学成分及气候变化如何影响局地空气质量的。

AURA 卫星有四个星载传感器：高分辨动力发声器(High Resolution Dynamics Limb Sounder，HIRDLS)、微波分叉发声器(Microwave Limb Sounder，MLS)、臭氧层观测仪(Ozone Monitoring Instrument，OMI)、对流层放射光谱仪(Tropospheric Emission Spcctrometer，TES)。

这些传感器能够每天提供全球臭氧层、空气质量和关键气候参数的观测，其联合观测可以帮助认识平流层和对流层对臭氧的贡献及影响臭氧分布的输送、物理和化学过程。

2. Envisat-1 卫星

Envisat-1 卫星所搭载的中分辨率成像光谱仪(Medium Resolution Imaging Spectrometer，MERIS)的视场角为 68.5°，它在可见近红外光谱区有 15 个波段，地面分辨率为 300m，每 3 天可以覆盖全球一次。MERIS 的主要任务是进行沿海区域的海洋水色测量，除此之外，还可以用于反演云顶高度和大气水汽柱含量等信息。MERIS 只有 15 个波段，可通过程序的控制选择来改变光谱段的布局，为未来高光谱遥感器波段的设计和星上智能化布局开拓了新的思路。

3. 环境一号卫星

环境与灾害监测预报小卫星星座(简称“环境一号”，代号 HJ-1)的 A、B 卫星(HJ-1A、HJ-1B)于 2008 年 9 月 6 日发射，为准太阳同步圆轨道，轨道高度 649km，轨道倾角

97.9486°，轨道运行周期97.5605分钟。在HJ-1A卫星和HJ-1B卫星上均装载有两台CCD相机，它们的设计原理完全相同，以星下点对称放置，平分视场，并行观测，联合完成对地扫描宽度为700km、地面像元分辨率为30m、有4个谱段的推扫成像。

另外，在HJ-1A卫星上还装载有一台超光谱成像仪(HSI)，可以完成扫描宽度为50km、地面像元分辨率为100m、有110~128个光谱谱段的推扫成像，具有±30°侧视能力和星上定标功能。在HJ-1B卫星上装载有一台红外相机(IRS)，可完成对地幅宽为720km、地面像元分辨率为150m/300m、近短中长4个光谱谱段的成像。HJ-1A卫星和HJ-1B卫星的轨道完全相同，相位相差180°，两台CCD相机组网后重访周期仅为2天。HJ-1A卫星和HJ-1B卫星的主要载荷参数如表3-30所示。

表3-30 **HJ-1A、HJ-1B卫星主要载荷参数表**

平台	有效载荷	波段号	光谱范围(nm)	空间分辨率(m)	幅宽(km)	侧摆能力	重访时间(天)
HJ-1A卫星	CCD相机	1	430~520	30	360(单台)，700(二台)	—	4
		2	520~600	30			
		3	630~690	30			
		4	760~900	30			
	高光谱成像仪		450~950(110~128个谱段)	100	50	±30°	4
HJ-1B卫星	CCD相机	1	430~520	30	360(单台)，700(二台)	—	4
		2	520~600	30			
		3	630~690	30			
		4	760~900	30			
	红外多光谱相机	5	0.75~1.10μm	150	720	—	4
		6	1.55~1.75μm				
		7	3.50~3.90μm				
		8	10.5~12.5μm	300			

4. 气象卫星

(1)极轨业务卫星

极轨业务卫星(Polar-Orbiting Operational Environmental Satellites，POES)是美国国家海洋大气局(NOAA)发射的，从第一颗试验气象卫星上天到现在，气象卫星从试验阶段(1960—1965年)逐步走向业务应用阶段(1966年到现在)。在业务应用阶段，气象卫星又经历了几次重大的更新换代，如表3-31所示。

表 3-31　**NOAA 系列卫星发射和退役时间表**

卫星号	发射时间	退役时间	卫星号	轨道	发射时间	退役时间
NOAA-1	1970. 11. 11	1971. 08. 29	NOAA-11(H)	—	1988. 09. 24	2004. 06. 16
NOAA-2	1972. 10. 15	1975. 01. 30	NOAA-12(D)	—	1991. 05. 14	2007. 08. 10
NOAA-3	1973. 11. 06	1976. 08. 31	NOAA-13(I)	—	1993. 08. 09	1993. 08. 21
NOAA-4	1974. 11. 15	1978. 11. 18	NOAA-14(J)	下午轨道	1994. 12. 30	2007. 05. 23
NOAA-5	1976. 07. 29	1979. 07. 16	NOAA-15(K)	上午轨道	1998. 05. 13	运行
NOAA-6	1979. 06. 27	1987. 03. 31	NOAA-16(L)	下午轨道	2000. 09. 21	2014. 06. 9
NOAA-7	1981. 06. 23	1986. 06. 07	NOAA-17(M)	上午轨道	2002. 06. 24	2013. 04. 10
NOAA-8(E)	1983. 03. 28	1985. 12. 29	NOAA-18(N)	下午轨道	2005. 05. 20	运行
NOAA-9(F)	1984. 12. 12	1998. 02. 13	NOAA-19(N)	下午轨道	2009. 02. 06	运行
NOAA-10(G)	1986. 09. 17	1991. 09. 17	SNPP	下午轨道	2011. 10. 28	运行

NOAA 搭载的主要传感器是甚高分辨率辐射计(Advanced Very High Resolution Radiometer, AVHRR)。AVHRR 能每天两次获取全球影像，AVHRR 数据在地面覆盖研究和昼夜的云、雪冰以及地表温度制图方面，均取得了实质性的进展。

POSE 卫星轨道离地面大约 833km，轨道倾角为 98. 9°，卫星每天绕地球 14. 1 圈(周期为 102 分钟)，每 24 小时完整覆盖全球一次。正常情况下，两颗 NOAA 系列的卫星同时运行(一颗编号为奇数，一颗编号为偶数)。编号为奇数的卫星在当地时间上午或下午 2:30通过赤道上空，编号为偶数的卫星通过赤道上空的当地时间则为上午或下午 7:30。

AVHRR 是一个交叉轨道扫描系统，扫描速率为 360 次/min。每扫描 1 次，每波段可获得 2048 个采样点(像元)，扫描角度可偏离星下点 55. 4°，扫描宽幅达 2700km，各波段的瞬时视场约为 1. 4mrad(毫弧度)，星下点分辨率为 1. 1km。AVHRR 特征参数如表 3-32 所示。

表 3-32　**AVHRR 特征参数表**

波段号 \ 光谱分辨率(μm) \ 卫星型号	NOAA-6/8/10	NOAA-7/9/11/12/13/14	NOAA-15/16/17	应　用
1	0. 58～0. 68	0. 58～0. 68	0. 58～0. 68	白天的云、雾、冰和植被制图；用于计算 NDVI
2	0. 725～1. 10	0. 725～1. 10	0. 725～1. 10	水陆边界、冰、雪和植被制图；用于计算 NDVI
3	3. 55～3. 93	3. 55～3. 93	3A：1. 58～1. 64 3B：3. 55～3. 93	热目标监测，夜间云制图

续表

光谱分辨率(μm) 卫星型号 波段号	NOAA-6/8/10	NOAA-7/9/11/12/13/14	NOAA-15/16/17	应　用
4	10.50~11.50	10.50~11.30	10.50~11.30	白天/夜间云和地表温度制图
5	无	11.50~12.50	11.50~12.50	云和地表温度，白天和夜间云制图：消除大气中的水汽程辐射

(2)地球静止业务环境卫星

地球静止业务环境卫星(Geostationary Operational Environmental Satellites，GOES)是美国NOAA的静止轨道业务卫星系列，采用双星运行体制，GOES-East卫星和GOES-West卫星分别定点在75°W和135°W的赤道上空，覆盖范围从西经20°到东经165°，占近1/3的地球面积。

GOES卫星从1975年开始至今已发射了12颗，经历了3代，目前处于第3代，第3代卫星共有5颗，现均已发射。

GOES系统主要由GOES成像仪(提供多光谱影像数据)、GOES测深器(提供每小时1次的19通道测深信息)、数据收集系统(DCS)组成，其中GOES成像仪是一个5通道的多光谱扫描仪，其带宽和空间分辨率概括如表3-33所示。

表3-33　**GOES成像仪传感器参数表**

GOES-8/10/12 波段号	光谱分辨率 (μm)	空间分辨率 (km)	波段用途
1	0.52~0.72	1	检测云、污染物和霾，识别强烈风暴
2	3.78~4.03	4	检测雾，白昼区分水、云、雪或冰，检测火灾和火山；夜间检测海表温度
3	6.47~7.02	8	估算中、高层水汽，检测对流，追踪中层大气活动
4	10.2~11.2	4	识别云迹风、强风暴、云顶高度和暴雨
5	11.5~12.5	4	识别低空水汽、海表温度、尘埃和火山灰

(3)欧洲气象卫星

欧洲气象卫星应用组织(European Organisation for the Exploitation of Meteorological Satellites，EUMETSAT)负责的欧洲气象卫星(European Meteorological satellite，Meteosat)中，目前在轨运行的有Meteosat-7/8/9/10、Metop-A/B、Jason-2，其中Meteosat-7为第一代卫星。第一代静止气象卫星共发射7颗，分别为：1977年11月发射Meteosat-1，1981

年 6 月发射 Meteosat-2，1988 年 6 月发射 Meteosat-3，1989 年 3 月发射 Meteosat-4，1991 年 3 月发射 Meteosat-5，1993 年 11 月发射 Meteosat-6 和 1997 年 9 月发射 Meteosat-7。Meteosat 卫星的主要有效载荷之一为可见光/红外成像仪（MVIRl），它是 1 台 3 通道的成像仪，探测通道为可见光、红外、水汽。Meteosat 卫星是世界上策 1 颗能获取水汽影像的静止气象卫星。

之后，EUMETSAT 开始第二代静止气象卫星（Meteosat Second Generation，MSG）的研制。与其他国家新一代静止气象卫星不同，MSG 仍是一个自旋稳定的卫星，而不是三轴稳定的卫星。MSG 卫星设计寿命高达 10 年，其第 1 颗卫星 MSG-1（Meteosat-8）于 2002 年 8 月 28 日发射成功，MSG-2（Meteosat-9）卫星于 2005 年 12 月 21 日发射，MSG-3（Meteosat-10）于 2012 年 7 月 5 日发射。MSG 卫星发射后，仍将更名为 Meteosat 卫星。目前正在运行的业务卫星为 Meteosat-7/8/9/10，其中 Meteosat-8 搭载的 SEVIRI 有 1 个可见光、3 个红外波段、8 个热红外波段，其分布及应用如表 3-34 所示。

表 3-34　**Meteosat-8 的 MVIRI 的波段分布及应用**

通道	波长（μm）	光谱范围（μm）	空间分辨率（km）	主要应用对象
HRV	0.75	0.6~0.9	1	云、风
VIS	0.64	0.56~0.71	3	陆上云、风
VIS	0.81	0.74~0.88	3	水上云、植被
NIR	1.6	1.50~1.78	3	雪上云
MIR	3.8	3.48~4.36	3	底层云
IR	6.2	5.35~7.15	3	高层水汽
IR	7.3	6.85~7.85	3	中层水汽
IR	8.7	8.30~9.10	3	总水汽
IR	9.7	9.37~9.94	3	臭氧
IR	10.8	9.80~11.80	3	表面及云顶温度、风
IR	12.0	11.00~13.00	3	表面温度
IR	13.4	12.40~13.40	3	高层云

（4）静止气象卫星

静止气象卫星（Geostationary Meteorological Satellite，GMS）是作为联合国世界气象组织（WMO）的全球气象监测（WWW）计划的内容而发射的卫星。

在 GMS 中搭载了可见光红外扫描辐射计（Visible and Infrared Spin Scan Radiometer，VISSR）。该遥感器是可见光和热红外的双通道遥感器，VISSR 一次扫描可以获得 4 条可见光扫描线和 1 条红外扫描线的数据，从北极到南极的观测需要约 25 分钟，因此，可获得可见光扫描线 10000 条、红外扫描线 2500 条。

GMS-5 卫星的主要有效载荷为：4 通道可见光和红外扫描辐射器（可见光光谱为

0.55~0.90μm，分辨率为1.25km；2个红外光谱分别为10.5~11.5μm和11.5~12.5μm，分辨率为5km；探测水汽的光谱为6.5~7.0μm，分辨率为5km)。GMS-5卫星包括数据收集平台(33个国际通道和100个国内通道)和搜索救援系统。

GMS卫星有4个主要任务：

①由可见光红外自旋扫描辐射仪(VISSR)进行天气监视。对地表和云分布的成像以及诸如台风、气旋、锋面等气象现象的观测，对地表和云顶温度、云顶高度、云量、云迹风等气象参数的提取。

②气象观测资料的收集。从安装在船舶、浮标、飞机和其他各种地面站上的资料收集平台(DCP)收集气象资料。

③云图直接广播。在成像的同时把数字影像资料(展宽VISSR资料)经过卫星分发给中规模资料利用站(MDUS)，并把已处理过的模拟影像资料(WEFAX资料)经过卫星分发给小规模资料利用站(SDUS)。

④太阳粒子监测(空间环境监视器)。

(5)多功能运输卫星

日本新一代具有气象探测功能的多功能运输卫星(MTSAT-1R)于2005年2月26日发射，定位于东经140度、赤道上空35800km的静止轨道。MTSAT-1R携带的两个主要载荷是气象载荷和航空管制载荷。其设计寿命分别为：气象5年、航空管制10年。作为气象卫星，MTSAT-1R将在前5年提供业务使用。MTSAT-2发射后先作为在轨备用卫星，等MTSAT-1R在使用满5年后，MTSAT-2再正式投入业务使用。

与GMS系列卫星相比，MTSAT系列卫星有4大变化：一是卫星由自旋稳定改为以三轴稳定方式控制姿态。二是扫描辐射计的通道数增加到5个，波长范围分别为：可见光(VIS)0.55~0.90μm、红外1(IR1)10.3~11.3μm、红外2(IR2)11.5~12.5μm、红外3(IR3)6.5~7.0μm、红外4(IR4)3.5~4.0μm，其中IR4通道是以前GMS-5所没有的。三是卫星星下点水平分辨率有所提高，可见光波段分辨率从原来的1.25km提高到1km，红外的波段分辨率从原来的5km提高到4km；影像亮化等级，可见光与红外均提高到10bit。四是MTSAT将播发高分辨率影像数据(HIRID)、高速率信息传输(HRIT)、低速率信息传输(LRIT)和低分辨率模拟云图(WEFAX)资料。

(6)风云系列卫星

风云一号气象卫星是中国第一代准极地太阳同步轨道气象卫星，共发射了4颗，其中FY-1A和1B分别于1988年9月7日和1990年9月3日发射，卫星距地900km，倾角99°，绕地周期102.86分钟，每天卫星绕地球14圈。

卫星携带多光谱可见光红外扫描辐射仪，它有5个通道，用于获取昼夜可见光和红外云图、冰雪覆盖、植被、海洋水色、海面温度等资料。

风云一号C星(FY-1C)于1999年5月10日发射，是我国的第一颗三轴稳定太阳同步极地轨道业务气象卫星。它每天两次获取当地的观测资料，获取一次全球资料，主要用于天气预报、气候研究及环境监测。表3-35列出了FY-1C卫星的各通道波谱范围及主要用途。

表 3-35　**FY-1C 卫星的各通道光谱范围及主要用途**

通道号	光谱范围(μm)	主要应用对象	通道号	光谱范围(μm)	主要应用对象
1	0.58~0.68	白天云层，冰雪，植被	6	1.58~1.64	土壤湿度，冰雪识别
2	0.84~0.89	白天云层，植被，水	7	0.43~0.48	海洋水色
3	3.55~3.93	火点热源，夜间云层	8	0.48~0.53	海洋水色
4	10.3~11.3	洋面温度，白天/夜间云层	9	0.53~0.58	海洋水色
5	11.5~12.5	洋面温度，白天/夜间云层	10	0.90~0.965	水汽

风云二号 A 星(FY-2A)是中国第一颗自旋稳定静止的气象卫星，于 1997 年 6 月 10 日发射，其主要功能是对地观测，每小时获取一次对地观测的可见光、红外与水汽云图。它后续的风云二号 B、C、D、E、F 静止气象卫星分别于 2000 年 6 月 25 日、2004 年 10 月 24 日、2006 年 12 月 13 日、2008 年 12 月 23 日、2012 年 1 月 13 日发射。风云二号卫星传感器参数如表 3-36 所示。

表 3-36　**风云二号卫星传感器参数**

FY-2A/B		FY-2 改进型	
波段(μm)	地面分辨率(km)	波段(μm)	地面分辨率(km)
0.5~1.05	1.44	0.55~0.90	1.25
6.3~7.6	5.76	6.3~7.6	5.0
10.5~12.5	5.76	10.3~11.3	5.0
		11.5~12.5	5.0
		3.55~4.0	5.0

利用风云二号静止气象卫星不仅可以发现台风的生成，而且可以准确确定台风中心的位置，估计台风的强度，计算台风的移向、移速，预测台风登陆的时间地点和登陆后可能造成的降水强度及范围，为减灾防灾决策提供可靠依据。

风云三号(FY-3)卫星为新一代极轨卫星，其中 A 星(上午星)于 2008 年 5 月 27 日发射，轨道高度 836.4km，倾角 98.753°，绕地周期 101.496 分钟，标称轨道回归周期为 5.5 天。卫星装载的探测仪器有：10 通道扫描辐射计、20 通道红外分光计、20 通道中分辨率成像光谱仪、臭氧垂直探测仪、臭氧总量探测仪、太阳辐照度监测仪、4 通道微波温度探测辐射计、5 通道微波湿度计、微波成像仪、地球辐射探测仪和空间环境监测器。

风云三号 B 星(下午星)于 2010 年 11 月发射，卫星平台、有效载荷配置及主要功能性能指标与 FY-3A 卫星相近，并与 FY-3A 组网运行，由原来的一天全球扫描 2 次变为 4 次，从而提高了对台风、雷暴等灾害性天气的观测能力。

FY-3 气象卫星可以实现对大气进行全天候、全天时、全球高分辨率的三维探测。

5. 海洋卫星

(1)海洋一号 A(HY-1A)卫星

HY-1A 卫星于北京时间 2002 年 5 月 15 日发射，是中国第一颗用于海洋水色探测的试验型业务卫星。卫星上装载两台遥感器，一台是 10 波段的海洋水色扫描仪，另一台是四波段的 CCD 成像仪。该卫星相关参数如表 3-37 所示。

表 3-37 **HY-1A 卫星主要技术参数**

卫星	HY-1A	HY-1B
轨道类型	太阳准同步近圆形极地轨道	太阳准同步近圆形极地轨道
轨道高度	798km	798km
倾角	98. 8°	100. 83°
降交点地方时	上午 8:53~10:10	上午 10:30±30min
周期	100. 8min	
重复观测周期	水色扫描仪 3 天，CCD 成像仪 7 天	海洋水色扫描仪 1 天，海岸带成像仪 7 天

HY-1A 卫星观测区域包括渤海、黄海、东海、南海及海岸带区域等中国沿海区域；观测要素包括海水光学特性、叶绿素浓度、海表温度、悬浮泥沙含量、可溶有机物、污染物等；兼顾观测要素有：海冰冰情、浅海地形、海流特征、海面上大气汽溶胶。

HY-1A 卫星的有效载荷为十波段海洋水色扫描仪，主要用于探测海洋水色要素(叶绿素浓度、悬浮泥沙浓度和可溶有机物)及温度场等。十波段海洋水色扫描仪各波段及其应用对象如表 3-38 所示。

表 3-38 **十波段海洋水色扫描仪各波段及其应用对象**

波段号	波段(nm)	应 用 对 象
1	402~422	黄色物质、水体污染
2	433~453	叶绿素吸收
3	480~500	叶绿素、海水光学、海冰、污染、浅海地形
4	510~530	叶绿素、水深、污染、低含量泥沙
5	555~575	叶绿素、低含量泥沙
6	660~680	荧光峰、高含量泥沙、大气校正、污染、汽溶胶
7	730~770	大气校正、高含量泥沙
8	845~885	大气校正、水汽总量
9	10. 30~11. 40μm	水温、海冰
10	11. 40~12. 50μm	水温、海冰

四波段 CCD 成像仪主要用于海岸带动态监测，以获得海陆交互作用区域的较高分辨率影像，四波段 CCD 成像仪各波段及其应用对象如表 3-39 所示。

表 3-39　　**四波段 CCD 成像仪各波段及其应用对象**

波段号	波段(nm)	应 用 对 象
1	420~500	污染、植被、水色、冰、水下地形
2	520~600	悬浮泥沙、污染、植被、冰、滩涂
3	610~690	悬浮泥沙、土壤、水汽总量
4	760~890	土壤、大气校正、水汽总量

(2)海洋一号 B(HY-1B)卫星

HY-1B 卫星是中国第一颗海洋卫星(HY-1A)的后续星，星上载有一台十波段的海洋水色扫描仪和一台四波段的海岸带成像仪。

该卫星在 HY-1A 卫星的基础上研制，其观测能力和探测精度得到进一步增强和提高。它的观测区域为渤海、黄海、东海、南海及海岸带区域等，主要用于探测叶绿素、悬浮泥沙、可溶有机物及海洋表面温度等要素和进行海岸带动态变化监测，为我国海洋经济发展和国防建设服务。

HY-1B 卫星的海洋水色扫描仪与海岸带成像仪的主要参数如表 3-40 所示。

表 3-40　　**海洋水色扫描仪与海岸带成像仪主要参数**

传感器	海洋水色扫描仪		海岸带成像仪
光谱谱段范围(nm)	B1：402~422	B2：433~453	B1：433~453
	B3：480~500	B4：510~530	B2：555~575
	B5：555~575	B6：660~680	B3：655~675
	B7：740~760	B8：845~885	B4：675~695
	B9：10. 30~11. 40μm	B10：11. 40~12. 50μm	B9：10. 30~11. 40μm
波段中心波长偏移	≤2nm(B1~B8)		≤2nm
星下点像元地面分辨率	≤1100m		250m
每行像素数	1664		2048
量化等级	10bit		12bit
辐射精度	可见光：10% 红外：±1K(星上定标精度，300K 时)		

海洋卫星数据主要应用包括在全球海洋初级生产力估计、海洋污染与环境监测综合管理、海岸带典型区域动态监测、海洋渔业信息服务、海冰预报、海温预报等方面。

(3)海洋二号(HY-2)卫星

海洋二号卫星于 2011 年 8 月 16 日成功发射，是中国第一颗海洋动力环境卫星，采用的是微波遥感技术，可全天时、全天候对海面风场、海流、海浪和温度等海洋要素进行监测，直接为海洋减灾防灾、海上交通运输、海洋工程和海洋科学研究等工作提供技术支持。

HY-2 卫星装载雷达高度计、微波散射计、扫描微波辐射计、校正微波辐射计、DORIS、双频 GPS 和激光测距仪。它的卫星轨道为太阳同步轨道，高度 971km，倾角 99.34°，周期 104.46 分钟，降交点地方时为上午 6:00，每天运行 13+11/14 圈。在寿命前期采用重复周期为 14 天的回归轨道；在寿命后期采用重复周期为 168 天的回归轨道，卫星高度 973km，周期 104.50 分钟，每天运行 13+131/168 圈。

3.5.4 其他平台

1. 低空遥感平台

对于一些突发的数据采集，遥感平台由于受轨道的限制，一般无法实现应急观测；而航空遥感在恶劣的天气条件下，获取数据困难，成本偏高，也往往难以实施。微波遥感等手段虽然不受云和天气的影响，但由于探测原理以及处理的差异，并不能替代可见光和红外遥感在实际应用中的地位。

与前面几种获取数据的方式相比，低空遥感平台则有独特的优势：受天气的影响较小，作业方式灵活快捷；平台构建、维护以及作业的成本极低，与前两种遥感平台相比几乎可不计；因其飞行高度低，能够获取大比例尺高精度影像，在局部信息获取方面有着巨大的优势；不必申请空域，国家对 1km 以下的空域不实行管制；能够获取高重叠度的影像，增强了后续处理的可靠性。

小型无人机遥感平台具备以上所有优点，同时还具有便于携带，转移方便等优点。基于小型无人机平台搭建的对地观测系统已逐步从研究开发阶段发展到实际应用阶段。

无人机(Unmanned Aerial Vehicle，UAV)是一种有动力、可控制、能携带多种任务设备、执行多种任务，并能重复使用的无人驾驶航空器。无人机遥感即无人机与遥感技术的结合，利用先进的无人驾驶飞行器技术、遥感传感器技术、遥测遥控技术、通信技术、全球定位差分定位技术和遥感应用技术，具有自动化、智能化、专题化快速获取国土、资源、环境等的空间遥感信息，完成遥感数据处理、建模和应用分析的能力。无人机遥感具有低成本、低损耗、可重复使用且风险小等诸多优势，其应用领域从最初的侦察、早期预警等军事领域扩大到资源勘测、气象观测及处理突发事件等非军事领域。无人机遥感具有卫星遥感所无法比拟的优势，在 2010 年玉树地震救灾中发挥了重要作用。

无人机遥感系统主要包括以下几部分：小型无人机飞行平台、飞行控制系统、影像获取设备、通信设备、遥控设备、地面信息接收与处理设备，如图 3-33 所示。

其中，飞行控制系统主要包括：稳定飞行姿态的垂直陀螺、获取飞行平台位置信息的 GPS 接收天线以及控制飞机自主飞行的微处理器。地面配套设备主要包括：实时影像的接收与显示的数据接收终端，数码相机获取的地面高清影像的数据处理终端，控制飞机起降、飞行和拍摄的遥控设备。

在数据获取过程中，垂直陀螺能测量飞机的俯仰/翻滚姿态角，同时垂直陀螺与微处理技术的结合，使飞机可以在自主飞行时保持近似“水平”的状态。机载通信设备将摄像头获取的实时影像、GPS 位置数据等传回地面数据接收终端，以使地面控制中心对飞机的飞行和拍摄情况进行监控，及时修正航向、飞行姿态等。但是由于获取数据的特点，如影像重叠度较大、倾斜角较大等，其数据处理与传统的方法有一定的区别。

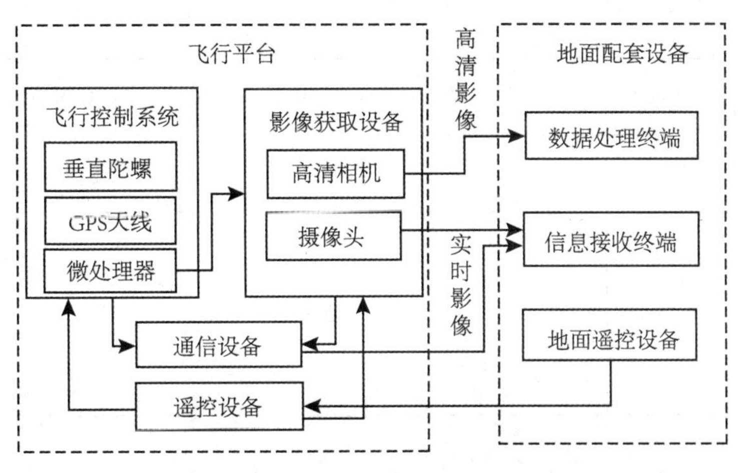

图 3-33　无人机遥感系统

2. 激光雷达系统

目前，世界上比较著名的已经商业化的机载 LIDAR 系统有：奥地利 RIGAL 公司联合制造的 RIEGL LMS-Q1560，德国 Toposys 公司的 Falcon，美国 Lecai 公司的 ALS60、ALS70 和加拿大 Optech 公司的 Orion H/M300 系统等。表 3-41 列出了部分系统的主要指标。

表 3-41　　几种激光雷达系统的主要指标

系统名称	RIEGL LMS-Q1560	Falcon Ⅱ	ALS60	ALS70-HA	ALS70-HP	ALS70-CM	Orion H/M300	LiteMapper5600
生产厂家	奥地利 RIEGL	德国 Toposys	美国 Lecai				加拿大 Optech	德国 IGI
飞行高度(m)	5800	1600	200~5000	5000	3500	1600	150~4000/100~2500	30~1800
扫描角(°)	60	214.6	75	0~75			0~25	60
波长(um)	近红外	1.560	1.064	1.064			1.064/1.541	1.550
激光发射频率(kHz)	最高 800	83	200	250	500	500	50~300/100~300	40~200
扫描频率(Hz)	160	648	100	100 70 40	200(正弦形) 140(三角形状) 80(平行线)		90	5~160
相机	由 8000 万像素的中幅面专业航测相机和第二相机系统组成	RGB 扫描仪	RCD105 相机	RCD30 相机			RGB，红外光谱、多光谱和热红外相机，8000 万像素中幅面相机	DigiCAM-H/22

续表

系统名称	RIEGL LMS-Q1560	Falcon Ⅱ	ALS60	ALS70-HA	ALS70-HP	ALS70-CM	Orion H/M300	LiteMapper5600
最大回波次数	多次回波	首末回波	4	无限制			首末回波	全波形记录
扫描方式	单通道平行线扫描和双激光前后扫描的交叉扫描方式	光纤扫描	线扫描、光纤扫描、圆锥扫描	正弦形\三角形状\平行线			摆镜扫描	旋转多面镜扫描

3. 航天飞机

NASA 研制的航天飞机是世界上第一种往返于地面和宇宙空间的可重复使用的航天运载器。它由轨道飞行器、外储箱和固体助推器组成。2000 年 2 月 11 日，美国“奋进号”航天飞机发射升空，其使命是利用双天线 C 波段和 X 波段干涉测量合成孔径雷达(IFSAR)，对地球陆地表面执行航天飞机雷达地形测绘任务(Shuttle Radar Topography Mission, SRTM)，以提供迄今最完整的地球数字地形图。

航天飞机货舱内装有经过翻新和改造的 SIR-C，从航天飞机一侧横向伸出 60m 的伸缩式天线杆，在杆端装有长 8.5m 的舱外天线，如图 3-34 所示。舱内主天线发射雷达波束，从地面反射的回波信号被舱内和舱外两副天线所接收，对地球上北纬 60°和南纬 56°之间总面积达 1.19 亿平方千米的陆地表面(占全球陆地面积的 75%左右)，通过单轨利用干涉测量获取对应地区的高质量三维地形信息，如图 3-35 所示。

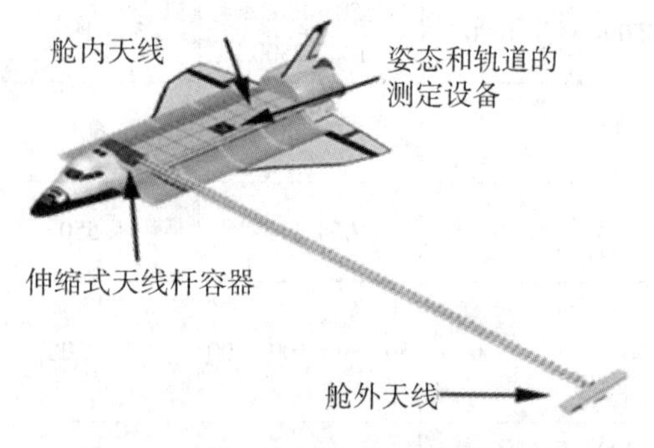

图 3-34　航天飞机雷达地形测绘任务

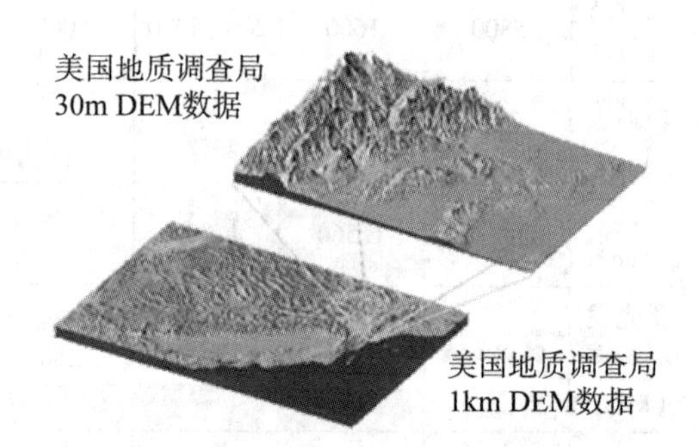

图 3-35　SRTM 获取的三维地形信息

SRTM-DEM 以分块的栅格像元文件组织数据，每个块文件覆盖经纬方向各一度，即 1 度×1 度，像元采样间隔为 1 弧秒或 3 弧秒。SRTM-DEM 采集的数据分为两类，即 SRTM-1 和 SRTM-3。由于在赤道附近 1 弧秒对应的水平距离大约为 30m，所以也被称为 30m 分辨率高程数据。每个 90m 的数据点是由 9 个 30m 的数据点算术平均得来的；每个 SRTM-1 和 SRTM-3 文件分别是由 3601 行列和 1201 行列组成，其中相邻两个文件有一个像元是重合的。

SRTM-3 的高程基准是 EGM96 的大地水准面，平面基准是 WGS-84，标称绝对高程精度是±16m，标称绝对平面精度是±20m。SRTM 用 16 位的数值表示高程数值，最大的正高程为 9000m，负高程为海平面以下 12000m。

目前中国区域能够免费获取的 DEM 数据为 SRTM-3、90m 的数据。SRTM-1 数据只将美国本土地区的资料解密，且不对外公开。

这些数据在民用领域具有广泛的用途，可大大改善对地震、水灾、土地侵蚀、天气预报和气候变化等情况的三维影像显示。另外，这些数据在军事上也具有重要应用价值，可提高武器对目标的瞄准精度、加强军事任务计划制定能力、使飞行训练更加逼真和使飞机导航更加可靠等。

4. 嫦娥月球探测卫星

嫦娥一号月球探测卫星于 2007 年 10 月 24 日发射，运行在距月球表面 200km 的圆形极轨道上来执行科学探测任务。

中国首次月球探测工程的四大科学任务为：

①获取月球表面三维立体影像，精细划分月球表面的基本构造和地貌单元，进行月球表面撞击坑形态、大小、分布、密度等的研究，为类地行星表面年龄的划分和早期演化历史研究提供基本数据，并为月面软着陆区选址和月球基地位置优选提供基础资料等。

②分析月球表面有用元素的含量和物质类型的分布特点，主要是勘察月球表面有开发利用价值的钛、铁等 14 种元素的含量和分布，绘制各元素的全月球分布图以及月球岩石、矿物和地质学专题图等，发现各元素在月表的富集区，评估月球矿产资源的开发利用前景等。

③探测月壤厚度，即利用微波辐射技术，获取月球表面月壤的厚度数据，从而得到月球表面年龄及月壤分布，并在此基础上估算核聚变发电燃料氦 3 的含量、资源分布及资源量等。

④探测地球至月球的空间环境。月球与地球平均距离为 38 万千米，处于地球磁场空间的远磁尾区域。卫星在此区域可探测太阳宇宙线高能粒子和太阳风等离子体，研究太阳风和月球、地球磁场磁尾与月球的相互作用。

根据中国月球探测工程的四项科学任务，在嫦娥一号上搭载了 24 台 8 种科学探测仪器，一共重 130kg，即微波探测仪系统、γ 射线谱仪、X 射线谱仪、激光高度计、太阳高能粒子探测器、太阳风离子探测器、CCD 立体相机、干涉成像光谱仪。

嫦娥二号卫星于 2010 年 10 月 1 日发射，绕月高度为 100km。它的主要任务是获得更清晰、更详细的月球表面影像数据和月球极区表面数据，为嫦娥三号实现月球软着陆进行部分关键技术试验，并对嫦娥三号着陆区进行高精度成像，进一步探测月球表面元素分布、月壤厚度、地月空间环境等。

2012 年 2 月 6 日中国国家国防科技工业局正式发布了分辨率为 7m、100%覆盖全月球表面的全月球影像图。图 1-12 为中国获取的第一幅全月球影像图，这是国际上已发布的空间分辨率最高的全月球影像图。

嫦娥三号于 2013 年 12 月 2 日 1 时 30 分从西昌卫星发射中心发射，首次实现月球软着陆和月面巡视勘察。12 月 15 日晚正在月球上开展科学探测工作的嫦娥三号着陆器和巡视器进行互成像实验，“两器”顺利互拍，嫦娥三号任务取得圆满成功。

习　题

1. 陆地资源遥感应用对遥感平台有何要求？说明其原因。
2. 常用的传感器有哪些？说明不同传感器获取的影像特点。
3. 以多光谱扫描仪为例叙述获取地面影像的过程。
4. 比较主动式传感器与被动式传感器成像的相同点与不同点。
5. 典型的遥感平台有哪些？列出几种遥感平台携带的传感器的主要性能指标。
6. 说明传感器四个指标的含义，并说明其在应用中的作用。
7. 在应用遥感影像的过程中，选择所需要遥感影像的依据是什么？
8. 叙述高、中、低三类分辨率卫星的应用范围。
9. 分析遥感平台和传感器发展的趋势。
10. 各国政府及企业发射众多的遥感卫星，说明了什么问题？

第4章　遥感影像辐射与光谱处理

4.1　辐射处理

遥感影像的辐射处理包括辐射定标与辐射校正。由于遥感影像成像过程的复杂性，传感器接收到的电磁波能量与目标本身辐射的能量是不一致的。传感器输出的能量包含了由于太阳位置和角度条件、大气条件、地形影响以及传感器本身的性能等所引起的各种失真，这些失真不是地面目标本身的辐射，会对影像的使用和理解造成影响，必须加以校正或消除。一般情况下，用户得到的遥感影像在地面接收站处理中心已经做了辐射定标和辐射校正。本节对此作简要介绍。

4.1.1　辐射误差

从辐射传输方程可以看出，传感器接收的电磁波能量包含3个部分：

①太阳经大气衰减后照射到地面，经地面反射后，又经大气第二次衰减进入传感器的能量；

②地面本身辐射的能量经大气后进入传感器的部分；

③大气散射、反射和辐射的能量，包括大气散射直接进入传感器的部分，以及大气散射到地面目标，经过地面目标反射后进入传感器的辐射。

传感器输出的能量值(DN)还与传感器的光谱响应系数有关。因此遥感影像的辐射误差主要包括：

①传感器本身的性能引起的辐射误差；

②地形影响和光照条件的变化引起的辐射误差；

③大气的散射和吸收引起的辐射误差。

因此，对遥感影像需进行辐射处理，即辐射校正。辐射校正是消除或改正遥感影像成像过程中附加在传感器输出能量值中的各种噪声的过程，它包括传感器辐射定标、地形影响和光照条件的变化引起的辐射误差消除以及大气校正等，其中辐射定标和大气校正是遥感数据定量化的最基本环节。辐射定标是传感器探测值的标定过程方法，用以确定传感器入瞳处的准确辐射亮度值，并进一步将辐射亮度值转换为大气表观反射率(即大气外层表面反射率)；大气校正就是将辐射亮度或者表观反射率转换为地表实际反射率，目的是消除大气散射、吸收、反射引起的误差。

4.1.2　传感器本身的性能引起的辐射误差校正(传感器辐射定标)

由于制造工艺的限制，在扫描类传感器中，电磁波能量在传感器系统能量转换过程中会产生辐射误差；而在摄影类传感器中，由于光学镜头的非均匀性，成像时影像边缘会比中间部分暗。这些都说明传感器的性能对传感器的能量输出有直接影响(这里主要指传感器的光谱响应系数)。为此需对传感器本身的性能引起的辐射误差进行校正，这一般称为辐射定标。对扫描类传感器，由于能量转换系统的灵敏度特性有很好的重复性，可以在地面定期测量其特性，根据测量值对其进行辐射误差校正。而对摄影类传感器，可以通过测定镜头边缘与中心的角度加以改正。

辐射定标分为绝对定标和相对定标。绝对定标对目标作定量的描述，要得到目标的辐射绝对值；相对定标只得出目标中某一点辐射亮度与其他点的相对值。因此，绝对定标要建立传感器测量的数字信号与对应的辐射能量之间的数量关系，即定标系数，并且在卫星发射前后都要进行。

1. 绝对定标

卫星发射前的绝对定标是在地面实验室或试验场，用传感器观测辐射亮度值已知的标准辐射源以获得定标数据。由于卫星发射后各种因素会影响传感器的响应，因此在卫星运行过程中要定期进行定标。其方法是将传感器内部设置的电光源有关参数测量后下传到地面，这些测量数据包含在卫星下传的辅助数据内。

在实际定标过程中，设传感器入口处波段 i 的辐射度 L_i 和传感器输出的亮度值 DN_i 之间存在线性关系：

$$\mathrm{DN}_i = A_i L_i + C_i$$

或

$$L_i = \frac{\mathrm{DN}_i}{A_i} + B_i \tag{4-1}$$

式中：L_i 为波段 i 的等效辐射度；DN_i 为传感器输出波段 i 的亮度或经过相对校正后的亮度值；A_i 为绝对定标增益系数；B_i 为绝对定标偏置量，且 $B_i = -C_i/A_i$，C_i 为常数。

对于波段 i，如果已知动态范围的上下限和量化范围，如 Landsat TM 的量化范围为 0~255，则：

$$A_i = \frac{255}{R_{\max} - R_{\min}},\ B_i = R_{\min}$$

式中：$R_{\max}$ 为 $\mathrm{DN}_i = 255$ 时的光谱辐射度；$R_{\min}$ 为 $\mathrm{DN}_i = 0$ 时的光谱辐射度，为确保在亮度为正值时存在零辐射度，$R_{\min}$ 可以为负值。

卫星运行时，由于环境及传感器自身的性能的变化，其辐射灵敏度将随时间而变，因此传感器的绝对辐射定标中的增益和偏置量要不断更新。这一更新利用卫星上的太阳标定器和地面标定场来完成。

2. 相对定标

相对辐射定标又称为传感器探测元件归一化，是为了校正传感器中各个探测元件响应度差异而对卫星传感器测量到的原始亮度值进行归一化的一种处理过程。由于传感器中各个探测元件之间存在差异，使传感器探测数据影像出现一些条带，如图 4-1 所示。相对辐射定标的目的就是降低或消除这些影响。当相对辐射定标方法不能消除影响时，可以用一些统计方法如直方图均衡化、均匀场景影像分析等方法来消除。

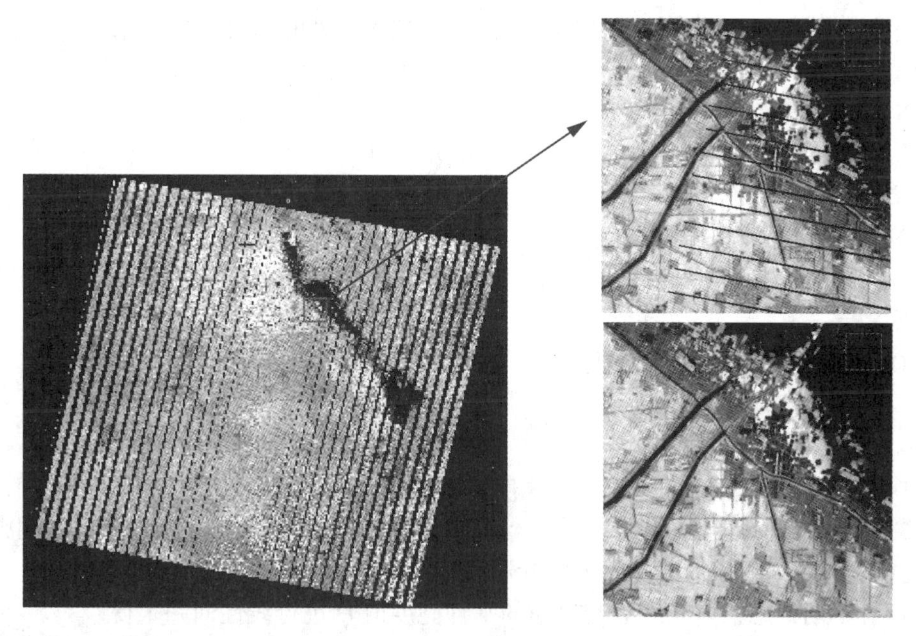

图 4-1　传感器各元件差异在探测的影像上产生的条带(右下图为消除条带的影像)

3. 传感器定标举例

(1)Landsat 卫星专题制图仪(TM)的辐射定标

TM 的辐射定标与 MSS 的定标有区别。TM 有可见光、近红外和热红外等七个波段，其中第六波段是热红外波段，因此其辐射定标与其他六个波段分开。TM1/2/3/4/5/7 的辐射定标通过星上定标光源系统进行。该系统有三组带有遮光快门的定标光源，还有一个可控制黑体温度的表面供第六波段定标。快门还提供一个零辐射亮度的表面作为 TM1/2/3/4/5/7 波段的直流参考水准，并提供第二个已知温度表面供第六波段定标。在 TM 遥感器正反扫描前的 1.3~1.5 毫秒时间间隔内，探测器同时观测到定标辐射信号灯、直流参考水准和已知温源。前二者用于 TM1/2/3/4/5/7 波段定标，后者用于第六波段温度定标用。

对于 TM1/2/3/4/5/7 波段，传感器入口处的辐射值为：

$$L_{\lambda i} = \frac{DN_{raw} - B_{ij}}{G_{ij}} \tag{4-2}$$

式中：$L_{\lambda i}$ 为波段 λ 第 i 个探测元件入口处的辐射值；B_{ij} 为第 j 次扫描时第 i 个探测元件的偏置量；G_{ij} 为第 j 次扫描时第 i 个探测元件的增益；DN_{raw} 为可见光、近红外波段探测元件原始亮度值。

偏置量是从星上定标源直接测量得到的，通常是指每个扫描行扫描结束时所测量得到的探测元件暗电流。增益可以通过对卫星发射前定标灯各状态 K 的辐射度 $L_{k\lambda}$ 和数字计数值 $Q_{k\lambda}$ 进行线性回归求得：

$$G_{ij} = \frac{\sum_{k=1}^{n} (Q_{k\lambda} - B_{k,\ ij}) L_{k\lambda}}{\sum_{k=1}^{n} L_{k\lambda\ ij}} \tag{4-3}$$

在求得上述绝对辐射定标系数后，可进一步把入口处的辐射度归一化为灰度值 DN_{cal}，其最大值为 255，最小值为 0。$L_{\lambda i}$ 的最大值 R_{max} 对应于 $DN_{cal}=255$，而 $L_{\lambda i}$ 的最小值 R_{min} 对应于 $DN_{cal}=0$，表达式为：

$$DN_{cal\lambda} = G_N L_{\lambda i} + B_N \tag{4-4}$$

式中：增益 $G_N = 255/(R_{max} - R_{min})$，偏置量 $B_N = -255R_{min}/(R_{max} - R_{min})$。

(2)SPOT 卫星 HRV 传感器的定标

SPOT 卫星的绝对定标由法国空间中心在控制中心每月进行一次，而相对辐射定标每周做一次。

SPOT 的相对辐射定标公式为：

$$DN_{cali} = \frac{DN_{rawi} - B_i}{NG_i} \tag{4-5}$$

式中：DN_{cali} 为相对定标后的探测元件亮度值；DN_{rawi} 为原始探测元件采集的亮度值；B_i 为第 i 个探测元件归一化后的偏置量；NG_i 为第 i 个探测元件归一化后的增益，其值接近 1。

上式偏置量 B_i 的值可以从星上定标源直接测量得到；增益 NG_i 可以通过卫星发射前，星上定标灯不同状态辐射亮度 L 与对应的平均亮度值 Q 进行线性回归求得。

对于 SPOT 卫星，因为其内部定标灯只有一种组合状态，所以式(4-3)表达为：

$$G_i = \frac{Q_i - B_i}{L_i} \tag{4-6}$$

将上式计算得到的增益 G_i 除以所有探测元件增益的平均值，再进行归一化，则对于给定的一排探测元件归一化增益平均值近似为 1，故

$$NG_i = G_i / \left(\frac{1}{N} \sum_{j=1}^{N} G_j \right)$$

式中：N 为给定的一排探测元件的总数，SPOT 卫星的 $N=6000$。

由于归一化增益近似为 1，因此定标后的亮度值范围均为 0~255，定标后的最小亮度值为 0，而不是原始计数值 B_i。又因为 SPOT 卫星的 HRV 传感器数据的绝对定标公式中绝对定标偏置量为 0，则其绝对定标公式为：

$$L_i = \frac{DN_{cal}}{A_i} \tag{4-7}$$

针对不同波段和不同传感器 HRV，绝对定标系数 A 由法国空间中心负责提供给各个 SPOT 卫星接收站作定标用。

4.1.3 太阳高度角和地形影响引起的辐射误差校正

太阳高度角引起的辐射畸变校正是指将太阳光线倾斜照射时获取的影像，校正为太阳光垂直照射时获取的影像。因此在做辐射校正时，需要知道成像时刻的太阳高度角。太阳高度角可以根据成像时刻的时间、季节和地理位置确定。由于太阳高度角的影响，在影像上会产生阴影现象，阴影会覆盖阴坡地物，对影像的定量分析和自动识别产生影响。一般情况下阴影是难以消除的，但对多光谱影像可以用两个波段影像的比值产生一个新影像以消除地形的影响。这是因为根据辐射传输方程，传感器接收的整个反射辐射能量为 $E_\lambda = \tau_\lambda^\nu \rho_\lambda (E_\lambda^0 \tau_\lambda^s \sin\theta + E_\lambda^d) + L_\lambda^{sp}$，其中 L_λ^{sp} 和 E_λ^d 为路径辐射和对天空漫反射的反射，它们的值

相对比较小。所以阴影产生的影响，主要是由阴影区与非阴影区的天空直接辐射 E_{λ}^{0} 差异造成的，但通过两个波段取比值，可以基本消除这一影响，如图 4-2 和表 4-1 所示。

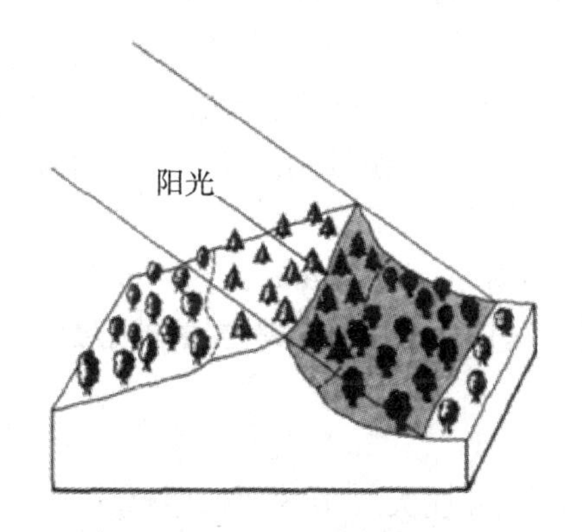

图 4-2　阴影的影响

表 4-1　**多光谱影像取比值对阴影影响的去除作用**

地面覆盖类型		DN 值		比值(波段 A/波段 B)
		波段 A	波段 B	
落叶树	无阴影区域	48	50	0.96
	阴影区域	18	19	0.95
松树	无阴影区域	31	45	0.69
	阴影区域	11	16	0.69

具有地形坡度的地面，对进入传感器的太阳光线的辐射亮度有影响，但是地形坡度引起的辐射亮度的校正需要知道成像地区的数字地面模型，校正不方便。同样也可以用比值影像来消除其影响。表 4-1 中显示影像上相同的地物在阴影区与非阴影区的灰度，无论是在 A 波段还是 B 波段，差异都很大，但在两者的比值影像上，同类地物的值是很接近的。

4.1.4　大气校正

4.1.3 中的辐射校正未考虑大气的影响。大气的影响是指大气对阳光和来自目标的辐射产生吸收和散射。由于大气的存在，太阳辐射经过气体分子的吸收和气溶胶粒子的散射，得到减弱，同时部分散射信号直接或经过地物反射进入到传感器，又得到增强。在实际处理中，大气影响降低了影像的反差比，使影像可读性降低，增加了解译的困难。因此消除大气影响是非常重要的，尤其是在影像匹配和变化检测中。特别是随着定量遥感技术的发展，利用多传感器、多时相遥感数据在土地利用和土壤覆盖变化监测、全球资源环境分析和气候变化监测等方面得到广泛应用，使得遥感影像大气校正方法的研究日趋重要。消除大气影响的校正过程称为大气校正。大气校正是要消除遥感影像中大气分子、气溶胶的散射和吸收作用，如水汽、臭氧、氧气、气溶胶等的干扰。

大气校正的方法有很多，按照校正后的结果可以分为两种：绝对大气校正方法——将遥感影像的 DN 值转换为地表反射率或地表反射亮度；相对大气校正方法——相同的 DN 值表示相同的地物反射率，其结果不考虑地物的实际反射率。按照校正的过程可以分为两种：间接大气校正方法——对一些遥感常用函数，如 NDVI 进行重新定义，形成新的函数形式，以减少对大气的依赖（此法不必知道大气的各种参数）；直接大气校正方法——根据大气状况对遥感影像测量值进行调整，以消除大气影响，进行大气校正（大气状况既可是标准的模式资料或地面实测资料，也可是由影像本身进行反演的结果）。

常用的大气校正方法有：辐射传输模型法（Radiative Transfer Models）、黑暗像元法（Dark-object Methods）、不变目标法（Invariable-object Methods）、直方图匹配法（Histogram Matching Methods）、参考值大气校正法、大气阻抗植被指数法、综合大气校正方法以及其他的大气校正方法等。

1. 辐射传输模型法

辐射传输模型法是利用电磁波在大气中的传输原理建立起来的对遥感影像进行大气校正的方法。这是诸多大气校正方法中物理意义最好、精度较高的一种方法。各种基于辐射传输模型的算法在原理上基本相同，差异在于不同的假设条件和适用范围。较常用的辐射传输模型有：6S、LOWTRAN、MORTRAN、ATCOR、大气去除程序 ATREM、紫外和可见光辐射模型 UVRAD、TURNER 大气校正模型等。

对可见光和近红外波段，假定地表为朗伯体的情况下，根据传感器入口处的辐射亮度值 L，由式（2-25）可以得到传感器接收到的表观反射率为：

$$\rho^* = \frac{\pi L}{E_0 \mu_0} \tag{4-8}$$

式中：L 为大气上界传感器观测到的辐射，它是整层大气光学厚度、太阳和卫星几何参数的函数；E_0是大气上界太阳辐射通量密度；μ_0是太阳天顶角的余弦。

ρ^* 与实际地面反射率之间的关系为：

$$\rho^*(\theta_S, \theta_V, \phi_S, \phi_V) = T_g(\theta_S, \theta_V)\left[\rho_{r+a} + T(\theta_S)T(\theta_V)\frac{\rho_S}{1 - S\rho_S}\right] \tag{4-9}$$

式中：ρ_{r+a} 表示由分子散射和气溶胶散射所构成的路径辐射反射率；$T_g(\theta_S, \theta_V)$ 为大气吸收所构成的反射率；S 为大气球面反照率；$T(\theta_S)$ 代表太阳到地面的散射透过率；ρ_S 为地面目标反射率；$T(\theta_V)$ 为地面到传感器的散射透过率；θ_S、θ_V 分别为太阳高度角和传感器高度角，如图 4-3 所示。

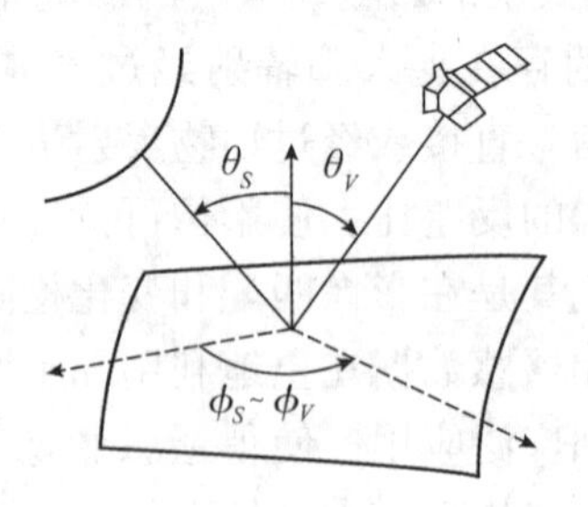

图 4-3　几何参数关系示意图

要求解上述方程，确定地面目标反射率则需确定其中的各项系数，为此已有不同的大气辐射传输模型(大气模型)，它们的主要目的是对大气气溶胶含量、大气吸收和大气散射特性等进行描述和求解，如6S模型采用了最新近似(State-of-the-art Approximation)和逐次散射(Successive Orders of Scattering，SOS)算法来计算散射和吸收，改进了模型的参数输入，使其更接近实际。

6S模型对主要引起大气效应的H_2O、O_3、O_2、CO_2、CH_4、N_2O等气体的吸收，大气分子和气溶胶的散射都进行了考虑。它不仅可以模拟地表非均一性，还可以模拟地表双向反射特性。它可选择6种卫星及相应输入参数，例如对于METEOSAT、GOES输入行列数和时间，NOAA输入列数、经度、穿越赤道时间，目的是算出太阳和传感器的角度参数，还可以自定义直接输入角度参数。在对大气模式处理中，引用了LOWTRAN大气模式的定义，如热带、中纬度区的夏季和冬季、亚北极区的夏季和冬季，还可以选择无气体吸收和自定义类型。对大气气溶胶处理时，需要用户输入的参数有气溶胶模式和气溶胶的浓度，浓度可以通过输入能见度和直接输入光学厚度来调用相应的函数来计算。对于地物和传感器的高度，由于地物的高度决定着地物上层大气的厚度，因此知道该高度值，可将大气廓线从海平面的值校正到该位置，从而提高计算大气吸收和散射的精度。对于不同光谱，由于6S模型给定了59个卫星光谱波段，因此只需要输入对应的序号，就可调用相应的处理函数，也可以输入波长范围自定义。对于地表状况，均一的地表可认为是朗伯体反射，也可以考虑使用BRDF，通过输入BRDF模式参数和离散测量资料来计算；非均一地面可看作是由一确定半径的圆形目标物及其周围环境组成。

应用辐射传输模型进行大气校正的优点及局限性：此模型物理意义最好，计算出来的反射率精度较高；但是此种方法的计算量大，需要较多的参数，比如大气中的水汽含量、臭氧含量及空间分布、气溶胶光学特征等，而在常规的大气校正中，这种测量很难实施。所以Kaufman指出："大气校正的基本方法是获得关于大气光学性质的各种参数，如大气光学厚度、相函数、单向散射反照率、气体吸收率等。而大气校正的困难就在于难以确定这些参数。"参数的测定直接影响计算精度。

上面分析的是对可见光和近红外波段地面反射情况的大气校正。对热红外波段，获得传感器入口处的辐射亮度常用的步骤有：

①选择一处温度均匀、稳定的大面积表面作为测量区；

②同步测量水面的温度和比辐射率，由普朗克方程计算出等效黑体光谱辐射亮度；

③同步测量当时大气条件下的大气光学厚度和水汽含量，利用探空测量垂直线上的压强、温度及相对湿度；

④利用辐射传输模型，根据上面同步测量的数据，计算出传感器入口处的光谱辐射亮度；

⑤通过影像处理定位出目标区，读取传感器输出的亮度值；

⑥根据传感器入口处的光谱辐射亮度和传感器输出的亮度值求得绝对辐射定标系数。

2. 基于地面场地数据或辅助数据进行大气辐射校正

在遥感成像的同时，同步获取成像目标的反射率，或通过预先设置已知反射率的目标，把地面实况数据与传感器的输出数据进行比较，来消除大气的影响。

将地面测定的结果与卫星影像对应像元的亮度值进行回归分析，其回归方程为：

$$L = a + bR \tag{4-10}$$

式中：L 为卫星观测值，a 为常数，b 为回归系数。设 $bR = L_a$ 为地面实测值，该值未受大气影响，则

$$L = a + L_a$$

式中：a 为大气影响。可以得到大气影响为：

$$a = L - L_a$$

则大气校正公式为：

$$L_G = L - a \tag{4-11}$$

由此可知，影像中的每一像元亮度值均减去 a，可以获得成像地区大气校正后的影像。

3. 基于影像数据本身的特性方法

上述两种方法都需要地面实测部分数据，这在实际使用中并不方便，如对历史数据和很偏远的研究区域影像进行处理时，因此提出了一些不需要大气和地面实测数据，尤其不需要卫星同步观测数据的大气校正方法。其中应用最广泛的是黑暗像元法、回归分析法、直方图法等，它们主要依靠遥感影像本身的信息，而不需要野外场地测量等辅助数据，利用某些波段不受大气影响或影响较小的特性来校正其他波段的大气影响。一般情况下，散射主要发生在短波影像，对近红外几乎没有影响。例如，MSS-7 几乎不受大气辐射的影响，把它作为无散射影响的标准影像，通过对不同波段影像的对比分析来计算大气影响。

(1)回归分析法

在不受大气影响的波段影像和待校正的某一波段影像中，选择由最亮至最暗的一系列目标，将每一目标的两个待比较的波段亮度值进行回归分析。例如，MSS 的第 4 和第 7 波段(见图 4-4)的亮度值分别为 L_4 和 L_7，则回归方程为：

$$y = a_4 + b_4 x \tag{4-12}$$

式中：x、y 分别为两个波段影像灰度的平均值 $\bar{L}_7$、$\bar{L}_4$。

根据线性回归方程的推导可以求得回归系数：

$$b_4 = \frac{\sum_{I=1}^{n}\left[(L_{7(i)} - \bar{L}_7)(L_{4(i)} - \bar{L}_4)\right]}{\sum_{I=1}^{n}\left[(L_{7(i)} - \bar{L}_7)^2\right]} \tag{4-13}$$

所以

$$a_4 = \bar{L}_4 - b_4\bar{L}_7 \tag{4-14}$$

则大气校正公式为：

$$L'_4 = L_4 - a_4 \tag{4-15}$$

式中：L'_4 为第四波段校正后的影像亮度值。对任一波段 i，其大气影响为 a_i。a_i 是第 i 波段影像回归分析得到的截距，即第 i 波段的大气校正值。

(2)黑暗像元法

该方法假设待校正的遥感影像上存在黑暗像元区域和地表朗伯面反射，且大气性质均一，同时忽略大气多次散射辐照作用和邻近像元漫反射的作用。此时反射率很小的黑暗像元由于受到大气影响，其反射率相对增加，可认为这部分增加的反射率是由于大气程辐射的影响产生的。

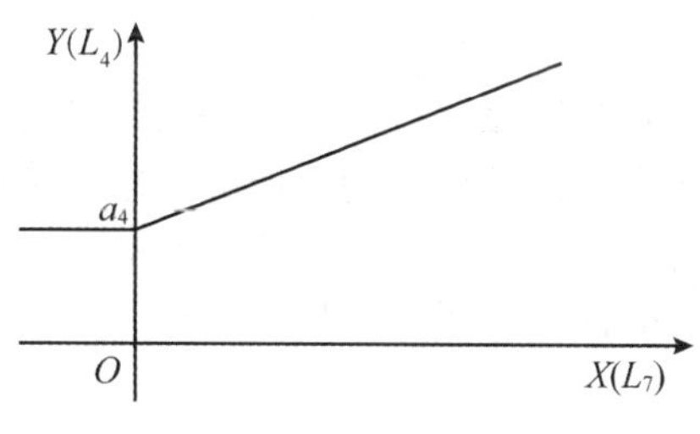

图 4-4　大气改正截距 a_4

利用黑暗像元值计算出程辐射，并代入适当的大气校正模型，获得相应的参数后，通过计算就可得到地物的真实反射率。因此其关键是有效地确定黑暗像元值和适当选择大气校正模型。

(3) 直方图法

若影像中存在亮度为零的目标，如深海水体、阴影等，则其对应影像的亮度值应为零。实际上只有在没有受大气影响的情况下，其亮度值才可能为零，其他目标由于受水汽散射、辐射使得目标的亮度值不为零。根据具体大气条件，各波段要校正的大气影响是不同的。为了确定大气影响，显示有关影像的直方图，如图 4-5 所示。从图上可以得知最黑的目标亮度为零，即第七波段影像的最小亮度值为零，第四波段的亮度最小值为 a_4，则 a_4就是第四波段影像的大气校正，大气校正后的直方图如图 4-6 所示。其他波段同理可以得到大气校正。

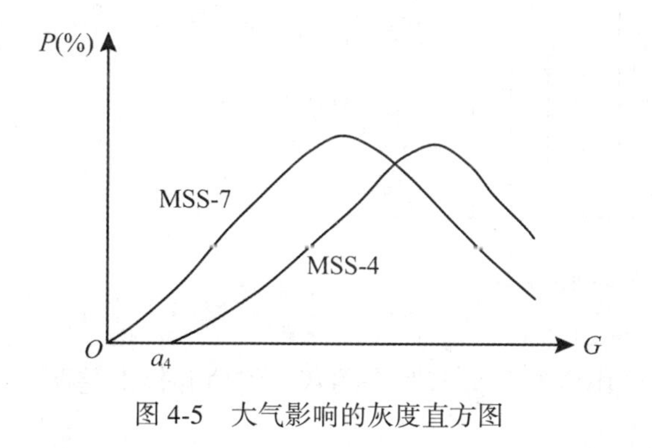

图 4-5　大气影响的灰度直方图

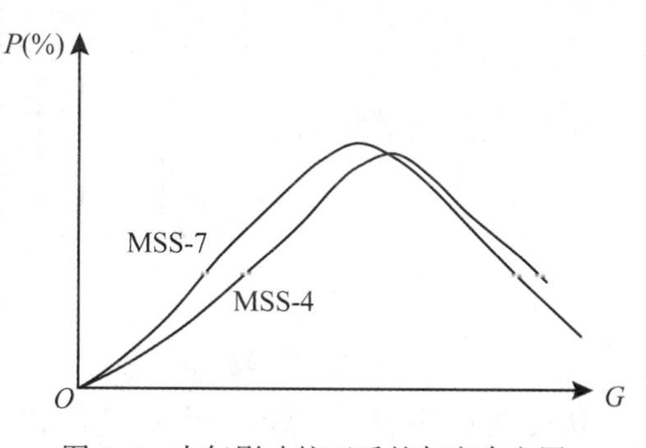

图 4-6　大气影响校正后的灰度直方图

4.2　数字影像增强

遥感影像增强是为了特定目的，突出遥感影像中的某些信息，削弱或除去某些不需要的信息，使影像更易判读。影像增强的实质是增强感兴趣目标和周围背景影像间的反差，它不能增加原始影像的信息，有时反而会损失一些信息。它也是计算机自动分类的一种预处理方法。

4.2.1 辐射增强

遥感影像辐射增强的目的是突出遥感影像中感兴趣的内容，改善其视觉效果；而辐射处理主要是指辐射校正，是从遥感器所获得的影像的灰度中消除或改正遥感成像过程中附加在其中的各种噪声，从而得到地面的实际反射率。虽然两者所用模型有时有相似之处，并且两者的结果都会改变影像的色调和色彩，但其实质有一定的区别。

1. 影像灰度的直方图

影像灰度直方图反映了一幅影像中灰度级与其出现概率之间的关系，在遥感影像增强中有重要意义。对于数字影像，由于影像空间坐标和灰度值都已离散化，因此可以统计出灰度等级的分布状况。数字影像的灰度编码为 0，1，2，…，2^n-1（n 为影像量化时的比特数），每一个灰度级的像元个数 m_i 可以从影像中统计出来，设整幅影像的像元数为 M，则任意灰度级出现的频率为：

$$P_i = \frac{m_i}{M} \tag{4-16}$$

$$M = \sum_{i=0}^{2^n-1} m_i \tag{4-17}$$

由 2^n 个 P 值即可绘制出数字影像的灰度直方图，如图 4-7 所示。影像直方图随影像不同而不同，即不同影像有不同的直方图。

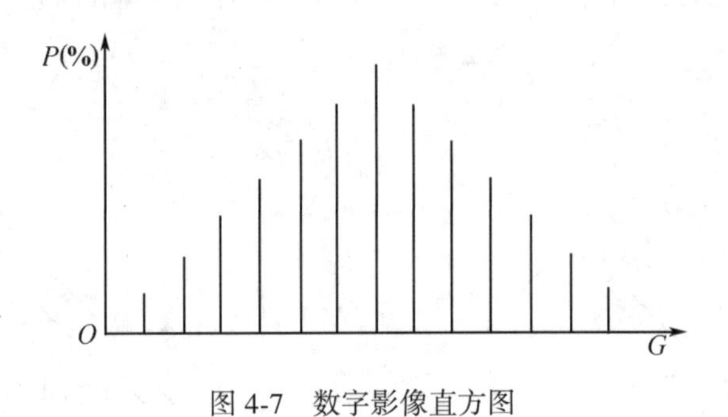

图 4-7　数字影像直方图

灰度直方图可以看成是一个随机分布密度函数，其分布状态用灰度均值和标准差两个参数来衡量。灰度均值的表达式为：

$$\overline{X} = \frac{1}{R \cdot L} \sum_{i=0}^{R-1} \sum_{j=0}^{L-1} X_{ij} \tag{4-18}$$

式中：$\overline{X}$ 为整幅影像灰度平均值；X_{ij} 为(i, j)处像元的灰度值；R 为影像行数；L 为影像列数；$M=R \cdot L$ 为影像像元总数。

标准差的表达式为：

$$\delta = \left[\frac{1}{M-1} \sum_{i=0}^{M-1} (X_i - \overline{X})^2 \right]^{1/2} \tag{4-19}$$

式中：X_i 为 i 处像元的灰度值。

灰度直方图分布状态不同，影像特征也不同，如图 4-8 所示。

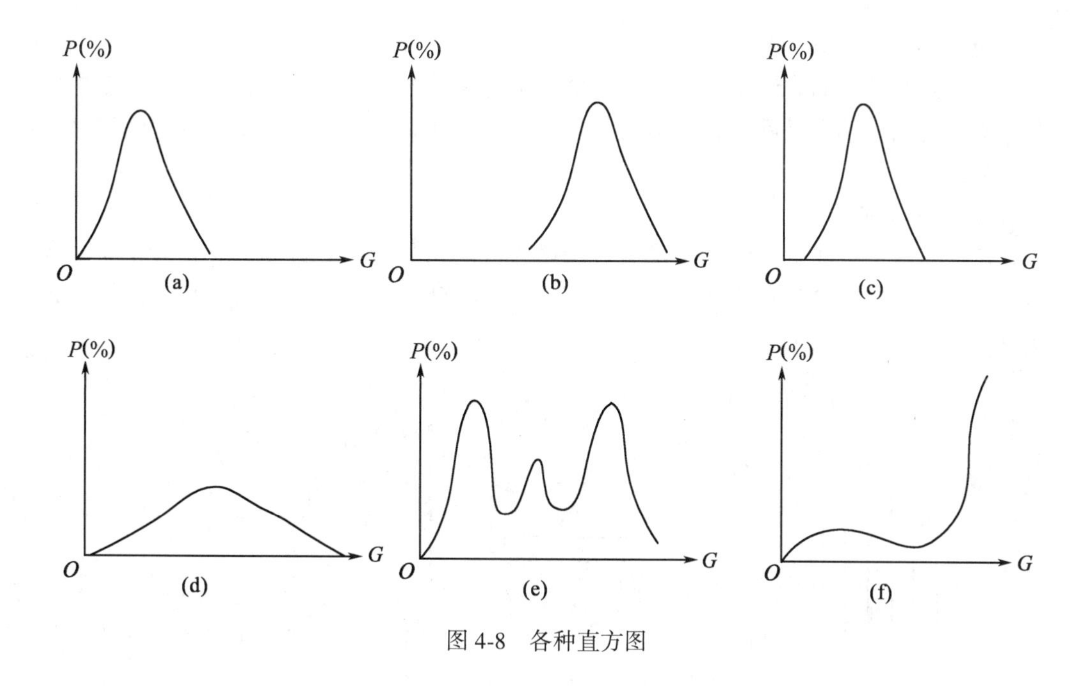

图 4-8　各种直方图

图 4-8 中，(a)影像直方图靠近低灰度区，该影像属于低反射率景物影像；(b)影像为高反射率景物影像；(c)影像直方图标准差偏小，为低反差景物影像；(d)影像直方图的标准差较大，为高反差景物的影像；(e)影像直方图呈现出多峰，图中有多种地物出现的频率较高；(f)影像直方图呈现出双峰，并且高亮度地物(如云、白背景等)出现频率高。

影像直方图所包含的面积为 1，即有：

$$\sum_{i=0}^{2^n-1} p_i = 1 \tag{4-20}$$

如果用 F 表示累积分布函数，则有：

$$F_j - \sum_{i=0}^{j} p_i \tag{4-21}$$

累计分布函数用图 4-9 来表示，影像下部为影像直方图，虚线部分为累积直方图。

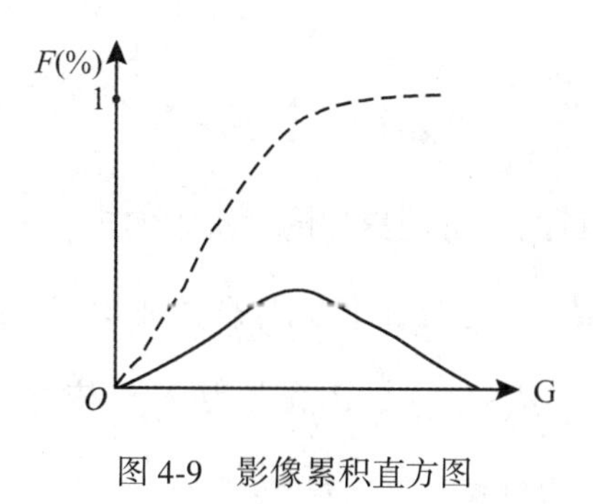

图 4-9　影像累积直方图

基于直方图增强就是对一幅给定影像的直方图按一定目的进行修改，以达到改善影像的目的。

2. 直方图增强

基于直方图增强的方法是一种非线性的增强方法，包括直方图均衡化、直方图正态化和直方图规定化。其中最后一种一般是将待增强的影像直方图调整到某一选定的标准影像的直方图分布。

1) 直方图均衡

直方图均衡是将随机分布的影像直方图修改成均匀分布的直方图，其实质是对影像进行非线性拉伸，重新分配影像像元值，使一定灰度范围内的像元的数量大致相等，如图4-10所示。

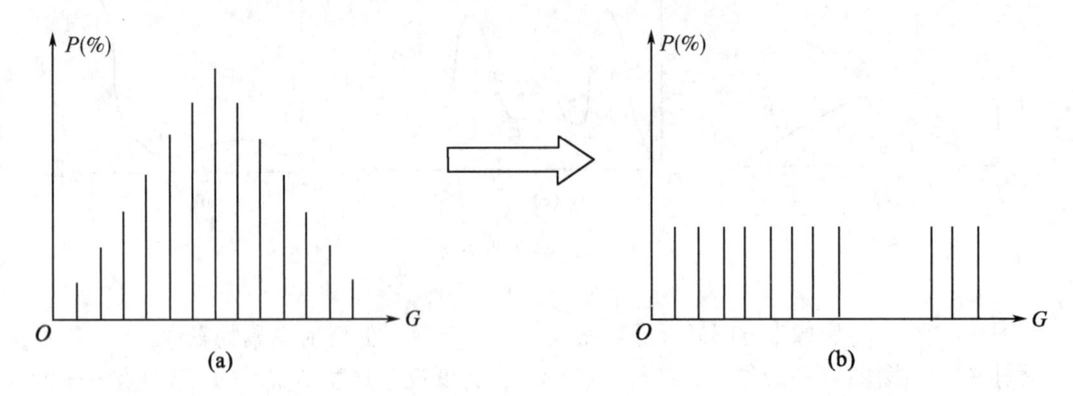

图 4-10　直方图均衡

图 4-10(a)为原始影像直方图，可用一维数组 $P(A)$ 表示，有：

$$P(A) = [P_0, P_1, \cdots, P_{n-1}]$$

图 4-10(b)为均衡后的影像直方图，也用数组 $\overline{P}(A)$ 表示，有：

$$\overline{P}(A) = [\overline{P}_0, \overline{P}_1, \cdots, \overline{P}_{n-1}]$$

式中：$\overline{P}_0 = \overline{P}_1 = \cdots = \overline{P}_{m-1} = \dfrac{1}{m}$，m 为均衡后的直方图灰度级，因此直方图均衡需知道影像均衡后的灰度级 m。

由直方图可知：

$$\sum_{i=0}^{n-1} p_i = \sum_{i=0}^{m-1} \bar{p}_j = 1 \tag{4-22}$$

为了达到均衡直方图的目的，可用累加的方法来实现，即当 $P_0 + P_1 + \cdots + P_k = \dfrac{1}{m}$ 时，原影像上的灰度为 d_0，d_1，d_2，…，d_k 的像元都合并成均衡后的灰度 d'_0。同理，当 $P_{K+1} + P_{K+2} + \cdots + P_L = \dfrac{1}{m}$ 时，d_{K+1}，d_{K+2}，…，d_L 合并为 d'_1。依此类推，直到 $P_R + P_{R+1} + \cdots + P_{n-1} = \dfrac{1}{m}$ 时，d_R，d_{R+1}，…，d_{n-1} 合并为 d'_{m-1}。

可以用累积值直方图来求解，均衡直方图在原灰度轴上的区间，如图 4-11 所示，在

P 轴上等分 m 份，通过累积值曲线，投影到 G 轴上，则 G 轴上交出的各点就为均衡所取的原直方图灰度轴上的区间值。一般先求出区间阈值，列成查找表，然后对整幅影像的每个像元查找它们变换后的灰度值。

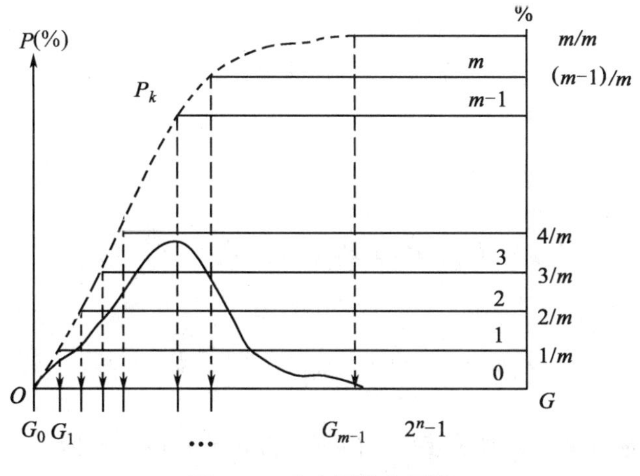

图 4-11　直方图均衡图解

直方图均衡后每个灰度级的像元频率，理论上应相等，实际上为近似相等，直接从影像上看，直方图均衡效果是：

①各灰度级所占影像的面积近似相等，因为具有相同灰度值的像素不可能分割；

②原影像上频率小的灰度级被合并，频率高的灰度级被保留，因此可以增强影像上大面积地物与周围地物的反差，如图 4-12 所示；

③如果输出数据分段级较小，则会产生一个初步分类的视觉效果。

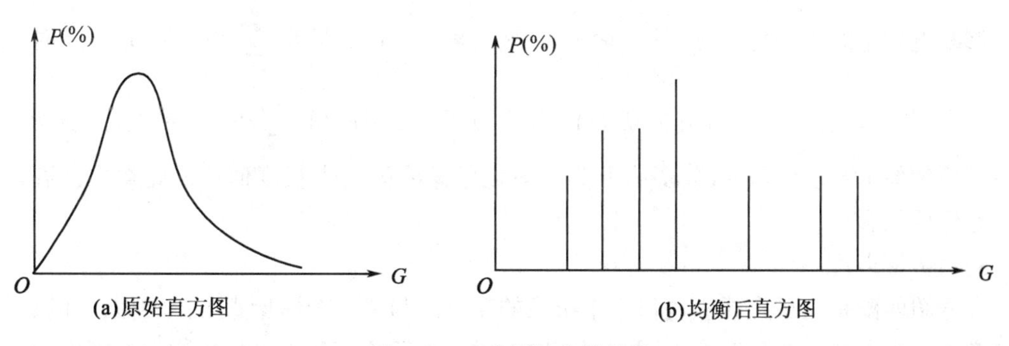

图 4-12　直方图均衡的结果

2）直方图正态化

直方图正态化是将随机分布的原影像直方图修改成高斯分布，如图 4-13 所示。

设原影像的直方图的分布为：

$$P(A)=[P_{a_0},\ P_{a_1},\ P_{a_2},\ \cdots,\ P_{a_i},\ \cdots,\ P_{a_{n-1}}]$$

正态化影像直方图的分布为：

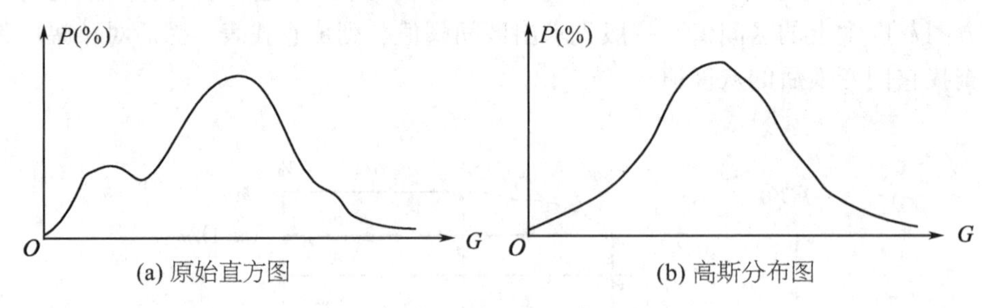

(a) 原始直方图　(b) 高斯分布图

图 4-13　直方图正态化

$$P(B)=[P_{b_0},\ P_{b_1},\ P_{b_2},\ \cdots,\ P_{b_i},\ \cdots,\ P_{b_{n-1}}]$$

正态分布公式为：

$$P(x)=\frac{1}{\sqrt{2\pi\sigma}}\int_{-\infty}^{+\infty}\exp\left(\frac{-(x-\bar{x})^2}{2\sigma^2}\right)\mathrm{d}x \tag{4-23}$$

式中：x 为变量，$\bar{x}$ 为均值，σ 为标准差。由于影像是非负的、有限的，数字影像又是离散函数，所以正态公式可写为：

$$P(x)=\frac{1}{\sqrt{2\pi\sigma}}\sum_{x=0}^{m-1}\exp\left(\frac{-(x-\bar{x})^2}{2\sigma^2}\right) \tag{4-24}$$

式中：x 为直方图的每个元素值（即每个灰度处的频率值）P_{b_0}，P_{b_1}，P_{b_2}，$\cdots$，$P_{b_{m-1}}$；$P(x)$是正态曲线下的面积，$P(x)=1$。

对于某一区间的频率累加值为：

$$P(x_j)=\frac{1}{\sqrt{2\pi\sigma}}\sum_{j=b_i}^{b_j}\exp\left(\frac{-(x_j-\bar{x})^2}{2\sigma^2}\right)$$

修改直方图的方法与直方图均衡类似，采用累加方法，即当 $\sum_{i=0}^{K}P(a_i)=P(b_0)$ 时，原影像直方图上灰度值 0~K 合并为正态化影像的灰度值 0；当 $\sum_{i=0}^{L}P(a_i)=P(b_0)+P(b_i)$ 时，则原影像上灰度值$(K+1)$~L 合并为正态化影像的第一个灰度值；依此类推，可以得到正态化后的影像。

3）直方图匹配

直方图匹配是通过查找表使得一个影像的直方图与另一个影像直方图类似，亦属于非线性变换。直方图的匹配对在不同时间获取的同一地区或邻接地区的影像；或者由于太阳高度角或大气影响引起差异的影像匹配很有用，特别是对影像镶嵌或变化检测有用。

为了使影像直方图匹配获得好的结果，两幅影像应有相似的特性：

①影像直方图总体形状应类似；

②影像中黑与亮特征应相同；

③对某些应用，影像的空间分辨率应相同；

④影像上地物分布应相同，尤其是不同地区的影像匹配。例如一幅影像里有云，而另

一幅没有云，那么在直方图匹配前，应将其中一幅里的云去掉。

为了进行影像直方图匹配，同样可以建立一个查找表，作为将一个直方图转换成另一个直方图的函数。

3. 线性变换

简单线性变换是按比例拉伸原始影像灰度等级范围(属于辐射拉伸的一种)，一般为了充分利用显示设备的显示范围，使输出直方图的两端达到饱和。变化前后影像的每一个像元呈一对一关系，因此像元总数不变，亦即直方图包含面积不变。

线性变换通过一个线性函数实现变换，其数学表达式为：

$$d'_{ij} = Ad_{ij} + B \tag{4-25}$$

式中：d'_{ij} 为经线性变换后输出像元的灰度值；d_{ij}为原始影像像元灰度值；A 和 B 为常数，可以根据需要来确定：

$$A = \frac{d'_{\max} - d'_{\min}}{d_{\max} - d_{\min}} \tag{4-26}$$

$$B = -Ad_{\min} + d'_{\min} \tag{4-27}$$

式中：$d'_{\max}$、$d'_{\min}$ 分别为增强后影像的最大灰度值和最小灰度值；$d_{\max}$、$d_{\min}$ 分别为原始影像中最大和最小灰度值。

将 A 和 B 代入(4-27)式，有

$$d'_{ij} = \frac{d_{ij} - d_{\min}}{d_{\max} - d_{\min}}(d'_{\max} - d'_{\min}) + d'_{\min} \tag{4-28}$$

因此，线性变换过程可用图 4-14 来表示。

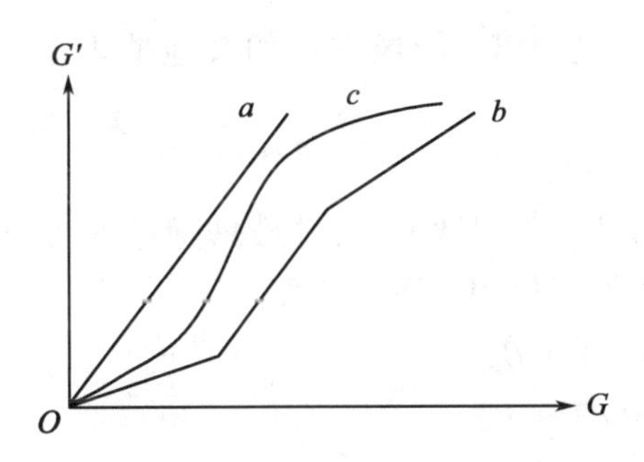

图 4-14　灰度变换的三种情况

在实际计算时，一般先建立一个查找表，即建立原始影像灰度和变换后影像灰度之间的对应值，在变换时只需使用查找表进行变换即可(见表 4-2)，这样计算速度将极大提高。

表 4-2　**影像灰度变换查找表**

原影像灰度	10	11	12	13	14	15	16	17	…	22	23	52
变换后的灰度	0	6	12	18	24	30	36	42	…	73	79	255

由于遥感影像的复杂性，线性变换往往难以满足要求，因此在实际应用中更多地采用分段线性变换(图4-14中的b对应的变换)，可以拉伸感兴趣目标与其他目标之间的反差。

4. 密度分割

密度分割与直方图均衡类似。产生一个阶梯状查找表，原始影像的灰度值被分成等间隔的离散灰度级，每一级有其灰度值。进行密度分割时，需知道输出直方图的范围和密度分割层数，然后建立阶梯级查找表，使得输出的每一个层有相同的输入灰度级。最后对每一层赋新灰度值或颜色，就可以得到一幅密度分割影像。

密度分割可以看成是线性变换的一种，用下式计算：

$$d'_{ij} = \frac{d_{ij} - d_{\min}}{d_{\max} - d_{\min}} \cdot n \tag{4-29}$$

式中：n为密度分割的层数，其分割过程用图4-15表示。密度分割也可以采用非线性分割方法。

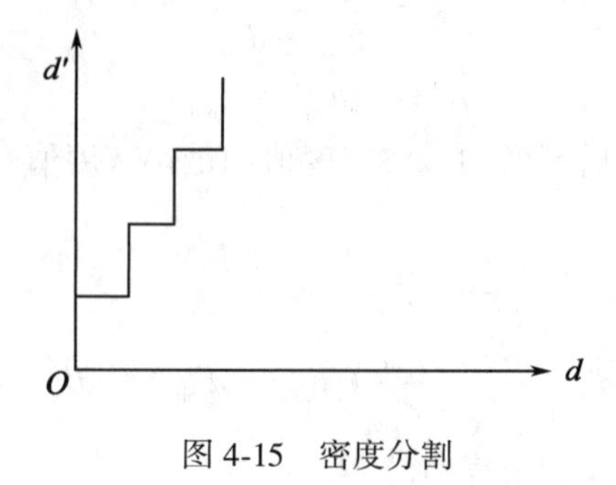

图4-15　密度分割

彩图4-16为根据NOAA AVHRR影像进行的某地地表温度的热红外影像密度分割结果。

5. 其他非线性变换

非线性变换还有很多方法，如对数变换、指数变换、平方根变换、标准偏差变换、直方图周期性变换，前三种变换可使用下面的算式：

①对数变换：$d' = A\log(d) + B$；

②指数变换：$d' = A\exp(d) + B$；

③平方根变换：$d' = A\text{sqrt}(d) + B$。

式中：

$$A = \frac{d'_{\max} - d'_{\min}}{F(d_{\max}) - F(d_{\min})}$$

$$B = -Ad_{\max} + d'_{\max} = -Ad_{\min} + d'_{\min}$$

F为对应的函数。上述三种变换过程可用图4-17描述。

6. 灰度反转

灰度反转是指影像灰度范围进行线性或非线性取反，产生一幅与输入影像灰度相反的影像，其结果是原来亮的地方变暗，原来暗的地方变亮。灰度反转有两种算法：

一种是条件反转，其表达式为：

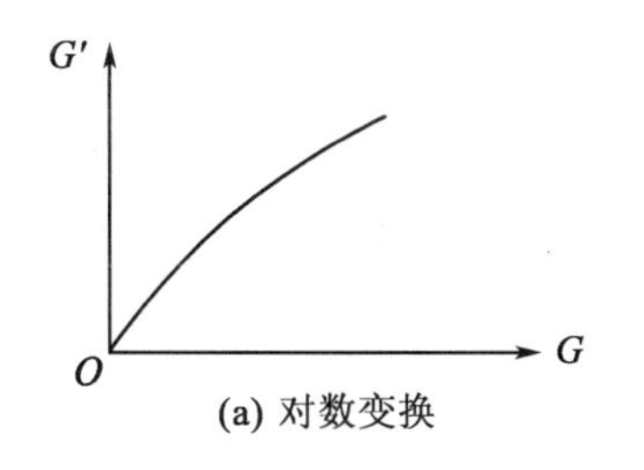

(a) 对数变换

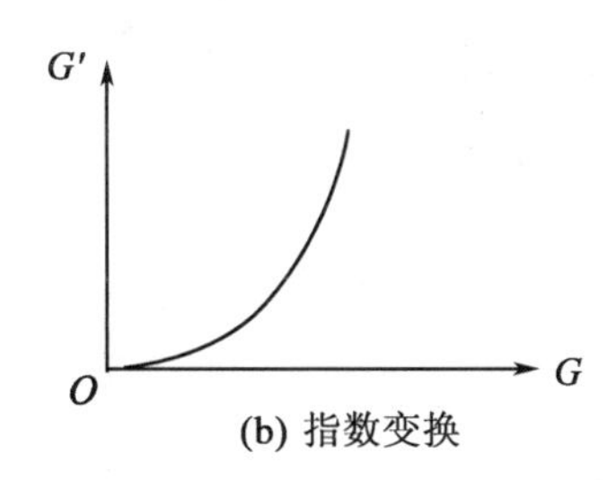

(b) 指数变换

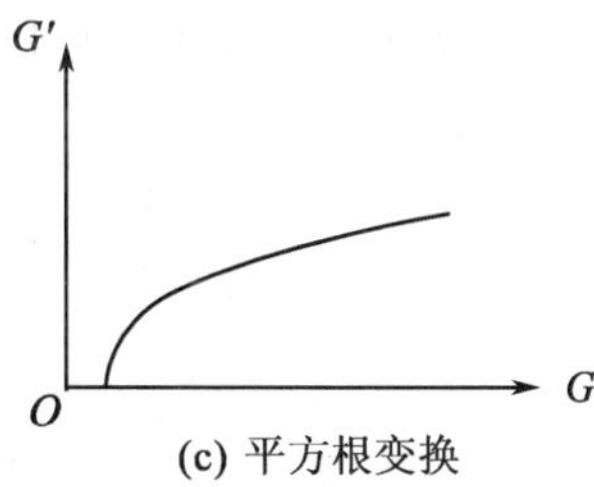

(c) 平方根变换

图 4-17　三种非线性变换

$$D_{out} = 1.0,\quad 当 0.0 < D_{in} < 0.1$$

$$D_{out} = 0.1/D_{in},\quad 当 0.1 < D_{in} < 1$$

式中：D_{in}为输入影像灰度且已归一化(范围为 0~1.0)，D_{out}为输出反转灰度。

另一种为简单反转，其表达式为：

$$D_{out} = 255 - D_{in}$$

第一种方法强调输入影像中灰度较暗的部分，第二种方法则是简单取反。

4.2.2　影像平滑与锐化

从频率域来分析，影像平滑即去除影像的高频部分，保留低频部分信息，而影像锐化则正好相反，保留高频部分信息，两者分别对应着低通滤波和高通滤波。由于影像上的各种噪音以及细节一般对应着高频信息，因此平滑使影像中的高频成分消退，即平滑掉影像的细节，使其反差降低，保存低频成分；而锐化是增强影像中的高频成分，突出影像的边缘信息，提高影像细节的反差，也称为边缘增强，其结果与平滑相反。影像平滑、锐化包括空间域处理和频率域处理两大类。在频率域进行上述处理称为频率域滤波，其基础是傅立叶变换和卷积定理。首先要通过傅立叶变换将一般的空间域影像转换到频率域，然后在频率域选择合适的滤波器对影像进行低通或高通滤波，再通过傅立叶逆变换把影像从频率域转换到空间域，从而达到影像平滑或锐化的目的。

1. 影像平滑

影像平滑的目的在于消除各种干扰噪声，使影像中高频成分消退，即平滑掉影像的细节，使其反差降低。

1)邻域平均

邻域平均属于空间域处理方法。其思想是利用影像点(x,y)及其邻域的若干个像素的灰度平均值来代替点(x,y)的灰度值,结果是对亮度突变的点产生了“平滑”效果。邻域平均是基于影像上的背景或目标部分灰度的变化是连续的、缓慢的，而颗粒噪声使影像上一些像素的灰度造成突变。通过邻域平均可以平滑突变的灰度。

对于离散数字的影像,其平滑公式为：

$$g(x,y) = \frac{1}{M}\sum_{(n,m)\in S} f(n,m) \tag{4-30}$$

式中：$g(x,y)$为点(x,y)平滑后的灰度值；$f(x,y)$为邻域 S 中各像元的灰度值；M是邻域 S 中的点数；S为(x,y)的邻域，可以取包含(x,y)的 3×3 邻域、5×5 邻域或 7×7 邻域等，如

图 4-18 所示；n 和 m 分别是邻域 S 的行数和列数。

图 4-19 中点 e 经平滑后的灰度值 e' 为：

$$e' = \frac{1}{9}(a + b + c + d + e + f + g + h + i) \tag{4-31}$$

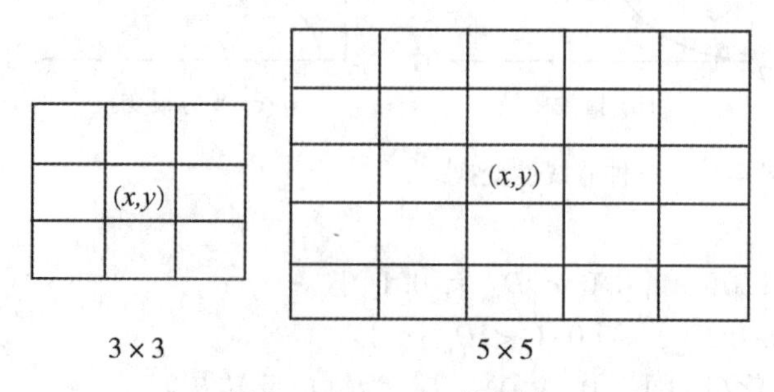

图 4-18　点(x,y)的邻域

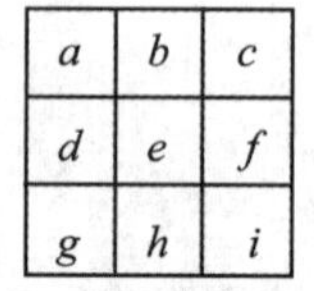

图 4-19　邻域影像平滑计算

平滑计算可以用邻域内元素与其对应的权相乘后相加，用⊕表示，称为空间卷积，如图 4-20 所示：

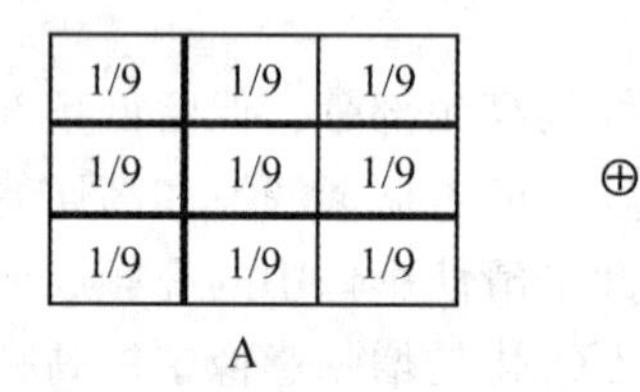

⊕

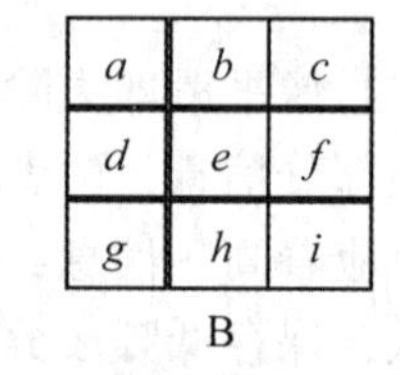

图 4-20　邻域平滑的卷积运算

其计算结果与式(4-31)同，并称 A 为算子或模板。

有时为了考滤平滑效果，需对影像进行多次平滑运算。但其结果是使影像模糊，因为影像的细节部分，也是灰度有实变的区域，因此平滑以后会使影像产生模糊。为此设置阈值 T 来限制平滑过程中产生的不足。

当 $|e - e'| > T$ 时，用 e' 代替 e，否则 e 不变。如果在平滑运算中认为中心点 e 在 e' 中有较大贡献，则可以给予较大的权。

算子或模板的大小、权可根据情况而定，如图 4-21 所示。设计不同的模板时，注意模板中各数值之和为 1，即有平均的意思。

对整幅影像平滑的结果会使反差减小，造成影像模糊。

2) 中值滤波

对每个像元，在以其为中心的邻域内取中间亮度值来代替该像元值，以达到去除尖锐“噪声”和平滑遥感影像的目的。具体计算方法与模板卷积方法类似，仍采用活动窗口的扫描方法。$M \times N$ 活动窗口的 M，N 值最好取奇数。一般对于突出亮点的“噪声”干扰，从去“噪声”后原图的信息保留程度来看，中值滤波要优于邻域平均。

3) 低通滤波

1/9	1/9	1/9
1/9	1/9	1/9
1/9	1/9	1/9

(a)

1/16	1/8	1/16
1/8	1/4	1/8
1/16	1/8	1/16

(b)

图 4-21　不同权的模板

低通滤波属于频域处理方法。影像中灰度跳跃变化的区域对应着频率域中的高频成分；灰度变化缓慢的区域对应着频率域中的低频成分；影像中的噪声，经影像变换后，对应高频成分。低通滤波是用滤波方法将频率域中一定范围的高频成分滤掉，而保留其低频成分以达到平滑影像的目的。

由卷积定理可知：

$$G(u,v)=H(u,v)\cdot F(u,v) \tag{4-32}$$

式中：$F(u,v)$为含有噪音的影像变换，$G(u,v)$为平滑处理后的影像变换，$H(u,v)$为滤波器。

现在要选择一个合适的 $H(u,v)$，经式(4-33)运算后使 $F(u,v)$的高频成分衰减到 $G(u,v)$，经影像反变换得到所希望的平滑影像。选择 $H(u,v)$是进行低通滤波的关键，它必须具备低通滤波特性。下面介绍几种低通滤波器。

(1)理想低通滤波器

一个理想二维低通滤波器表达为：

$$H(u,v)=\begin{cases}1, D(u,v)\leqslant D_0\\0, D(u,v)>D_0\end{cases} \tag{4-33}$$

式中：D_0是一个非负值，为理想低通滤波器的截止频率，$D(u,v)$是从点(u,v)到频率域原点的距离，即 $D(u,v)=(u^2+v^2)^{1/2}$。

该滤波器可以用图 4-22 表示：

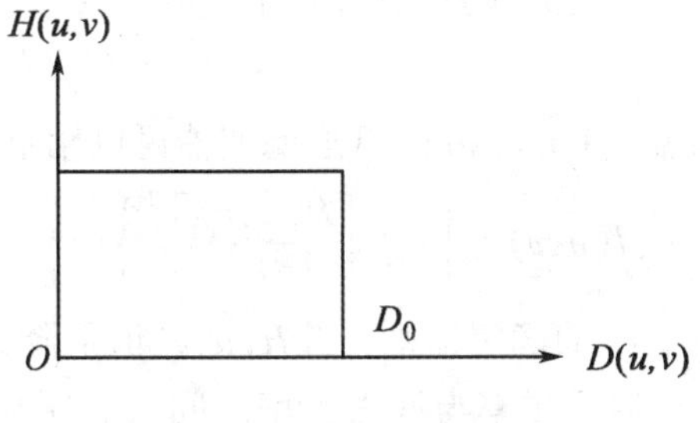

图 4-22　理想低通滤波器

理想滤波器的含义是以截止频率 D_0为半径的圆内，所有频率分量都能通过，截止频率以外的所有频率分量完全不能通过。

理想低通滤波器的平滑效果很明显。与空间域处理一样，也有使影像变模糊的现象，并且随 D_0减小其模糊程度加重。

(2)其他低通滤波器

①梯形滤波器。梯形滤波器的表达式为：

$$H(u,v)=\begin{cases}1, & D(u,v)<D_0\\ \dfrac{[D(u,v)-D_1]}{(D_0-D_1)}, & D_0\leqslant D(u,v)\leqslant D_1\\ 0, & D(u,v)>D_1\end{cases} \tag{4-34}$$

其图形如图 4-23(a)所示。从图形可知，在 D_0的尾部含有部分高频成分，其结果比理想低通滤波有所改善。

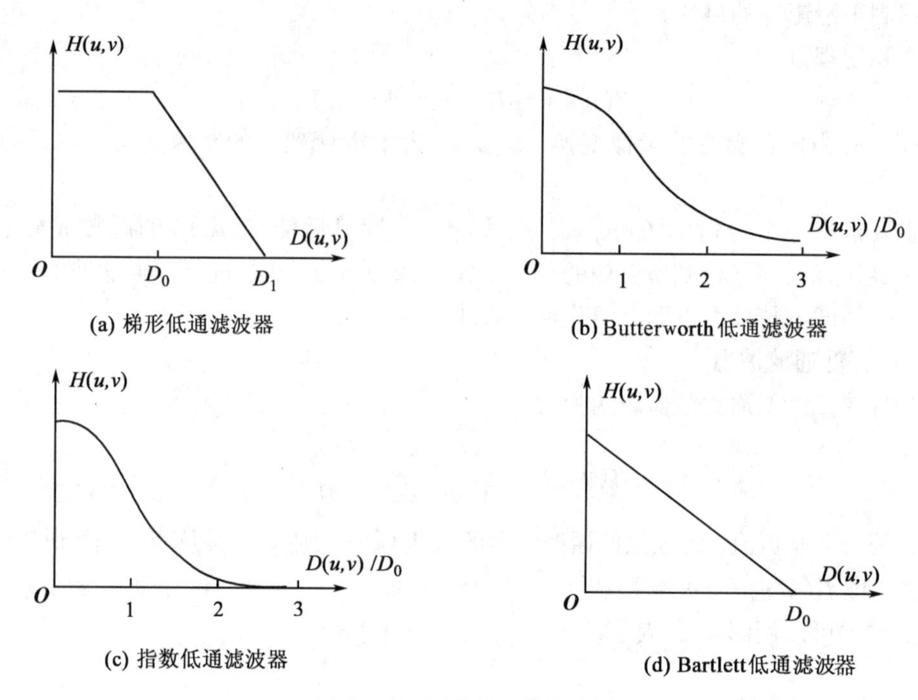

(a) 梯形低通滤波器

(b) Butterworth 低通滤波器

(c) 指数低通滤波器

(d) Bartlett低通滤波器

图 4-23　四种低通滤波器

②Butterworth 低通滤波器。Butterworth 低通滤波器可以用下式表示：

$$H(u,v)=\left\{1+\left[\frac{D(u,v)}{D_0}\right]^{2n}\right\}^{-1} \tag{4-35}$$

其图形如 4-23(b)所示。D_0的确定原则：当 $H(u,v)$值下降到原来的一半时的 $D(u,v)$值为截止频率 D_0。$H(u,v)$在通过频率与滤去频率之间没有明显的不连续性，而是存在一个平滑的过渡，因此效果比前两者理想。

③指数低通滤波器。指数低通滤波器可以用下式表示：

$$H(u,v)=\exp\left[-\frac{D(u,v)}{D_0}\right]^{n} \tag{4-36}$$

其图形如4-23(b)所示，图中可知$H(u,v)$在通过频率和滤去频率之间不存在明显的不连续性，因此其效果与Butterworth类似。

④Bartlett低通滤波器。Bartlett低通滤波器可以用下式表示：

$$H(u,v)=\begin{cases}1-D(u,v), & D(u,v)\leqslant D_0\\ 0, & D(u,v)>D_0\end{cases} \tag{4-37}$$

其图形如图4-23(d)所示。

2. 影像锐化

影像锐化是增强影像中的高频成分，突出影像的边缘信息，提高影像细节的反差，也称为边缘增强，其结果与平滑相反。影像锐化处理也有空间域影像锐化和频域影像锐化两种。

1)空间域影像锐化

锐化是对邻域窗口内的影像微分，常用的微分方法是梯度。给定一个函数$f(x,y)$，在坐标(x,y)处的梯度定义为一个矢量：

$$G[f(x,y)]=\left[\frac{\partial f}{\partial x},\frac{\partial f}{\partial y}\right]^{\mathrm{T}} \tag{4-38}$$

式中：T表示转置。

梯度的模为：

$$|G[f(x,y)]|=\left[\frac{\partial f^2}{\partial x}+\frac{\partial f^2}{\partial y}\right]^{1/2} \tag{4-39}$$

对于数字影像，式(4-39)用差分近似表示：

$$|G[f(x,y)]|=\{[f(x,y)-f(x+1,y)]^2+[f(x,y)-f(x,y+1)]^2\}^{1/2} \tag{4-40}$$

可以用绝对值表示：

$$|G[f(x,y)]|=|f(x,y)-f(x+1,y)|+|f(x,y)-f(x,y+1)|$$

将计算结果赋给结果影像$g(x,y)$，即

$$g(x,y)=|G[f(x,y)]|$$

同样，可以用模板和影像的空间卷积来进行锐化运算，如图4-24所示。

2	−1
−1	0

⊕

(x,y)	(x,y+1)
(x+1,y)	(x+1,y+1)

图4-24 影像锐化

模板可以根据需要设计采用不同的锐化算子，下面是常用的锐化算子：

①一维算子：

$$F_1=[-1\quad 2\quad -1]$$

或

$$\begin{bmatrix} -1 \\ 2 \\ -1 \end{bmatrix}$$

②3×3 拉普拉斯算子：

$$F_2 = \begin{bmatrix} 0 & -1 & 0 \\ -1 & 4 & -1 \\ 0 & -1 & 0 \end{bmatrix}$$

③水平方向算子：

$$F_3 = \begin{bmatrix} -1 & -1 & -1 \\ 2 & 2 & 2 \\ -1 & -1 & -1 \end{bmatrix}$$

④垂直方向算子：

$$F_4 = \begin{bmatrix} -1 & 2 & -1 \\ -1 & 2 & -1 \\ -1 & 2 & -1 \end{bmatrix}$$

⑤沿 45°方向算子：

$$F_5 = \begin{bmatrix} -1 & -1 & 2 \\ -1 & 2 & -1 \\ 2 & -1 & -1 \end{bmatrix}$$

⑥沿 135°方向算子：

$$F_6 = \begin{bmatrix} 2 & -1 & -1 \\ -1 & 2 & -1 \\ -1 & -1 & 2 \end{bmatrix}$$

锐化和平滑的关系可用下式表示：

$$g(x,y) = f(x,y) - A \tag{4-41}$$

式中：$g(x,y)$为锐化影像，A 为平滑影像。锐化影像即为原始影像减去平滑影像，其结果是原始影像消退，边缘突出，因此称为边缘检测。

为了将提取的边缘叠加在原始影像上，可将锐化影像与原影像复合，其公式为：

$$\begin{aligned} B &= f(x,y) + g(x,y) \\ &= f(x,y) + f(x,y) - A \\ &= 2f(x,y) - A \end{aligned} \tag{4-42}$$

锐化结果是使影像细节的反差提高，但对灰度变化缓慢的区域，由于差值很小，影像会很暗。因此需设置阈值 T 来控制，其公式为：

$$g(x,y) = \begin{cases} f(x,y) - A, & f(x,y) \geq T \\ 0(\text{或} f(x,y)), & \text{其他} \end{cases} \tag{4-43}$$

也可用二值化表示锐化影像，其公式为：

$$g(x,y)=\begin{cases}d_L, f(x,y)\leqslant T\\ d_0,\text{其他}\end{cases} \tag{4-44}$$

2)频域影像锐化

锐化在频域中处理称为高通滤波。它与低通滤波相反，保留频域中的高频成分而让低频成分滤掉，加强了影像中的边缘和灰度变化突出部分，以达到影像锐化的目的。在高通滤波中要选择一个合适的滤波器，使其具有高通滤波的特性。

(1)理想高通滤波器

理想高通滤波器可以表达为：

$$H(u,v)=\begin{cases}0, D(u,v)\leqslant D_0\\ 1, D(u,v)>D_0\end{cases} \tag{4-45}$$

式中：D_0意义同前。这种滤波器的图形如图 4-25(a)所示，其含义为把半径为 D_0内的所有低频安全滤掉，大于 D_0的所有频率完全通过。

(2)其他高通滤波器

同低通滤波器一样，高通滤波器亦有如下的高通滤波器。

①梯形滤波器。梯形滤波器的表达式为：

$$H(u,v)=\begin{cases}0, & D(u,v)<D_1\\ \dfrac{[D(u,v)\quad D_1]}{(D_0-D_1)}, & D_1\leqslant D(u,v)\leqslant D_0\\ 1, & D(u,v)>D_0\end{cases} \tag{4-46}$$

其图形如图 4-25(b)所示。

②Butterworth 高通滤波器。截止频率为 D_0的几何 Butterworth 高通滤波器的表达式为：

$$H(u,v)=\{1+[D_0/D(u,v)]\}^{-2n} \tag{4-47}$$

其图形如图 4-25(c)所示。

③指数高通滤波器。指数高通滤波器的截止频率为 D_0的表达式为：

$$H(u,v)-\exp\left[-\frac{D_0}{D(u,v)}\right]^n \tag{4-48}$$

其图形如图 4-25(d)所示。

④Bartlett 滤波器。Bartlett 滤波器可用下式表示：

$$H(u,v)=\begin{cases}D(u,v), & D(u,v)\leqslant D_0\\ 0, & D(u,v)>D_0\end{cases} \tag{4-49}$$

其图形如图 4-25(e)所示。

4.2.3　多光谱影像增强

多光谱影像是指对同一地物有多个波段的影像。根据多个波段影像间的特点，针对多光谱遥感影像的情况，可以利用多光谱影像之间的四则运算来达到增加某些信息或消除某些影响的目的。

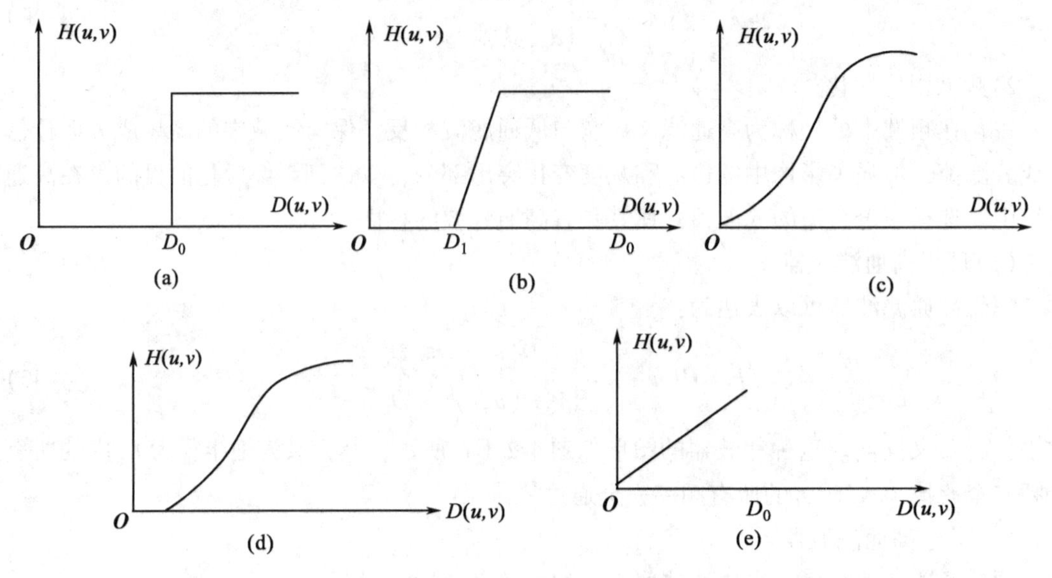

图 4-25 几种高通滤波器

1. 四则运算

(1)减法运算

$$B = B_X - B_Y \tag{4-50}$$

式中：B_X、B_Y为两个不同波段的影像或者不同时相同一波段的影像。当它们为两个不同波段的影像时，通过减法运算可以增加不同地物间光谱反射率以及在两个波段上变化趋势相反时的反差；而当为两个不同时相同一波段的影像时，通过相减可以提取波段间的变化信息。

当用红外波段与红波段影像相减时，即为植被指数，表达式为

$$I_{\mathrm{VI}} = B_{\mathrm{NIR}} - R_{\mathrm{R}} \tag{4-51}$$

(2)加法运算

$$B = \frac{1}{m}\sum_{i=1}^{m} B_i \tag{4-52}$$

通过加法运算可以加宽波段，如绿色波段和红色波段影像相加可以得到近似全色影像；而绿色波段、红色波段和红外波段影像相加可以得到全色红外影像。

(3)乘法运算

$$B = \left[\prod_{i=1}^{m} B_i\right]^{\frac{1}{m}} \tag{4-53}$$

通过乘法运算结果与加法运算结果类似。

(4)除法运算

$$B = \frac{B_X}{B_Y} \tag{4-54}$$

通过比值运算或者差分比值运算能压抑因地形坡度和方向引起的辐射量变化，消除地

形起伏的影响；也可以增强某些地物之间的反差，如植物、土壤、水在红色波段与红外波段影像上反射率是不同的，通过比值运算可以加以区分，如表 4-3 所示。因此，比值运算是自动分类的预处理方法之一。

表 4-3　　**植被、水、土壤在红/红外波段的灰度及比值结果**

类别	红波段	红外波段	红外波段/红波段
植被	暗	很亮	更亮
水	稍亮	很暗	更暗
土壤	较亮	较亮	不变

(5)混合运算

根据植被的波谱特性、植被在红外波段的强反射和在红波段的吸收特点，通过混合运算可以得到归一化差分植被指数(Normalized Differential Vegetation Index，NDVI)：

$$I_{\mathrm{NDVI}} = \frac{B_{\mathrm{IR}} - B_{\mathrm{R}}}{B_{\mathrm{IR}} + B_{\mathrm{R}}} \tag{4-55}$$

对于 TM 影像，其植被指数为：

$$I_{\mathrm{NDVI}} = \frac{B_4 - B_3}{B_4 + B_3} \tag{4-56}$$

上式中 B 的下标 4 和 3，一般对应 TM 影像的 4 波段和 3 波段。式(4-56)也称为生物量指标变化，可使植被在影像上与水和土分开。

变换 NDVI(TNDVI)为：

$$I_{\mathrm{NDVI}} = \sqrt{\frac{B_4 - B_3}{B_4 + B_3} + 0.5} \tag{4-57}$$

混合运算可根据具体情况进行处理。

2. 多光谱影像的变换

多光谱影像的变换内容主要包括：主分量变换、哈达玛变换、穗帽变换等。其特点是多光谱影像通过变换得到一组新的影像，原来的影像信息集中在变换后的新影像组的其中几个波段上，或者变换后在新影像组的某些波段的某种信息(如植被、水体等)上会体现得更加明显。

(1)主分量变换(K-L 变换)

主分量变换也称为 K-L 变换，是多光谱遥感影像处理中最常用、最有用的一种影像变换方法。它是一种建立在影像统计特征基础上的正交变换、线性变换，它能够去除信号各分量之间相关性，是就均方误差最小来说的最佳正交变换方法。

由于遥感影像的不同波段之间往往存在着很高的相关性，从直观上看，就是不同波段之间存在一定的相似性；从提取有用信息的角度看，有相当大一部分数据是重复的。利用主分量变换能够去除影像间的相关性，更好地增强影像的主成分，并实现信息压缩。

主分量变换原理(见图 6-31)：设原始数据为二维数据，两个波段 x_1 和 x_2 之间存在一定的相关性。对原数据进行线性变换，转换为新的二维变量 y_1 和 y_2，其中 y_1 变量包含了

原 x_1、x_2两个变量的大部分信息，称为第 1 主分量，剩余的信息在 y_2变量中，称为第 2 主分量。从几何意义来看，变换后的主分量空间坐标系与变换前的多光谱空间坐标系相比旋转了一个角度，而且新坐标系的坐标轴一定指向数据信息量较大的方向。遥感影像主分量变换的具体计算过程见本教材第六章(6.3.2 主成分分析)。

原始影像数据经过 K-L 变换后，得到 m 幅新的结果影像(即 Y 的各行)，依次被称为原始影像信号的第一主成分、第二主成分……。变换后影像的总方差不变，只是在各个分量间重新分配，一般第一主成分占总方差的 80%以上。也就是说第一主成分包含影像的绝大部分信息，而且降低了噪声，有利于影像的细节特征的增强和分析。各个分量之间的相关性被完全去除(协方差为零)。有利于有针对性地分析影像的某个有特殊意义的分量。在进行影像压缩时，若将 N 个特征值按大小排序，那么将排在后边的特征值舍去后，余下的特征值保留了原信号的最大能量，此时将变换后的信号截短时所得的均方误差最小(舍弃信息量小的分量，实现信息压缩)。该最小均方误差为舍去的特征值之和，所以主分量变换也是 MSE 最佳变换。

表 4-4 列出了某个具体的 ETM 影像的 6 个波段(1、2、3、4、5、7 波段)，经过主分量变换统计，可见 PC1 上集中了 66.64%的信息量，PC2 占 27.81%，PC3 占 4.48%。所以对于多波段影像分类时，常选用前面几个主分量进行联合处理，以减少总的数据处理量。

表 4-4　　**ETM 影像 6 个波段(1、2、3、4、5、7 波段)主分量变换统计表**

主分量结构轴	PC1	PC2	PC3	PC4	PC5	PC6
方差	906.9911	378.4305	60.9859	8.7161	3.8425	1.9884
占总信息量(%)	66.64	27.81	4.48	0.64	0.28	0.15

主分量变换虽然具有非常好的去相关和数据压缩性能，但其也有缺点：它的变换矩阵取决于所处理的特定影像的统计特性，不能写出基函数的显示表达式，而计算协方差矩阵要花费很大代价，且主分量变换不具备二维的可分性，所以主分量变换处理比较耗时，不利于实时处理。

(2)穗帽变换

穗帽变换又称为 K-T 变换，由 Kauth-Thomas 提出，也是一种用于多波段遥感影像的线性特征变换。它是指在多维光谱空间中，通过线性变换使得遥感中最关心的两类地物——植被与土壤的光谱特征达到分离，使植被生长过程的光谱图形呈所谓的“穗帽”状，而土壤光谱构成一条土壤亮度线。

在利用 Landsat 卫星的 MSS 数据反映农作物和植被的生长过程的研究中发现，在 MSS 影像中，土壤类地物各波段亮度值的比值相对不受太阳入射角、大气朦翳和土壤类型的变化影响。这就意味着土壤在特征空间(光谱空间)的集群，随亮度的变化趋势沿从坐标原点出发的同一根辐射线方向上出现。而若把土壤和植被的混合集群投影到红波段和 NIR 波段所组成的特征子空间中，形成一个近似穗帽状的三角形，如图 4-26 所示。

图 4-26 中，土壤亮度变化轴(Soil Line，也称为土壤线，即上面讲的辐射线)为穗帽的

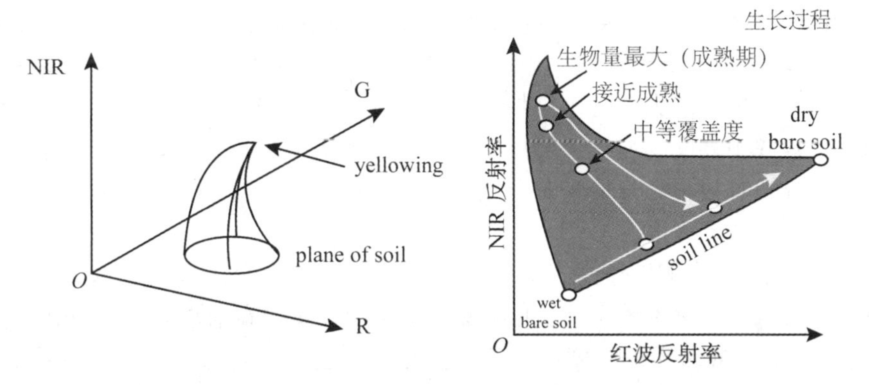

图 4-26　穗帽变换

底边，恰好反映了土壤信息的数据特征，帽上面各部分反映了植物生长变化状况。植被开始生长于土壤线，随着植被信息的加强，它向绿色植被区方向逼近，植物株冠的绿色发展到顶点(最旺盛时在帽顶)。在达到发展的顶点后，植被开始衰落，逐渐枯黄。枯黄过程是波谱特征从帽顶沿着一些称为帽穗的路径回归到土壤线，即 MSS 影像上植被与土壤信息随时间变化的空间分布形态是呈规律形状的，它像一个顶部有穗子的帽子，帽中各部位还受土壤背景的反射率、植物主要属种以及植物的混合比例等因素的影响。

由于植被信息的波谱数据点随时间变化的轨迹是一个穗帽形状，因而把分析这种信息结构的正交线性变换称为穗帽变换。为了在遥感影像分析中最大限度地观察上述规律，并用规律对土壤和农作物进行判断，需要对坐标空间做变换，使变换后我们能够看到穗帽的最大剖面。穗帽变换的变换矩阵根据经验确定，这一变换是线性变换，变换矩阵针对的传感器是固定的。目前主要有针对 MSS 影像和 TM 影像的变换矩阵，变换后新的坐标轴表征明确的地物信息意义。变换公式为：

$$Y=\boldsymbol{A}\cdot X \tag{4-58}$$

式中：

$$Y=(I_{SB},I_{GV},I_{Y},I_{N})^{T}$$
$$X=(X_4,X_5,X_6,X_7)^{T}$$

式中：I_{SB}为土壤亮度轴的像元亮度值，I_{GV}为植物绿色指标轴的像元亮度值，I_Y为黄色轴，I_N为噪声轴，X_i为地物在 MSS 四个波段上的亮度值。

Kauth 和 Thomas 研究出的矩阵 $\boldsymbol{A}$(针对 MSS)如表 4-5 所示。

表 4-5　　**MSS 影像穗帽变换矩阵**

0. 433	0. 632	0. 586	0. 264
−0. 290	−0. 562	0. 600	0. 49
−0. 824	0. 533	−0. 050	0. 185
0. 223	0. 012	−0. 543	0. 809

对于MSS影像，经过穗帽变换之后的4个分量中，前3个分量有明确的物理意义，最后1个分量没有什么意义。SB分量和GV分量一般情况下等价于主分量变换中的第一主分量PC1和第二主分量PC2，其比值类似于生物量指标变换。SB分量为亮度分量，主要反映土壤信息，集中了大部分土壤信息，是土壤反射率变化的方向，所以对土壤的分类是有效的，并且其中亮度的变化主要反映了不同土壤类别的变化。GV分量为绿色物质分量，对植被的分类有效；Y分量为黄色物质分量。GV与Y分别反映植物的绿度和黄度，黄度说明了植物的枯萎程度。

对于TM影像经过穗帽变换之后的6个分量中，前3个分量有明确的物理意义，后3个分量没有什么意义。第一分量为亮度分量，实质是TM的6个波段的加权和，反映了总体的反射值，不过TM影像的亮度不等于土壤变化的主要方向，这一点与MSS数据不同；第二分量为绿度，反映了绿色生物量特征；第三分量为湿度，反映了土壤湿度和植被湿度。

4.3 影像融合

遥感技术的发展为人们提供了丰富的多源遥感数据。这些来自不同传感器的数据具有不同的时间、空间和光谱分辨率以及不同的极化方式。单一传感器获取的影像信息量有限，往往难以满足应用需要，通过影像融合可以从不同的遥感影像中获得更多的有用信息，补充单一传感器的不足。全色影像一般具有较高的空间分辨率，而多光谱影像的光谱信息较丰富，一般由四个或多于四个的波段合成。为提高多光谱影像的空间分辨率，可以将全色影像融合进多光谱影像。通过融合既提高多光谱影像空间分辨率，又保留其多光谱特性。

影像融合可以分为若干层次。一般认为可分为基于像素级、特征级和决策级的融合。像素级融合对原始影像及预处理各阶段上所产生的信息分别进行融合处理，以增加影像中的有用信息成分，改善影像处理效果。特征级融合能以高的置信度来提取有用的影像特征，决策级融合允许来自多源的数据在最高抽象层次上能被有效利用。

下面主要介绍基于像素级的影像融合。影像融合首先要求多源影像精确配准，空间分辨率不一致时，要求重采样后保持一致。其次，将影像按某种变换方式分解成不同级的子影像，同时，这种分解变换必须可逆，即由多幅子影像合成一幅影像，称为融合影像。这时多幅子影像中包含了来自其他需要融合的经过影像变换的子影像。

遥感影像融合的算法很多，有基于IHS变换、主成分变换、比值变换、剩法变换以及小波变换的融合方法。本节首先详细介绍多种影像融合方法，接着对影像融合的效果评价进行说明，最后介绍遥感影像与DEM的复合。

4.3.1 影像融合方法

1. 基于像素的融合

1)加权融合

两幅影像I_i、I_j基于像元的加权融合按下式进行：

$$I'_{ij} = A(P_i I_i + P_j I_j) + B \tag{4-59}$$

式中：A、B 为常数；P_i、P_j为两个影像的权，其值由下式决定：

$$P_i = \frac{1}{2}(1 - |r_{ij}|),\ P_j = 1 - P_i$$

其中，$r_{i,j}$为两幅影像的相关系数：

$$r_{ij} = \frac{\sigma_{ij}}{\sigma_i \sigma_j}$$

SPOT 全色影像与多光谱影像的融合，由于多光谱中的绿、红波段与全色波段相关性较强，而与红外波段相关性较小，可以采用全色波段影像与多光谱波段影像的相关系数来融合。其过程如下：

①对两幅影像进行几何配准，并对多光谱影像重采样，使其与全色影像的分辨率相同；

②分别计算全色波段与多光谱波段影像的相关系数；

$$r_j = \frac{\sum_{K=1}^{m}\sum_{L=1}^{n}(P_{KL} - \overline{P})(XS_{KLj} - \overline{XS_j})}{\left[\sum_{K=1}^{m}\sum_{L=1}^{n}(P_{KL} - \overline{P})^2 \sum_{K=1}^{m}\sum_{L=1}^{n}(XS_{KLj} - \overline{XS_j})^2\right]^{1/2}}$$

式中：r_j 为全色波段与多光谱波段($j=1,\ 2,\ 3$)影像的相关系数；P_{KL}为全色波段在(K，L)处的像素灰度值；$\overline{P}$ 为全色波段影像灰度平均值；XS_{KLj} 为第 j 波段影像在(K，L)处的像素灰度值；$\overline{XS_j}$ 为第 j 波段影像灰度平均值。

③用全色波段影像和多光谱波段影像按下式组合：

$$G_{KLj} = \frac{1}{2}[(1 + |r_j|) \times P_{KL} + (1 - |r_j|) \times XS_{KLj}] \tag{4-60}$$

式中：G_{KLj} 为 SPOT 全色影像与多光谱影像的其中一个波段融合以后的影像。

2) 基于 IHS 变换的影像融合

IHS 变换将影像处理常用的 RGB 彩色空间变换到 IHS 空间。IHS 空间用亮度(Intensity)、色调(Hue)、饱和度(Saturation)表示。IHS 变换可以把影像的亮度、色调与饱和度分开，影像融合只在亮度通道上进行，影像的色调与饱和度保持不变。

基于 IHS 变换的融合过程如下：

①对多光谱影像和全色影像进行几何配准，并将多光谱影像重采样，使其影像分辨率与全色影像的分辨率相同；

②将多光谱影像变换转换到 IHS 空间；

③对全色影像 I′和 IHS 空间中的亮度分量 I 进行直方图匹配；

④用全色影像 I′代替 IHS 空间的亮度分量，即 IHS→I′HS；

⑤将 I′HS 逆变换到 RGB 空间，即得到融合影像。

通过变换、替代、逆变换获得的融合影像既具有全色影像高分辨率的优点，又保持了多光谱影像的色调和饱和度。

3) 基于主分量变换的影像融合(K-L 变换法)

本方法对多光谱影像的多个波段进行主分量变换，变换后第一主分量含有变换前各波段的相同信息，而各波段中其余对应的部分被分配到变换后的其他分量。然后将高分辨率影像和主成分第一分量进行直方图匹配，使高分辨率影像与主成分第一分量影像有相近的均值和方差。最后，用直方图匹配后的高分辨率影像代替主成分的第一分量进行主分量逆变换。

设多光谱影像 M 有 n 个波段，将它和全色影像 P 组成一个含有 $n+1$ 个波段的向量集 $\boldsymbol{X}$，则

$$\boldsymbol{X}=[\boldsymbol{X}_1, \boldsymbol{X}_2, \boldsymbol{X}_3, \cdots, \boldsymbol{X}_n, \boldsymbol{X}_{n+1}]$$

每个波段之间的方差为：

$$\delta_{i,j}^2=\mathrm{E}[(x_i-m_i)(x_j-m_j)], \quad i, j=1, 2, 3, \cdots, n, n+1 \tag{4-61}$$

式中：m_i，m_j为第 i，j 波段的均值，可以得到向量 $\boldsymbol{X}$ 的协方差矩阵：

$$\boldsymbol{\Sigma}=\begin{bmatrix} \delta_{1,1} & \delta_{1,2} & \cdots & \delta_{1,n+1} \\ \delta_{2,1} & \delta_{2,2} & \cdots & \delta_{2,n+1} \\ \vdots & \vdots & & \vdots \\ \delta_{n+1,1} & \delta_{n+1,2} & \cdots & \delta_{n+1,n+1} \end{bmatrix}$$

$\boldsymbol{\Sigma}$ 是一个满秩矩阵，其特征根 λ 为实数。求出特征根后对特征根 λ_1，λ_2，$\cdots$，λ_{n+1} 进行排序，且 $\lambda_1>\lambda_2>\cdots>\lambda_{n+1}$，然后求出对应的特征向量 $\boldsymbol{Y}_i$，构成特征向量集 $\boldsymbol{Y}$：

$$\boldsymbol{Y}=(\boldsymbol{Y}_1, \boldsymbol{Y}_2, \cdots, \boldsymbol{Y}_n, \boldsymbol{Y}_{n+1})$$

用原来的 $n+1$ 个波段和特征向量集 $\boldsymbol{Y}$ 进行变换，得到新的 $n+1$ 个影像。一般情况下，前三个特征值之和占总的特征值的97%以上，因而原来的影像97%以上的信息集中到了变换后的前三个影像中，其余基本上为噪声。

4)基于小波变换的影像融合

(1)正交二进小波变换分解与重构

假设有一个二维信号 $f(x, y)\in V_{j+1}^2$，$\{C_{m,n}^{j+1}, m, n\in\mathbf{Z}\}$ 是 $f(x, y)$ 在分辨率 $j+1$ 上的近似表示，则二维信号 $\{C_{m,n}^{j+1}, m, n\in\mathbf{Z}\}$ 的有限正交分解公式为

$$\begin{cases} C_{m,n}^{j}=\dfrac{1}{2}\sum\limits_{k,l\in\mathbf{Z}} C_{k,l}^{j+1}h_{k-2m}h_{l-2n} \\ d_{m,n}^{j1}=\dfrac{1}{2}\sum\limits_{k,l\in\mathbf{Z}} C_{k,l}^{j+1}h_{k-2m}g_{l-2n} \\ d_{m,n}^{j2}=\dfrac{1}{2}\sum\limits_{k,l\in\mathbf{Z}} C_{k,l}^{j+1}g_{k-2m}h_{l-2n} \\ d_{m,n}^{j3}=\dfrac{1}{2}\sum\limits_{k,l\in\mathbf{Z}} C_{k,l}^{j+1}g_{k-2m}g_{l-2n} \end{cases} \tag{4-62}$$

相应的重建公式为

$$C_{m,n}^{j+1}=\frac{1}{2}\Big(\sum_{k,l\in\mathbf{Z}} C_{k,l}^{j}\tilde{h}_{2k-m}\tilde{h}_{2l-n}+\sum_{k,l\in\mathbf{Z}} d_{k,l}^{j1}\tilde{h}_{2k-m}\tilde{g}_{2l-n}+\sum_{k,l\in\mathbf{Z}} d_{k,l}^{j2}\tilde{g}_{2k-m}\tilde{h}_{2l-n}+\sum_{k,l\in\mathbf{Z}} d_{k,l}^{j3}\tilde{g}_{2k-m}\tilde{g}_{2l-n}\Big) \tag{4-63}$$

$\{h_k, k\in\mathbf{Z}\}$ 为滤波器，当 h_k已知时，可以按下式计算其他滤波器：

$$\begin{cases} g_k=(-1)^{-1+k}h_{1-k} \\ \tilde{h}_n=h_{1-n} \\ \tilde{g}=g_{1-n} \end{cases} \tag{4-64}$$

对一幅数字影像 C^{j+1}，按式(4-62)分解后可以形成四幅子影像 C^j，d^{j_1}，d^{j_2}，d^{j_3}，并且由这四幅影像按式 4-63 可以合成影像 C^{j+1}，这个过程可以用图 4-27 表示。

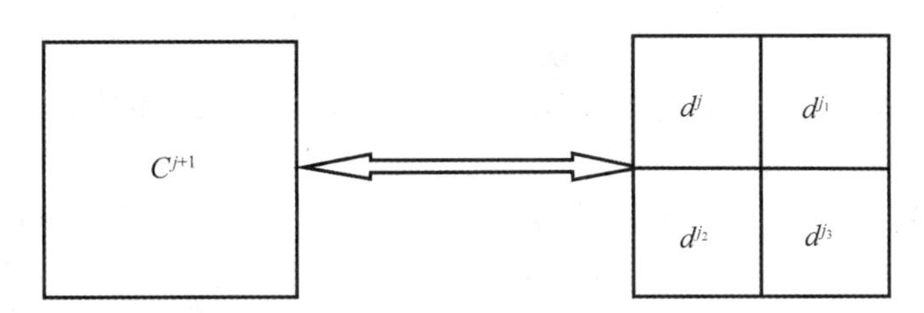

图 4-27　影像的小波分解与重建

影像 C^{j+1}分解后各个分量的含义如下：

①C^j：集中了原始 C^{j+1}的主要低频成分(LL)；

②d^{j_1}：对应着 C^{j+1}中垂直方向的高频边缘信息(LH)；

③d^{j_2}：对应着 C^{j+1}中水平方向的高频边缘信息(HL)；

④d^{j_3}：对应着 C^{j+1}中对角方向的高频边缘信息(HH)；

(2)基于正交二进制小波变换的影像融合

采用离散二进制小波变换的 Mallat 算法的影像融合步骤如下：

①对高分辨率全色影像和多光谱影像进行几何配准，并对多光谱影像重采样使其与全色影像分辨率相同；

②对全色影像和多光谱影像进行直方图匹配；

③对全色高分辨影像进行分解，分解成：LL(低频部分)、HL(水平方向的小波系数)、LH(垂直方向小波系数)、HH(对角方向的小波系数)；

④将多光谱影像分解成四部分：LL、LH、HL、HH；

⑤根据需要或保持多光谱色调的程度由③、④中的 LL 重新组合成新的 LL；

⑥根据需要由③、④中的 LH、HL、HH 重新组合成新的 LH、HL、HH；

⑦由⑤、⑥所得的新的 LL、HL、LH、HH 反变换重建影像；

⑧其他波段融合重复步骤③~⑦。

5)比值变换融合

比值变换融合算法按下式进行：

$$
\begin{aligned}
\mathrm{DB}_1 &= \left[\frac{B_1}{B_1 + B_2 + B_3}\right] \cdot D \\
\mathrm{DB}_2 &= \left[\frac{B_2}{B_1 + B_2 + B_3}\right] \cdot D \\
\mathrm{DB}_3 &= \left[\frac{B_3}{B_1 + B_2 + B_3}\right] \cdot D
\end{aligned}
\tag{4-65}
$$

式中：$B_i(i=1, 2, 3)$为多光谱影像；D 为高分辨率影像；$\mathrm{DB}_i(i=1, 2, 3)$为比值度变换融合影像。

比值变换融合可以增加影像两端的对比度。当要保持原始影像的辐射度时，本方法不宜采用。

6)乘积变换融合

乘积变换融合算法按下式进行：

$$DB_i = D \cdot B_i \tag{4-66}$$

式中：B_i为多光谱影像；D为高分辨率影像；DB_i为融合影像。通过乘积变换融合得到的融合影像的亮度成分得到增加。

上面介绍的融合方法都是基于像素的方法，在上述方法中，基于 IHS 变换融合和比值变换融合只能用三个波段的多光谱影像和全色影像融合，而采用其他方法不受波段数的限制。

2. 基于特征的影像融合

特征级影像融合是一种中间层次的融合，是利用从多个传感器影像的原始信息中提取的特征信息进行综合分析和融合处理，是在像素级融合的基础上使用参数模板、统计分析、模式相关等方法进行几何关联、目标识别和特征提取的融合方法。通过特征级影像融合不仅可以增加从影像中提取特征信息的可能性，而且还可能获得一些有用的复合特征。复合特征是通过对各特征的综合得到的。融合依据的特征信息是从像素信息中抽象提取出来的，典型的特征信息有线性、边缘、纹理、光谱、亮度等，然后是实现多传感器影像特征融合及分类。

特征级影像融合可以分为：目标状态数据融合(主要用于多传感器目标跟踪)和目标特性融合(进行特征层联合目标识别等)。特征级目标状态信息融合主要应用于多传感器目标跟踪领域，其融合处理主要是为了实现参数相关和状态矢量估计。特征级目标特性融合就是特征层的联合目标识别，其融合方法中仍然要用到模式识别的相关技术，只是在融合处理前必须对特征进行相关处理，对特征矢量进行分类与综合。

特征级融合的的框架示意如图 4-28 所示。它的处理方法为：首先对来自不同传感器的原始信息进行特征提取，然后再对多传感器获得的多个特征信息进行综合分析和处理，以实现对多传感器数据的分类、汇集和综合。其优点是实现了可观的信息压缩，并且提供的特征直接与决策分析相关，缺点是比像素级融合精度差。

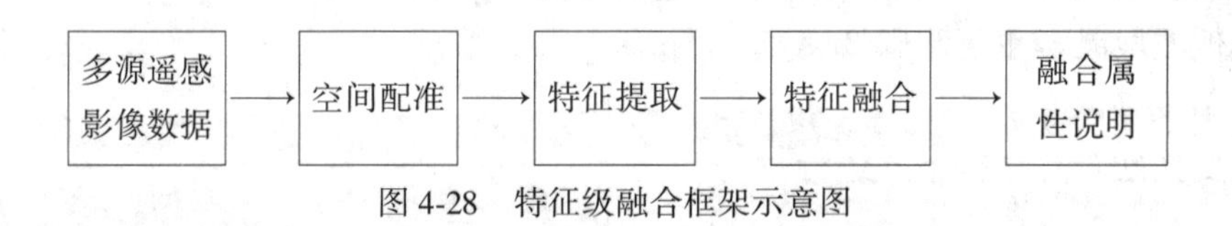

图 4-28　特征级融合框架示意图

依据特征提取的方法得到不同的基于特征的影像融合方法，比如：

①对两个不同特性的影像作边缘增强，然后加权融合；

②对其中一个影像作边缘提取，然后融合到另一个影像上；

③对两个影像经小波变换后形成基带影像和子带影像，对基带影像用加权融合方法，而对子带影像采用选择子带中特征信息丰富的影像进行融合。

图 4-29 是一个特征融合的例子。

3. 基于分类(决策)的影像融合

决策级影像融合是在信息表示的最高层次上进行的融合处理。该方法首先要求对影像

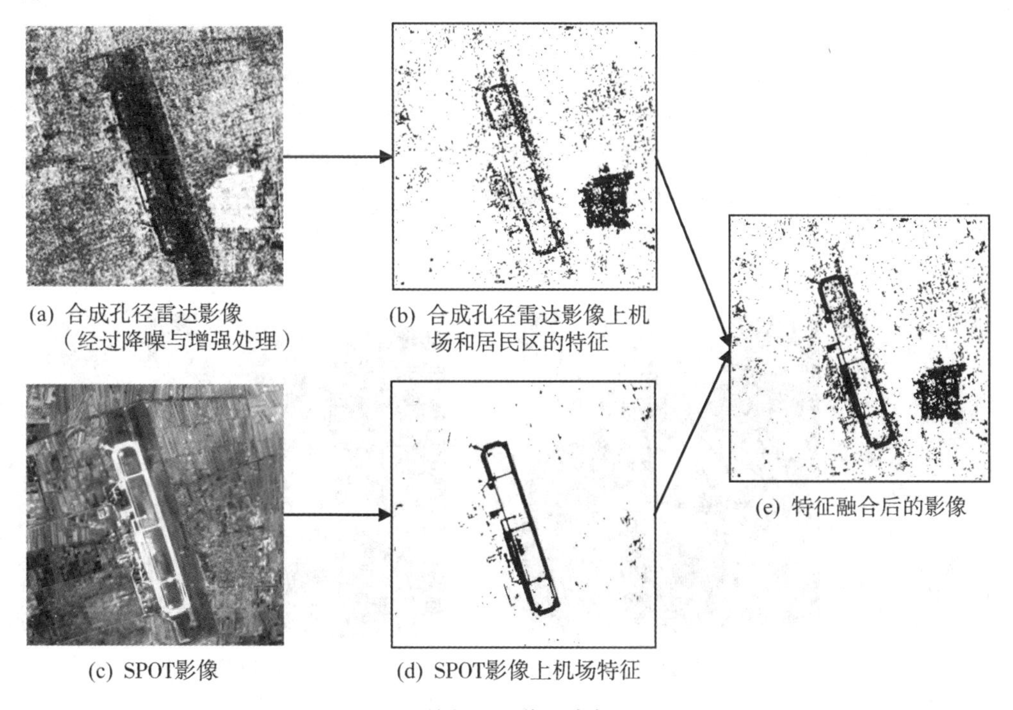

图 4-29　特征级影像融合例子

中的地物类别进行分类识别，在分类的基础上进行影像融合。融合处理前，先对各个传感器获得的影像进行了预处理、特征提取、识别或判别，建立了对同一目标的初步判决和结论；然后对来自各个传感器的决策进行相关(配准)处理；最后进行决策级的融合处理，从而获得最终的联合判决。决策层影像融合是将经过初分类的每一个影像的信息进行融合，该融合方法的关键集中在两方面：融合策略和参与融合的信息。融合策略是指采用何种方式融合，包括概率统计法和基于不确定证据推理理论等方法；而参与融合的信息是指选择影像的哪些信息参与融合，包括数据源的可靠性、每类别信息的可靠性等。由于决策级影像融合直接针对具体的决策目标，充分利用了来自各影像的初步决策，因此对影像的配准要求相对较低，具有容错性好、在融合阶段处理时间短等优点；但信息损失较大，且精度较差。

多种方法等都可用于决策级的影像融合，主要有：贝叶斯估计法、神经网络法、聚类分析、模板法、模糊集合论、专家系统等。

决策级影像融合的框架示意如图 4-30 所示。

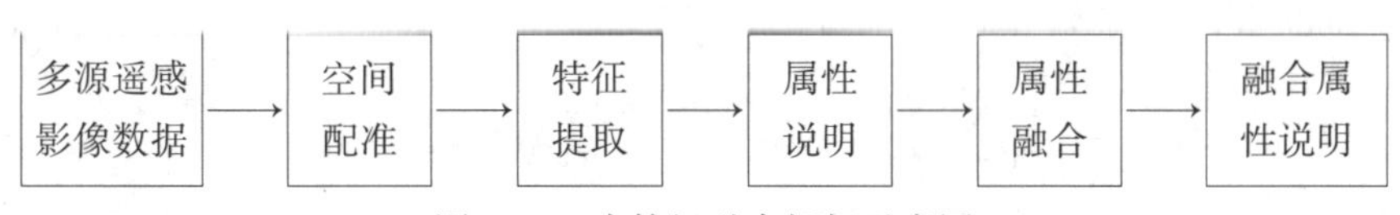

图 4-30　决策级融合框架示意图

通过这一过程实现两个目的：

①对影像中的不同类别采用不同波段或不同影像融合，以达到增加空间特性和光谱特性的目的；

②对不同时相的影像进行分类后融合，可以达到提取影像内变化信息的目的。

图 4-31 为一决策级融合例子，首先对江苏徐州矿区两不同时期的影像进行分类，图 4-31(a)是 2007 年的水体分类提取结果，图 4-31(b)是 2009 年的水体分类提取结果。对分类结果进行融合，结果如彩图 4-31(c)所示，其中蓝色代表 2007—2009 年减少的水体，红色代表增加的水体。从融合结果可以看出在这两年当地水体面积的变化情况。

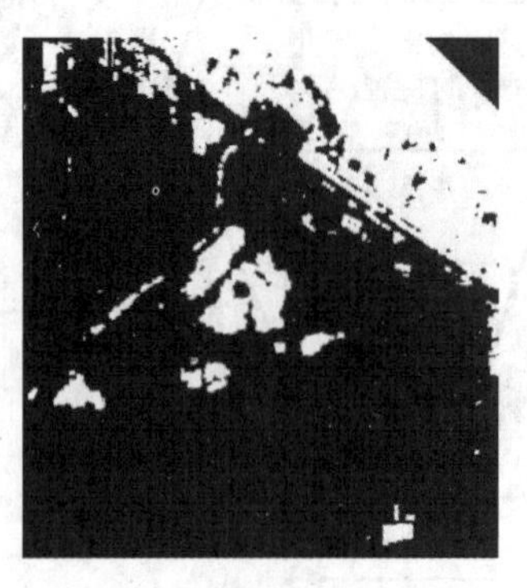

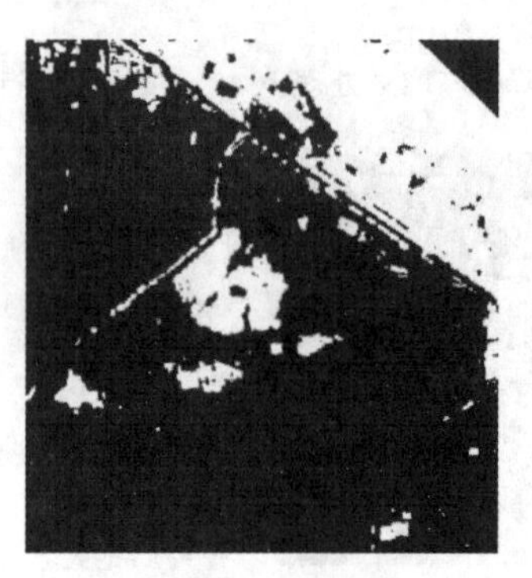

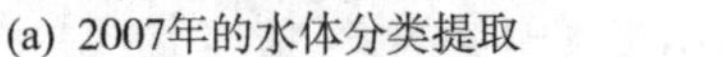

(a) 2007年的水体分类提取　　(b) 2009年的水体分类提取

图 4-31　江苏徐州矿区不同时相的水体分类影像的融合结果

4.3.2　影像融合的效果评价

对融合结果进行评价是必要的，不同的应用有不同的评价标准。在评价融合结果时，主要有基于视觉效果的定性分析比较和基于数理统计的定量指标两类评价标准。

定性评价主要以目视判读为主，目视判读是一种简单、直接的评价方法，可以根据影像融合前后的对比作出定性评价。缺点是因人而异，具有主观性。

定量评价是从融合影像包含的信息量和分类精度这两方面进行评价，可以弥补定性评价的不足。定量指标主要有熵、联合熵、梯度、方差、相关系数、差值等，另外对影像的直方图和光谱曲线结构进行分析比较也是经常采用的方法。

由于影像的质量评价本身是个有待研究的问题，下面只对一些常用的评价影像融合效果的指标进行介绍。

(1)平均梯度

平均梯度反映影像中微小细节反差和纹理变化的特征，表达影像的清晰度。其表达式为：

$$G = \frac{1}{MN}\sum_{i=1}^{M}\sum_{j=1}^{N}\left[\Delta xf(i,j)^2 + \Delta yf(i,j)^2\right]^{1/2} \tag{4-67}$$

式中：G 为平均梯度；$\Delta xf(i,j)$，$\Delta yf(i,j)$ 分别为像素(i,j)在 x，y 方向上的一阶差分值；M，N 为影像大小。G 越大则影像层次越多，影像越清晰。

(2)熵与联合熵

描述影像信息量的一个指标，根据 Shannon 信息论原理，一幅 8bit 的影像的熵为：

$$H(x) = -\sum_{i=0}^{255} P_i \log_2 P_i \tag{4-68}$$

式中：P_i为影像像素灰度值 i 的概率。

彩色影像的联合熵为：

$$H(x_1, x_2, x_3) = -\sum_{i_1, i_2, i_3 = 0}^{255} P_{i_1, i_2, i_3} \log_2 P_{i_1, i_2, i_3} \tag{4-69}$$

式中：P_{i_1,i_2,i_3}表示影像 x_1中像素灰度为 i_1、影像 x_2中像素灰度为 i_2以及影像 x_3中像素灰度为 i_2的联合概率。熵越大则表明影像包含的信息越丰富。

(3)融合后的影像分类精度

选用某一种分类器，对融合影像和原始影像进行分类，然后以该影像内实际的利用情况作为参考，比较融合后影像和融合前影像的分类精度，以评价融合影像的质量。

(4)其他评价融合效果的指标

①偏差指数：反映两影像间的偏离程度，对影像 f_A，f_B，它们的偏差指数为：

$$D = \frac{1}{MN} \sum_{i=0}^{M-1} \sum_{j=0}^{N-1} \frac{|f_A(i,j) - f_B(i,j)|}{f_B(i,j)} \tag{4-70}$$

②相关系数：描述两影像的相似程度：

$$r = \frac{\sum_{i=0}^{M-1} \sum_{j=0}^{N-1} (f_A(i,j) - \bar{f}_A)(f_B(i,j) - \bar{f}_B)}{\left[\sum_{i=0}^{M-1} \sum_{j=0}^{N-1} (f_A(i,j) - \bar{f}_A)^2 \sum_{i=0}^{M-1} \sum_{j=0}^{N-1} (f_B(i,j) - \bar{f}_B)^2 \right]^{1/2}} \tag{4-71}$$

③均值偏差：反映两影像均值之间的偏离程度。设 m_{f_A}，m_{f_B} 为 f_A，f_B的均值，则两影像的均值偏差为：

$$b_m = \frac{|m_{f_A} - m_{f_B}|}{m_{f_B}} \tag{4-72}$$

④方差偏差：反映两影像方差之间的偏离程度。设 V_{f_A}，V_{f_B} 为 f_A，f_B的方差，则两影像的方差偏差为：

$$b_m = \frac{|V_{f_A} - V_{f_B}|}{V_{f_B}} \tag{4-73}$$

⑤比较各类地物在融合影像和原始影像上的光谱曲线，评价融合结果对光谱特征的保持效果。

4.3.3　遥感影像和 DEM 复合

为了获得某一地区的三维立体景观影像，按照观察者的设定进行动态漫游和观察，根据计算机图形学的原理，将遥感影像和相应的 DEM 复合，即可生成具有真实感的三维景观。

若集合 A 表示某区域 D 上各点三维坐标向量的集合：

$$A = \{(X,Y,Z) \mid (X,Y,Z) \in D\} \tag{4-74}$$

集合 B 为二维影像各像素坐标与其灰度的集合：

$$B = \{(x,y,g) \mid (x,y) \in d\} \tag{4-75}$$

式中：d 为与 D 对应的影像区域。制作景观图就是一个 A 到 B 的映射，(X,Y,Z)与(x,y)及观测点 S(视点)满足共线条件，其原理与航空摄影相同，不同处在于航空摄影一般接近于正直摄影，而景观图是特大倾角"摄影"，将地面点投射到二维影像上，如图 4-32 所示。式(4-75)中的 g 是像点(x,y)对应的灰度值。

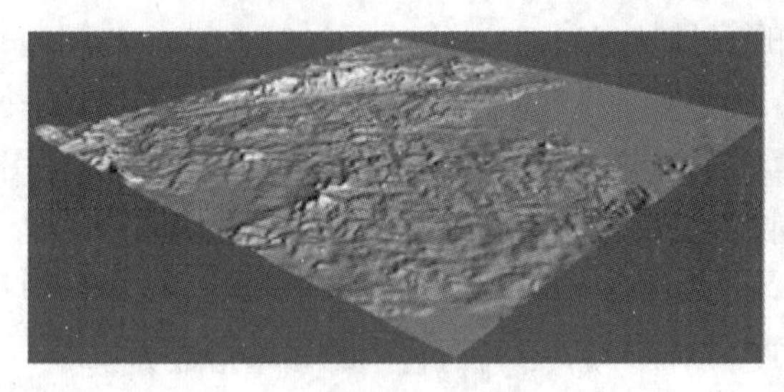

(a) DEM数据的立体显示

(b) 复合了正射遥感影像

图 4-32　遥感影像与 DEM 复合的三维景观

充分利用已获得的各类遥感数据，通过影像融合是一个比较有效的方法。彩图 4-33(a)是利用某地区的高分辨率数据进行三维建模的结果，效果并不十分理想；若在使用之前与同一地区 TM 数据进行融合后，则三维景观效果可得到极大的改善，如彩图 4-33(b)所示。

4.4　典型遥感影像的增强处理

4.4.1　合成孔径雷达影像的去噪与增强处理

1. 合成孔径雷达影像特点

合成孔径雷达的成像是一种距离成像过程，与一般光学投影成像差别很大。成像过程中，因地面分辨单元总是比雷达波的波长大得多，可认为每个分辨单元都是由众多离散散射点构成，如图 4-34 所示。

这些散射点到接收点的距离不同，且其回波相干，合成孔径雷达接收到的回波信号总和为：

$$A\mathrm{e}^{i\phi} = \sum_{k=1}^{N} A_k \mathrm{e}^{i\phi} \tag{4-76}$$

式中：A 和 ϕ 分别为回波信号总和的幅度和相位，A_k 和 ϕ_k 分别为第 k 个散射点的回波的幅度和相位。式(4-76)也可改写为：

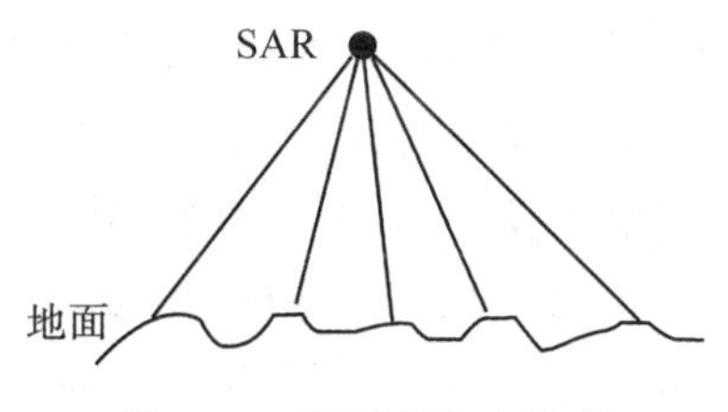

图 4-34　相干斑产生机理

$$Ae^{i\phi} = \sum_{k=1}^{N} A_k e^{i\phi_k} = z_1 + jz_2 \tag{4-77}$$

式中：z_1 和 z_2 分别为回波信号的实部和虚部。由式(4-76)可以看到，回波信号总和是散射点回波信号的矢量叠加，如图 4-35 所示。

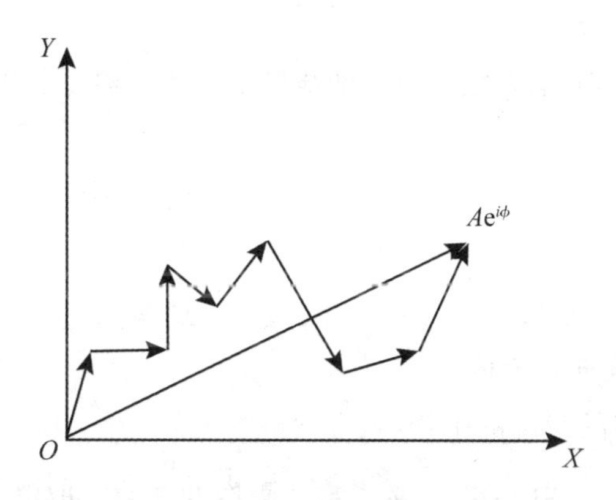

图 4-35　回波信号矢量叠加示意图

由于每个散射点的回波相位是随机的，因此其叠加结果的幅度和相位都是随机变化的，具有随机衰落的特点，反映在合成孔径雷达影像中，就是均匀区域出现剧烈的灰度变化，有些分辨单元呈现亮色斑点，有些则呈现暗色斑点。这些斑点可看作是叠加在影像上的一种噪声，由于其来源于雷达波的相干叠加，因此称为相干斑噪声(Speckle)。相干斑噪声的存在，大大增加了合成孔径雷达影像目标的检测、分析和影像解译的难度，一定程度上影响和限制了雷达影像的应用，因此在对雷达影像应用前，必须对其斑点噪声进行滤波处理。

2. 合成孔径雷达影像的降噪增强

合成孔径雷达影像降噪算法可分成两大类，即成像前的多视平均方法和成像后的滤波方法。多视处理是通过分割合成孔径的多普勒带宽，并对分割后的各个孔径影像进行平均。这种方法是以牺牲系统分辨率为代价的，而在许多应用中，对合成孔径雷达影像的分辨率有很高的要求，所以该类方法具有较大的局限性。这里主要讨论成像后的滤波方法，该类方法能在保证合成孔径雷达影像的空间分辨率不变的情况下进行相干斑抑制。

多数学者认为合成孔径雷达影像(幅度影像)服从 Gamma 分布，为了计算的简便，也有设其服从高斯分布的。而合成孔径雷达影像的相干斑噪声通常被看作乘性噪声，被乘性噪声污染的影像的一个主要特点是：越明亮区域，噪声越明显。合成孔径雷达影像也具有这样的特点。传统的影像低通滤波方法——均值滤波、中值滤波器等的优点是算法简单、易于实现，但由于没有任何噪声模型，也不考虑噪声的统计特性，因此平滑噪声的同时也损失了边缘信息。一些模型方法，包括 Lee 滤波器、Kalman 滤波器等，由于对噪声的静态假设往往不能与信号的实际情况相符，所以这样的滤波器有时效果很好，有时却很糟糕。再如局部统计自适应滤波方法，这种方法考虑了影像的不均匀性，以局部的灰度直方图为基础来决定参与滤波的领域及其相应权值，这样的滤波器典型的有 Enhanced Lee、Kuan 和 GammaMap 滤波器等。该方法能在平滑噪声的同时较有效地保持明显的边缘，而且能够通过参数控制来调整平滑效果和边缘保持效果之间的权衡，所以是常用的合成孔径雷达影像滤波方法。

(1)增强型 Lee 滤波器

假设雷达相干斑点噪声是乘性噪声，增强型 Lee 滤波器主要用来滤去合成孔径雷达影像的斑点噪声，其数学表达式为：

$$R=\begin{cases} I, & C_i \leqslant C_u \\ I \cdot W + \mathrm{CP} \cdot (1-W), & C_u < C_i < C_{\max} \\ \mathrm{CP}, & C_i \geqslant C_{\max} \end{cases} \tag{4-78}$$

式中：R 为滤波后中心像元灰度值；

I 代表滤波窗口内的灰度的平均值；

$C_u = 1/\sqrt{\mathrm{NLOOK}}$，NLOOK 定义了雷达影像的视数，取值范围为[0，100]，缺省值为 1；

$C_i = \mathrm{VAR}/I$，VAR 代表滤波窗口内灰度的方差；

$C_{\max} = \sqrt{1+2/\mathrm{NLOOK}}$；

$W = \exp(-\mathrm{DAMP}(C_i - C_u)/(C_{\max} - C_i))$，DAMP 定义了衰减系数，对于多数合成孔径雷达影像来说，取 1.0 即可。

(2)Kuan 滤波器

Kuan 滤波器假定噪声模型为下式所示的加性模型：

$$I = \sigma + n \tag{4-79}$$

式中：I 为合成孔径雷达影像强度观测值，σ 为未受噪声污染的强度真实值，n 为加性噪声。

利用 MMSE 准则对未受污染的信号进行估计，估计值为：

$$\hat{\sigma} = kI + (1-k)\bar{I} \tag{4-80}$$

式中：I 是滤波窗口中心像素的强度值；$\bar{I}$ 为滤波窗口内的影像强度均值，系数 k 为：

$$k=\begin{cases}0, & \overline{V_I}-1/L\leqslant 0\\ \dfrac{\overline{V_I}-1/L}{\overline{V_I}(1+1/L)}, & \text{else}\end{cases}\tag{4-81}$$

式中：V_I 为滤波窗口内的归一化方差，表达式如下：

$$V_I=\frac{\operatorname{Var}(I)}{[E(I)]^2}\tag{4-82}$$

(3) GammaMAP 滤波器

假设未受噪声污染的影像像素值 σ 服从 Gamma 分布，并在最大后验概率框架下对噪声进行抑制。对真实值 σ 的估计值 σ_{MAP} 是在后验概率取最大时的值。在均匀区域，$\sigma_{\mathrm{MAP}}\approx\bar{I}$；在 RCS 变化剧烈区域，$\sigma_{\mathrm{MAP}}=I/(1+1/L)$，这与 MMSE 准则下的方法是一致的。由于真实值的概率分布特性是很难获取的，所以这种方法对真实值的概率分布做了假设。

对雷达影像进行 Gamma 滤波，可以滤去高频噪音的同时又保持边缘，其公式为：

$$R=\begin{cases}I, & C_i\leqslant C_u\\ (B\cdot I+\sqrt{D})/(2\cdot \mathrm{ALFA}), & C_u<C_i<C_{\max}\\ \mathrm{CP}, & C_i\geqslant C_{\max}\end{cases}\tag{4-83}$$

式中：$C_i=\sqrt{\mathrm{Var}/I}$，Var 为滤波窗口内像元的灰度值方差；

$C_u=1/\sqrt{\mathrm{NLOOK}}$，NLOOK 为视数(Number of Looks)，缺省值为1；

$C_{\max}=\sqrt{2}/C_u$；

$\mathrm{ALFA}=(1+C_u^2)/(C_i^2-C_u^2)$；

$B=\mathrm{ALFA}-\mathrm{NLOOK}-1$；

$D=I\cdot I\cdot B\cdot B+4\cdot\mathrm{ALFA}\cdot\mathrm{NLOOK}\cdot I\cdot\mathrm{CP}$，CP 为滑动窗口内中心像元的灰度值。

这三种算子的影像去噪效果如图 4-36、图 4-37 所示。

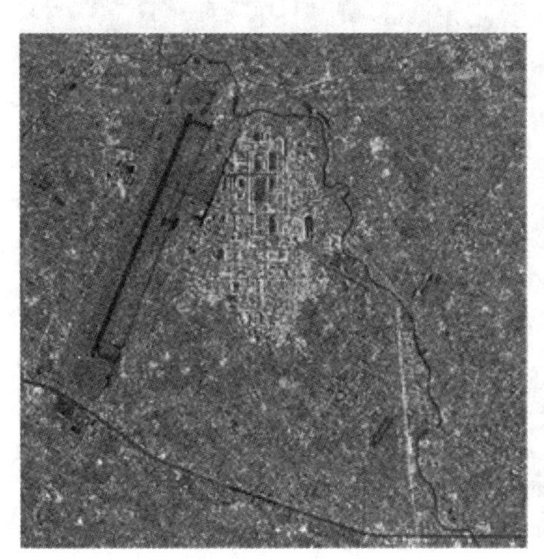

图 4-36 原始星载和机载合成孔径雷达影像

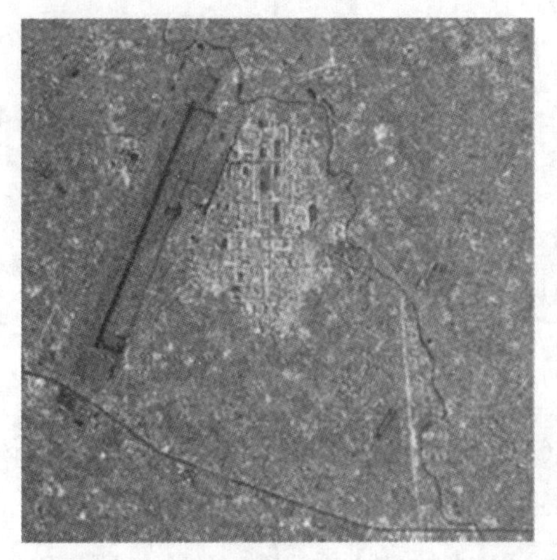

(a) 增强Lee滤波

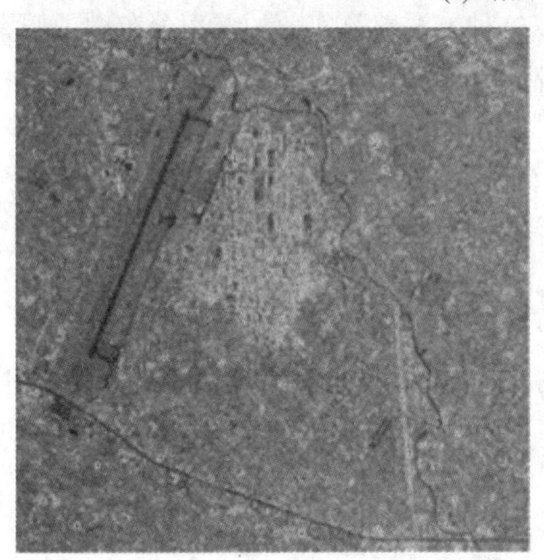

(b) Kuan滤波

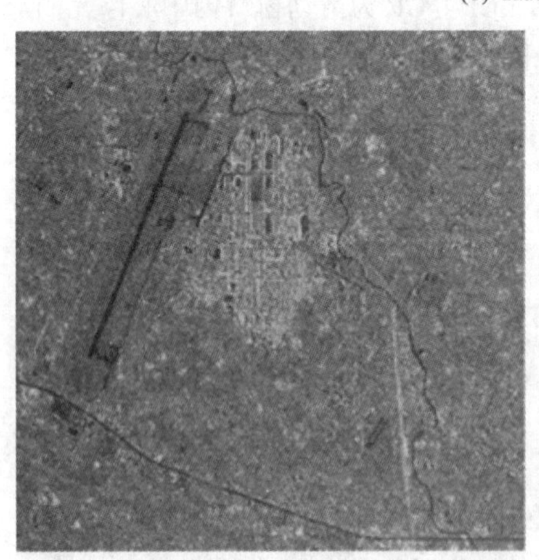

(c) GammaMAP滤波

图 4-37　三种算子的影像去噪结果

从图 4-37 的去噪效果看，Kuan 滤波器的效果要逊于增强型 Lee 滤波器和 Gamma MAP 滤波器，这是由于 Kuan 滤波器对合成孔径雷达影像假定的噪声模型为加性模型，不符合合成孔径雷达影像的实际情况。

4.4.2　传感器不同且分辨率差异极大的影像融合

4.3.1 中所介绍的影像融合的方法——IHS 彩色变换法、主分量分析法(PCA)、小波叠加法等都可以产生视觉效果较好的彩色合成结果，但也各有其缺点。目前，多分辨率小波融合方法已用于多传感器影像数据的融合。该方法最大限度地保留了原多光谱影像的光谱信息，但在全色影像与多光谱影像的空间分辨率之比较大时，效果不够理想。针对这种情况，这里介绍一种基于信息特征融合的方法，以 TM 影像和 IKONOS 全色影像为例进行说明。

1. IKONOS、TM 影像成像特征分析

这是由不同传感器获取的有本质区别的两种遥感影像。TM 影像是一种多光谱扫描影像，主要依据传感器接收地物的太阳光辐射能量而成像。它有七个谱段，由于不同类型的地物对同一电磁波谱段发射和吸收性质有很大差别，可以依据光谱特性来提取各类地物的信息。IKONOS 卫星全色影像是推扫式成像，全色影像空间分辨率为 1m，多波段影像空间分辨率为 4m。这里影像融合所采用的是 IKONOS 全色影像。它的光谱范围完全包括其多波段的光谱范围，并与 TM 数据的常用波段范围一致。在全色影像中，同样由于地物反射电磁波的特性，不同类型的地物在影像上有不同的反映。其表现形式与多光谱不一致，本书在对不同地物的信息特征分析时，将地物分为三大类：植被、水体、裸地(包括城市)。

彩图 4-38 为待融合的原始影像，其中彩图 4-38(b)为同一地区的 TM 数据中 5、4、3 号波段经彩色合成后的影像。

2. 融合前数据预处理

不同类型遥感影像之间进行融合处理，首先须具备以下条件：融合影像应包括同一地域的不同空间和光谱分辨率；融合的影像应精确配准。

这里所采用的 TM 影像和 IKONOS 影像虽然满足前一条件，但它们的空间分辨率相差很大，给精确配准带来困难，而几何配准精度直接影响融合影像的质量，因此影像间几何精确配准成为其关键。下面主要对配准方法加以说明(预处理的其他部分，包括对影像的直方图改正、噪声消除等这里不再赘述)。

(1)特征点的自动选取

由于 IKONOS 高分辨率全色影像(彩图 4-38(a)记为影像 a)与 TM 多光谱影像(彩图 4-38(b)，记为影像 b)的空间分辨率相差很大(30∶1)，直接配准很难选取对应点。为了对其进行几何配准，在选取同名点前，必须使对应影像的分辨率接近，这里利用小波变换的多尺度特性来解决这个问题。首先以影像 a 为基准，采用二进制小波分解，获得影像 a 在不同尺度下的多级近似影像 LL_j($j=1, 2, \cdots, n$)，如图 4-39 所示(左上角为近似图，第 4、5 层小波分解图略)。第 5 层近似图的分辨率约为 16m，与 TM 多光谱影像的分辨率比较接近，和影像 b 配准比较合适，定义 LL_5 为影像 c。

在影像 b 和影像 c 上，人工选取少数几个同名点，以此为基础，建立影像 c 特征点与

图 4-39　小波分解示意

影像 b 特征点之间的映射关系，这里采用仿射变换进行：

$$\begin{cases} x_b = a_1 + a_2 x_c + a_3 y_c \\ y_b = b_1 + b_2 x_c + b_3 y_c \end{cases} \tag{4-84}$$

式中：(x_c, y_c)，(x_b, y_b) 分别为影像 c，b 上的坐标；a_1，a_2，a_3，b_1，b_2，b_3 均为变换参数。

为使配准点更精确，利用基于灰度的影像匹配方法。先将影像 b 转换为灰度影像。然后在影像 c 上，尽量选取与光谱特性无关的特征点，如十字路口和水体边界交叉点。再以选取的特征点为中心，取一窗口，通过式(4-84)求得该特征点在影像 b 上相应配准点的粗略位置。最后以此位置为中心，建立一搜索区，利用相关系数 ρ 最大为原则求得配准点的精确位置。

(2)几何配准

在获得影像 b 和影像 c 中 n 对同名点的精确坐标之后，利用仿射变换建立这两影像的坐标变换，根据最小二乘平差原理，即可解算出配准变换参数。配准变换参数确定后，对影像 b 进行多项式配准，从而实现多光谱影像(影像 b)与高分辨率全色影像(影像 c、影像 a)的精确配准。配准后，TM 影像分辨率重采样为 16m。

3. 基于信息特征的两影像融合

(1)地物分类

TM 的七个波段，包含着亮度、绿度、湿度、透射度、温度等物理量，而不同类型的地物在各个波段上的特征是有所不同的。通过对各个波段的不同变换，可提取不同类别的信息。

对于植被信息，可用波段间的差值将它与别的地物区分开，定义农业植被指数为：

$$\text{GRI} = A \cdot \text{CH}_{\text{NIR}} - \text{CH}_{\text{R}} \tag{4-85}$$

式中：CH_{NIR} 为近红外波段像元亮度值，CH_{R} 为红光波段像元亮度值，A 为系数。

根据 GRI 的大小给定一个阈值可以提取出绿色植被。对于水体信息的提取，可采用 TM3 与 TM5 的差值信息。而对于裸地及城区，由于 TM 各波段的特征值都比较接近，并且在各个谱段中的存在同物异谱和异物同谱的现象，用一般的变换方法难以提取它们的信息，可采取适当人工干预的方式来提取，得到的一个系数矩阵可用于后面融合中权重系数与修正系数的确定。

(2)影像融合运算

人类对色彩的感知弱于对空间细节的感知，所以在彩色合成时，对高空间分辨率影像的细节要尽量保留。而全色影像也是对地物在一定光谱范围内的反映，可在 TM 所作的地物分类的基础上根据全色的光谱特性对高空间分辨率影像中的地物进一步细分，不过这时是同一种类地物的细分。这也可理解为是对 TM 影像中由于空间分辨率限制所造成的地物混合像元压缩的重新还原。设两种空间分辨相差 n 倍(这里 $n=16$)，则对应于 TM 影像中的 1 个像元，高空间分辨率影像中有 $n\times n$ 个像元需进一步细分。细分之后，对一些近似的点可做聚类运算；而对一些离散的点，有的可作为噪声来处理，有的是地物中的孤立像元，要分情况处理。

具体实现过程是，先将纠正后的 TM 影像分辨率调整为 1m，将其合成的 R，G，B 分量转换成 I，H，S 分量，对于 H 分量不作修改，而对于 I，S 分量要根据前面所述的混合像元细分进行修正。IKONOS 全色可作为一个加权分量加入新的 I 分量中，而 S 分量要根据不同的细分结果作相应的变化：

$$\left.\begin{aligned} \mathrm{I}' &= A_1 \cdot \mathrm{I}_{\mathrm{TM}} + A_2 \cdot \mathrm{I}_{\mathrm{IKONOS}} \\ \mathrm{S}' &= B \cdot \mathrm{S} \end{aligned}\right\} \tag{4-86}$$

式中：A_1，A_2 为权重系数，由混合像元分类结果来决定；B 为修正系数。

这样，又重新得到了新的 I、H、S 分量，再利用 IHS 反变换，即可得到融合结果。具体影像融合结果如彩图 4-40 所示。

通过对 TM 影像与 IKONOS 影像的融合处理研究及其结果的比较，可以发现：基于光谱信息特征的 TM 影像与 IKONOS 影像融合处理中，由于两者光谱信息特征是有所区别的，所以在影像处理过程中，首先应对不同的信息特征进行充分的认识了解，然后再确定在处理过程中采用的方法。通过混合像元细分后，影像融合结果与常规的 IHS 方法的融合影像相比较，影像构造信息和色彩都较丰富，目视解译效果也更为理想。在遥感影像融合的过程中，如果更多地考虑地物所反映的真实情况，将会取得较好的效果。目前尚不可能用一种固定的方法来处理各种不同情况的影像。

习　　题

一、名词解释

1. 辐射误差　2. 辐射定标　3. 相对定标、绝对定标　4. 大气校正　5. 影像增强　6. 密度分割　7. 影像融合　8. 直方图正态化　9. 线性拉伸　10. 直方图均衡　11. 直方图匹配

二、填空题

1. 由辐射传输方程可以知道，辐射误差主要有________，________，________。

2. 常用的影像增强处理技术有__________，__________。

3. 影像增强的常用方法有________，________，________等。

4. 影像融合的层次包括__________，__________，__________。

5. HIS 中的 H 指__________，I 指__________，S 指__________。影像融合的常用算法________，__________，__________等。

6. 遥感影像上因太阳高度角和地形影响引起的辐射误差，一般采用________方法可以部分消除。

三、问答题

1. 根据辐射传输模型法(Radiative Transfer Models)，传感器接收到的表观反射率与地面反射率之间的关系如下式，分析传感器接收的能量包含哪几个方面？哪些是辐射误差？辐射误差纠正内容是什么？

$$\rho^*(\theta_S,\theta_V,\phi_S,\phi_V)=T_g(\theta_S,\theta_V)\left[\rho_{r+a}+T(\theta_S)T(\theta_V)\frac{\rho_S}{1-S\rho_S}\right]$$

2. 遥感数字影像增强处理的目的是什么？例举一种增强处理方法，并说明其原理和步骤。

3. 什么是遥感影像大气校正？为什么要进行遥感影像大气校正？并请举出一种根据影像自身性质进行大气校正的方法。

4. 某项目需要利用遥感影像生成研究区域的 DOM，现在有该地区的 2m 空间分辨率的福卫二号全色遥感影像和 10m 分辨率的 SPOT 多光谱影像。要求生成的 DOM 是彩色，并具有较高的空间分辨率。问对已有的这两类遥感影像数据应如何进行处理才可以获得满足要求的结果。(注意：融合方法很多，关键是选定一种可以适用的方法，并针对这个具体问题，写出具体过程，并画出流程图)。

实　习

1. 遥感影像增强实习，利用所给遥感影像选择某种影像增强方法，进行遥感影像的增强，并分析增强结果对遥感影像的影响。

2. 遥感影像融合实习，利用所给同一区域高分辨率全色影像以及相应的 R，G，B 影像，选择某种影像融合算法进行影像融合，并对选择 2~3 种定量评价指标对融合结果进行分析。

第 5 章　遥感影像几何处理

遥感影像的几何处理包括：几何模型的建立、几何质量的影响因素分析、利用地面控制点解算模型参数或进行模型精化、影像的几何纠正、影像拼接等。

为了恢复地物的几何位置，需要在一定的坐标系中建立地面坐标和影像坐标之间的几何关系，通过这个关系改正遥感影像成像过程中产生的几何畸变。到目前为止，不同传感器获取的影像地面坐标和影像坐标之间的常用模型有：严格物理模型(如共线方程)、通用模型(如多项式和有理函数)。其中通用模型分为两类：地形无关和地形有关。严格物理模型按传感器类型分为面阵框幅式、线阵推扫式、线阵摆扫式和侧视雷达扫描式等。

5.1　建立几何成像模型

遥感影像的几何处理，首先要建立地物点的影像坐标(x,y)和其物方坐标(X,Y,Z)之间的数学关系，即遥感影像的构像方程。根据摄影测量原理，这两个对应点和传感器投影中心成共线关系，可以用共线方程来表示。这个数学关系是对任何类型传感器成像进行几何纠正和对某些参量进行误差分析的基础。面阵框幅式传感器的构像方程是遥感影像几何处理的基础，其余传感器的构像方程在此基础上做适当变换可以得到。

5.1.1　坐标系及相互关系

为建立影像点和对应地面点之间的数学关系，需要在像方和物方空间建立坐标系，如图 5-1 所示。

①摄影测量坐标系 O-XYZ：常采用 WGS84 地心直角坐标系。

②传感器坐标系 S-UVW：S 为传感器投影中心，作为传感器坐标系的坐标原点，UV 平面为焦平面；W 轴为光轴方向，垂直于 UV 平面，向下或向上为正。U 轴指向飞行方向，UVW 构成右手系。该坐标系描述了像点在传感器坐标系中的位置。

③影像(像点)平面坐标系 o-xy：o 点影像左上角点(x,y)为像点在影像上的平面坐标(列号、行号，单位：像素)，其方向与 S-UVW 坐标系中 U，V 轴的方向一致。

④载体(卫星、飞机或车辆)坐标系：该坐标系与摄影测量坐标系之间的角度是载体运动的三个姿态角(滚动、俯仰、偏航)；该坐标系与传感器坐标系之间的角度为相机安装角。

⑤地面测量坐标系统 O_m-X_mY_m：可以是大地坐标，即地理经纬度坐标、地图投影坐标(如高斯投影坐标、UTM 投影坐标等)、地方独立坐标系坐标、局部切平面坐标系坐标等。该平面坐标系和地面高程组成的三维坐标与 WGS84 地心直角坐标系之间有严格的数学转换关系。

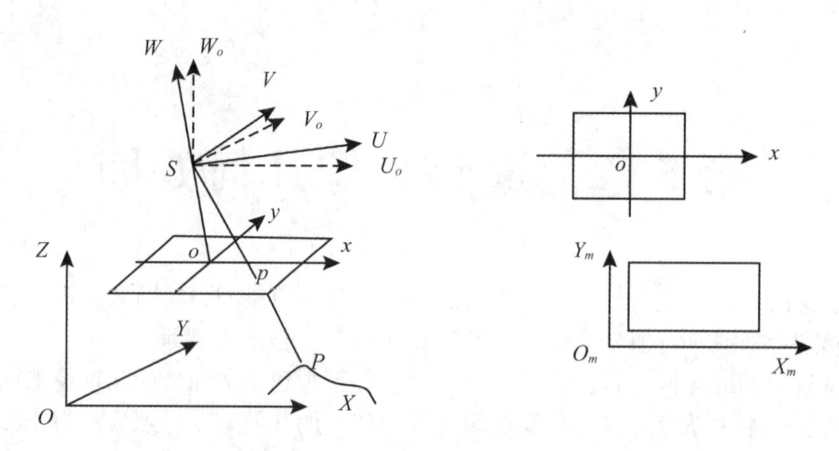

图 5-1　构像方程中的坐标系

上述坐标系统可分为像方坐标系和物方坐标系两类，而最基本的像方和物方坐标系统分别是传感器坐标系 $S\text{-}UVW$ 和摄影测量坐标系统 $O\text{-}XYZ$，它们之间的坐标变换(正变换和反变换)是遥感影像几何处理的基础。

像方坐标和物方坐标之间的关系可以通过共线方程来描述。设地面点 P 在摄影测量坐标系中的坐标为$(X,Y,Z)_P$，P 在传感器坐标系中的坐标为$(U,V,W)_P$，传感器投影中心 S 在物方坐标系中的坐标为$(X,Y,Z)_S$，$\boldsymbol{A}$ 为传感器坐标系相对摄影测量坐标系的总旋转矩阵，是三个外方位角元素的函数，其中，三个外方位角元素可以通过三个姿态角(俯仰角、翻滚角、航偏角)和相机安装角进行计算得到。假设成像时刻的外方位线元素(即投影中心位置)为$(X,Y,Z)_S$，三个外方位角元素为$(\varphi,\ \omega,\ \kappa)$，则有：

$$\begin{bmatrix} X \\ Y \\ Z \end{bmatrix}_P = \begin{bmatrix} X \\ Y \\ Z \end{bmatrix}_S + \boldsymbol{A} \begin{bmatrix} U \\ V \\ W \end{bmatrix}_P \tag{5-1}$$

$$\boldsymbol{A} = R(\varphi, \omega, \kappa)$$

5.1.2　共线方程模型

1. 面阵中心投影成像模型

根据中心投影的特点，在不考虑镜头畸变、主点及主距(f)误差的情况下，影像坐标(x,y)和传感器系统坐标$(U,V,W)_P$之间有如下关系：

$$\begin{bmatrix} U \\ V \\ W \end{bmatrix}_P = \lambda_p \begin{bmatrix} \mu(x - x_0) \\ \mu(y - y_0) \\ -f \end{bmatrix} \tag{5-2}$$

式中：λ_p 为成像比例尺分母，μ 为影像像元大小，f 为摄影机主距。

假设相机安装角为 0，即传感器坐标系与载体坐标系重合的情况下，影像坐标与物方坐标的关系即为构像方程：

$$\begin{bmatrix} X \\ Y \\ Z \end{bmatrix}_P = \begin{bmatrix} X \\ Y \\ Z \end{bmatrix}_S + \lambda_p \boldsymbol{A} \begin{bmatrix} \mu(x - x_0) \\ \mu(y - y_0) \\ -f \end{bmatrix}_P \tag{5-3}$$

假设三个外方位角元素的转角顺序为 φ、ω、κ，则有：

$$\boldsymbol{A} = R_\varphi R_\omega R_\kappa = \begin{bmatrix} a_{11} & a_{12} & a_{13} \\ a_{21} & a_{22} & a_{23} \\ a_{31} & a_{32} & a_{33} \end{bmatrix} = \begin{bmatrix} \cos\varphi & 0 & -\sin\varphi \\ 0 & 1 & 0 \\ -\sin\varphi & 0 & \cos\varphi \end{bmatrix} \begin{bmatrix} 1 & 0 & 0 \\ 0 & \cos\omega & -\sin\omega \\ 0 & \sin\omega & \cos\omega \end{bmatrix} \begin{bmatrix} \cos\kappa & -\sin\kappa & 0 \\ \sin\kappa & \cos\kappa & 0 \\ 0 & 0 & 1 \end{bmatrix}$$

具体表达式为：

$$a_{11} = \cos\varphi\cos\kappa - \sin\varphi \mathit{sin\omega sin\kappa};$$
$$a_{12} = -\cos\varphi\sin\kappa - \sin\varphi\sin\omega\cos\kappa;$$
$$a_{13} = -\sin\varphi\cos\omega;$$
$$a_{21} = \cos\omega\sin\kappa;$$
$$a_{22} = \cos\omega\cos\kappa;$$
$$a_{23} = -\sin\omega;$$
$$a_{31} = \sin\varphi\cos\kappa + \cos\varphi\sin\omega\sin\kappa;$$
$$a_{32} = -\sin\varphi\sin\kappa + \cos\varphi\sin\omega\cos\kappa;$$
$$a_{33} = \cos\varphi\cos\omega$$

已知像点坐标、外方位元素和地面点高程 Z_p，可以求解地面点的平面测量坐标的公式称为坐标正算公式，表达式为：

$$\begin{cases} X_P = X_S + (Z_P - Z_S)\dfrac{a_{11}x + a_{12}y - a_{13}f}{a_{31}x + a_{32}y - a_{33}f} \\ Y_P = Y_S + (Z_P - Z_S)\dfrac{a_{21}x + a_{22}y - a_{23}f}{a_{31}x + a_{32}y - a_{33}f} \end{cases} \tag{5-4}$$

为简化公式，令

$$\begin{cases} x = \mu(x - x_0) \\ y = \mu(y - y_0) \end{cases}$$

式中，μ 和 (x_0, y_0) 可以根据探元大小和在焦平面上的位置事先计算出来。

已知地面点三维坐标和外方位元素，可以反求其对应像点坐标的公式称为坐标反算公式，具体为：

$$\begin{cases} x = -f\dfrac{a_{11}(X_p - X_s) + a_{21}(Y_p - Y_s) + a_{31}(Z_p - Z_s)}{a_{13}(X_p - X_s) + a_{23}(Y_p - Y_s) + a_{33}(Z_p - Z_s)} \\ y = -f\dfrac{a_{12}(X_p - X_s) + a_{22}(Y_p - Y_s) + a_{32}(Z_p - Z_s)}{a_{13}(X_p - X_s) + a_{23}(Y_p - Y_s) + a_{33}(Z_p - Z_s)} \end{cases} \tag{5-5}$$

为表达方便，设：

$$\left.\begin{aligned} (X) &= a_{11}(X_p - X_s) + a_{21}(Y_p - Y_s) + a_{31}(Z_p - Z_s) \\ (Y) &= a_{12}(X_p - X_s) + a_{22}(Y_p - Y_s) + a_{32}(Z_p - Z_s) \\ (Z) &= a_{13}(X_p - X_s) + a_{23}(Y_p - Y_s) + a_{33}(Z_p - Z_s) \end{aligned}\right\} \tag{5-6}$$

则式(5-5)可以简写为：

$$\begin{cases} x = -f\dfrac{(X)}{(Z)} \\ y = -f\dfrac{(Y)}{(Z)} \end{cases} \tag{5-7}$$

共线方程的几何意义：地物点 P、对应像点 p 和投影中心 S 严格地位于同一条直线上。对于所有传感器获取的影像，共线方程都严格建立了三点一线的关系。

2. 线阵推扫成像模型

线阵推扫成像过程中，线阵摆放方向与传感器前进方向垂直，每次线阵成像得到一行影像，每行影像都属于中心投影，但各行影像的成像时刻和外方位元素都不相同。

根据线阵推扫成像的特点，在不考虑镜头畸变、主点及主距(f)误差的情况下，影像坐标(x，y)和传感器系统坐标$(U, V, W)_P$之间有如下关系：

$$\begin{bmatrix} U \\ V \\ W \end{bmatrix}_P = \begin{bmatrix} c \\ \mu(y - y_0) \\ -f \end{bmatrix} \tag{5-8}$$

式中：c 是常数；U 代表焦平面上的线阵在飞行方向上到主点的距离；y 为探元编号 s 的函数；V 代表焦平面上的线阵在垂轨方向上到主点的距离。

在一景影像内，每条扫描线的外方位元素是随时间变化的，可以看成是成像时刻 t 的函数。根据线阵推扫的成像特点，成像时刻 t 是影像行号 line 的函数：

$$t = t_0 + \text{line} \cdot \mathrm{d}t \tag{5-9}$$

式中：t 为第 line 行影像对应的成像时刻；t_0为起始行的成像时刻；$\mathrm{d}t$ 为每行积分时间。

3. 线阵摆扫成像模型

线阵摆扫成像方式下，线阵摆放方向与传感器前进方向一致，线阵摆扫方向垂直于传感器前进方向。线阵随着扫描镜的旋转和平台的前进获取影像。线阵每次成像得到一个子帧影像，线阵每次摆扫得到一个完整的帧影像，每个帧影像包含多个子帧影像(垂轨方向排列)，而每景影像包含多个帧影像(沿轨方向排列)。由于扫描镜摆扫角度较大，线阵摆扫影像的视场角大，有一定的优势；但同时由于光学系统的焦距是固定的，每帧影像两端和中心相比，物距变化较大，导致像素对应的实际地面尺寸差异较大，所以该类传感器成像亦具有全景成像的特点。

根据线阵摆扫成像的特点，在不考虑镜头畸变、主点及主距(f)误差的情况下，每帧影像坐标(x,y)和传感器系统坐标$(U,V,W)_P$之间有如下关系：

$$\begin{bmatrix} U \\ V \\ W \end{bmatrix}_P = \lambda_p \begin{bmatrix} \mu(x - x_0) \\ c \\ -f \end{bmatrix} \tag{5-10}$$

式中：x 为探元编号 s 的函数。

在一帧影像内，每个子帧的外方位元素都是不相同的，外方位元素是成像时刻 t 的函数。根据线阵摆扫成像的特点，成像时刻 t 是该影像帧内的子帧号(即影像列号 sample)的函数：

$$t = t_0 + \text{sample} \cdot \mathrm{d}t \tag{5-11}$$

式中：t 为该影像帧内第 sample 个子帧影像对应的成像时刻；t_0 为该影像帧内起始子帧的成像时刻；$\mathrm{d}t$ 为每个子帧影像的扫描时间。

4. 侧视雷达构像模型

侧视雷达是主动式传感器，其侧向的影像坐标取决于雷达波往返于天线和相应地物点之间的传播时间，即天线至地物点的空间距离 R，所以侧视雷达具有斜距投影的性质。它的工作方式分为平面扫描和圆锥扫描。目前，雷达影像的构像模型有几种。

(1)把雷达影像视为线阵列 CCD 扫描影像，直接采用行中心投影的数学模型

当侧视雷达按侧向平面扫描方式工作时，其成像方式如图 5-2 所示。图中：θ 为雷达往返脉冲与铅垂线之间的夹角，oy 为等效的中心投影影像，f 为等效焦距。因此，将侧视雷达影像成像方式归化为中心投影的成像方式，可以得到侧视雷达的构像方程。此时像点坐标为 $x=0$，$y=r\sin\theta$，等效焦距 $f=r\cos\theta$。

侧视雷达影像的近似构像方程为：

$$\begin{bmatrix} X \\ Y \\ Z \end{bmatrix}_P = \begin{bmatrix} X \\ Y \\ Z \end{bmatrix}_{St} + \lambda \boldsymbol{A}_t \begin{bmatrix} 0 \\ r\sin\theta \\ -r\cos\theta \end{bmatrix} \tag{5-12}$$

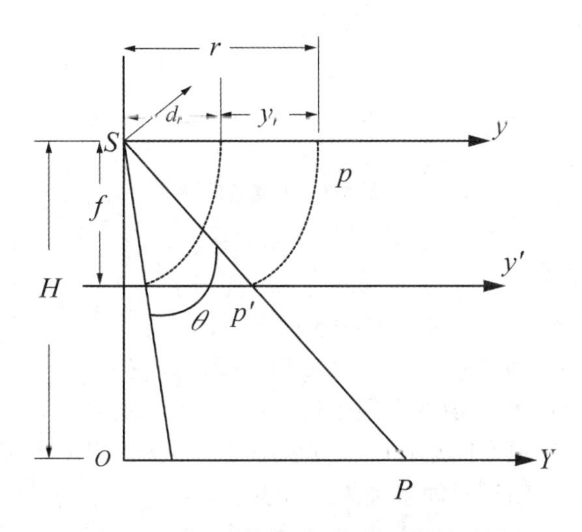

图 5-2　雷达成像的平面扫描几何关系图

式中：$r=R/m_r$，m_r为距离向上雷达影像比例尺分母；$r=d_r+y_r$，d_r为仪器常数(近似等于雷达成像的焦距)，即雷达影像上的扫描延迟，y_r是在雷达影像上实际可以量测的坐标。

共线方程可表达为：

$$\left.\begin{aligned} 0 &= -f\frac{(X)}{(Z)} \\ r\sin\theta &= -f\frac{(Y)}{(Z)} \end{aligned}\right\} \tag{5-13}$$

应根据具体情况使用上述方程。如果是真实孔径雷达情况，式(5-13)中的(X)、(Y)、(Z)项内包含的各方向余弦 $a_{ij}(i,j=1,2,3)$ 与式(5-3)中的 a_{ij}相同。

(2)Leberl 构像模型

Leberl 构像模型由国际著名摄影测量学者 Leberl 提出，该模型根据雷达影像像点的距离条件和零多普勒条件来表达雷达影像瞬间构像的数学模型，它描述了雷达影像坐标与相应地面点坐标之间比较严密的几何关系。

①距离条件。

如图 5-3 所示，D_S 为扫描延迟，R_S 为天线中心 S 到地面点 P 的斜距，R_g 为 P 点到底点的地距，H 为天线中心 S 到数据归化平面(基准面)的航高，y_s 为地面点 P 在斜距显示影像上的距离向像坐标，y_g 为地面点 P 在地距显示影像上的距离向像坐标，R_0 为扫描延迟在数据归化平面上的投影，m_s 为斜距显示影像的距离向像元分辨率，m_y 为平距显示影像的距离向像元分辨率。

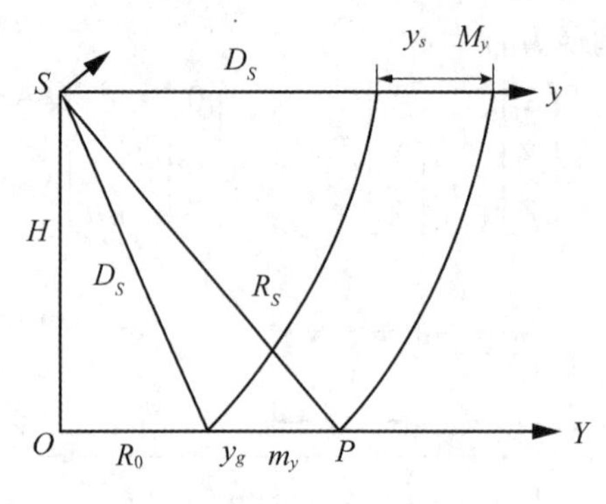

图 5-3　距离条件

对于斜距显示影像有：

$$R_S = y_s m_s + D_S$$

$$(X - X_S)^2 + (X - Y_S)^2 + (X - Z_S)^2 = (y_s m_s + D_S)^2 \tag{5-14}$$

式中：(X,Y,Z)为地面点 P 的物方空间坐标，(X_S, Y_S, Z_S)为天线中心瞬时位置 S 的物方空间坐标。当卫星在轨道空间运行时，其姿态受到很多因素的影响，把其轨迹考虑成飞行时间的多项式函数，即轨道时间多项式，可表示为：

$$\left.\begin{aligned} X_S &= X_{S_0} + V_{X_0}T + \dot{V}_{X_0}T^2 + \cdots \\ Y_S &= Y_{S_0} + V_{Y_0}T + \dot{V}_{Y_0}T^2 + \cdots \\ Z_S &= Z_{S_0} + V_{Z_0}T + \dot{V}_{Z_0}T^2 + \cdots \end{aligned}\right\} \tag{5-15}$$

式中：$(X_{S_0}, Y_{S_0}, Z_{S_0})$ 为对应于像坐标原点的雷达天线中心瞬时物方空间坐标；(V_X, V_Y, V_Z) 为飞行器对应于像坐标原点的速度矢量的分量，$(\dot{V}_X, \dot{V}_Y, \dot{V}_Z)$ 为飞行器对应于像坐标原点的加速度矢量的分量；T 为像坐标 x 相对于原点时刻的飞行时间，$T = x \cdot m_x$，其中 x 为雷达影像的方位向像平面坐标，m_x 为平距显示影像的方位向像元分辨率。

同理，对于平距显示影像有：

$$R_S^2 = R_g^2 + H^2$$

$$(X - X_S)^2 + (X - Y_S)^2 + (X - Z_S)^2 = (y_g m_y + R_0)^2 + H^2 \tag{5-16}$$

②零多普勒条件。

由于卫星飞行速度矢量与天线至地面点矢量保持垂直，此时多普勒频移为零，故称为零多普勒条件，用公式表示为：

$$0 = \vec{i} \cdot (\vec{P} - \vec{S}) \tag{5-17}$$

式中：$\vec{i}$ 为标准化的速度矢量 $\vec{V}_S(V_X, V_Y, V_Z)$，则式(5-17)可表示为：

$$0 = V_X(X_P - X_S) + V_Y(Y_P - Y_S) + V_Z(Z_P - Z_S) \tag{5-18}$$

将式(5-15)取一次项代入式(5-14)，得

$$T = \frac{V_X(X_P - \dot{X}s_0) + V_Y(Y_P - \dot{Y}s_0) + V_Z(Z_P - \dot{Z}s_0)}{V_X^2 + V_Y^2 + V_Z^2}$$

则雷达影像的构像方程为：

$$\begin{cases} x = \dfrac{T}{m_x} \\ y = \dfrac{R_g - R_0}{m_y} \end{cases} \tag{5-19}$$

(3)其他构像模型

Koneeny 等提出的平距显示的雷达影像的数学模型和斜距显示的雷达影像的数学模型，其公式形式与摄影测量中常用的共线方程类似。

5.1.3　通用模型

1. 多项式模型

遥感影像的几何变形由多种因素引起，其变化规律十分复杂。多项式模型回避成像的空间几何过程中，直接对影像的变形进行数学模拟，把遥感影像的总体变形看作是平移、缩放、旋转、偏扭、弯曲以及更高次的基本变形的综合作用结果。当难以用一个严格的数学模型如共线方程来描述时，用一个适当的多项式来描述纠正前后影像相应点之间的坐标关系。

常用的多项式模型有：

$$\left.\begin{aligned} x &= \sum_{i=0}^{n}\sum_{j=0}^{n-i} a_{ij}X^iY^j \\ y &= \sum_{i=0}^{n}\sum_{j=0}^{n-i} b_{ij}X^iY^j \end{aligned}\right\} \tag{5-20}$$

$$\left.\begin{aligned} x &= \sum_{i=0}^{n}\sum_{j=0}^{n-i}\sum_{k=0}^{n-i-j} a_{ijk}X^iY^jZ^k \\ y &= \sum_{i=0}^{n}\sum_{j=0}^{n-i}\sum_{k=0}^{n-i-j} b_{ijk}X^iY^jZ^k \end{aligned}\right\} \tag{5-21}$$

式中：(x,y) 为像点坐标；(X,Y) 为对应的地面点平面坐标；Z 为点 (X,Y) 的高程；(a,b)

为多项式系数。多项式的阶数一般不大于三阶，高于三阶的多项式往往不能提高精度，反而会引起参数的相关，造成模型定向精度的降低。

多项式函数只是对地面点坐标和相应的影像点坐标之间变换关系的拟合，多项式模型的系数常利用控制点通过最小二乘求解。当利用真实地面控制点求解多项式系数时，多项式模型的拟合精度与地面控制点的精度、分布和数量、多项式具体形式以及影像本身几何变形的复杂程度有关。采用真实地面控制点求解多项式系数时，有时会出现拟合精度很高但预测精度较低的现象，即控制点的位置误差很小，但在其他点的位置有较大偏离。当利用虚拟控制点求解多项式系数时，可以使得多项式模型精度不受控制点的精度、分布和数量的影响，前提条件是需要有一个物理模型产生一批均匀分布的控制点。

在多项式模型的选取方面，三维多项式由于考虑了物点的高程坐标，对于观测角度大、地形起伏大、具有真实 DEM 数据的遥感影像而言，能够得到比二维多项式更高的精度。

总之，多项式模型具有形式简单、计算速度快等优点，在无物理模型的遥感影像几何处理、影像几何配准等领域应用较广。

2. 有理函数模型

共线方程可以描述遥感影像的成像几何关系，理论上是严密的，但前提条件是需要已知传感器物理构造以及成像过程中的参数。目前，国外一些高分辨率商业遥感卫星的传感器参数、成像时刻、卫星轨道姿态等参数不公开，只向用户提供有理函数模型系数。有理函数模型(Rational Function Model，RFM)是 Space Imaging 公司提供的一种广义的新型传感器成像模型。众多文献研究表明，有理多项式模型可以代替共线方程模型，实现高精度的遥感影像测绘应用。而且，有理函数模型具有多种优点：

①有利于传感器参数的保密；

②对航天窄视场角传感器都适用，对流行的遥感软件都支持，通用性好；

③形式上简单，处理速度快。

有理函数模型是多项式模型的比值形式，能够满足透视变换的基本要求。与多项式模型相比，有理函数模型能够模拟更复杂的几何变形。目前，有理多项式模型在测绘遥感领域已经得到广泛应用。

有理函数模型能将地面点大地坐标 $D(Latitude,Longitude,Height)$ 与其对应的像点坐标 $d(line,sample)$ 用比值多项式关联起来。为了提高参数求解的稳定性，将地面坐标和影像坐标正则化到-1.0~1.0之间。对于一个影像，可定义如下的比值多项式：

$$\left.\begin{aligned} Y &= \frac{\mathrm{Num}_L(P,L,H)}{\mathrm{Den}_L(P,L,H)} \\ X &= \frac{\mathrm{Num}_s(P,L,H)}{\mathrm{Den}_s(P,L,H)} \end{aligned}\right\} \tag{5-22}$$

式(5-22)中多项式的具体形式如下：

$$\begin{aligned} \mathrm{Num}_L(P,L,H) = & a_1 + a_2 L + a_3 P + a_4 H + a_5 LP + a_6 LH + a_7 PH + a_8 L^2 + a_9 P^2 \\ & + a_{10} H^2 + a_{11} PLH + a_{12} L^3 + a_{13} LP^2 + a_{14} LH^2 + a_{15} L^2 P + a_{16} P^3 + a_{17} PH^2 \\ & + a_{18} L^2 H + a_{19} P^2 H + a_{20} H^3; \end{aligned}$$

$$\mathrm{Den}_L(P,L,H)=b_1+b_2L+b_3P+b_4H+b_5LP+b_6LH+b_7PH+b_8L^2+b_9P^2$$
$$+b_{10}H^2+b_{11}PLH+b_{12}L^3+b_{13}LP^2+b_{14}LH^2+b_{15}L^2P+b_{16}P^3+b_{17}PH^2$$
$$+b_{18}L^2H+b_{19}P^2H+b_{20}H^3;$$
$$\mathrm{Num}_s(P,L,H)=c_1+c_2L+c_3P+c_4H+c_5LP+c_6LH+c_7PH+c_8L^2+c_9P^2$$
$$+c_{10}H^2+c_{11}PLH+c_{12}L^3+c_{13}LP^2+c_{14}LH^2+c_{15}L^2P+c_{16}P^3+c_{17}PH^2$$
$$+c_{18}L^2H+c_{19}P^2H+c_{20}H^3;$$
$$\mathrm{Den}_s(P,L,H)=d_1+d_2L+d_3P+d_4H+d_5LP+d_6LH+d_7PH+d_8L^2+d_9P^2$$
$$+d_{10}H^2+d_{11}PLH+d_{12}L^3+d_{13}LP^2+d_{14}LH^2+d_{15}L^2P+d_{16}P^3+d_{17}PH^2$$
$$+d_{18}L^2H+d_{19}P^2H+d_{20}H^3$$

式中：多项式中的系数 a_i，b_i，c_i，d_i 称为有理函数的系数(Rational Function Coefficient, RFC)，b_1，d_1 通常为1；(P,L,H) 为正则化的地面坐标，(X,Y) 为正则化的影像坐标，它们的表达式分别为：

$$\left.\begin{aligned}P&=\frac{\text{Latitude}-\text{LAT\_OFF}}{\text{LAT\_SCALE}}\\L&=\frac{\text{Longitude}-\text{LONG\_OFF}}{\text{LONG\_SCALE}}\\H&=\frac{\text{Height}-\text{HEIGHT\_OFF}}{\text{HEIGHT\_SCALE}}\end{aligned}\right\}\tag{5-23}$$

$$\left.\begin{aligned}X&=\frac{\text{Sample}-\text{SAMP\_OFF}}{\text{SAMP\_SCALE}}\\Y&=\frac{\text{Line}-\text{LINE\_OFF}}{\text{LINE\_SCALE}}\end{aligned}\right\}\tag{5-24}$$

式中：LAT_OFF，LAT_SCALE，LONG_OFF，LONG_SCALE，HEIGHT_OFF 和 HEIGHT_SCALE 为地面坐标的正则化参数。SAMP_OFF，SAMP_SCALE，LINE_OFF 和 LINE_SCALE 为影像坐标的正则化参数。

目前被广泛使用的有理函数模型是与地形无关的，其系数求解需要一批虚拟立体格网的控制点，即首先对影像划分规则格网，通过格网点的光线与多个虚拟高程面相交，利用现有的共线方程模型的坐标正算公式，计算得到点的物方坐标。将这批点作为控制点来求解有理函数模型的系数，用该有理函数模型代替上述共线方程模型实现对遥感影像的几何处理。

5.2　影响遥感影像几何质量的因素

通过各种方式获取的遥感影像不能直接用于测量、测图，不仅是因为影像缺少地理编码、更因为影像上存在一定的几何变形。认识影像几何变形的规律，分析影响几何质量的因素，有助于我们改善遥感影像几何处理方法，提高处理效率，改进影像的几何质量。

几何质量包括两部分：外部几何精度和内部几何精度，其中外部定位精度也称为几何定位精度。

外部几何精度是从经过几何纠正后的遥感影像产品上选定的多个参考目标的坐标位置与其实际位置之间的偏差，即影像上像点的地理位置和真实地理位置之间的差异，也称为绝对定位精度。

内部几何畸变是影像内的若干固定点相对位置的距离与参考影像上同名点间相对距离的对比，反映影像的内部几何变形程度，通常包括影像内部的长度变形和角度变形。

几何质量常用残差的均值和中误差两个指标来度量。均值大小代表了影像的外部几何精度，中误差大小则代表了影像内部几何精度。

举例说明：图 5-4 是两个点位误差分布图，横轴、纵轴代表检查点的位置，矢量大小和方向代表残差的大小和方向；两图中检查点的位置相同，各点残差的大小相同而方向不同。

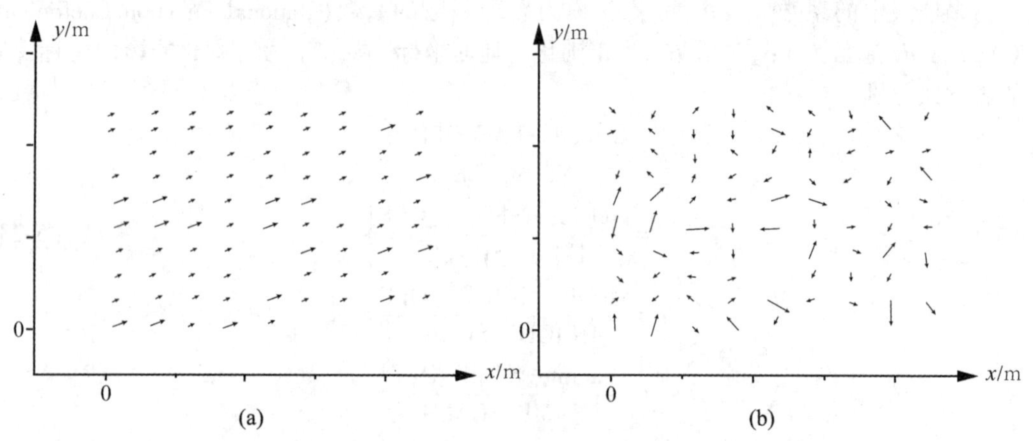

对残差的统计结果为：左边：均值(-5.40m，0.46m)中误差(1.4m，2.0m)；

右边：均值(-0.52m，-0.02m)中误差(2.8m，2.3m)。

图 5-4　点位误差分布图

从图 5-4 中影像几何质量的两项指标(均值和中误差)和点位残差分布可以看出一些规律：

①图 5-4(a)残差方向一致，中误差小；反之图 5-4(b)残差方向不一致，中误差大；

②图 5-4(a)残差均值大，几何定位精度可改进的余地大；反之图 5-4(b)残差均值小，几何定位精度可改进的余地小。

因此，仅用均值和中误差这两个指标还不足以解决问题。我们需要仔细观察点位残差分布图，分析影像几何变形规律，找出影响几何质量的误差源。这样，无论我们是否具有一定数量的地面控制点，都能采取适当措施来改善影像的几何质量。

5.2.1　成像方式引起的影像变形

1. 全景投影变形

全景投影的影像面不是一个平面，而是一个圆柱面，如图 5-5(a)所示的圆柱面 MON，相当于全景摄影的投影面，称之为全景面。地物点 P 在全景面上的像点为 p，则 p 在扫描线方向上的坐标 y'_p 为：

$$y'_p = f \cdot \frac{\theta}{\rho}$$

式中：f 是焦距，θ 是以度为单位的成像角，$\rho = 57.2957°/\text{rad}$。

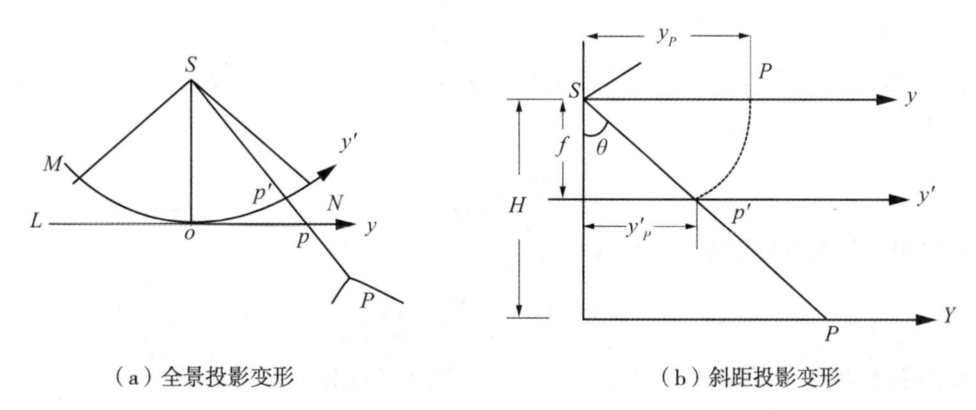

（a）全景投影变形　　（b）斜距投影变形

图 5-5　成像方式引起的投影变形

设 L 是一个等效的中心投影成像面（如图 5-5(a) 中的 oy），P 点在 oy 上的像点 p，其坐标 y_p，则有：

$$y_p = f \cdot \tan\theta$$

从而可以得到全景变形公式：

$$dy = y'_p - y_p = f \cdot \left(\frac{\theta}{\rho} - \tan\theta\right) \tag{5-25}$$

全景投影的图形变化情况如图 5-6(b) 所示。

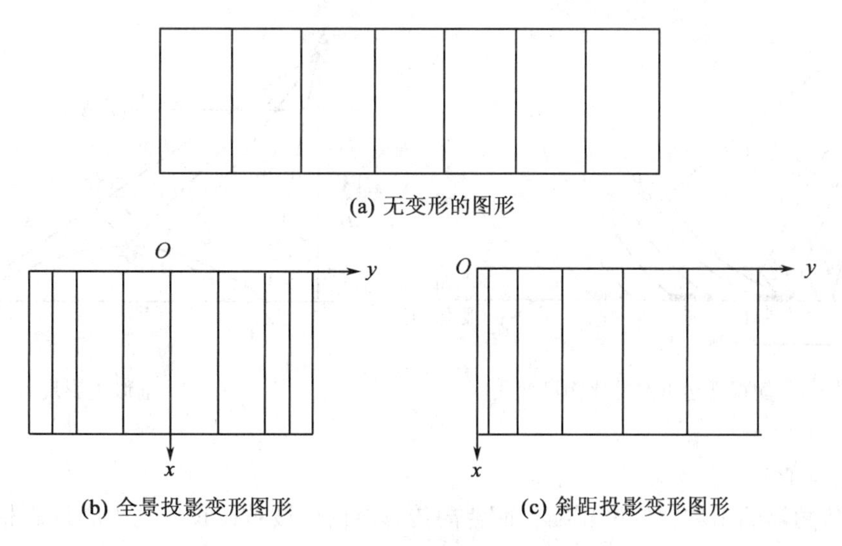

(a) 无变形的图形

(b) 全景投影变形图形　　(c) 斜距投影变形图形

图 5-6　成像几何形态引起的影像变形

2. 斜距投影变形

侧视雷达属斜距投影类型传感器，如图 5-5(b)所示，S 为雷达天线中心，Sy 为雷达成像面，地物点 P 在斜距投影影像上的影像坐标为 y_p，它取决于斜距 R_P 以及成像比例 λ：

$$\lambda = \frac{2v}{c} = \frac{f}{H}$$

式中：v 为雷达成像阴极射线管上亮点的扫描速度；c 为雷达波速；H 为航高；f 为等效焦距。斜距 R_P 可由下式得到：

$$R_P = \frac{H}{\cos\theta}$$

因而可以得到斜距投影影像上的影像坐标 y_p：

$$y_p = \lambda R_P = \frac{\lambda H}{\cos\theta} = \frac{f}{\cos\theta}$$

而地面上 P 点在等效中心投影影像 oy' 上的像点 p' 的坐标 y'_p 可表达为：

$$y'_p = f \cdot \tan\theta$$

可以得到斜距投影的变形误差为：

$$dy = y_p - y'_p = f \cdot (\sec\theta - \tan\theta) \tag{5-26}$$

斜距变形的图形变形情况如图 5-6(c)所示。

3. 影像比例尺变化

由于侧视雷达的斜距投影的特点，在垂直于飞行方向离投影中心越远的目标比例尺反而越大，如图 5-7 所示。地面上有相同长度的目标 A，B，C，投影至雷达影像上为 a，b，c。由于 $c>b>a$，相应的比例尺由小变大。

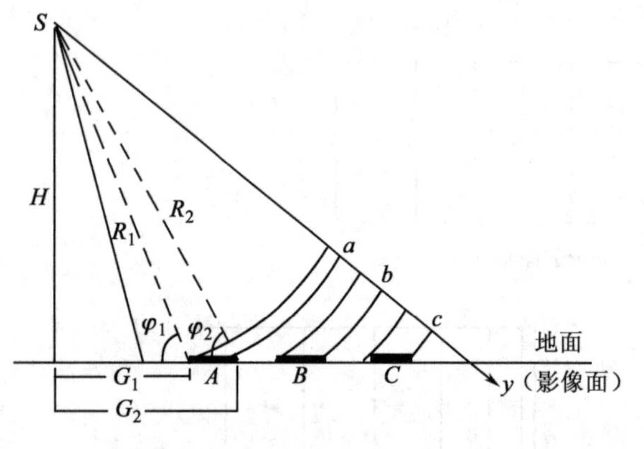

图 5-7 侧视雷达影像的比例尺变化

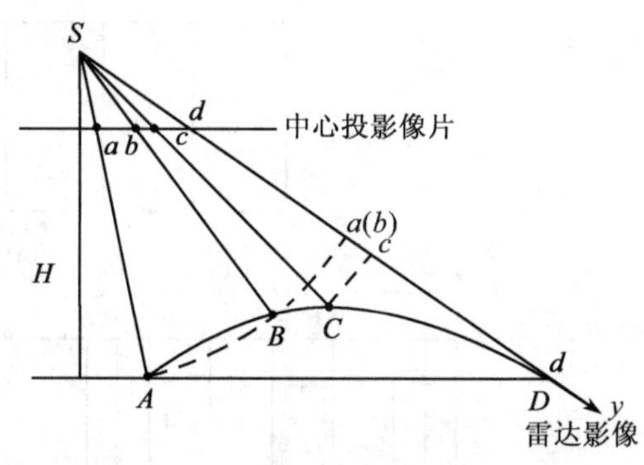

图 5-8 前倾重影现象

4. 山体前倾

朝向传感器的山坡影像被压缩，而背向传感器的山坡被拉长，与中心投影相反，还会出现不同地物点重影现象。如图 5-8 所示，地物点 A 和 C 之间的山坡在雷达影像上被压缩，在中心投影像片上被拉伸；C 和 D 之间的山坡出现的现象正好相反，地物点 A 和 B 到雷达中心的距离相同，因而在雷达影像上出现重影。

5.2.2　传感器外方位元素的变化引起的影像变形

当传感器的外方位元素偏离标准位置而出现变动时，就会使影像产生变形。这种变形一般是由地物点对应的影像坐标误差来表达。

根据摄影测量学原理，常规的框幅摄影机的构像几何关系可用式(5-5)的共线方程来表达。以外方位元素为自变量，对式(5-5)微分，同时考虑到在竖直摄影条件下，φ，ω，κ 趋近于 0，则有：

$$A \approx \begin{bmatrix} 1 & -\kappa & -\varphi \\ \kappa & 1 & -\omega \\ \varphi & \omega & 1 \end{bmatrix}$$

外方位元素变化所产生的像点位移为：

$$\left.\begin{aligned} dx &= -\frac{f}{H}dX_S - \frac{x}{H}dZ_S - \left[f\left(1+\frac{x^2}{f^2}\right)\right]d\varphi - \frac{xy}{f}d\omega + yd\kappa \\ dy &= -\frac{f}{H}dY_S - \frac{y}{H}dZ_S - \frac{xy}{f}d\varphi - \left[f\left(1+\frac{y^2}{f^2}\right)\right]d\omega - xd\kappa \end{aligned}\right\} \tag{5-27}$$

式中：dX_S、dY_S、dZ_S和 $d\kappa$、$d\varphi$ 、$d\omega$ 为外方位元素的变化；H 为航高；x，y 分别为像点的横坐标和纵坐标。

由式(5-27)可知，六个外方位元素变化中的 dX_S、dY_S、dZ_S和 $d\kappa$ 对整幅影像的综合影响是使其产生平移、缩放和旋转等线性变化，只有 $d\varphi$ 、$d\omega$ 才使影像产生非线性变形，变形规律如图 5-9 所示。图中虚线为没有变形的影像，实线为传感器外方位元素变化引起的变形。

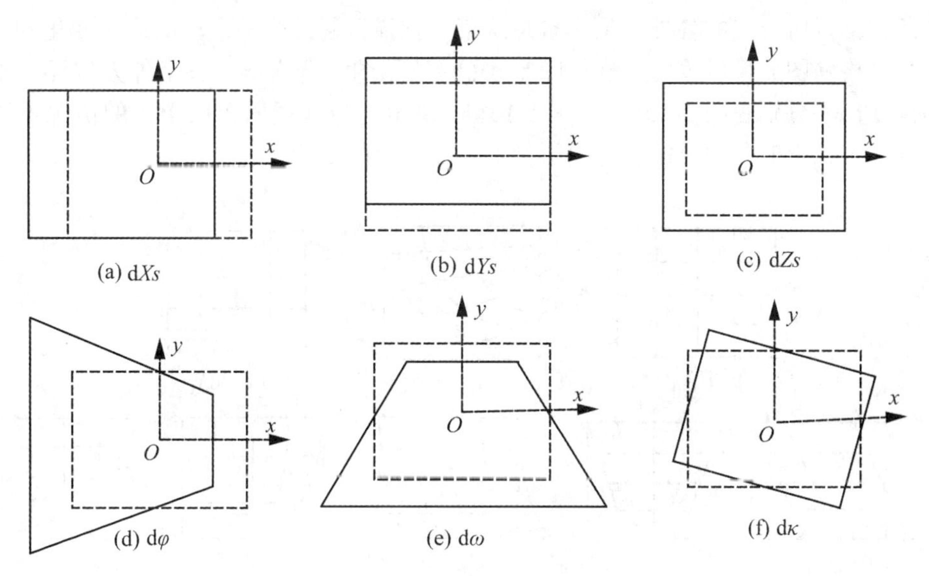

图 5-9　各单个外方位元素引起的影像变形

对于推扫式传感器影像，一条影像线与中心投影相同，则 $x=0$，像点位移公式为：

$$
\left.\begin{aligned}
dx &= -\frac{f}{H}dX_S - fd\varphi + ydk \\
dy &= -\frac{f}{H}dY_S - \frac{y}{H}dZ_S - f\left(1 + \frac{y^2}{f^2}\right)d\omega
\end{aligned}\right\} \tag{5-28}
$$

对于不同的行，其外方位元素是不同的，并且随时间变化，会产生很复杂的动态变形。

对于扫描式传感器影像，传感器外方位元素变化对影像的影响为 $x \to 0$，$y = \tan\theta \cdot f$ 时的误差方程式，代入式(5-27)可以得到像点位移公式，它与推扫式成像的像点位移公式类似。实际上由于扫描式成像存在全景畸变，因此其像点位移与推扫式像点位移有如下关系：

$$
\left.\begin{aligned}
d\bar{x} &= dx\cos\theta \\
d\bar{y} &= dy\cos^2\theta
\end{aligned}\right\} \tag{5-29}
$$

像点位移公式为：

$$
\left.\begin{aligned}
d\bar{x} &= -\frac{f}{H}\cos\theta dX_S - f\cos\theta d\varphi + f\sin\theta d\kappa \\
d\bar{y} &= -\frac{f}{H}\cos^2\theta dY_S - \frac{f}{H}\sin\theta\cos\theta dZ_S - fd\omega
\end{aligned}\right\} \tag{5-30}
$$

式中：θ 为对应于某像点的扫描角。

对于动态扫描影像，由于构像方程都是对应于一个扫描瞬间，相应于某一像素或某一条扫描线，不同成像瞬间的传感器外方位元素可能各不相同，因而相应的变形误差方程式只能表达为该扫描瞬间像幅上相应点、线所在位置的局部变形，整个影像的变形将是所有瞬间局部变形的综合结果，影像总体畸变将会更复杂。例如，对于一幅多光谱扫描影像，假设各条扫描行所对应的各外方位元素是从第一扫描行起按线性递增的规律变化的，则地面上一个方格网图成像后，将出现如图 5-10(b)所示的综合变形。各个外方位元素单独造成的影像变形将分别由图 5-10(c)~图 5-10(h)所示。与常规框幅摄影机的情况不同，它的每个外方位元素变化都可能使整幅影像产生非线性的变形。

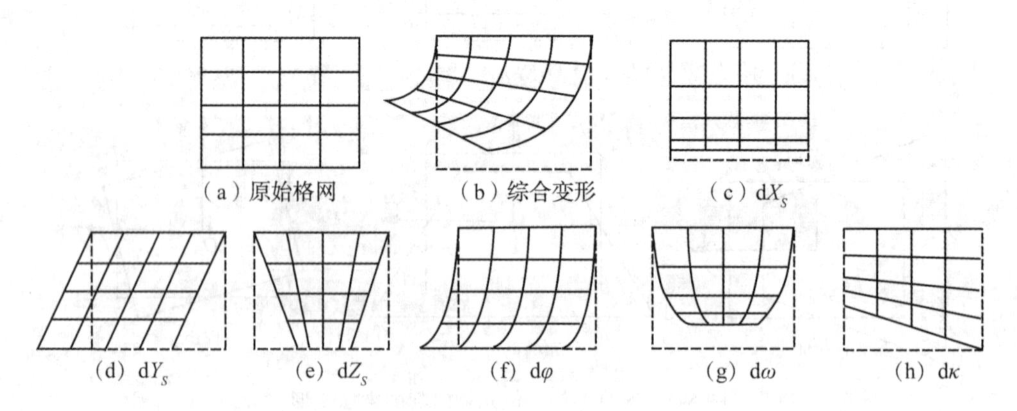

图 5-10　外方位元素引起的动态扫描影像的变形

对于侧视雷达影像，外方位元素变化所引起的像点位移可表示为：

$$\begin{cases} dx = -\dfrac{r}{H}\cos\theta dX_S - r\cos d\varphi + r\sin\theta dk \\ dy = -\dfrac{r}{H}\cos\theta dY_S - \dfrac{r}{H}\sin dZ_S \end{cases} \tag{5-31}$$

5.2.3　地形起伏引起的影像变形

投影误差是由地面起伏引起的像点位移，当地形有起伏时，对于高于或低于某一基准面的地面点，其在影像上的像点与其在基准面上垂直投影点在影像上的像点之间有直线位移，如图 5-11 所示。

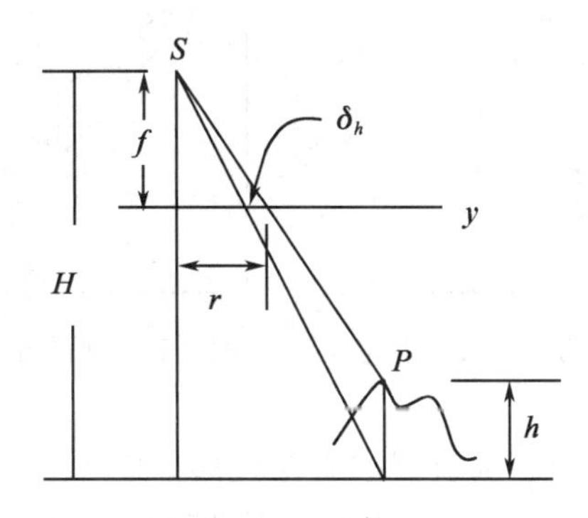

图 5-11　垂直摄影时地形起伏的影响

对于中心投影，在垂直摄影的条件下，φ，ω，$\kappa \to 0$，则地形起伏引起的像点位移为：

$$\delta_h = r \cdot \frac{h}{H} \tag{5-32}$$

式中：h 为像点所对应地面点与基准面的高差；H 为平台相对于基准面的高度；r 为像点到底点的距离。

在影像坐标系中，在 x，y 两个方向上的分量为：

$$\left.\begin{aligned} \delta_{h_x} &= \frac{x}{H}h \\ \delta_{h_y} &= \frac{y}{H}h \end{aligned}\right\} \tag{5-33}$$

式中：x，y 为地面点对应的像点坐标；δ_{h_x}，δ_{h_y} 分别为由地形起伏引起的在 x，y 方向上的像点位移。

由以上两式可以看出，投影误差的大小与底点至像点的距离、地形高差成正比，与平台航高成反比。投影差发生在底点辐射线上，对于高于基准面的地面点，其投影差离开底点；对于低于基准面的地面点，其投影差朝向底点。

对于推扫式影像，因为 $x=0$，所以 $\delta_{h_x}=0$，而在 y 上方有：

$$\delta_{h_y} = y\frac{h}{H} \tag{5-34}$$

对于扫描式影像，地形起伏引起的影像变形发生在扫描方向，如图 5-12 所示。地形起伏引起的投影差公式为：

$$\left.\begin{aligned}&\delta_{h_x}=0\\&\delta_{h_y}=\delta_{h_{\bar{y}}}\cos^2\theta=\frac{\bar{y}}{H}\cdot\cos^2\theta h=\frac{f\tan\theta}{H}\cos^2\theta h=\frac{f\sin\theta\cos\theta}{H}h\end{aligned}\right\}\tag{5-35}$$

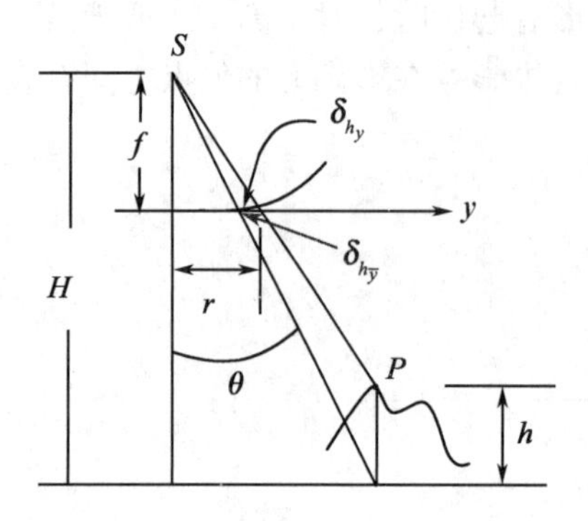

图 5-12　逐点扫描仪影像受地形起伏的影响

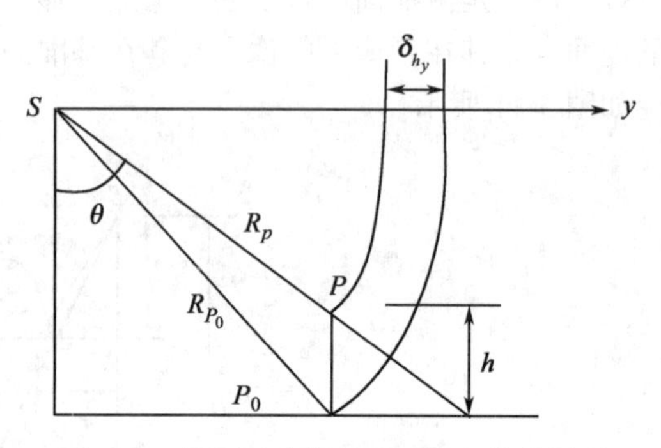

图 5-13　侧视雷达影像受地形起伏的影响

对于侧视雷达影像，地形起伏引起的影像变形如图 5-13 所示，对影像的影响只发生在扫描方向，投影差的方向与中心投影相反，其投影差近似公式为：

$$\left.\begin{aligned}&\delta_{h_x}=0\\&\delta_{h_y}=\frac{1}{m_r}(R_P-R_{P_0})=-\frac{1}{m_r}h\cdot\cos\theta\end{aligned}\right\}\tag{5-36}$$

式中：θ 为侧视角；$1/m_r$为雷达影像的比例尺因子。

从不同摄站对同一地区获取的雷达影像也能构成立体影像。由于是侧视，因此同一侧或异侧都能获取和构成立体像对。对同侧获取的雷达影像立体对，由于高差引起的投影差与中心投影方向相反，如果按摄影位置放置像片进行立体观测，看到的将是反立体影像。

5.2.4　地球曲率引起的影像变形

地球曲率引起的像点位移与地形起伏引起的像点位移类似。只要把地球表面(把地球表面看成球面)上的点到地球切平面的正射投影距离看作是一种系统的地形起伏，如图 5-14所示。

设地球的半径 R_0，P 为地面点，地面点 P 到传感器与地心连线的投影距离为 D，P 点在地球切平面上的点为 P_0，并且弧 OP 的长度 D 等于 OP_0的长度。考虑到 R_0很大，把 $\angle PP_0O$ 看作直角，$OO'=PP_0$。根据圆的直径与弦线交割线的数学关系可得：

$$D^2=(2R_0-\Delta h)\Delta h$$

因为 $\Delta h\ll 2R_0$，上式可简化为：

$$\Delta h\doteq\frac{D^2}{2R_0}$$

由于地球曲面总是低于其切平面，因此将 h 代入相应公式计算时，Δh 取反。地球曲

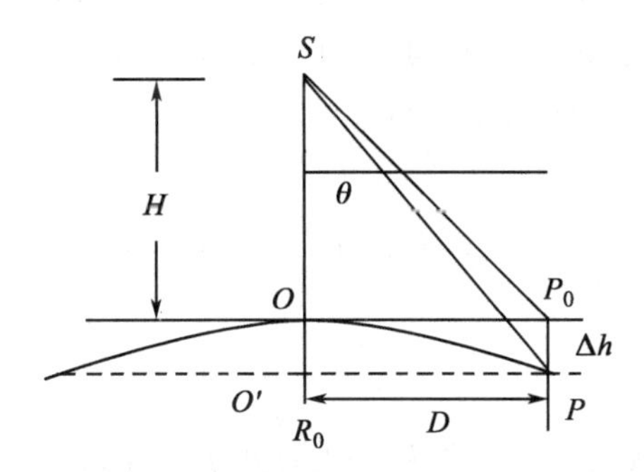

图 5-14　地球曲率的影响

率对中心投影影像的影响为：

$$\begin{bmatrix} h_x \\ h_y \end{bmatrix} = \begin{bmatrix} -\Delta h_x \\ -\Delta h_y \end{bmatrix} = -\frac{1}{2R}\begin{bmatrix} D_{x^2} \\ D_{y^2} \end{bmatrix} = -\frac{1}{2R_0} \cdot \frac{H^2}{f^2}\begin{bmatrix} x^2 \\ y^2 \end{bmatrix} \tag{5-37}$$

式中：$D_x = X_p - X_S$，$D_y = Y_P - Y_S$，$H = -(Z_P - Z_S)$。

对于推扫式影像，在垂直对地扫描时，由于 $x=0$，式(5-37)变形为：

$$\left.\begin{aligned} h_x &= 0 \\ h_y &= -\frac{1}{2R_0} \cdot \frac{H^2}{f^2}y^2 \end{aligned}\right\} \tag{5-38}$$

对于扫描式影像，地球曲率对多光谱扫描仪影像的影响为：

$$\left.\begin{aligned} h_x &= 0 \\ h_y &= -H^2 \cdot \frac{y^2}{2R_0 - f^2} = H^2 \cdot \frac{\tan^2\left(\frac{y'}{f}\right)}{2R_0} \end{aligned}\right\} \tag{5-39}$$

式中：y 为等效中心投影影像坐标，y' 为全景影像坐标。

由于在扫描的同时地球在自传，因此地球自转同样对扫描式影像产生影响。地球曲率对侧视雷达影像像点的影响为：

$$\left.\begin{aligned} h_x &= 0 \\ h_y &= -\frac{H^2}{2R_0} \cdot \frac{y^2}{f^2} = -\frac{H^2}{2R_0}(\tan\theta)^2 \end{aligned}\right\} \tag{5-40}$$

式中：θ 是相应于地面点 P 的扫描角。

5.2.5　大气折射引起的影像变形

大气层不是一个均匀的介质，它的密度是随离地面高度的增加而递减，因此电磁波在大气层中传播时的折射率也随高度而变化，使得电磁波的传播路径不是一条直线而是曲线，从而引起像点的位移。

对于中心投影影像，其成像点的位置取决于地物点入射光线的方向。在无大气折射时，地物点 A 以直线光线 AS 成像于 a_0点；当有大气折射影响时，地物点 A 通过曲线光线 AS 成像于 a_1点，由此引起的像点位移 $\Delta r = a_1a_0$，如图 5-15 所示。

图 5-15 中：α_H是实际光线离开最后一层大气层时的出射角；β_H是实际光线在最后一层大气层时具有的折光角差；α 和 β 分别为实际光线离开底层大气时出射角和折光角；δ 为出自 A 点的光线与进入 S 点的光线方向间的夹角。

由大气折光引起的在 x，y 方向的像点位移为：

$$\left.\begin{aligned} d_x &= kx\left(1 + \frac{r^2}{f^2}\right) \\ d_y &= ky\left(1 + \frac{r^2}{f^2}\right) \end{aligned}\right\} \tag{5-41}$$

式中：系数 k 是一个与传感器航高 H 和地面点高程 h 有关的大气条件常数。

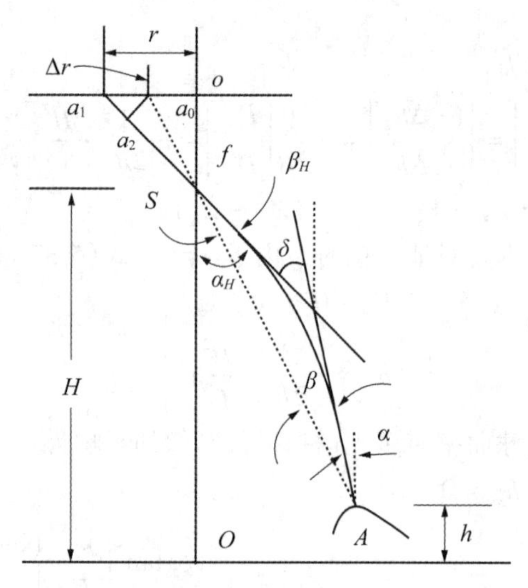

图 5-15　大气折光差

大气折射对框幅式影像上像点位移的影响在量级上要比地球曲率的影响小得多。由于框幅式传感器成像的幅宽较小，航高较低，大气以及地球曲率的影响也较小。

侧视雷达是采用斜距投影成像，雷达电磁波在大气中传播时，会因大气折射率随高度的改变而产生路径的弯曲。大气折射的影响体现在两方面：第一是大气折射率的变化使得电磁波的传播路径改变；第二是电磁波的传播速度减慢，而改变了电磁波的传播时间。如图 5-16 所示，在无大气折射影响时，地面点 P 的斜距为 R，当有大气折射的影响时，电磁通过弧距 R_C到达 P 点，其等效的斜距 $R'=R_C$，影像点 P 相应地位移到 P'，即 $\Delta y=PP'$。

由于路径长度改变引起的像点位移为：

$$\Delta y = \frac{H^2}{24}\left(\frac{4 \times 10^{-8}}{1.0035}\right)y \tag{5-42}$$

由于时间的变化引起像点的位移为：

$$\Delta y_t \approx (0.0035 - 2 \times 10^{-8}H)y \tag{5-43}$$

雷达影像以扫描方式获取地面影像，每条扫描线的成像时间不一样，因此地球自转同样会引起雷达影像的畸变，也需要予以改正。

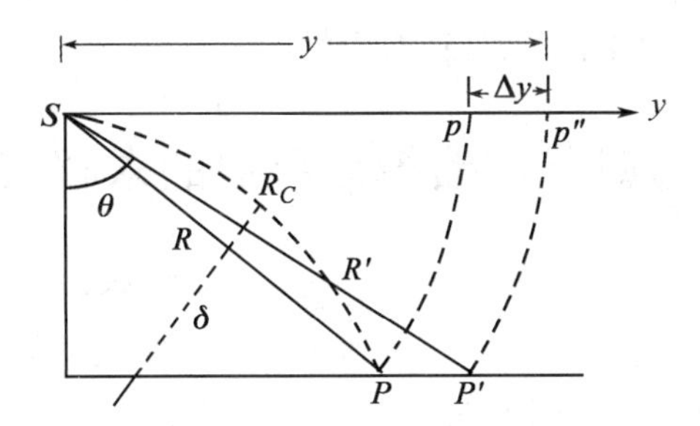

图 5-16　大气折射对雷达影像的影响

5.2.6　地球自转对影像的影响

地球自转会使动态传感器的影像产生变形，特别是对卫星遥感影像。卫星由北向南运行的同时，地球表面也在由西向东自转。由于卫星影像每条扫描线的成像时间不同，因而造成扫描线在地面上的投影依次向西平移，最终使得影像发生扭曲，如图 5-17 所示。

图 5-17 显示了地球静止的影像(多边形 *oncba*)与地球自转的影像(多边形 *onc′b′a′*)在地面上投影的情况。由图可见，由于地球自转的影响，产生了影像底边中点的坐标位移 Δx 和 Δy，以及平均航偏角 θ。

由地球自转引起的影像变形误差公式为：

$$\left.\begin{aligned}\Delta x &= (\omega_e/\omega_s)\cdot\sin\varepsilon\cdot x\\ \Delta y &= (\lambda_y/\lambda_x)\cdot(\omega_e/\omega_s)\cdot y\sqrt{\cos^2\varphi-\sin^2\varepsilon}\\ \theta &= (\lambda_y/\lambda_x)\cdot(\omega_e/\omega_s)\cdot\sqrt{\cos^2\varphi-\sin^2\varepsilon}\end{aligned}\right\}\tag{5-44}$$

式中：λ_x 和 λ_y 为影像 x 和 y 方向的比例尺；ω_s 为卫星沿轨道面运行的角速度；ω_e 是地球自转角速度；φ 为影像底边中点的地理纬度；ε 为卫星轨道面的偏角。

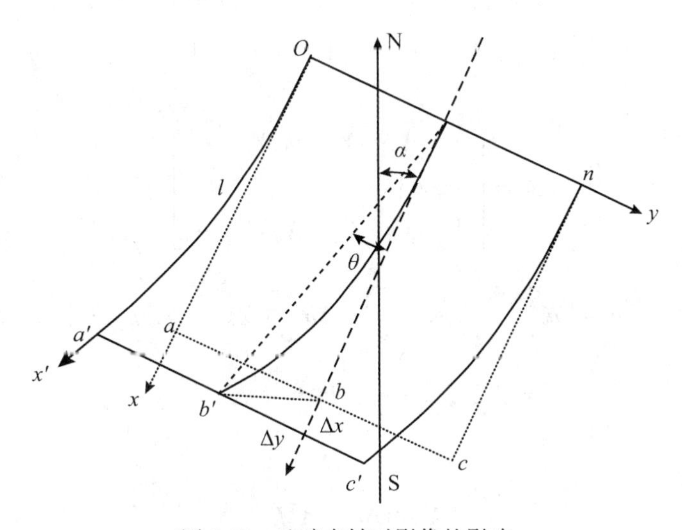

图 5-17　地球自转对影像的影响

在常规框幅摄影机成像的情况下，地球自转不会引起影像变形，因为其整幅影像是在瞬间一次曝光成像的，不用考虑地球自转对影像的影响。

5.3 遥感传感器模型参数的求解与精化

模型参数求解总体上分为单像空间后方交会和区域网空中三角测量两种方法，它们的区别在于：前者仅利用地面控制点，而后者利用多个影像之间的重叠区内的同名点(连接点)和少量地面控制点。本节仅讲述单像空间后方交会法。

根据求解的未知参数的不同，单像空间后方交会又可以分为：多项式模型系数的解算、物理成像模型参数的解算与精化、像方几何变换系数的解算、有理多项式模型系数的解算与精化四类。

5.3.1 多项式模型系数的解算

多项式纠正属于没有任何传感器参数的模型，其参数需要利用地面控制点的影像坐标和其同名点的地面坐标进行平差计算得到，具体模型如式(5-20)或式(5-21)所示。纠正首先需要确定采用的阶数，然后确定未知参数。

根据纠正影像要求的不同选用不同的阶数，当选用一次项纠正时，可以纠正影像因平移、旋转、比例尺变化和仿射变形等引起的线性变形。当选用二次项纠正时，则在改正一次项各种变形的基础上来改正二次非线性变形。例如，选用三次项纠正则改正更高次的非线性变形。

利用已知地面控制点及相应的像点坐标，通过最小二乘平差求解多项式系数的过程如下：

①对式(5-20)列出相应的误差方程式：

$$\begin{cases} \boldsymbol{V}_x = \boldsymbol{A}\Delta\boldsymbol{a} - \boldsymbol{L}_x \\ \boldsymbol{V}_y = \boldsymbol{A}\Delta\boldsymbol{b} - \boldsymbol{L}_y \end{cases} \tag{5-45}$$

式中：

$$\boldsymbol{V}_x = [V_{x_1}, V_{x_1}, \cdots]^{\mathrm{T}}, \boldsymbol{V}_y = [V_{y_1}, V_{y_1}, \cdots]^{\mathrm{T}}$$

为改正数向量；

$$\boldsymbol{A} = \begin{bmatrix} 1 & X_1 & Y_1 & X_1Y_1 & \cdots \\ \vdots & \vdots & \vdots & \vdots & \\ 1 & X_m & Y_m & X_mY_m & \cdots \end{bmatrix}$$

为系数矩阵；

$$\Delta a = [a_{00}, a_{10}, a_{01}\cdots], \Delta b = [b_{00}, b_{10}, b_{01}\cdots]$$

为所求的变换系数；

$$L_x = [x_0, x_1, x_2\cdots], L_y = [y_0, y_1, y_2\cdots]$$

为像点坐标。

②构成法方程：

$$\left.\begin{aligned} (\boldsymbol{A}^{\mathrm{T}}\boldsymbol{A})\Delta a = \boldsymbol{A}^{\mathrm{T}}L_x \\ (\boldsymbol{A}^{\mathrm{T}}\boldsymbol{A})\Delta b = \boldsymbol{A}^{\mathrm{T}}L_y \end{aligned}\right\} \tag{5-46}$$

③计算多项式系数：

$$\left.\begin{aligned}\Delta a &= (\boldsymbol{A}^{\mathrm{T}}\boldsymbol{A})^{-1}\boldsymbol{A}^{\mathrm{T}}L_x \\ \Delta b &= (\boldsymbol{A}^{\mathrm{T}}\boldsymbol{A})^{-1}\boldsymbol{A}^{\mathrm{T}}L_y\end{aligned}\right\} \tag{5-47}$$

④评定精度：

$$\left.\begin{aligned}\delta_x &= \pm\left(\frac{[V_x^{\mathrm{T}}V_x]}{n-N}\right)^{1/2} \\ \delta_y &= \pm\left(\frac{[V_y^{\mathrm{T}}V_y]}{n-N}\right)^{1/2}\end{aligned}\right\}$$

式中：n 为控制点个数；N 为系数个数；$n-N$ 为多余观测。

设定一个限差 ε 作为评定精度的标准。若 $\delta>\varepsilon$，则说明存在粗差，精度不可取，应对每个控制点上的平差残余误差 V_x，V_y 进行比较检查，视最大者为粗差，将其剔除或重新选点后再进行平差，直至满足 $\delta<\varepsilon$ 为止。

5.3.2　物理成像模型参数的解算与精化

在常规的摄影测量中，共线方程模型的参数包括传感器安装角、内方位元素、外方位元素，其中内方位元素和传感器安装角的初值可以通过实验室测量值进行求解，外方位元素初值是可以通过一些已知时刻的测量值进行拟合、内插、计算出来的。在已知地面控制点的情况下，这些传感器安装角、内方位元素、外方位元素的值可以作为解算初值，通过最小二乘迭代进一步精化。

在实际生产中，传感器安装角和内方位元素的精化通常包含在几何检校(也称为几何定标或相机检校)过程中。以下假设传感器安装角、内方位元素无误差，仅解算外方位元素。

1. 面阵框幅式中心投影的情况

对于框幅式传感器影像的纠正，一般使用共线方程进行几何纠正。首先需要确定模型，由式(5-5)可知，对一景影像需要已知六个外方位元素。外方位元素可以利用 POS 系统来获取，也可以利用影像范围内一定数量的地面控制点坐标及相应同名点的像点坐标，通过空间后方交会的方式来获取。

单像空间后方交会以单景影像为基础，从该影像所覆盖范围内若干已知地面控制点和其同名像点坐标，根据共线方程，解求该影像获取时的外方位元素。每一个同名点可以列出 2 个方程，因此至少需要有 3 个已知地面控制点和相应的像点坐标，再通过最小二乘平差就可以解算 6 个外方位元素。

利用共线方程解算参数的过程如下：

(1)外方位元素求解

共线方程是非线性方程，首先要对式(5-5)线性化：

$$\left.\begin{aligned}v_x &= a_{11}\Delta X_S + a_{12}\Delta Y_S + a_{13}\Delta Z_S + a_{14}\Delta\varphi + a_{15}\Delta\omega + a_{16}\Delta\kappa + (x) - x \\ v_y &= b_{11}\Delta X_S + b_{12}\Delta Y_S + b_{13}\Delta Z_S + b_{14}\Delta\varphi + b_{15}\Delta\omega + b_{16}\Delta\kappa + (y) - y\end{aligned}\right\} \tag{5-48}$$

式中：ΔX_S，ΔY_S，ΔZ_S，$\Delta\varphi$，$\Delta\omega$，$\Delta\kappa$ 为 6 个外方位元素的改正数；(x,y) 为像点坐标的观测值；(v_x,v_y) 为观测值的改正数；(x),(y) 为将各未知数当前近似值代入式(5-5)所得像点坐标的计算值；$(a_{1i},b_{1i})(i=1,\cdots,6)$ 为 x，y 分别对 6 个外方位元素的微分。

误差方程的矩阵形式为：

$$\boldsymbol{V} = \boldsymbol{A}X - \boldsymbol{L} \tag{5-49}$$

式中：

$$\boldsymbol{V} = [v_x, v_y]^{\mathrm{T}}$$

$$\boldsymbol{X} = [\Delta X_s, \Delta Y_s, \Delta Z_s, \Delta\varphi, \Delta\omega, \Delta\kappa]^{\mathrm{T}}$$

$$\boldsymbol{A} = \begin{bmatrix} a_{11} & a_{12} & a_{13} & a_{14} & a_{15} & a_{16} \\ b_{11} & b_{12} & b_{13} & b_{14} & b_{15} & b_{16} \end{bmatrix}$$

$$\boldsymbol{L} = [l_x, l_y] = [(x) - x, (y) - y]^{\mathrm{T}}$$

列出法方程：

$$\boldsymbol{A}^{\mathrm{T}}\boldsymbol{A}\boldsymbol{X} = \boldsymbol{A}^{\mathrm{T}}\boldsymbol{L} \tag{5-50}$$

解求法方程，得到外方位元素近似值的改正数为：

$$X = (\boldsymbol{A}^{\mathrm{T}}\boldsymbol{A})^{-1}(\boldsymbol{A}^{\mathrm{T}}\boldsymbol{L}) \tag{5-51}$$

由于共线方程在线性化过程中各系数取自泰勒级数展开式的首项，未知数的初始值一般是近似的，需要迭代计算。每次迭代时用未知数近似值与前次迭代计算的改正数之和作为新的近似值，重复此计算过程，求出新的改正数，直到改正数小于某个限值为止，最后得到6个外方位元素。

(2)解算过程

未知参数的解算过程如下：

①获取已知数据，包括影像比例尺，内方位元素，控制点坐标；

②量测控制点像点坐标；

③确定6个外方位元素的未知数初值；

④计算旋转矩阵；

⑤逐点计算像点坐标的近似值；

⑥逐点计算误差方程式的系数和常数项，组成误差方程式并法化；

⑦解求外方位元素的改正数；

⑧检查迭代是否收敛。

(3)精度估算

参与空间后方交会的控制点有 n 个时，单位权中误差为：

$$\sigma_0 = \sqrt{\frac{\boldsymbol{V}^{\mathrm{T}}\boldsymbol{V}}{2n - 6}}$$

第 i 个未知数的中误差为：

$$m_i = \sigma_0\sqrt{Q_{ii}}$$

2. 线阵推扫成像的情况

以SPOT影像为例，其外方位元素随时间或扫描行而变，因此共线方程的形式可表示为：

$$\begin{cases} x_i = 0 = -f\dfrac{a_1(X_i - X_{S_i}) + b_1(Y_i - Y_{S_i}) + c_1(Z_i - Z_{S_i})}{a_3(X_i - X_{S_i}) + b_3(Y_i - Y_{S_i}) + c_3(Z_i - Z_{S_i})} \\ y_i = -f\dfrac{a_2(X_i - X_{S_i}) + b_2(Y_i - Y_{S_i}) + c_2(Z_i - Z_{S_i})}{a_3(X_i - X_{S_i}) + b_3(Y_i - Y_{S_i}) + c_3(Z_i - Z_{S_i})} \end{cases} \tag{5-52}$$

式中：x 为飞行方向；X_i，Y_i，Z_i为地面点 i 的地面坐标；x_i，y_i为地面点 i 的影像坐标；X_{S_i}，Y_{S_i}，Z_{S_i}为 l_i行上的外方位元素(即传感器地面坐标)；a_i，b_i，c_i为姿态角 φ_i，ω_i，κ_i 的函数。

虽然不同扫描行的外方位元素不同，但 SPOT 卫星运行姿态平稳，运行速度和轨迹得到严格控制，为此 l_i的外方位元素可以表示为时间 t 或行的线性函数：

$$\left.\begin{aligned}\varphi_i &= \varphi_0 + (l_i - l_0)\Delta\varphi \\ \omega_i &= \omega_0 + (l_i - l_0)\Delta\omega \\ \kappa_i &= \kappa_0 + (l_i - l_0)\Delta\kappa \\ X_i &= X_{S_0} + (l_i - l_0)\Delta X_S \\ Y_i &= Y_{S_0} + (l_i - l_0)\Delta Y_S \\ Z_i &= Z_{S_0} + (l_i - l_0)\Delta Z_S\end{aligned}\right\} \tag{5-53}$$

式中：φ_0，ω_0，κ_0，X_{S_0}，Y_{S_0}，Z_{S_0}是影像中心行的外方位元素；l_0是中心行号；$\Delta\varphi$，$\Delta\omega$，$\Delta\kappa$，ΔX_S，ΔY_S，ΔZ_S 为外方位元素的变化率。

对于数字影像，其像素坐标可以按照 CCD 探测元件的几何尺寸将其转化为像坐标系中的坐标。

利用上述共线方程时：地面坐标是以影像中心相应地面点为原点的切平面坐标系；原始影像必须是 1A 级影像，即未作任何几何处理的影像；共线方程式只适用于所确定的一个具有一定间距的地面格网上的点，而不是针对每一个点(这里一个点相应于影像上的一个像素)；切平面坐标系朝北方向为 X 轴正方向，朝东方向为 Y 轴正方向；解算外方位元素时，因影像坐标必须变换为以影像中心为原点。以 X 轴负方向为飞行方向的影像坐标，将坐标单位换算为毫米。

将式(5-40)线性化，得到误差方程式：

$$\left.\begin{aligned}V_x =& a_{11}\Delta\varphi_0 + a_{12}\Delta\omega_0 + a_{13}\Delta\kappa_0 + a_{14}\Delta X_{S_0} + a_{15}\Delta Y_{S_0} + a_{16}\Delta Z_{S_0} + \\ & a_{11}\Delta x\Delta\varphi' + a_{12}\Delta x\Delta\omega' + a_{13}\Delta x\Delta\kappa' + a_{14}\Delta x\Delta X'_S + a_{15}\Delta x\Delta Y'_S + a_{16}\Delta x\Delta Z'_S - l_x \\ V_y =& b_{11}\Delta\varphi_0 + b_{12}\Delta\omega_0 + b_{13}\Delta\kappa_0 + b_{14}\Delta X_{S_0} + b_{15}\Delta Y_{S_0} + b_{16}\Delta Z_{S_0} + \\ & b_{11}\Delta x\Delta\varphi' + b_{12}\Delta x\Delta\omega' + b_{13}\Delta x\Delta\kappa' + b_{14}\Delta x\Delta X'_S + b_{15}\Delta x\Delta Y'_S + b_{16}\Delta x\Delta Z'_S - l_y\end{aligned}\right\} \tag{5-54}$$

式中：a_{1i}，b_{1i} ($i=1$，…，6)分别为 x，y 对 6 个外方位元素的微分；ΔX_{S_0}，ΔY_{S_0}，ΔZ_{S_0}，$\Delta\varphi_0$，$\Delta\omega_0$，$\Delta\kappa_0$ 为传感器的外方位元素改正数；$\Delta X'_S$，$\Delta Y'_S$，$\Delta Z'_S$，$\Delta\varphi'$，$\Delta\omega'$，$\Delta\kappa'$ 为各外方位元素改正数变化率；$l_x = 0 - (x)$，$l_y = y - (y)$，$\Delta x = x - x_0$；(x)，(y) 为将各未知数当前近似值代入式(5-38)所得控制点影像坐标；x_0 是中心行的 X 轴坐标值。

误差方程矩阵形式为：

$$\boldsymbol{V}=\boldsymbol{A}X-\boldsymbol{L}，\text{权 } \boldsymbol{P} \tag{5-55}$$

式中：X 为传感器的外方位元素改正数和外方位元素改正数变化率。

由式(5-55)可以求出相应的参数：

$$X = (\boldsymbol{A}^{\mathrm{T}}\boldsymbol{P}\boldsymbol{A})^{-1}\boldsymbol{C}^{\mathrm{T}}\boldsymbol{P}\boldsymbol{L} \tag{5-56}$$

3. 基于 Leber l 构像模型侧视雷达

侧视雷达采用 Leber l 构像模型进行几何处理时，如式(5-15)所示的轨道时间多项式选用二次项，则构像方程中共有 $(X_{S_0},Y_{S_0},Z_{S_0})$，$(V_X,V_Y,V_Z)$，$(\dot{V}_X,\dot{V}_Y,\dot{V}_Z)$，$m_x$，$D_S$，$m_S(m_y)$ 等 12 个定向参数，至少需要 6 个已知地面控制点进行求解。通常 m_x，D_S，$m_S(m_y)$ 三个参数能够由雷达的系统参数直接给定，只需解算参数 $(X_{S_0},Y_{S_0},Z_{S_0})$，$(V_X,V_Y,V_Z)$，$(\dot{V}_X,\dot{V}_Y,\dot{V}_Z)$ 即可。

具体解算需要对 Leberl 构像模型线性化，根据未知数的个数，选择足够的控制点解算未知参数。

5.3.3 像方几何变换系数的解算

在 5.3.2 节利用地面控制点解算外方位元素的过程中，由于外方位线元素和外方位角元素之间存在线性相关性，解算过程中可能出现奇异矩阵求逆问题、最小二乘迭代次数过多甚至不收敛的问题等，有关文献提出了一些解决办法，如线元素和角元素分组解算、采用岭估计代替最小二乘估计等。

另一种行之有效的思路是利用地面控制点来计算像方的几何变换参数，而不是去解算外方位元素。这种思路不仅适合共线方程模型，而且适合有理函数模型，在实践中有着广泛的应用。

像方几何变换的方法从分析物理成像模型参数误差对影像几何质量的影响入手。由于物理成像模型参数的误差对像点坐标的影响表现在像点的残差上，包括行方向的残差和列方向的残差。其中行方向上的残差由成像时刻误差、飞行方向上的位置误差和平台的俯仰角误差等因素引起，列方向上的残差由垂轨方向上的位置误差、平台的滚动角和摆镜的侧摆角等因素引起。像方几何变换的方法采用定义在影像面的几何变换（如仿射变换）来修正误差。

以像方仿射变换为例，表达式为：

$$\left.\begin{aligned} x &= e_0 + e_1 \cdot \text{sample} + e_2 \cdot \text{line} \\ y &= f_0 + f_1 \cdot \text{sample} + f_2 \cdot \text{line} \end{aligned}\right\} \tag{5-57}$$

式中：(sample, line) 是由地面控制点的物方坐标代入共线方程模型（或有理多项式模型）计算得到的像方坐标，(x,y) 是地面控制点在影像上的量测坐标。

根据式(5-57)可以对每个控制点列出如下线性方程：

$$\left.\begin{aligned} v_x &= \left(\frac{\partial x}{\partial e_0}\cdot\Delta e_0 + \frac{\partial x}{\partial e_1}\cdot\Delta e_1 + \frac{\partial x}{\partial e_2}\cdot\Delta e_2 + \frac{\partial x}{\partial f_0}\cdot\Delta f_0 + \frac{\partial x}{\partial f_1}\cdot\Delta f_1 + \frac{\partial x}{\partial f_2}\cdot\Delta f_2\right) + F_{x_0} \\ v_y &= \left(\frac{\partial y}{\partial e_0}\cdot\Delta e_0 + \frac{\partial y}{\partial e_1}\cdot\Delta e_1 + \frac{\partial y}{\partial e_2}\cdot\Delta e_2 + \frac{\partial y}{\partial f_0}\cdot\Delta f_0 + \frac{\partial y}{\partial f_1}\cdot\Delta f_1 + \frac{\partial y}{\partial f_2}\cdot\Delta f_2\right) + F_{y_0} \end{aligned}\right\} \tag{5-58}$$

根据最小二乘平差求解影像面的仿射变换参数，完成利用控制点提高 RFM 的精度。

在仅有一个控制点的情况下，式(5-57)退化为平移变换，仅求解偏移参数 e_0 和 f_0 来消除平移误差；当有较多地面控制点时，式(5-57)可改为二次或三次（二维）多项式函数，以模拟更复杂的像方几何变形。

5.3.4　有理多项式模型系数的解算与精化

有理多项式是作为共线方程模型的替代模型来使用的，前面 5.1.3 节已经简单说明了其系数来源于虚拟立体格网控制点。本节详细说明如何解算有理函数系数，并利用真实的地面控制点数据进行优化（利用地面控制点进行优化不是必需的，因为利用像方几何变换也是很常用的方法）。

求解 RFC 的前提条件是已知严格成像模型，并用该严格成像模型计算出一批虚拟立体格网控制点，这些控制点应当覆盖影像范围内的最大高程和最小高程（这是 RFM 被称为“与地形无关”的原因）。

求解 RFC 及精度分析的流程如图 5-18 所示，包含如下步骤：

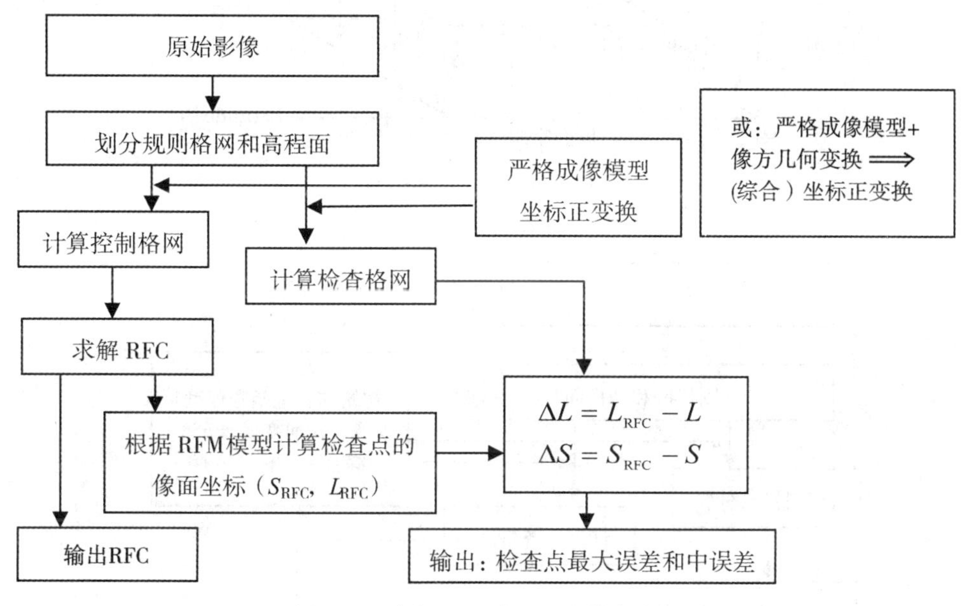

图 5-18　求解 RFC 流程以及精度分析

1. 建立空间格网获取虚拟控制点

由严格成像模型的正变换计算影像的四个角点对应的地面范围；根据美国地质调查局提供的全球 1km 分辨率 DEM（Global 30-arc-second DEM）计算该地区的最大最小椭球高。然后，在高程方向以一定的间隔分层。一般高程方向分层的层数大于 3，如图 5-19 所示。在原始影像上，以一定的格网大小划分规则格网，再由严格成像模型的正变换（若有真实的地面控制点，参考 5.3.3 节，需要事先计算像方几何变换参数，再根据格网点的像方坐标（sample，line）计算像方坐标 (x, y)，再代入共线方程模型的正变换公式），得到格网点的地面坐标。

在共线方程模型未知、有理函数模型和地面控制点已知的情况下，如果要重新优化有理函数系数，也需要一批虚拟立体格网控制点。如图 5-20 所示，首先根据真实地面控制点计算像方几何变换参数（参考 5.3.3 节），再根据格网点的像方坐标（sample，line）计算像

方坐标 (x,y)，再代入初始的有理函数模型进行坐标正变换，得到虚拟格网点的物方坐标。

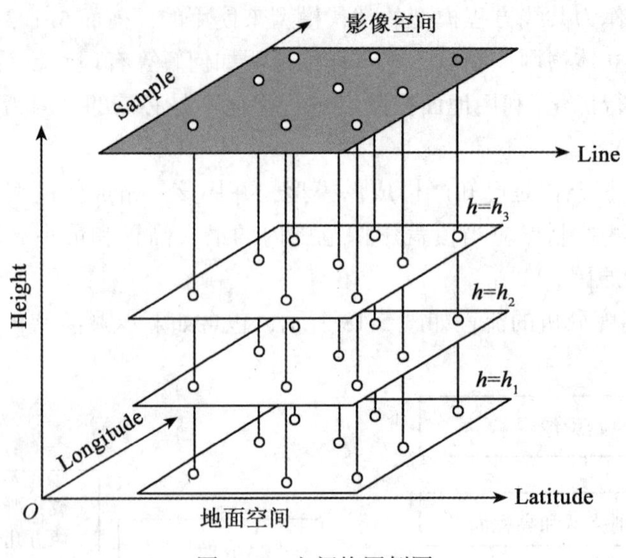

图 5-19　空间格网例图

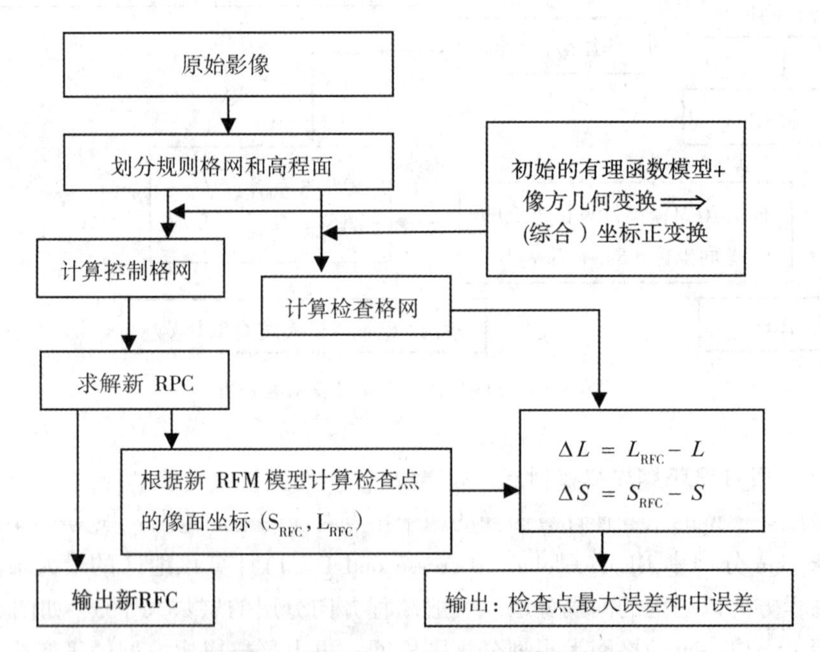

图 5-20　求解新 RFC 流程以及精度分析

加密控制格网和层，建立独立检查点。然后利用控制点坐标用式(5-59)和式(5-60)计算影像坐标和地面坐标的正则化参数，再用式(5-23)和式(5-24)将控制点和检查点坐标正则化。

$$\left.\begin{aligned} \text{LAT\_OFF} &= \frac{\sum \text{Latitude}}{n} \\ \text{LONG\_OFF} &= \frac{\sum \text{Longitude}}{n} \\ \text{HEIGHT\_OFF} &= \frac{\sum \text{Height}}{n} \\ \text{LINE\_OFF} &= \frac{\sum \text{Line}}{n} \\ \text{SAMP\_OFF} &= \frac{\sum \text{Sample}}{n} \end{aligned}\right\} \tag{5-59}$$

式中：

$$\left.\begin{aligned} &\text{LAT\_SCALE} = \max(|\text{Latitude}_{max} - \text{LAT\_OFF}| \quad |\text{Latitude}_{min} - \text{LAT\_OFF}|) \\ &\text{LONG\_SCALE} = \max(|\text{Longitude}_{max} - \text{LONG\_OFF}| \quad |\text{Longitude}_{min} - \text{LONG\_OFF}|) \\ &\text{HEIGHT\_SCALE} = \max(|\text{Height}_{max} - \text{HEIGHT\_OFF}| \quad |\text{Height}_{min} - \text{HEIGHT\_OFF}|) \\ &\text{LINE\_SCALE} = \max(|\text{Line}_{max} - \text{LINE\_OFF}| \quad |\text{Line}_{min} - \text{LINE\_OFF}|) \\ &\text{SAMP\_SCALE} = \max(|\text{Sample}_{max} - \text{SAMP\_OFF}| \quad |\text{Sample}_{min} - \text{SAMP\_OFF}|) \end{aligned}\right\} \tag{5-60}$$

2. 利用最小二乘法求解参数

将式(5-22)变形为：

$$\left.\begin{aligned} F_X &= \text{Num}_S(P,\ L,\ H) - X \cdot \text{Den}_S(P,\ L,\ H) = 0 \\ F_Y &= \text{Num}_L(P,\ L,\ H) - Y \cdot \text{Den}_L(P,\ L,\ H) = 0 \end{aligned}\right\} \tag{5-61}$$

则误差方程为：

$$\boldsymbol{V} = \boldsymbol{Bx} - \boldsymbol{l},\ \text{权}\ \boldsymbol{W} \tag{5-62}$$

式中：

$$\boldsymbol{B} = \begin{bmatrix} \dfrac{\partial F_X}{\partial a_i} & \dfrac{\partial F_X}{\partial b_j} & \dfrac{\partial F_X}{\partial c_i} & \dfrac{\partial F_X}{\partial d_j} \\ \dfrac{\partial F_Y}{\partial a_i} & \dfrac{\partial F_Y}{\partial b_j} & \dfrac{\partial F_Y}{\partial c_i} & \dfrac{\partial F_Y}{\partial d_j} \end{bmatrix},\ (i = 1,\ 20,\ j = 2,\ 20)$$

$$\boldsymbol{l} = [-F_X^0,\ \ -F_Y^0]^{\mathrm{T}}$$

$$\boldsymbol{x} = [a_i,\ b_j,\ c_i,\ d_j]^{\mathrm{T}}$$

$\boldsymbol{W}$ 为权矩阵。

根据最小二乘平差原理，可以求解 RFC (a_i, b_j, c_i, d_j)：

$$\boldsymbol{x} = (\boldsymbol{B}^{\mathrm{T}}\boldsymbol{B})^{-1}\boldsymbol{B}^{\mathrm{T}}\boldsymbol{l} \tag{5-63}$$

经过变形的 RFM 形式，平差的误差方程为线性模型，因此在求解 RFC 过程中可以不需要初值。

当用于解算 RFC 的控制点非均匀分布或模型过度参数化时，RFM 中分母的变化非常剧烈，这样就导致设计矩阵 $\boldsymbol{B}^{\mathrm{T}}\boldsymbol{B}$ 的状态变差，设计矩阵变为奇异矩阵，最小二乘平差不能收敛。为了克服最小二乘估计的缺点，可用岭估计的方式获得有偏的符合精度要求的计算结果。

3. 精度检查

用求解的 RPC 来计算检查点对应的影像坐标，与由严格成像模型(或初始有理多项式模型)计算的检查点影像坐标的差值来评定 RFC 的预测精度。

5.4 影像几何纠正过程

5.4.1 影像几何纠正的概念和过程

由于影像获取过程的复杂性，使得到的遥感影像存在几何形变，因此原始遥感影像不是工程中应用需要的正射投影影像。在使用遥感影像之前需要对遥感影像进行几何处理，使其位置和地面实际情况一致。因此必须对遥感影像进行几何纠正，并将其投影到需要的地理坐标系中。

遥感影像的几何纠正是指消除影像中的几何变形，产生一幅符合某种地图投影或图形表达要求的新影像。对于平坦地区、星下点成像的情况，几何纠正可以不考虑地形起伏；但对于地形起伏较大的地区，或观测角度较大的情况下，还需要利用 DEM 消除地形起伏引起的几何变形。目前主要有直接法和间接法两种纠正方案，如图 5-21 所示。

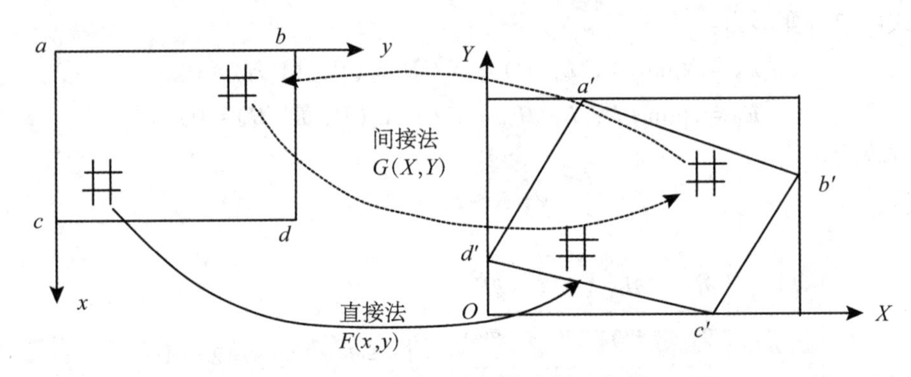

图 5-21　直接法和间接法纠正方案

直接法从原始影像阵列出发，按行列的顺序依次对每个原始像素点位求其在地面坐标系(输出影像坐标系)中的位置：

$$\left.\begin{aligned} X &= F_x(x,\ y) \\ Y &= F_y(x,\ y) \end{aligned}\right\} \tag{5-64}$$

式中：F_x 和 F_y 为几何模型的坐标正变换函数。同时，把该像素的原始灰度值移置到由式(5-64)算得的输出影像中的相应点位上去。

间接法从空白的输出影像阵列出发，按行列的顺序依次对每个输出像素点位反求其在原始影像坐标中的位置：

$$\left.\begin{aligned} x = G_x(X,\ Y) \\ y = G_y(X,\ Y) \end{aligned}\right\} \tag{5-65}$$

式中：G_x 和 G_y 是几何模型的坐标反变换函数。然后根据式(5-65)计算的原始影像坐标去内插灰度(称为灰度重采样)，将内插的灰度值赋予空白影像点阵中相应的像素点位上去。

这两种方案本质上并无差别，主要不同在于所用的纠正变换函数互为逆变换。纠正后像素获得灰度值的办法，对于直接法方案，称为灰度重配置，而对于间接法方案，称为灰度重采样。由于直接法纠正方案要进行像元的重新排列，要求内存空间大一倍，计算时间也长，考虑到间接法实施起来比较方便，在实践中通常使用的方案是间接法方案。

几何纠正包括两个环节：一是坐标的变换，即实现影像坐标与地图或地面坐标正反变换；二是像素灰度值进行重采样。数字影像几何精纠正或正射纠正的主要处理过程如下：

①模型选择。根据传感器的成像方式和地形特点确定影像坐标和地面坐标之间的数学模型；

②模型精化。根据地面控制点和对应像点坐标进行平差计算，确定精化的模型，并评定精度；

③几何变换。对原始影像进行几何变换，包括像素灰度值重采样；

④几何精度评价。对纠正结果影像进行几何精度评价，符合要求则纠正完成，否则要回到第二步或者第一步分析相应的原因。

当传感器成像的几何模型确定后，就可以用该几何模型对遥感影像进行几何变换，过程如下：①选择纠正方案(间接法)；②确定输出影像边界范围；③逐点计算原始影像坐标；④灰度重采样；⑤精度评价。

5.4.2　影像坐标的正、反变换

间接法的几何纠正过程为：首先通过坐标正变换获取输出影像的范围，然后对输出影像上的每个像素，通过坐标反变换求得其在原始影像上的坐标，再进行灰度重采样得到输出像素的灰度值。

这里，坐标正变换是指已知像方坐标求物方坐标的过程；坐标反变换是指已知物方坐标求像方坐标的过程。无论哪种几何模型，对几何纠正处理过程而言，就是坐标正、反变换两个函数的实现。

1. 正变换函数：确定纠正后影像的边界范围

纠正后影像的边界范围由该空间边界的地图(或地面)坐标的定义值决定。图 5-22(a)为一幅原始影像(四边形 $abcd$)，定义在影像坐标系 $a\text{-}xy$ 中。图 5-22(b)中 $O\text{-}XY$ 是地图坐标系，四边形 $a'b'c'd'$ 为纠正后的影像，四边形 $ABCD$ 表示输出影像的地面坐标范围。

纠正后影像边界范围的确定过程：

①把原始影像的四个角点 a，b，c，d 按几何模型正变换函数求出地图坐标系统对应的四个角点的坐标值：$(X'_a,\ Y'_a)$，$(X'_b,\ Y'_b)$，$(X'_c,\ Y'_c)$，$(X'_d,\ Y'_d)$。

②对坐标值按 X 和 Y 两个坐标组分别求其最小值$(X_1,\ Y_1)$和最大值$(X_2,\ Y_2)$，作为纠正后影像范围四条边界的地图坐标极值。

③根据地面坐标$(X,\ Y)$，确定输出影像坐标$(x'_p,\ y'_p)$：

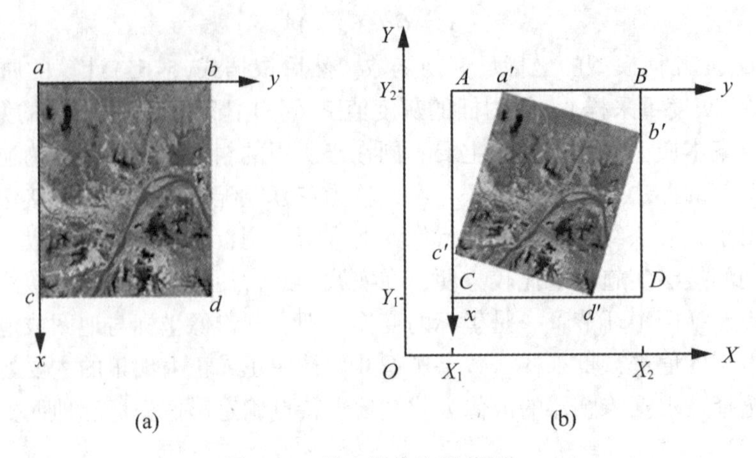

图 5-22 输出影像边界范围

$$\left.\begin{aligned} x'_p &= \frac{Y_2 - Y_p}{\Delta Y + 1} \\ y'_p &= \frac{X_p - X_1}{\Delta X + 1} \end{aligned}\right\}$$

或者

$$\left.\begin{aligned} X_p &= X_1 + (y'_p - 1)\Delta X \\ Y_p &= Y_2 - (x'_P - 1)\Delta Y \end{aligned}\right\} \tag{5-66}$$

式中：X_p，Y_p 为纠正后像素 p 对应的地面坐标值；x'_p，y'_p 为纠正后像素 p 的影像坐标(行列号)值。

(1)基于共线方程模型的正变换

基于共线方程模型的正变换可以直接利用式(5-4)计算，无需迭代。

(2)基于有理函数模型的正变换

分析式(5-22)的 RFM，为了进行正变换，像点坐标可通过影像量测获得，像点坐标对应的高程可人工给定。为求解像点的地面坐标，该公式中所要解求的未知数仅为地面点坐标，也就是两个方程求解两个未知数。但是 RFM 型对地面点求正则化坐标(P，L)的方程为非线性方程，所以需要将其线性化，然后利用最小二乘迭代的方式获得其准确的地面正则化坐标。

基于 RFM 模型的影像纠正正变换的步骤为：

①根据式(5-57)，将影像量测坐标(x,y)变换为(line,sample)；

②根据式(5-23)、式(5-24)将(line,sample)和该点高程正则化，并假定 P 和 L 的初值为 0；

③根据式(5-62)组建误差方程；

④由式(5-63)迭代求解 P 和 L；

⑤由式(5-23)求解该点的经纬度；

⑥将该点投影到一定的投影系统中获取其平面坐标。

(3)基于多项式模型的正变换

利用式(5-20)的逆变换公式计算像点(x,y)对应的地面坐标(X,Y)。

2. 反变换函数：计算像素在原始影像上的坐标

通过模型参数精化计算，确定纠正的几何模型，再利用确定的模型，对每一个输出的影像坐标计算其在原始影像上的像点坐标。

1)基于共线方程模型的反变换

(1)对于面阵中心投影的共线方程，直接计算无需迭代

考虑到像主点的坐标 (x_0, y_0)，由式(5-5)得到：

$$\left.\begin{aligned} x - x_0 &= -f\frac{a_{11}(X_p - X_S) + a_{21}(Y_p - Y_S) + a_{31}(Z_p - Z_S)}{a_{13}(X_p - X_S) + a_{23}(Y_p - Y_S) + a_{33}(Z_p - Z_S)} \\ y - y_o &= -f\frac{a_{12}(X_p - X_S) + a_{22}(Y_p - Y_S) + a_{32}(Z_p - Z_S)}{a_{13}(X_p - X_S) + a_{23}(Y_p - Y_S) + a_{33}(Z_p - Z_S)} \end{aligned}\right\} \tag{5-67}$$

原始影像是以行、列数进行计量的，应利用影像坐标与扫描坐标之间的关系，求相应的像元素坐标，也可以由(X, Y, Z)直接求解扫描坐标行的列号(I, J)。

因为存在

$$\begin{bmatrix} a_{11} & a_{21} & a_{31} \\ a_{12} & a_{22} & a_{32} \\ a_{13} & a_{23} & a_{33} \end{bmatrix}\begin{bmatrix} X - X_S \\ Y - Y_S \\ Z - Z_S \end{bmatrix} = \lambda\begin{bmatrix} m_1 & m_2 & 0 \\ n_1 & n_2 & 0 \\ 0 & 0 & 1 \end{bmatrix}\begin{bmatrix} I - I_0 \\ J - J_0 \\ -f \end{bmatrix}$$

则有

$$\lambda\begin{bmatrix} I - I_0 \\ J - J_0 \\ -f \end{bmatrix} = \lambda\begin{bmatrix} m_1' & m_2' & 0 \\ n_1' & n_2' & 0 \\ 0 & 0 & 1 \end{bmatrix}\begin{bmatrix} a_{11} & a_{21} & a_{31} \\ a_{12} & a_{22} & a_{32} \\ a_{13} & a_{23} & a_{33} \end{bmatrix}\begin{bmatrix} X - X_S \\ Y - Y_S \\ Z - Z_S \end{bmatrix}$$

简化后得到：

$$\left.\begin{aligned} I &= \frac{L_1X + L_2Y + L_3Z + L_4}{L_9X + L_{10}Y + L_{11}Z + 1} \\ J &= \frac{L_5X + L_6Y + L_7Z + L_8}{L_9X + L_{10}Y + L_{11}Z + 1} \end{aligned}\right\} \tag{5-68}$$

式中：系数 L_1，L_2，…，L_{11} 是内定向变换系数 m_1'，m_2'，n_1'，n_2'、主点扫描坐标(I_0, J_0)、旋转矩阵元素 a_{11}，a_{21}，…，a_{33} 以及摄站坐标(X_S, Y_S, Z_S)的函数。

根据式(5-21)，可以由(X, Y, Z)直接获得数字化影像的像元坐标(I, J)。

(2)对于线阵推扫成像的共线方程模型，需要迭代实现坐标反变换

具体步骤为：

①将外部输入的物方坐标变换为 WGS84 下的经纬度和椭球高；

②设定像方坐标初始值；

③根据像方坐标的行号求得成像时刻 t，根据 t 内插得到外方位元素，计算旋转矩阵，由坐标正变换公式得到物方坐标；

④比较计算得到的物方坐标和外部输入的物方坐标，如果差异小于给定的阈值，则停止迭代，输出像方坐标；如果差异大于给定的阈值，则按照一定的规则计算新的像方坐

标，返回第③步继续迭代；

2）基于有理函数模型的反变换

RFM 反变换的具体流程为：

①将平面坐标和该点高程变换为 WGS84 下的经纬度和椭球高；

②根据式(5-23)，将地面坐标正则化；

③由式(5-22)，计算像点的正则化坐标(X,Y)；

④由式(5-24)，计算像点的(line, sample)；

⑤由式(5-57)，将(line, sample)变换为(x,y)。

3）基于多项式模型的反变换

直接根据式(5-20)由(X,Y)计算像点坐标(x,y)。

5.4.3 影像灰度值重采样

如果输出影像阵列中的任一像素在原始影像中的像点坐标值为整数，则可将整数点位上的原始影像的灰度值直接取出填入输出影像；若该点位的坐标计算值不为整数时，原始影像阵列中该非整数点位上并无现成的灰度值存在。灰度值重采样是指采用适当的方法把该点位周围整数点位上灰度值对该点的贡献累积起来，构成该点位新灰度值的过程。

影像灰度值重采样时，周围像素灰度值对被采样点贡献的权可用重采样函数来表达。理想的重采样函数是如图 5-23 所示的辛克(SINC)函数，其横轴上各点的幅值代表了相应点对其原点处灰度贡献的权。但由于辛克函数是定义在无穷域上的，包括三角函数的计算，实际使用起来不方便，因此一般采用了一些近似函数代替它，据此产生了几种常用的重采样算法。

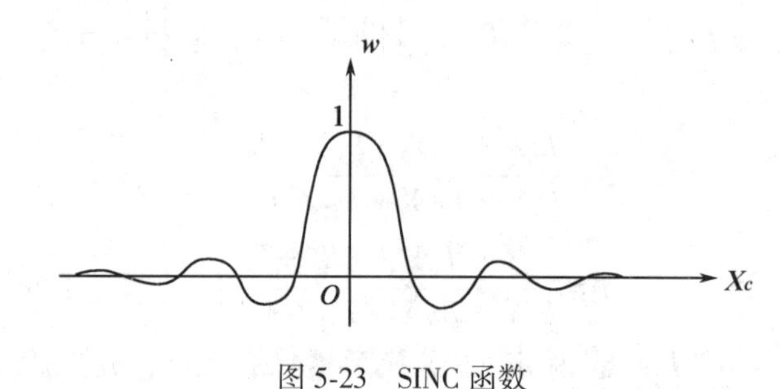

图 5-23 SINC 函数

1. 双三次卷积重采样法

该方法用一个三次重采样函数来近似表示辛克函数，如图 5-24 所示。

$$\left.\begin{aligned} W(x_c) &= 1 - 2x_c^2 + |x_c|^3, & 0 \leqslant |x_c| \leqslant 1 \\ W(x_c) &= 4 - 8|x_c| + 5x_c^2 - |x_c|^3, & 1 \leqslant |x_c| \leqslant 2 \\ W(x_c) &= 0, & |x_c| > 2 \end{aligned}\right\} \tag{5-69}$$

式中：X_c 定义为以被采样点 p 为原点的邻近像素 x 坐标值，其像素间隔为 1，当把式(5-69)的函数作用于影像 y 方向时，只需把 x 换为 y 即可。

设 p 点为被采样点，它距离左上方最近像素(22)的坐标差 Δx，Δy 是一个小数值，即

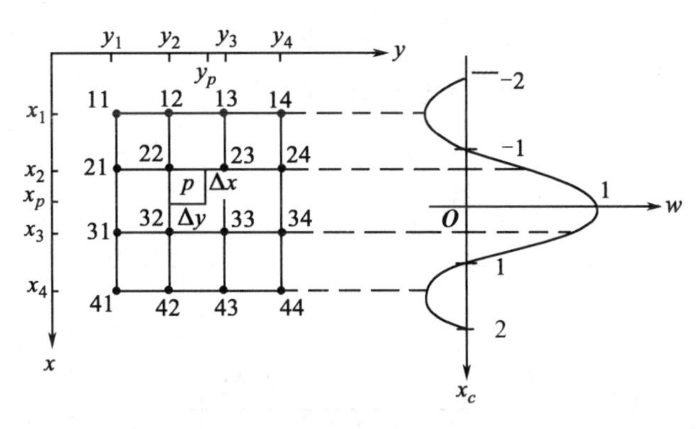

图 5-24　双三次卷积灰度重采样

$$\Delta x = x_p - \text{取整}(x_p) = x_p - x_{22}$$

$$\Delta y = y_p - \text{取整}(y_p) = y_p - y_{22}$$

当利用三次函数对 p 点灰度重采样时，需要 p 点邻近的 4×4 个已知像素(i, j)($i=1$, 2, 3, 4; $j=1$, 2, 3, 4)的灰度值(I_{ij})参加计算。

内插点 p 的灰度值为：

$$I_p = W_x \cdot I \cdot W_y^{\mathrm{T}} \tag{5-70}$$

式中：

$$Wx = (Wx_1, Wx_2, Wx_3, Wx_4)$$

$$I = \begin{bmatrix} I_{11} & I_{12} & I_{13} & I_{14} \\ I_{21} & I_{22} & I_{23} & I_{24} \\ I_{31} & I_{32} & I_{33} & I_{34} \\ I_{41} & I_{42} & I_{43} & I_{44} \end{bmatrix}$$

$$Wy = (Wy_1, Wy_2, Wy_3, Wy_4)$$

$$Wx_1 = -\Delta x + 2\Delta x^2 - \Delta x^3, \quad Wy_1 = -\Delta y + 2\Delta y^2 - \Delta y^3$$

$$Wx_2 = 1 - 2\Delta x^2 + \Delta x^3, \quad Wy_2 = 1 - 2\Delta y^2 + \Delta y^3$$

$$Wx_3 = \Delta x + \Delta x^2 - \Delta x^3, \quad Wy_3 = \Delta y + \Delta y^2 - \Delta y^3$$

$$Wx_4 = -\Delta x^2 + \Delta x^3, \quad Wy_4 = -\Delta y^2 + \Delta y^3$$

双三次卷积重采样的内插精度较高，但计算量大。

2. 双线性内插法

该方法的重采样函数是对辛克函数的更粗略近似，可以用如图 5-25 所示的一个三角形线性函数来表达：

$$W(x_c) = 1 - |x_c| \quad (0 \leqslant |x_c| \leqslant 1) \tag{5-71}$$

当实施双线性内插时，需要被采样点 P 周围 4 个已知像素的灰度值参加计算，即

$$I_p = Wx \cdot I \cdot Wy^{\mathrm{T}} = [W_{x_1} \quad W_{x_2}] \begin{bmatrix} I_{11} & I_{12} \\ I_{21} & I_{22} \end{bmatrix} \begin{bmatrix} W_{y_1} \\ W_{y_2} \end{bmatrix} \tag{5-72}$$

式中：

$$W_{x1} = 1 - \Delta x, \ W_{x2} = \Delta x$$
$$W_{y1} = 1 - \Delta y, \ W_{y2} = \Delta y$$

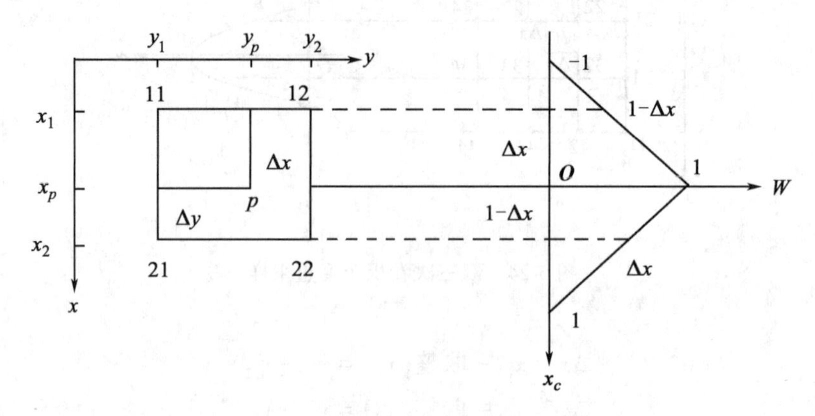

图 5-25　双线性插值法灰度重采样

该法的计算较为简单，具有一定的灰度采样精度，是实践中常用的方法，但重采样后的影像略变模糊。

3. 最邻近像元采样法

该方法实质是取距离被采样点最近的已知像素的灰度 I_N 作为采样灰度，其采样函数为：

$$W(x_c, y_c) = 1 \quad (x_c = x_N, y_c = y_N) \tag{5-73}$$

式中：x_N = 取整$(x_p + 0.5)$，y_N = 取整$(y_p + 0.5)$。

采样灰度为：

$$I_p = W(x_c, y_c) \cdot I_N = I_N \tag{5-74}$$

最邻近像元采样法最简单，辐射保真度较好，但它将造成像点在一个像素范围内位移，几何精度较其他两种方法差。

5.4.4 影像几何纠正精度评价

通过几何纠正获得了具有地理编码的遥感影像(通过正射纠正得到数字正射影像，称为 DOM)，还需要对纠正结果做几何精度评价，主要有以下几个评价指标。

1. 均值、中误差和均方根误差

几何纠正精度就是纠正后影像上的坐标与真实位置的差别，一般用控制点中误差和检查点中误差来定义。中误差是所有测量点误差平方均值的平方根值。反映影像的纠正精度主要是检查点中误差，检查点中误差越小，则影像纠正的精度越高，影像坐标越符合实际地理编码。

获取均值和中误差的方法如下：首先从影像上量测一批检查点的坐标 (x_i, y_i)，它们与其真实坐标 (x_i', y_i') 的差用残差 $(\Delta x_i, \Delta y_i)$ 表示；对所有检查点的残差进行统计，计算出均值 (dx, dy) 和中误差 (m_x, m_y)。中误差有时也用均方根误差 RMS = $\mathrm{sqrt}(m_x^2 + m_y^2)$ 表示。

2. 长度变形和角度变形精度

长度变形精度，即影像上不同方位上两个检查点对之间的距离与真实同名点对之间的真实距离的相对误差。分别计算影像上各点对的距离与相应点对的真实距离的差值，再计算各个方位的长度变形精度，从而计算整体长度变形精度。

角度变形精度，即影像上不同方位上两个检查点对所形成的直线与真实同名点对的直线间的夹角。角度变形精度通常以影像上垂直轨道方位、沿着轨道方位、左对角线方位，右对角线方位为基本参考方位，在相应方位检查点与影像中心点所形成的直线与真实同名点对的直线的角度来表示。计算整体角度变形精度，即求各个方位检查点角度偏移的平均值。

3. 圆点误差

常用的 CE 有 CE90 和 CE95，按照全国地图精度标准(National Map Accuracy Standard, NMAS)的定义为：一幅影像或地图中包含 90%(95%)的数据点误差的半径范围，即影像中 90%(95%)以上两点之间测得的距离与实测值之间的误差在 CE90(CE95)以内。比如 WORLDVIEW-2 影像，其产品说明中定位精度为 12. 2m CE90，即影像中 90%以上两点之间测得的结果与实测值之间的误差在 12. 2m 以内。CE 从控制点的统计分布及变化趋势进行评价，将各个检查点的残差在坐标系里标出，再统计其误差分布，可以得到残差的圆点误差分布图，如图 5-26 所示。

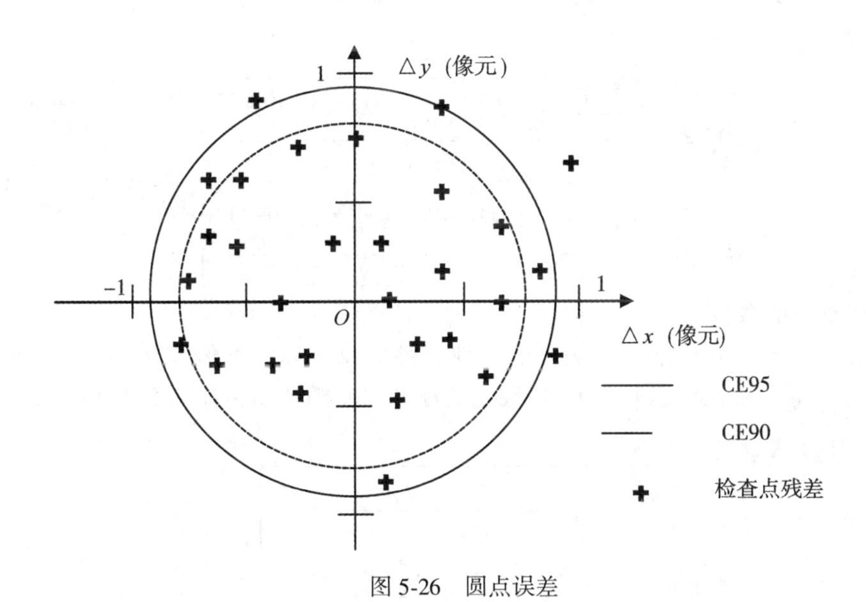

图 5-26　圆点误差

4. Moran's I 空间自相关系数和标准偏差椭圆

用 Moran's I 空间自相关系数来评价残差的空间独立性和随机性，用标准偏差椭圆来描述纠正后控制点(GCP)残差的随机性和方向性等分布特性。

Moran's I 统计量为：

$$I=\frac{n\sum_{i}\sum_{j}\boldsymbol{w}_{ij}(x_i-\bar{x})(x_i-x)}{2\sum_{i}\sum_{j}\boldsymbol{w}_{ij}\sum_{i}(x_i-\bar{x})^2} \tag{5-75}$$

式中：n 表示 GCP 的数量；$x_i x_j$ 为第 $i(j)$ 个 GCP 的残差值；$\bar{x}$ 为 n 个 GCP 残差的平均值；$\boldsymbol{w}_{ij}$ 为定义第 i 个和第 j 个 GCP 关系的权重矩阵，可以利用距离关系或 GCP 生成泰森多边形后的邻接关系得到。Moran's I 系数的取值为-1～1，正值表示空间正自相关，负值表示空间负自相关，0 值表示空间随机分布。

在二维空间中，空间对象集在各个方向上的分布有可能是相同的(各向同性)，也有可能是随着方向而变化(各向异性)，在空间分析中需要衡量它们在空间中的方向特征和离散水平。标准偏差椭圆(Standard Deviational Ellipse，SDE)方法可用于检验几何纠正后 GCP 残差的方向分布特性。

标准偏差椭圆计算：首先计算空间对象集合的均值 $(\bar{x},\bar{y})$，然后计算偏差椭圆的旋转角度 θ。y 轴(顺时针)旋转角度的公式为：

$$\left.\begin{aligned}\theta&=\arctan\left[\frac{\sum_{i}(x_i-\bar{x})^2-\sum_{i}(y_i-\bar{y})^2+\sqrt{C}}{2\sum_{i}(x_i-\bar{x})(y_i-\bar{y})}\right]\\ C&=\sum_{i}(x_i-\bar{x})^2-\sum_{i}(y_i-\bar{y})^2+4\sum_{i}((x_i-\bar{x})(y_i-\bar{y}))^2\end{aligned}\right\} \tag{5-76}$$

最后计算纠正后的标准差 SD_x，SD_y：

$$\left.\begin{aligned}SD_x&=\sqrt{\frac{2\sum_{i}((x_i-\bar{x})\cos\theta-(y_i-\bar{y})\sin\theta)^2}{n-2}}\\ SD_y&=\sqrt{\frac{2\sum_{i}((x_i-\bar{x})\sin\theta-(y_i-\bar{y})\cos\theta)^2}{n-2}}\end{aligned}\right\} \tag{5-77}$$

式中：n 为检查点的数量。

在此基础上可以得到标准偏差椭圆的其他属性信息，如标准偏差椭圆的长(短)轴长度、面积、扁率等。由此可以画出 GCP 残差的标准偏差椭圆图，如图 5-27 所示。

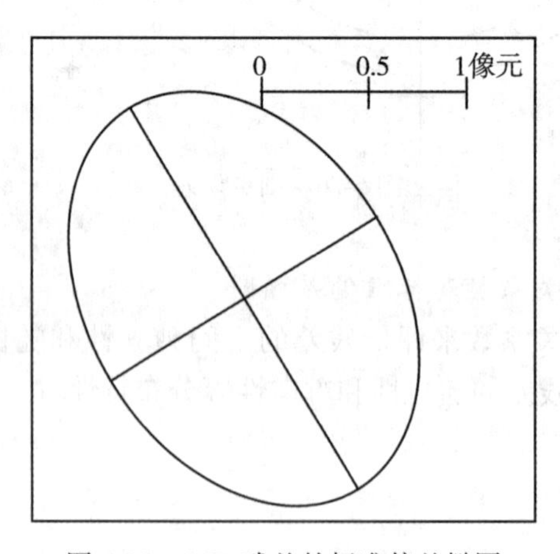

图 5-27　GCP 残差的标准偏差椭圆

5.5　地面控制点的获取方式

遥感影像几何纠正的一个重要内容是如何高效准确地获取地面控制点及其坐标。对地面控制点选取的要求是同名点容易获取，分布要均匀，数量要足够，精度要符合要求。目前获取地面控制点的方式有传统的人工选择方式、基于控制点库的影像匹配方式和基于松弛法的整体影像匹配方式等。

5.5.1　人工选择方式

本方法利用目视方式从参考数据上获取地面控制点坐标。用于选择地面控制点坐标的方法有：一是在地形图、DOM、矢量图、扫描地图、电子地图、具有地理编码的遥感影像等参考数据上进行目视选取地面控制点；二是利用定位系统实地测定，该方法优点是获取的控制点精度较高，但工作量大，采集区域有限。选择的时候要求在高一级比例尺的参考数据上选取，要求控制点能够容易判断，可以选择特征明显的目标。对于没有现成 DOM 的地区，利用地形图选择地面控制点是最基本的方式。

通过参考数据目视获取控制点时，往往由于待纠正影像或参考图分辨率(比例尺)不高，特别是欲选择控制点区域不够清晰或细节较模糊时，通常会放大待纠正影像或参考图，从而辅助人工目视解译获取控制点对。放大方式主要有：直接进行待纠正影像或参考图放大方式、全局窗口和分离放大窗口关联方式、放大镜方式；非线性放大的方式，即放大局部信息的同时保持全局信息的完整性。通过鱼眼、透视放大、基于变换函数等非线性放大方来获取控制点，可保证控制点选择的准确可靠。

人工选择控制点往往效率比较低，劳动强度大，同时选点繁琐，对工作人员要求较高，控制点精度受参考图的分辨率或比例尺等因素的影响。

5.5.2　基于控制点库的影像匹配方式

基于控制点库影像匹配获取控制点的方式，首先需要建立控制点影像库，然后利用影像库通过匹配方式获取控制点。

1. 建立控制点库

地面控制点库指的是某个区域包含若干个地面控制点影像区域数据库，建立地面控制点库的目的是以该库的控制点信息为参考，利用相应的技术在新获取的遥感影像上获取同名点。

人工建库：选择质量直接影响控制点匹配的精度和稳定性，因此建立高质量的控制点库，是自动地理配准成功的关键。控制点库通过人机交互方式建立，选择云量较少、地面纹理清晰的具有地理编码的影像或者 DOM，再从中选择可作为控制点的影像区域，加入到控制点库中。选择控制点的基本原则包括：①根据现有的参数数据的情况，建立每个控制点在不同时期的控制点样本(每一个控制点至少要有春、夏、秋、冬四个季节白天和晚上的典型遥感资料样本)；②控制点区域应该具有明显的纹理特征，如选择形状不规则的水库、河流、城市、山脉、道路交叉口等容易判断的区域，无明显纹理的平原区、大片耕地不适合作为控制点；③选择的控制点要有一定的数量以及合适的分布，以保证对于不同条件下获取的遥感影像也能找到足够数量的匹配控制点；④考虑到计算机匹配速度和效率问题，选择的控制点区域不宜过大。

自动建库有两种方式：一种是每次人工选点后，控制点影像自动入库；另一种是直接从现有的正射影像等间距地取小块影像数据作为控制点入库。前一种方式保证了控制点影像包含明显地物点，但是其坐标可能存在人工选点误差；后一种方式虽保证了点的坐标是正确的，但可能没有明显的地物点。相对于人工建库方式，自动建库可谓速度快、效率高；自动建库过程可以自动读取元数据信息。

控制点影像库随着控制点数量的增多，需要定期维护。比如，建索引以加快查询速度；定期统计每个控制点的使用情况；查看长期不用的控制点是否包含水面等无效影像；对经常用到的高质量控制点单独设一个标志；当某一地区控制点太过于密集时，可以删掉一些利用率低的点等。

控制点库包含影像数据和属性数据两类。

(1)属性数据(元数据)

属性数据用于描述与控制点有关的地理位置和其他相关信息。控制点地理信息记录控制点在某一确定投影空间的位置关系，控制点的坐标信息要和投影参数相对应，必要时可进行投影转换。每一个控制点的元数据应该包括：影像的行列数、左上角点的坐标、参考椭球、投影方式以及影像的比例尺等；同影像数据进行连接的标识号，以实现影像数据与属性数据的正确连接。在确定了数据库中的元数据后，所有控制点的属性数据格式是相同的，因此元数据库是关系数据库，每一个图形影像控制点的属性用一条记录来表示。

(2)影像数据

图形和影像控制点均是以栅格形式存储的包含某一个明显地物的影像。影像控制点是来自于纠正后具有某一投影的航空或遥感影像，图形控制点来自于地形图扫描定向后的数字影像。在数据库中，由于栅格影像的特殊性，它无法像属性数据那样以一条记录来存储，每一个影像都是以文件形式存储在一定的目录下，按目录来进行管理。图形影像控制点区别于传统的控制点就在于它有影像数据，使得它在传统的控制点无法确定的区域能够选点进行几何纠正。

2. 计算相关系数

虽然多源影像之间存在变形，但就局部区域而言，同一地面目标在每幅影像上都具有相应的影像结构，并且它们之间是十分相似的，这就可以采用数字影像相关的方法确定影像的同名点。

影像相关是利用两个信号的相关函数，评价它们的相似性以确定同名点。首先取出以待定点为中心的小区域中的影像信号，然后取出其在另一影像中相应区域的影像信号，计算两者的相关函数，以相关函数最大值对应的相应区域中心点为同名点，即以影像信号分布最相似的区域为同名区域，其中心点为同名点。

对两个离散的数字影像，其灰度数据 f，g 的相关系数表达式为：

$$\rho(c, r)=\frac{\sum_{i=1}^{m}\sum_{j=1}^{n}(f_{i,j}-\bar{f}_{i,j})(g_{i+r,j+c}-\bar{g}_{r,c})}{\sqrt{\sum_{i=1}^{m}\sum_{j=1}^{n}(f_{i,j}-\bar{f}_{i,j})^2\sum_{i=1}^{m}\sum_{j=1}^{n}(g_{i+r,j+c}-\bar{g}_{r,c})^2}} \tag{5-78}$$

式中：

$$\bar{f}=\frac{1}{n\cdot m}\sum_{i=1}^{m}\sum_{j=1}^{n}f_{i,j}$$

$$\bar{g}=\frac{1}{n\cdot m}\sum_{i=1}^{m}\sum_{j=1}^{n}g_{i,j}$$

f 为目标区的灰度窗口；g 为搜索区内大小为 $m\cdot n$ 的灰度窗口；(i,j) 为目标区中的像元行列号；(c,r) 为搜索区中心的坐标，搜索区移动后，(c,r) 随之变化；m 和 n 分别为目标区和搜索区的列数和行数；$\rho(c,r)$ 为目标区和搜索区在 (c,r) 处的相关系数，当目标区在搜索区中搜索完后，ρ 最大者对应的 (c,r) 即为目标区的中心点的同名点。

3. 匹配过程

建立了控制点库后，如何根据控制点影像在待纠正的影像上快速而准确匹配同名点，是匹配算法的关键点。

控制点影像库匹配的一般过程如下：

①根据初始几何定位模型确定每个控制点影像在待纠正影像上的位置 P 和方向；

②对控制点影像进行旋转、平移与缩放，使之与待纠正影像的尺度、方向一致；

③以位置 P 为中心，根据纠正模型的初始精度确定一个搜索窗口；

④在搜索窗口内进行逐点匹配，找到相关系数最大值对应的点即为同名点；

⑤对同名点坐标进行换算，得到控制点对应的地理参考坐标。

另外，为了提高搜索匹配效率，可以采用金字塔分层匹配策略。首先对待纠正影像和控制点影像建立多层金字塔，从上往下、由粗到细逐级匹配，搜索窗口逐渐变小、同名点的位置越来越精确。在金字塔最后一层可以采用最小二乘匹配算法，以得到子像素级的匹配精度。

4. 剔除匹配错误点

首先，在匹配过程中可以设置阈值，若一个窗口内的最大相关系数没有达到该阈值，则认为该窗口内不存在同名点。

最经典的方法应该这样：参考前面像方仿射变换的方法，在匹配点坐标与预测点坐标之间建立仿射变换关系，根据此变换关系求出所有点的残差，若残差大于中误差的三倍，则逐个删除残差最大的点，每次删除一个点后，需要重新计算仿射变换系数，并重新计算所有点的残差。若所有点残差都小于 3 倍中误差，则认为不存在粗差点。

5.5.3　基于松弛法的整体影像匹配方式

以影像特征提取与基于松弛法的整体影像匹配相结合，全自动地获取密集同名点对作为控制点。

1. 影像特征点提取

将目标影像中的明显点提取出来作为配准的控制点，这些点特征的提取是利用兴趣算子提取的。

设计控制点匹配算法首先是选择一个合适的特征空间，在此特征空间上进行匹配。特征空间可以是灰度值，也可以是局部结构特征(如边界、轮廓、表面)或显著特征(如角点、线交叉点等)，也可以是在局部结构特征上提取的属性或者描述包括边缘的定向和弧度、边与线的长度和曲率、区域的大小等。除了局部特征的属性外，还可以用这些局部特征之间的关系描述全局特征，这些关系包括几何关系和拓扑关系。基于影像灰度的方法计算简单，匹配速度快，但影像本身的缩放、旋转会影响到匹配的准确性；基于影像特征的方法考虑因素较多，处理复杂，稳定性易受影像细节轻微变化和影像退化的影响。

经过预处理和初步投影后的遥感资料几何畸变一般较小，因此可以采用灰度相关的匹配算法，常见的有基于影像灰度、角点特征、线特征、纹理特征、边缘特征等匹配方法。

目前广泛使用的影像匹配方法是基于影像像素的匹配方法。该方法以影像中特征(点、线、区域、轮廓)的匹配为基础，按匹配的特征对建立的映射关系进行影像变换。另一类影像匹配方法是基于物理模型的匹配。该方法不再将影像视为离散的像素，而是视为连续的弹性或者流体材料模型，再根据物理关系进行匹配。该方法具有模型直观、对局部特征敏感等特点。

2. 预处理

不同的遥感影像间存在着平面位置、方位和比例的差异，因而需要对其进行平移、旋转与缩放等预处理，以便于影像匹配。当影像的差异较大时，需要人工选取1~3对同名点的概略位置，再根据这些同名点解算影像间概略的平移、旋转与缩放等预处理参数。

经过预处理，影像的比例尺和方位与目标影像基本接近，使影像匹配容易进行。

3. 粗匹配

以特征点为中心，取一矩形窗口作为目标窗口。根据先验知识的预测，从影像中取一较大的矩形窗口作为搜索窗口。将目标窗口的灰度矩阵和搜索窗口中等大的子窗口灰度矩阵进行比较，其中最相似的子窗口的中心为该特征点的同名点。

粗匹配的结果将被作为控制点，用于后续的精匹配，因此具有较高的可靠性，其分布应尽量均匀。为了提高可靠性，可以用由粗到细的匹配策略，特征提取与粗匹配按分层多级影像金字塔结构进行。

4. 几何条件约束的整体松弛匹配

(1)改正地面坡度产生的畸变

地面坡度产生不同的畸变是影像间最重要的差别。前述的粗匹配方法是以特征点为窗口的中心，该方法不考虑上述差别，因而不能解决地面坡度产生不同畸变的问题。针对该方法的不足，采用边缘模式的窗口，即以两相邻的特征作为左右两边的窗口。在评价相似性之前，先将搜索子窗口重采样，使其与目标窗口等大，然后再评价其相似性，这样可以克服坡度引起的畸变差对匹配的不利影响。

(2)几何约束条件

大部分的地表是连续光滑的，因此在匹配的过程中应先考虑连续光滑的几何约束条件。第一，目标点的顺序与其同名点的顺序应相当，不应当有逆序；第二，同名点的左右横坐标差不应由突变，有突变者，一般是粗差应剔除；第三，同名点的左右横坐标应当相差不大，它们离一拟合曲面的距离不大。

(3)整体松弛匹配

传统的影像匹配是孤立的单点匹配，它以相似性测度最大或最小为评价标准，取该测度为其唯一的结果，它不考虑周围点的匹配结果的一致性。由于影像变形的复杂性，相似性测度最大者有时不是对应的同名点。根据相关分析，互相关是一多峰值函数，其最大值不一定对应着同名点，而非峰值则有可能是同名点，因此同名点的判定必须借助其临近的点，且它们的影响是相互的。利用整体松弛匹配法能较好地解决这个问题。

5.6　遥感影像几何处理的应用举例

5.6.1　低空遥感平台获取的影像几何处理

无人飞行器遥感系统是主要的低空遥感平台，具有快速机动、低使用成本、高分辨率影像数据获取的能力，一般采用非量测的普通数码相机作为主要的影像获取设备。普通数码相机具有固体化、体积小、重量轻并且能快速获取高精度的几何像元等特点。但普通数码相机不是专门为摄影测量设计制造的量测型相机，其获取的影像存在影像畸变。

1. 数码相机的误差来源

(1)数码相机的误差

数码相机的误差主要是由光学镜头的畸变与机械误差引起，又称为光学误差和机械误差。

光学误差主要是指光学畸变差，即摄影机物镜系统设计、制作和装配误差所引起的像点偏离其正确成像位置的点位误差。光学畸变差包括了径向畸变差和切向畸变差两类。径向畸变差使构像点沿径向方向偏离其准确位置；而切向畸变是由于镜头光学中心和几何中心不一致引起的误差，它使构像点沿径向方向和垂直于径向方向都偏离其正确位置。

机械误差指在光学镜头摄取的影像转化到数字化阵列影像这一步产生的误差。这主要是由以下两个因素引起的：扫描阵列不平行于光学影像，致使数字化影像相对于光学影像有旋转；每个阵列元素尺寸不同而产生不均匀变形。因此，光学误差、机械误差这两方面构成了非量测数码相机的误差。

(2)数码相机的检校

数码相机的检校主要是测定相机的内方位元素：相机主距 f、像主点坐标 (x_0, y_0)、相机的镜头畸变参数以及 CCD 面阵的变形系数。

无人飞行器获取遥感影像之前，通过布设三维相机检校控制场检校数码相机，确定相关参数和内方位元素 (x_0, y_0, f)。

根据几何光学原理，相机物镜的径向畸变可通过如下数学模型进行改正：

$$\left.\begin{aligned} \partial_{rx} &= (x - x_0)(k_1 r^2 + k_2 r^4 + k_3 r^6 + \cdots) \\ \partial_{ry} &= (y - y_0)(k_1 r^2 + k_2 r^4 + k_3 r^6 + \cdots) \end{aligned}\right\} \tag{5-79}$$

式中：$k_i(i = 1,2,3)$ 为物镜径向畸变系数；$r = \sqrt{(x - x_0) + (y - y_0)}$ 为径向距离。

相机物镜的切向畸变可通过如下数学模型进行改正：

$$\left.\begin{aligned} \partial_{dx} &= p_1[r^2 + 2(x - x_0)^2] + 2p_2(x - x_0)(y - y_0) \\ \partial_{dy} &= p_2'[r^2 + 2(y - y_0)^2] + 2p_1(x - x_0)(y - y_0) \end{aligned}\right\} \tag{5-80}$$

式中：p_1，p_2 为切向畸变系数。

相机 CCD 面阵变形模型可通过下式来设正：

$$\mathrm{d}x = \alpha(x - x_0) + \beta(y - y_0)$$
$$\mathrm{d}y = \alpha(y - y_0) + \beta(x - x_0)$$

式中：α 是像素的非正方形比例因子；β 是 CCD 阵列排列非正交性的畸变系数。

由上面所提及的畸变模型可知相机畸变总改正模型为：

$$\left.\begin{aligned}\Delta x &= (x - x_0)(k_1 r^2 + k_2 r^4) + p_1[r^2 + 2(x - x_0)^2] + \\ &\quad 2p_2(x - x_0)(y - y_0) + \alpha(x - x_0) + \beta(y - y_0) \\ \Delta y &= (y - y_0)(k_1 r^2 + k_2 r^4) + p_2[r^2 + 2(y - y_0)^2] + \\ &\quad 2p_1(x - x_0)(y - y_0) + \alpha(y - y_0) + \beta(x - x_0)\end{aligned}\right\} \tag{5-81}$$

由于普通的数码相机主距 f 和像主点坐标 (x_0, y_0) 都是未知的，根据影像无法直接量测以像主点为原点的坐标，因此共线方程要考虑到主点坐标 (x_0, y_0) 和影像畸变，可改成下式：

$$\left.\begin{aligned}x - x_0 + \Delta x &= -f\frac{a_1(X - X_s) + b_1(Y - Y_s) + c_1(Z - Z_s)}{a_3(X - X_s) + b_3(Y - Y_s) + c_3(Z - Z_s)} = f\frac{\overline{X}}{\overline{Y}} \\ y - y_0 + \Delta y &= -f\frac{a_2(X - X_s) + b_2(Y - Y_s) + c_2(Z - Z_s)}{a_3(X - X_s) + b_3(Y - Y_s) + c_3(Z - Z_s)} = f\frac{\overline{Z}}{\overline{Y}}\end{aligned}\right\} \tag{5-82}$$

利用无人飞行器获取遥感影像之前，通过布设三维相机检校控制场检校数码相机，确定式中的参数 k_1，k_2，p_1，p_2，α，β 和内方位元素 x_0，y_0，f。

具体检校方法有基于空间后方交会的检校方法，基于直接线性变换的检校方法和基于光束法平差的检校方法。

有了畸变差参数和内方位元素，可对量测的像点坐标加以改正，则畸变差改正公式为：

$$\left.\begin{aligned}x &= x' - x_0 + \Delta x \\ y &= y' - y_0 + \Delta y\end{aligned}\right\} \tag{5-83}$$

2. 几何纠正方法

1）外方位元素变化引入的误差纠正

①利用足够数量的地面控制点进行影像的空间后方交会，求解外方位元素；结合地面高程插值数据进行投影差的纠正。本方法纠正精度高，由于影像重叠度难以保证，故需对每幅影像单独做空间后方交会，需要大量的地面控制点。特别是在无人机单张影像覆盖范围小的情况下，其野外工作量太大。

②在目标区有大比例尺地形图的情况下，可以利用地形图获取控制点的坐标和高程，然后按照摄影测量的方法进行几何纠正。这种方法纠正精度较高，但当地形图成图时间与无人机遥感影像成图时间差异较大时，地面控制点的识别和地面高程的准确性都难以保证。

③在目标区有 DOM 的情况下，以 DOM 为基准，将无人机遥感影像与其进行匹配纠正，从而以高分辨率的无人机遥感影像替换低分辨率的 DOM，或对其进行快速、低成本的更新，以满足各种应用的需要。

④基于机载 INS 测得的相机姿态和 GPS 获得的相机位置，进行纠正。

2)无人机遥感影像的几何纠正方法

(1)多项式纠正法

在不考虑影像成像内外方位元素和投影关系的情况下，如果地形平坦且拥有高精度大比例尺地形图，可以通过地形图选取足够数量的平面控制点，采用一次、二次、三次多项式模型实施几何纠正生成影像地图，技术路线简单成熟。

(2)直接线性变换法

对于非量测型相机，或者未知内外方位元素情况下，需要求解三维坐标，可以利用已知的地面控制点和对应像点坐标，通过平差计算三维直接线性变换方程的系数，求得构像的几何关系式。其优点是像点坐标无需内定向，不必计算内外方位元素(也可以计算)，便于引入相对控制条件等；缺点是每幅影像需要 6 个以上的三维地面控制点，而且不能分布在一个平面上。所以该方法对覆盖较小范围的地区比较适用，可通过大量外业工作(或者相对控制点数据比较多)来计算，但对大范围的地形图测绘则不适宜，甚至是不可能的。

(3)共线方程纠正法

共线方程纠正法建立在对遥感器成像时的位置和姿态进行模拟和解算的基础上，即构像瞬间的像点与其相应地面对应点应位于通过遥感器投影中心的一条直线上。共线方程的参数可以预测给定，也可以根据控制点利用通过最小二乘法原理求解，进而可求得各个像点的改正数，达到纠正的目的。该方法理论上严密，同时考虑了地面起伏的影响，纠正精度较高，特别是对地形起伏较大的地区和静态遥感器的影像纠正，更能显示其优越性。

5.6.2　遥感影像镶嵌与配准

1. 遥感影像镶嵌

影像镶嵌是指当用户感兴趣的研究区域在不同的影像文件时，需要将不同的影像文件合在一起形成一幅完整的包含感兴趣区域影像的过程。通过镶嵌处理，可以获得更大范围的地面影像。参与镶嵌的影像可以是不同时间同一传感器获取的，也可以是不同时间不同传感器获取的影像，但同时要求镶嵌的影像之间要有一定的重叠度。

遥感影像镶嵌需要做到两点：一是几何上将多幅不同的影像连接在一起。由于影像可能是在不同时间或者不同的传感器获得的，其几何位置和变形是不同的。解决几何连接的实质就是几何纠正，按照前面的几何纠正方法将所有参加镶嵌的影像纠正到统一的坐标系中。去掉重叠部分后将多幅影像拼接起来形成一幅更大幅面的影像。二是保证拼接后的影像反差一致，色调相近，没有明显的接缝。色调调整和接缝消除的过程如下：

(1)影像几何纠正

根据影像特点利用成像模型对影像进行几何纠正。

(2)镶嵌边搜索

最佳镶嵌边为左右影像同行或同列上灰度值最接近的像点的连线，一般取影像重叠区的 1/2 为镶嵌边进行搜索，相对左右影像(见图 5-28)的表达式为：

$$I_l - I_r = \Delta I_{\min} \tag{5-84}$$

搜索最佳镶嵌边的步骤为：

①选择 K 列 N 行的重叠区；

②确定一维模板，其宽度为 W，从 T 开始(即模板中心在左右影像中的像元号为 T)自左至右移动模板进行搜索，按一定的算法计算相关系数，先确定该行的镶嵌点，再逐行进行搜索镶嵌点就可以得到镶嵌边。

搜索过程中所用算法有差分法、相关系数法等。

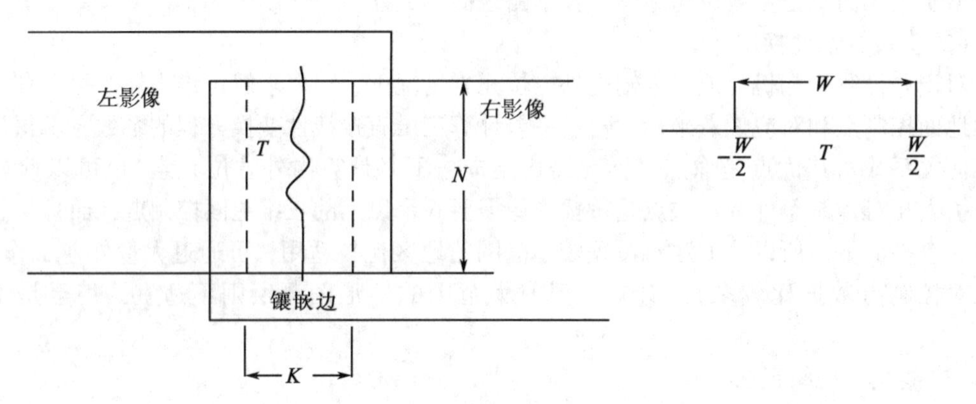

图 5-28　重叠区镶嵌搜索及模板

(3)灰度和反差调整

灰度和反差调整的步骤为：

①求接缝点左右影像平均灰度值 L_{ave}，R_{ave}。

②对右影像，按下式改变整幅影像灰度：

$$R' = R + (L_{ave} - R_{ave}) \tag{5-85}$$

式中：R 为右影像原始灰度值，R'为右影像改变后的灰度值。

③求出左右影像在拼缝边上的灰度极值，即 L_{max}，L_{min}，R^1_{max}，R^1_{min}。

④对整幅右影像作灰度反差拉伸：

$$R'' = AR' + B \tag{5-86}$$

式中：

$$B = -AR'_{min} + L_{min}$$

$$A = (L_{max} - L_{min})/(R'_{max} - R'_{min})$$

灰度和反差调整也可以采用直方图匹配的方法使得参与镶嵌的影像之间的灰度和反差调整一致。经过上述调整，两幅影像色调和反差已趋近。

(4)边界线平滑

如图 5-29 所示，在边界点两边各选 n 个像元，这样平滑区有 $2n-1$ 个像元。按下式计算每一行上平滑后的灰度值 D_i：

$$D_i = \begin{cases} D_i^L, & \text{if } i < j - (s-1)/2 \\ D_i^R, & \text{if } i > j + (s-1)/2 \\ P_i^L D_i^L + P_i^R D_i^R, & \text{if } j - (s-1)/2 \leqslant i \leqslant j + (s-1)/2 \end{cases} \tag{5-87}$$

式中：D_i^L，D_i^R 分别为 i 处左右影像像元的灰度值；$s=2n-1$ 平滑区宽度；j 为边界点 E 在影像中的像元号(随每行而变)；i 为影像的像元号(平滑区从左至右)。

权 P 按下式计算：

$$\left.\begin{aligned} P_i^L &= \frac{j - i + (s+1)/2}{s+1} \\ P_i^R &= \frac{(s+1)/2 - j + i}{s+1} \end{aligned}\right\} \tag{5-88}$$

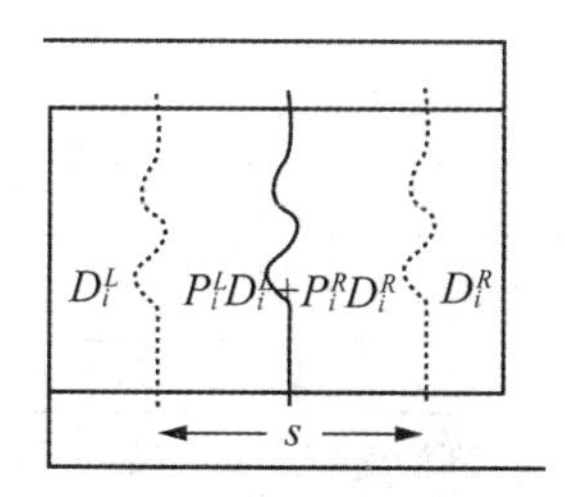

图 5-29　平滑镶嵌边

2. 数字影像配准

影像配准技术是为影像融合、多波段配准等功能服务的，对匹配精度要求很高。比如，对于多波段配准，如果波段之间有 0.3 像素的误差，局部地物的色彩就会异常。利用遥感影像进行变化检测、统计模式识别、三维重构和地图修正时，也要求多源影像间必须保证在几何上是相互对应的。这些多源数据包括不同时间同一地区的影像、不同传感器同一地区的影像、不同时段的影像以及同一传感器获取的不同波段的影像等，它们一般存在相对的几何差异和辐射差异。

高精度的要求需要高精度的算法。常规的多项式模型满足不了此要求。影像配准是在选取密集同名点的基础上，选用特殊的几何模型进行高精度几何纠正。几何模型可以选用三角网模型、分块的局部几何纠正模型等。同名点的选取也与常规方式控制点选取方式不一样。比如，在局部窗口内对相关系数进行二次多项式拟合，确定一个极大值点；或者采用频率域匹配算法等。

基于不规则三角网(Triangulated Irregular Network，TIN)的多源影像高精度纠正与配准思想：利用已有多项式模型对待配准影像进行整体粗纠正；在待配准影像上提取均匀分布的特征点作为高精度配准的控制点基础；以特征点为引导，利用金字塔逐层模板匹配技术获得配准用同名控制点对；由各控制点构建 TIN，将影像分成各三角形区域；在每个三角形内进行高精度配准。

多源遥感影像高精度自动配准流程如图 5-30 所示，具体过程如下：

(1)多项式模型整体纠正

遥感影像的几何配准在于确定原始影像和配准后影像的几何关系，并按相应几何关系对待配准影像进行变换处理。数学表达式如式(5-64)、式(5-65)所示，其中式(5-64)是正解法变换公式，或称为直接法；式(5-65)是反解法变换公式，或称为间接法。整体粗配准时，忽略地面起伏的影响，变换函数可转换为两个平面间的变换，同时可直接采用多项式函数进行整体数字纠正配准，例如利用式(5-20)的二次多项式进行反解法纠正。一般

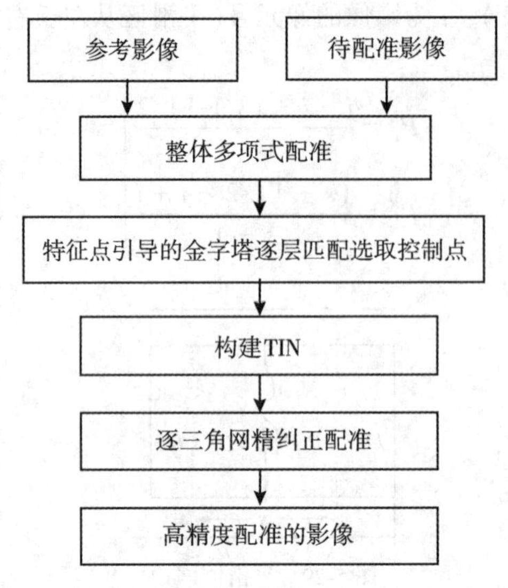

图 5-30　遥感影像高精度自动配准流程图

情况下，整体粗纠正可利用 4 个控制点，选用一阶仿射变换模型，达到相互配准的影像之间拥有相似的旋转尺度即可满足要求。

(2)影像与影像匹配自动生成控制点

影像自动匹配生成精确配准用控制点的流程如图 5-31 所示。利用特征检测技术从参考影像(或待配准影像)上提取足够数量均匀分布的特征点，在此基础上利用金字塔互相关匹配，从待配准影像(或参考影像)上自动获得与特征点相对应的同名点作为配准用控制点。为保证控制点分布的均匀性，按一定的格网大小将影像分割为若干个相同的格网区域，保证在每一格网均检测到特征点。

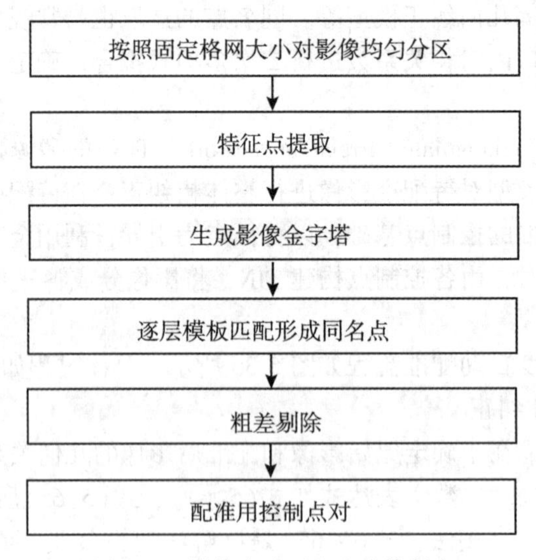

图 5-31　影像自动区配生成控制点

（3）构建 TIN

通过影像匹配自动获得纠正配准需要用的控制点之后，利用控制点构建 TIN，将影像分割为一个个的三角形。

采用最近距离算法构建配准用 TIN，算法简便，执行效率较高，其过程为：

①首三角形的确定。在控制点集中找到两个距离最近的点，以两点连线为基础，寻找与此段连线最近且不共线的离散点构成首三角形。

②逐三角形扩展形成 TIN。首先从第一个三角形的第一条边开始向外扩展，设其顶点分别为 p_1，p_2，p_3，第一条边为 p_1p_2，如图 5-32 所示。显然扩展三角形的另一点 $q(x',y')$ 应排除和 p_3 位于直线 p_1p_2 同侧的点以及位于直线 p_1p_2 上的点，其判别依据是直线方程判别式：

$$F(x,y) = y - Ax - B \tag{5-89}$$

对于点 (x',y')，如果 $F(x',y') > 0$，则 (x',y') 位于正区；如果 $F(x',y') = 0$，则 (x',y') 位于直线上；如果 $F(x',y') < 0$，则 (x',y') 位于负区。因此，如果下式

$$F(x_3,y_3)F(x',y') < 0 \tag{5-90}$$

成立，则 $q(x',y')$ 为可能被扩展的点。

在利用式(5-90)获得可能被扩展的点后，根据三角形余弦定律：

$$\cos C = \frac{a^2 + b^2 - c^2}{2ab} \tag{5-91}$$

获得对应扩展边张角最大的点 $\max\{C_i\}$，即为要扩展的点。

当 k 个三角形的第一条边扩展完后，采用同样的方法对其余两条边进行扩展，然后转向 k+1 个三角形按和 k 个三角形同样的方法扩展直至所有点扩展完。

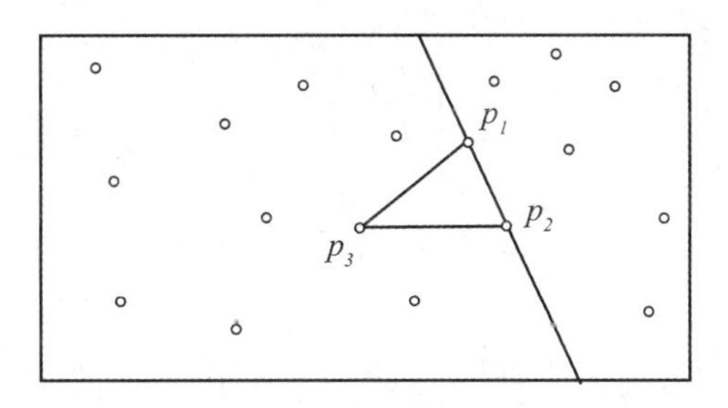

图 5-32　直线判别法

（4）逐三角网影像高精度配准

在每个三角形对内，利用仿射变换依据顶点控制点坐标构建区域纠正模型，逐三角形实现两影像间的高精度纠正配准，具体公式为：

$$\left.\begin{aligned} X &= a_0 + a_1x + a_2y \\ Y &= b_0 + b_1x + b_2y \end{aligned}\right\} \tag{5-92}$$

习　　题

1. 遥感影像成像模型有哪些？分析各自的适用性。
2. 列出几类传感器的构像方程式，说明各参数的含义以及获取这些参数的方法。

3. 分析引起遥感影像几何形变的因素。

4. 叙述遥感影像几何纠正的过程。

5. 说明遥感影像灰度重采样的含义、方法及优缺点。

6. 分析地面控制点在遥感影像几何纠正中的重要性，叙述获取地面控制点坐标的方法。

7. 分析影响遥感影像几何纠正精度的因素以及提高遥感影像几何纠正的精度的方法。

8. 叙述遥感影像镶嵌的过程。

9. 比较航空遥感影像和航天遥感影像几何纠正的异同点。

10. 编程实现遥感影像多项式纠正。

实　习

1. 几何纠正：利用现有的遥感影像处理软件，对一幅未经纠正的影像利用多项式、共线方程和有理函数三个方法进行纠正，比较纠正结果并分析原因。

2. 影像镶嵌：利用现有的遥感影像处理软件，对两景纠正好的影像进行镶嵌，评价镶嵌的结果，分析改进镶嵌效果的方法。

第6章　遥感数据到信息的转化

6.1　目视判读

目视判读是按照应用目的，利用人的经验和知识，通过目视观察和大脑思维，识别遥感影像上的目标并提取相关信息的技术过程。由于计算机自动识别技术还没有发展到可以完全替代人工目视判读的程度，因此目视判读仍是当前遥感影像识别的主要方法。目前，计算机的逻辑推理和空间分析能力还十分脆弱，因此遥感影像上目标与周围地物之间的拓扑关系、语义信息等主要是通过目视判读来获取。实际上，人与计算机的优缺点是互补的，只有把两者结合起来，充分发挥各自的长处，才能获得最佳的识别效果。在实际应用中，通常由作业人员进行目视判读，确定目标的性质，而把目标定位、量测等工作交给计算机来处理。

目视判读的思想和方法在计算机影像识别中也具有重要的借鉴意义，特别是在基于知识的遥感影像识别系统中，如何将判读人员的知识和经验用计算机语言表达出来(即知识的总结、描述和推理机制的建立)是建立遥感影像解译专家系统的核心。

本节仅从目视判读的角度阐述遥感影像判读特征、判读方法和判读过程。

6.1.1　遥感影像判读特征

遥感影像记录地面物体电磁波辐射特性，所以地面目标及其活动情况必然在影像上有所反映，遥感正是利用这些信息从影像上识别目标的。广义地说，地面物体在影像上反映出的所有影像特征或影像标志，都能够作为从影像上解释目标性质的依据，这些影像特征或影像标志称为判读特征。

遥感影像判读特征主要有七个：形状特征、大小特征、色调或色彩特征、阴影特征、纹理特征、相互关系特征、活动特征等，其中形状、大小、色调、阴影、纹理等特征是地物及其分布在影像上的直接反映，称为直接特征，而相互关系特征、活动特征是被分析对象与周围目标之间的相互关系在影像上的间接表现，称为间接特征。直接特征和间接特征是相对的，不同的判读特征是从不同的角度反映目标的性质，它们之间既有区别又有联系，只有综合运用各种判读特征才能得到正确的判读结果。

1. 形状特征

形状特征是指地物外部轮廓的形状在影像上的反映，不同类型的地面目标有其特定的形状，因此地物影像的形状是目标识别的重要依据。

首先，影像上的地物形状与地物本身的形状有关。在近似垂直摄影的面中心投影影像上，目标影像形状和地物本身的形状是基本相似的，例如在图6-1中，足球场的影像形状与其在地面上的形状基本一致，是近似椭圆形的，因此可根据椭圆形的形状特点来发现和识别足球场；埃及金字塔的影像形状与其在地面上的形状也基本一致，是尖塔状的，可以作为金字塔识别的重要信息。但是，由于受倾斜误差和投影误差的影响，影像上的地物形状与地物本身的形状又存在一定的差别，有时两者的差别还很大。

此外，形状特征还与传感器的成像机理、成像方式密切相关。例如一定形状的地面目标，在点中心投影、线中心投影、面中心投影的影像上的目标形状也存在一定的差异。

(a) 足球场的形状特征

(b) 金字塔的形状特征

图 6-1　形状特征

2. 大小特征

大小特征是指地物的影像尺寸，如长、宽、面积、体积等。大小特征是确定地物实际尺寸的主要依据，同时也是判定目标性质的主要依据之一。

地物在同一幅影像上的尺寸主要取决于地物本身的大小。如图 6-2 所示，不同大小的埃及金字塔在同一遥感影像上的尺寸明显不同(见图 6-2(a))，金字塔与停放在周围的汽车在尺寸上差别很大，对应的影像尺寸也差别很大(见图 6-2(b))。

(a) 不同大小的金字塔影像

(b) 金字塔与汽车

图 6-2　埃及金字塔的遥感影像

地物的影像尺寸还取决于影像比例尺，同一地物在大比例尺影像上的尺寸比在小比例尺影像上的尺寸要大。其次，地物的影像尺寸还受倾斜误差和投影误差的影响，如在航空画幅式摄影影像上，同样大小的地物位于山顶和山脚时，由于投影误差的存在，其影像尺寸是不一样的。

此外，地物和背景的反差有时也影响地物的影像尺寸，当景物和背景的反差较大时，由于光晕现象，影像尺寸往往大于实际应有的尺寸。例如，航空影像上的林间小路，由于与背景的亮度差较大，其影像尺寸将被扩大。

3. 色调或色彩特征

色调或色彩特征是指地物的色调或颜色在影像上的表现形式，色调是指黑白影像上目标的亮度，色彩是指彩色影像上目标的颜色。地物的形状、大小在影像上都要通过色调或色彩反映出来，所以色调或色彩特征是最基本的判读特征。地物影像的色调或色彩不仅和地物本身的亮度和颜色有关，而且还与成像机理密切相关。彩图 6-3 是同一地面区域的真彩色影像、假彩色红外影像和全色影像，从中可以看出：同一地面目标(如船、植被)在三种不同影像上的色调(或颜色)表现形式就明显不同。

人眼对黑白色调的区分能力是很有限的，一般在目视判读中把影像上的色调概略分为亮白、白色、浅灰、灰色、深灰、浅黑和黑色七级。人眼对彩色的区分能力比黑白色调的区分能力要强得多。统计表明：利用彩色影像进行地形要素判读，要比利用黑白像片多判出 15%的地物。

4. 阴影特征

这里讨论的阴影指的是落影，即由高出地面的物体遮挡使电磁波不能直接照射到的地面区域在影像上形成的深色调影像。虽然阴影为深色调，但有些深色调的影像并不是阴影，而是地物的本影，即背阳面所形成的深色调影像。

阴影的存在对目标判读具有两方面的效果：一是阴影的存在增加了对判读有用的信息，二是阴影的存在对判读造成的不利影响。

例如在图 6-4 中，当太阳光从侧面照射到高塔时，所产生的阴影形状反映了高塔(特别是塔顶)的侧面形状。若已知太阳高度角，还可以根据阴影的长度估算出塔的高度。此外，阴影对识别高出地面的细长目标(如烟囱、水塔、电线杆架)非常有用，因为这类目标的影像很小，但根据阴影很容易发现它们并确定其底部的位置，因为高于地面的目标的阴影和它本身的影像一般是不重合的，因此细长目标的阴影与其本身影像的交点就是该细长目标的底部位置。

阴影往往会压盖一部分地面地区，造成阴影区地物信息的损失，形成一定的盲区，此

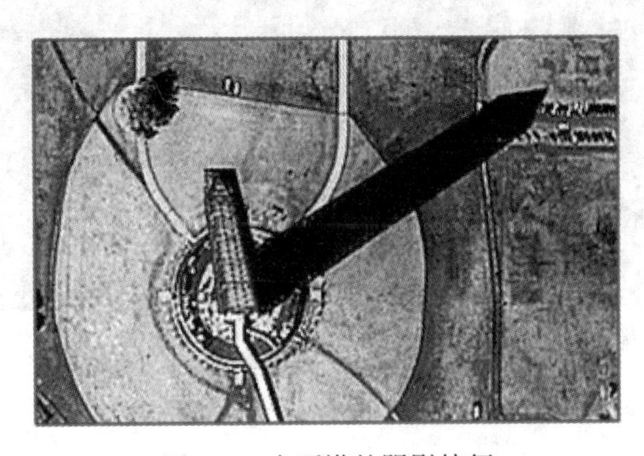

图 6-4　尖顶塔的阴影特征

时需要利用其他角度拍摄的影像才能弥补这种不足。

5. 纹理特征

纹理特征是指某种物体在影像上大量地重复出现所形成的图案特征，它是大量个体的形状、大小、阴影、色调的综合反映。在地物光谱特性比较接近的情况下，纹理特征对区分目标可能起到重要的作用。例如在图 6-5 中，针叶林和阔叶林在影像上的色调基本一致，但阔叶林的影像为颗粒粗，而针叶林的影像是颗粒细。

(a) 阔叶林影像　　(b) 针叶林影像

图 6-5　植被的纹理特征

纹理特征受影像比例尺的影响较大，地面上一定范围内的目标，在大比例尺影像上，区域内的每个个体都能在影像上清晰地表现出来，纹理特征不明显而在小比例尺影像上，纹理特征要明显得多，因此纹理特征在小比例尺影像的判读中更有意义。

纹理的表现形式有两种：随机纹理和结构纹理。随机纹理是指纹理单元无规律或随机地重复出现而形成的图案特征，如图 6-5 所示的自然生长的植被就属于随机纹理。结构纹理是由纹理单元按一定规律生成的图案，如图 6-6 所示的按规则间隔种植的人工林、严格规划的建筑小区、摆放集装箱的货柜码头所呈现出来的图案就属于结构纹理。通常把结构纹理特征称为模式特征。

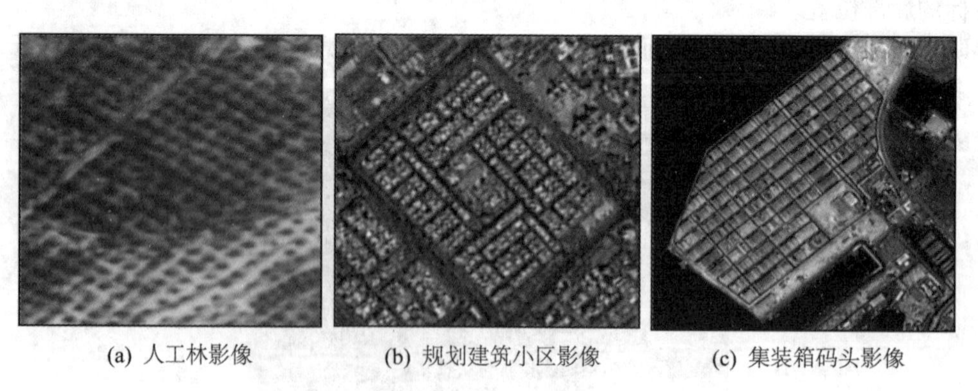

(a) 人工林影像　　(b) 规划建筑小区影像　　(c) 集装箱码头影像

图 6-6　结构纹理特征

6. 相互关系特征

相互关系特征是指地物的环境位置以及地物间的空间位置配置关系在影像的反映，是重要的间接判读特征。

地面上的物体都有它存在的环境位置，并且与其周围的其他地物有着某种联系。例如图 6-7 中，停放飞机的“机窝”一般出现在与机场跑道相连通的邻近位置，因此可根据机场跑道来寻找“机窝”并推断其性质；船舶一般出现在水域，停泊船舶的避风港一般建在海边，不会在没有水域的地方出现，因此水域是发现船舶及避风港的重要线索。特别是组合目标，它们的每一个组成单元都是按一定的关系进行位置配置的，因此，了解各要素间的位置布局特征有利于识别集团目标的性质和作用。如果仅靠单个目标的信息很难确定其性质，需要配合其周围有相互关系的信息来确定。

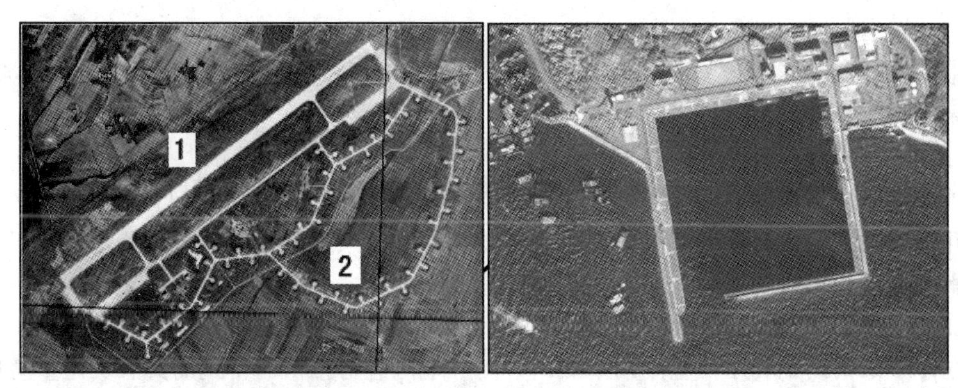

(a) “机窝”与机场跑道之间的关系　　(b) 船舶及避风港与水域的关系

图 6-7　相互关系特征

7. 活动特征

目标活动所形成的征候或留下的痕迹在影像上的反映称为活动特征。例如，如图 6-8(a)所示，飞机起飞后不久，由于飞机与跑道的摩擦作用，在热红外影像上会留下飞机活动的影像，因此可断定该机场有飞机刚起飞；如图 6-8(b)所示，轮船在水中前进时，后面会产生浪花，而停泊在水中的轮船后面一般没有浪花，因此可推断轮船是静止的还是运动的，甚至可以推断轮船的前进方向和前进速度；如图 6-8(c)所示，由于流水的作用，使得河流中的沙洲沿流水方向形成滴水状尖端，因此可判断出河流中水的流向。飞机起飞后在跑道上留下的痕迹、轮船前进时产生的浪花、流水冲蚀而形成滴水状尖端，并不是飞机、轮船、流水本身的表象，但却反映了飞机、轮船、流水的活动信息，这就是活动特征在遥感影像目标活动情况判读中的典型应用。

6.1.2　遥感影像目视判读方法及过程

遥感影像目视判读包括影像识别和影像量测两部分工作。影像识别是在目视观察的基础上，综合运用影像判读特征，确定判读对象的性质。影像量测是以遥感影像为基础测量，计算目标的大小、形状等数量特征。遥感影像目视判读是以影像识别、影像量测为基础，通过演绎和归纳，从影像中提取目标信息的过程。

(a) 飞机起飞后在跑道上留下痕迹

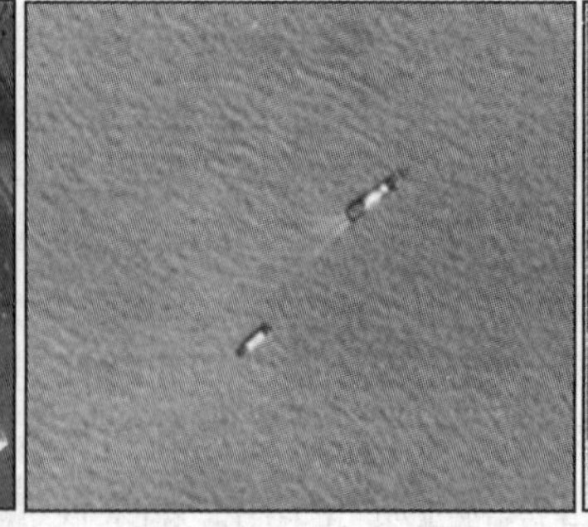
(b) 轮船前进时产生的浪花

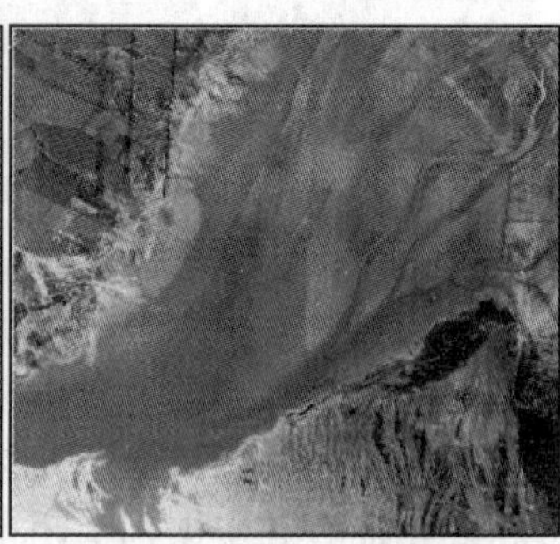
(c) 流水冲蚀而形成滴水状尖端

图 6-8　活动特征

根据所利用的影像情况，目视判读可分为单像判读、立体影像判读、模拟影像判读、数字影像判读等方式。

1. 单像判读

单像判读是指在单幅影像上进行的目视判读。单像判读只能获得目标的二维平面信息，并不能精确获得目标的三维立体信息，特别是在复杂地形条件下，有些目标是无法从单幅影像上判读出来的。

2. 立体影像判读

立体影像判读是利用在空间两个摄站对同一地区进行拍摄而得到的具有一定重叠度的两幅影像(分别称之为立体像对的左影像和右影像，如图 6-9、图 6-10 所示)，采用立体观察设备，在实现分像观察(即左眼看左影像、右眼看右影像)的基础上，对影像上的目标进行目视判读识别和信息采集。立体影像判读对复杂地形条件下的目标识别是有利的，可以获得目标的三维立体信息，提高目标的识别率。

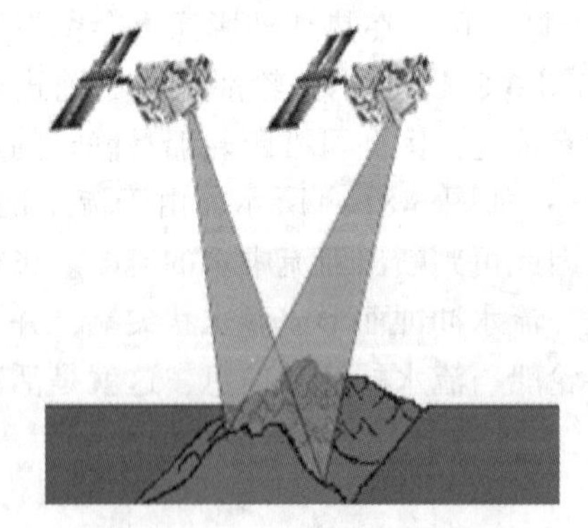
图 6-9　立体像对获取示意图

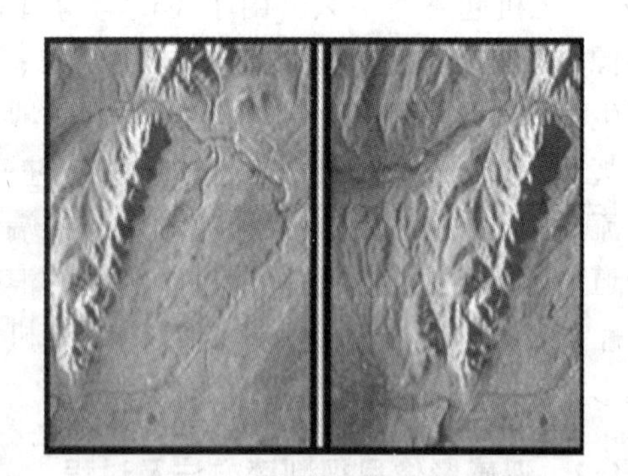
图 6-10　立体像对的左、右影像

3. 模拟影像判读

模拟影像判读是指在硬拷贝影像(俗称像片)上进行的目视判读。如果所用的两张像片构成立体像对，则可采用如图 6-11 所示的模拟影像判读设备进行立体影像判读。在早期的遥感应用中，模拟影像判读是常见的作业方式。

4. 数字影像判读

数字影像判读是指在计算机上对数字影像进行目视判读。如果所用的两幅影像构成立体像对，则可采用如图 6-12、图 6-13 所示的数字摄影测量设备进行立体影像判读。目前，数字影像判读已成为主流影像判读方式，特别是遥感影像处理实现数字化作业后，在计算机上进行数字影像判读，对提高目标识别和信息采集的效率起到了关键性的作用。

图 6-11　常用的两种模拟影像判读设备

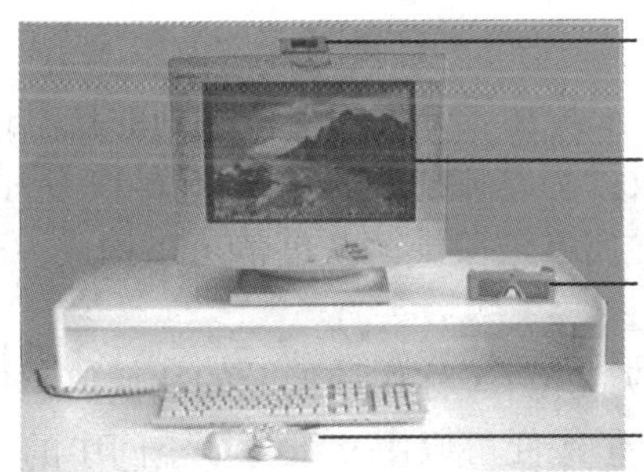

图 6-12　场(幅)分割视频立体观察系统

图 6-13　偏振光方式立体观察系统

目视判读是按照应用目的，利用人的经验和知识，通过目视观察和大脑思维，识别遥感影像上的目标并提取相关信息的过程。遥感影像目视判读过程如下：

①了解所用影像的性质。遥感影像的性质包括：影像的几何特性、色调或色彩特性。影像的几何特性主要与遥感影像获取时所用的平台、传感器及成像方式、后续处理环节有关，包括影像的几何特点、变形规律、空间分辨率、比例尺等信息。色调或色彩特性主要与地面目标的辐射特性、电磁波的传输特性、传感器的波谱相应特性(包括光谱分辨率、辐射分辨率)及后续处理环节有关。只有充分了解和掌握遥感影像的性质，才可能正确使用遥感影像并进行判读分析。

②了解判读区域或判读对象的情况。判读前尽量了解和掌握判读区域的地形地貌特点和判读对象的信息，收集并制作判读区域和判读对象的样本影像，以便判读时参考。

③综合运用判读特征来识别地物(或目标)。综合运用判读特征的过程就是运用思维进行分析、比较、推理、判断并确定判读对象性质的过程。

④地物(或目标)信息的提取。根据应用需要，在判读过程中记录、采集、量测或提取判读对象的性质、位置、大小、形状、变化程度等信息，或制成遥感专题图，或提供给地理信息系统，供用户使用。

6.2 遥感影像分类

6.2.1 遥感影像分类的基本原理

遥感影像分类是将影像的所有像元按其性质分为若干个类别的技术过程。多光谱遥感影像分类是以每个像元的多光谱矢量数据为基础进行的，如图 6-14 所示，假设多光谱影像有 n 个波段，则 (i, j) 位置的像元在所有波段上的灰度值可以构成一个矢量：

$$\boldsymbol{X} = (x_1, x_2, \cdots, x_n)^{\mathrm{T}}$$

式中：x_k 为第 k 个波段影像上该像元的灰度值；X 称作该像元的特征值，包含 X 的 n 维空间称为特征空间，这样 n 个波段的多光谱影像便可以用 n 维特征空间中的一系列点来表示。

在遥感影像分类问题中，常把影像中的某一类目标称为模式，而把属于该类的像素称为样本，多光谱矢量 $\boldsymbol{X} = (x_1, x_2, \cdots, x_n)^{\mathrm{T}}$ 称为样本的观测值。下面以两个波段(二维)的多光谱影像为例，说明遥感影像分类所涉及的主要概念。

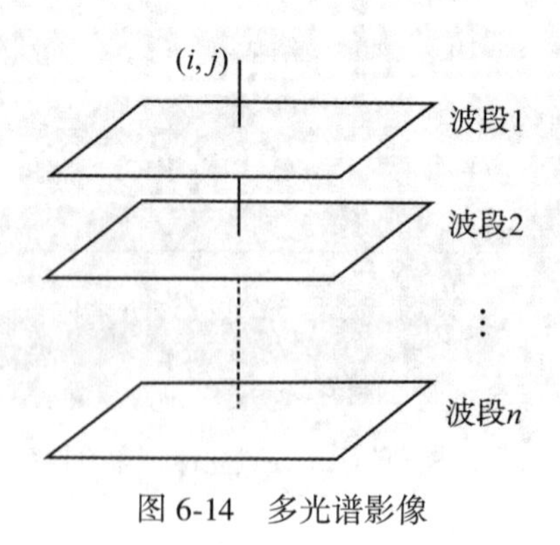

图 6-14　多光谱影像

如果将多光谱影像上的每个像素用特征空间中的一个点表示出来，这样多光谱影像的光谱特性和特征空间中的点集具有等价关系。通常情况下，同一类地面目标的光谱特性比较接近，因此在特征空间中的点聚集在该类的中心附近，多类目标在特征空间中形成多个点族。如图 6-15 所示，假设影像上只包含三类目标，记为 ω_A，ω_B，ω_C，则在特征空间中形成 A，B，C 三个相互分开的点集，这样将影像中三类目标区分开来等价于在特征空间中找到若干条曲线(对于高光谱影像，需找到若干个曲面)将 A，B，C 三个点集分割开来。假设分割 A，B 两个点集的曲线(图中为直线)为 $f_{AB}(\boldsymbol{X})$，则方程

$$f_{AB}(\boldsymbol{X}) = 0 \tag{6-1}$$

称为 A，B 两类之间的判别界面(Decision Boundary)。

在 $f_{AB}(\boldsymbol{X})$ 已经确定以后，特征空间中的任意一点是属于 A 类还是属于 B 类？根据几何学的知识可知：

$$\left.\begin{array}{l}\text{如果当} f_{AB}(\boldsymbol{X}) > 0 \text{ 时，} \boldsymbol{X} \in \omega_A; \\ \text{那么当} f_{AB}(\boldsymbol{X}) < 0 \text{ 时，} \boldsymbol{X} \in \omega_B\end{array}\right\} \tag{6-2}$$

式(6-2)称为确定未知类别样本所属类别的判别准则，$f_{AB}(X)$ 称为判别函数。在上述分类的基础上，可以进一步确定属于 ω_c 类的像素。

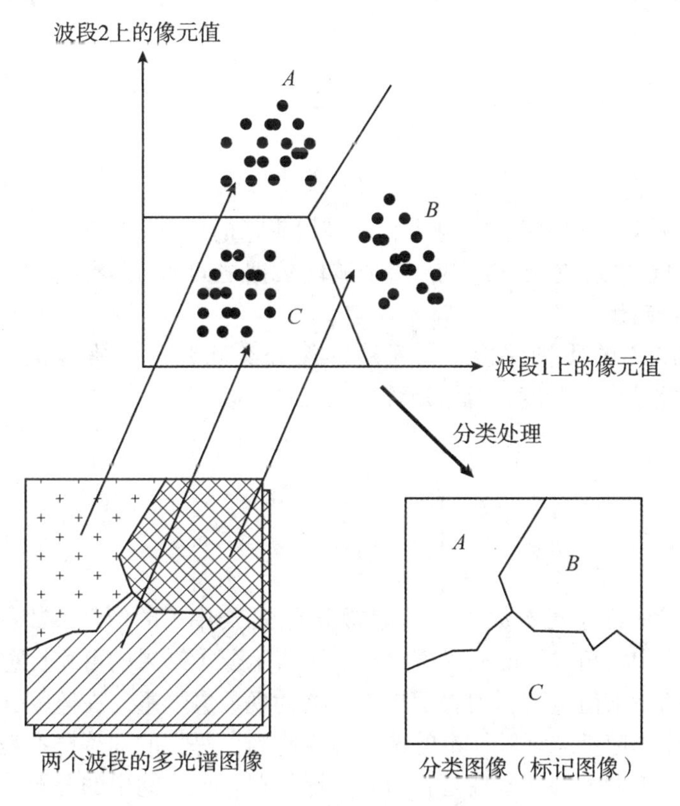

图 6-15　多光谱影像分类的原理

遥感影像分类算法的核心就是确定判别函数 $f_{AB}(\boldsymbol{X})$ 和相应的判别准则，但在多(高)光谱遥感影像的分类中，情况要复杂得多。为了保证所确定的 $f_{AB}(\boldsymbol{X})$ 能够较好地将各类地面目标在特性空间中的点集分割开来，通常是在一定的准则(例如 Bayes 分类器中的错

误分类概率最小准则)下求解判别函数 $f_{AB}(\boldsymbol{X})$ 和相应的判别准则。如果我们事先已经知道类别的有关信息(即类别的先验知识)，在这种情况下对未知类别的样本进行分类的方法称之为监督分类。通过监督分类，不仅可以知道样本的类别，甚至可以给出样本的一些描述。类别的先验知识可以用若干已知类别的样本通过学习的方法来获得。如果我们事先没有类别的先验知识，在这种情况下对未知类别的样本进行分类的方法称之为非监督分类。非监督分类只能把样本区分为若干类别，而不能确定每类样本的性质。

在遥感影像分类以前，通常需要进行特征选择和特征提取(Feature Extraction)。特征选择是从众多特征中挑选出可以参加分类运算的若干个特征。例如对于7个波段的TM多光谱影像，由于第6波段影像记录的是地面目标的热辐射信息，而其他6个波段影像记录的是地面目标的反射光谱信息，因此在TM影像分类时通常只采用除第6波段影像以外的其他6个波段影像。特征提取是在特征选择以后，利用特征提取算法(如主成分分析算法)从原始特征中求出最能反映其类别特征的一组新特征，通过特征提取，既可以达到数据压缩的目的，又提高了不同类别特征之间的可区分性。在遥感影像分类中，分类算法通常又称为分类器。

针对 n 个波段的多光谱影像的特征选择问题，美国的查维茨教授提出的最佳指数公式(Optimum Index Factor，OIF)为：

$$\mathrm{OIF}=\frac{\sum_{i=1}^{n}S_i}{\sum_{i=1}^{n}\sum_{j=i+1}^{n}|R_{ij}|} \tag{6-3}$$

式中：S_i 为第 i 个波段的标准差，S_i 越大，该波段影像的信息量越大；R_{ij} 表示第 i 个波段与第 j 个波段之间的相关系数，R_{ij} 越小，两个波段数据之间的独立性越高。综合起来，OIF值越大，波段组合越优。

最后是分类结果的质量评价。在遥感影像分类问题中通常以混淆矩阵(Confusion Matrix)来表示分类结果的精度。混淆矩阵的定义如下：

$$\boldsymbol{M}=\begin{bmatrix} m_{11} & m_{12} & \cdots & m_{1n} \\ m_{21} & m_{22} & \cdots & m_{2n} \\ \vdots & \vdots & & \vdots \\ m_{n1} & m_{n2} & \cdots & m_{nn} \end{bmatrix} \tag{6-4}$$

式中：m_{ij} 表示试验区内应属于 ω_i 类的像素被分到 ω_j 类中去的像素总数；n 为类别数。

如果混淆矩阵中对角线上的元素值愈大，则表示分类结果的可靠性愈高；如果混淆矩阵中非对角线上的元素值愈大，则表示错误分类的现象愈严重。在监督分类中，如果错误分类的现象很严重，应考虑训练样本的选择是否恰当，每类的训练样本是否能够反映该类的类别特征，其次应考虑判别函数是否与各类样本在特征空间中的分布情况相符。

6.2.2 遥感影像监督分类

监督分类的思想是：首先根据类别的先验知识确定判别函数和相应的判别准则，其中利用一定数量已知类别的样本(称为训练样本)的观测值确定判别函数中待定参数的过程称为学习(learning)或训练(training)，然后将未知类别的样本的观测值代入判别函数，再依据判别准则对该样本的所属类别做出判定。监督分类的过程如图 6-16 所示，其中实线箭头所示的流程代表学习或训练阶段，虚线箭头表示的流程代表分类阶段。监督分类的算法很多，下面只讨论几种典型的监督分类算法。

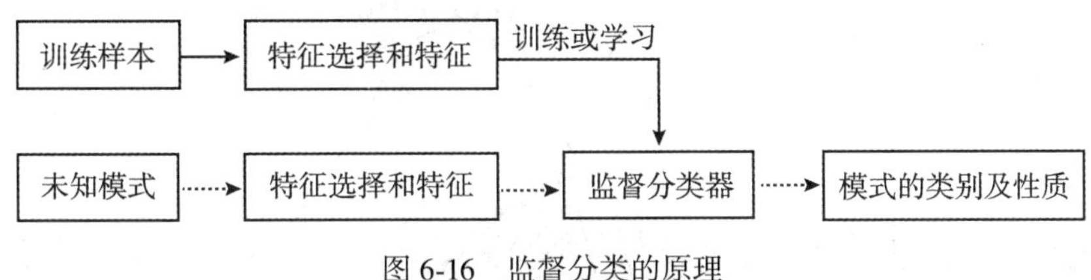

图 6-16　监督分类的原理

1. 基于最小错误概率的 Bayes 分类器

设有 s 个类别，用 ω_1，ω_2，…，ω_s 来表示，每个类别发生的概率(先验概率)分别为 $P(\omega_1)$，$P(\omega_2)$，…，$P(\omega_s)$；设有未知类别的样本 $\boldsymbol{X}$，其类条件概率分别为 $P(\boldsymbol{X}\mid\omega_1)$，$P(\boldsymbol{X}\mid\omega_2)$，…，$P(\boldsymbol{X}\mid\omega_s)$；则根据 Bayes 定理可以得到样本 $\boldsymbol{X}$ 出现的后验概率为：

$$P(\omega_i\mid\boldsymbol{X})=\frac{P(\boldsymbol{X}\mid\omega_i)\cdot P(\omega_i)}{P(\boldsymbol{X})}=\frac{P(\boldsymbol{X}\mid\omega_i)\cdot P(\omega_i)}{\sum_{i=1}^{s}P(\boldsymbol{X}\mid\omega_i)\cdot P(\omega_i)} \tag{6-5}$$

Bayes 分类器以样本 X 出现的后验概率作为判别函数来确定样本 $\boldsymbol{X}$ 的所属类别，其分类准则为：

$$\text{如果 } P(\omega_i\mid\boldsymbol{X})=\max_{j=1}^{s}P(\omega_j\mid\boldsymbol{X})\text{，则 }\boldsymbol{X}\in\omega_i\text{。} \tag{6-6}$$

在式(6-5)中，分母 $\sum_{i=1}^{s}P(\boldsymbol{X}\mid\omega_i)P(\omega_i)$ 是与类别无关的常数，因此可以不考虑分母对 $P(\omega_i\mid\boldsymbol{X})$ 的影响，所以准则(6-6)还可以写成：

$$\text{如果 } P(\boldsymbol{X}\mid\omega_i)P(\omega_i)=\max_{j=1}^{s}P(\boldsymbol{X}\mid\omega_j)P(\omega_j)\text{，则 }\boldsymbol{X}\in\omega_i\text{。} \tag{6-7}$$

Bayes 分类器是通过观测样本 $\boldsymbol{X}$ 把它的先验概率 $P(\omega_i)$ 转化为它的后验概率 $P(\omega_i\mid\boldsymbol{X})$，并以后验概率最大原则确定样本 $\boldsymbol{X}$ 的所属类别。

Bayes 分类器可以使错误分类的概率 $P(e)$ 最小。以两类别问题为例，错误分类的概率 $P(e)$ 可表示为：

$$\begin{aligned}P(e)&=P(\omega_1)P(\boldsymbol{X}\text{ 判入 }\omega_2\text{ 类}\mid\boldsymbol{X}\text{ 应属 }\omega_1\text{ 类})+P(\omega_2)P(\boldsymbol{X}\text{ 判入 }\omega_1\text{ 类}\mid\boldsymbol{X}\text{ 应属 }\omega_2\text{ 类})\\&=\int_{R_2}P(\omega_1)P(\boldsymbol{X}\mid\omega_1)\mathrm{d}\boldsymbol{X}+\int_{R_1}P(\omega_2)P(\boldsymbol{X}\mid\omega_2)\mathrm{d}\boldsymbol{X}\end{aligned} \tag{6-8}$$

错误分类的概率 $P(e)$ 为图 6-17 中斜线部分的面积和纹线部分的面积之和，当区间 R_1 和区间 R_2 的分界线在 t 位置时错误分类的概率 $P(e)$ 最小，而 t 位置是判别方程为

$$P(\boldsymbol{X}\mid\omega_1)P(\omega_1)=P(\boldsymbol{X}\mid\omega_2)P(\omega_2)$$

时的位置，即 ω_1 与 ω_2 之间的判别界面。

在 Bayes 分类器中，先验概率 $P(\omega_i)$ 通常可以根据统计资料给出，而类条件概率 $P(\boldsymbol{X}\mid\omega_i)$ 则需要根据问题的实际情况作出合理的假设。从实用的角度来看：如果在特征空间中某一类特征较多地分布在该类的均值附近，且远离均值的点较少，则此时可以假设

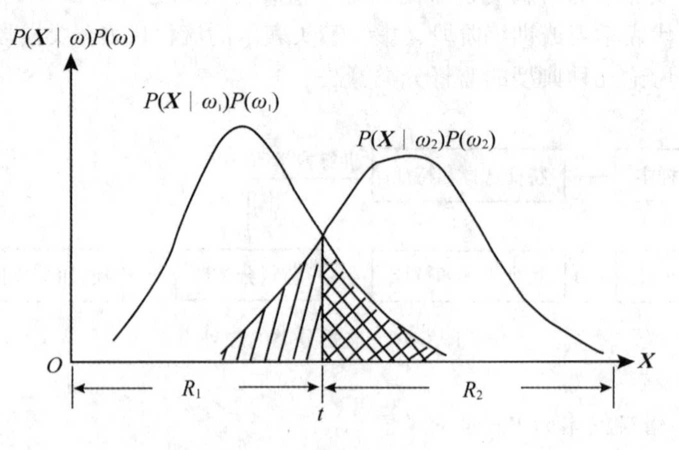

图 6-17　判别界面的选择

$P(\boldsymbol{X}|\omega_i)$ 为正态分布函数。

下面研究 $\boldsymbol{X}$ 服从高维正态分布时 Bayes 分类器的表达形式。

设 $\boldsymbol{X}=(x_1,x_2,\cdots,x_n)^{\mathrm{T}}$，且 $\boldsymbol{X}$ 服从高维正态分布，即

$$P(\boldsymbol{X}|\omega_i)=\frac{1}{(2\pi)^{\frac{n}{2}}\,|\boldsymbol{\Sigma}_i|^{\frac{1}{2}}}\exp\left[\frac{1}{2}(\boldsymbol{X}-\boldsymbol{M}_i)^{\mathrm{T}}\boldsymbol{\Sigma}_i^{-1}(\boldsymbol{X}-\boldsymbol{M}_i)\right] \tag{6-9}$$

式中：$\boldsymbol{M}_i$ 是 ω_i 类特征向量 $\boldsymbol{X}$ 的均值；$\boldsymbol{\Sigma}_i$ 是 ω_i 类特征向量 $\boldsymbol{X}$ 的方差。

令

$$d_i^*(\boldsymbol{X})=P(\boldsymbol{X}|\omega_i)P(\omega_i)$$

将式(6-9)代入上式，两边取对数后得到：

$$\ln d_i^*(\boldsymbol{X})=\ln P(\omega_i)-\frac{n}{2}\ln(2\pi)-\frac{1}{2}\ln|\boldsymbol{\Sigma}_i|-\frac{1}{2}(\boldsymbol{X}-\boldsymbol{M}_i)^{\mathrm{T}}\boldsymbol{\Sigma}_i^{-1}(\boldsymbol{X}-\boldsymbol{M}_i) \tag{6-10}$$

去掉式(6-10)中与 ω_i 和 $\boldsymbol{X}$ 无关的常数项，并令

$$d_i(\boldsymbol{X})=\ln d_i^*(\boldsymbol{X})$$

则得到：

$$d_i(\boldsymbol{X})=\ln P(\omega_i)-\frac{1}{2}\ln|\boldsymbol{\Sigma}_i|-\frac{1}{2}(\boldsymbol{X}-\boldsymbol{M}_i)^{\mathrm{T}}\boldsymbol{\Sigma}_i^{-1}(\boldsymbol{X}-\boldsymbol{M}_i) \tag{6-11}$$

式(6-11)就是类条件概率 $P(\boldsymbol{X}|\omega_i)$ 服从正态分布时的判别函数，此时判别规则如下：

如果 $d_i(\boldsymbol{X})=\max\limits_{j=1}^{s} d_j(\boldsymbol{X})$，则 $\boldsymbol{X}\in\omega_i$。 (6-12)

进一步，如果对所有类别 $i(i=1,2,\cdots,s)$ 存在：

$$\boldsymbol{\Sigma}_i=\boldsymbol{\Sigma}，且\ P(\omega_i)=P(\omega)=\frac{1}{s} \tag{6-13}$$

则去掉式(6-11)中与 ω_i 和 $\boldsymbol{X}$ 无关的常数项，得：

$$d_i(\boldsymbol{X})=-\frac{1}{2}(\boldsymbol{X}-\boldsymbol{M}_i)^{\mathrm{T}}\sum\nolimits_i^{-1}(\boldsymbol{X}-\boldsymbol{M}_i) \tag{6-14}$$

$$d_i'(\boldsymbol{X})=-2\cdot d_i(\boldsymbol{X})=(\boldsymbol{X}-\boldsymbol{M}_i)^{\mathrm{T}}\sum\nolimits_i^{-1}(\boldsymbol{X}-\boldsymbol{M}_i) \tag{6-15}$$

$d_i'(\boldsymbol{X})$ 实际上是样本 $\boldsymbol{X}$ 到 ω_i 类中心的距离,由此得到最小距离分类器的判别规则如下:

如果 $d_i'(\boldsymbol{X}) = \min_{j=1}^{s} d_j'(\boldsymbol{X})$, 则 $\boldsymbol{X} \in \omega_i$。 (6-16)

采用最小距离分类器的遥感影像分类过程为:

①根据待分类区域地面目标的实际情况,合理确定类别数 s, 对每一类别的地面目标,在遥感影像上选择一定数量的能反映该类特性的像素作为训练样本。以训练样本为基础,求每一类的 $M_i, \boldsymbol{\Sigma}_i (i = 1,2,\cdots,s)$。

②对多光谱影像上的每一像素,将其多光谱矢量 $\boldsymbol{X}$ 代入式(6-15),求得该像素在特征空间中的点到每类中心的距离 $d_i'(\boldsymbol{X}), i = 1,2,\cdots,s$。然后依据式(6-16)确定该像素的所属类别。若对每一类中所有像素赋以同一种颜色,就得到分类影像。

2. 子空间分类器

在遥感影像分类时,分类器的选择一般要考虑两个因素,一是分类的准确性,二是分类的速度。在保证分类准确性的前提下,分类速度是很重要的,因为多光谱遥感影像数据量十分庞大,如果分类器的精度很高,而速度很慢,仍然是不适用的。业已证明子空间分类器(Subspace Classifier)是一种分类准确性高、速度快的分类算法。下面介绍子空间分类器和改进的对偶子空间分类器的原理。

设有 s 个类别分别用 $\boldsymbol{\omega}^{(1)}, \boldsymbol{\omega}^{(2)}, \cdots, \boldsymbol{\omega}^{(s)}$ 来表示,每个样本有 n 个特征用 $\boldsymbol{X} = (x_1, x_2, \cdots, x_n)^{\mathrm{T}}$ 来表示, $\boldsymbol{\omega}^{(i)}$ 类的 $l^{(i)}$ 个样本用 $\{\boldsymbol{X}_1^{(i)}, \boldsymbol{X}_2^{(i)}, \cdots, \boldsymbol{X}_{l(i)}^{(i)}\}$ 来表示,则 $\boldsymbol{\omega}^{(i)}$ 类的自相关矩阵可以按如下公式计算:

$$\boldsymbol{S}^{(i)} = \frac{1}{l^{(i)}} \sum_{j=1}^{l(i)} \boldsymbol{X}_j^{(i)} (\boldsymbol{X}_j^{(i)})^{\mathrm{T}} \tag{6-17}$$

利用 K-L 展开原理,可以求得 $\boldsymbol{S}^{(i)}$ 的 n 个特征根 $\lambda_1^{(i)}, \lambda_2^{(i)}, \cdots, \lambda_n^{(i)}$ 和相应的特征向量。如果把特征根按大小排列,并求其对应的前 $p^{(i)}$ 个正交归一化的特征向量 $\boldsymbol{u}_j^{(i)} (j = 1,2,\cdots, p^{(i)})$, 则 $\boldsymbol{\omega}^{(i)}$ 类的子空间 $L^{(i)}$ 可用 $\boldsymbol{u}_j^{(i)} (j = 1,2,\cdots,p^{(i)})$ 来表示,记为:

$$L^{(i)} = \{\boldsymbol{u}_j^{(i)}, j = 1,2,\cdots,p^{(i)}\} \tag{6-18}$$

令

$$\boldsymbol{P}^{(i)} = \sum_{j=1}^{p(i)} \boldsymbol{u}_j^{(i)} (\boldsymbol{u}_j^{(i)})^{\mathrm{T}}$$

式中: $\boldsymbol{P}^{(i)}$ 为 $\boldsymbol{\omega}^{(i)}$ 类的投影矩阵。如果有一个样本点 $\boldsymbol{X}$,对所有的类别 $j (j \neq i)$ 满足:

$$\boldsymbol{X}^{\mathrm{T}} \boldsymbol{P}^{(i)} \boldsymbol{X} > \boldsymbol{X}^{\mathrm{T}} \boldsymbol{P}^{(j)} \boldsymbol{X} \tag{6-19}$$

则 $\boldsymbol{X} \in \boldsymbol{\omega}^{(i)}$。

由式(6-18)可得 $\boldsymbol{X}^{\mathrm{T}} \boldsymbol{P}^{(i)} \boldsymbol{X}$ 的实际计算公式如下:

$$\boldsymbol{X}^{\mathrm{T}} \boldsymbol{P}^{(i)} \boldsymbol{X} - \sum_{j=1}^{p(i)} (\boldsymbol{X}^{\mathrm{T}} \cdot \boldsymbol{u}_j^{(i)})^2 \tag{6-20}$$

从式(6-20)可以看出:求 $\boldsymbol{X}^{\mathrm{T}} \boldsymbol{P}^{(i)} \boldsymbol{X}$ 时只用到了子空间 $L^{(i)}$ 中的 $p^{(i)}$ 个向量 $\boldsymbol{u}_j^{(i)} (j = 1, 2,\cdots,p^{(i)})$, 在 n 较大时通常有 $p^{(i)} \ll n$, 所以计算速度是很快的。

设 $\boldsymbol{\omega}^{(i)}$ 类和 $\boldsymbol{\omega}^{(j)}$ 类之间的判别界面为 $F(\boldsymbol{X})$, 即

$$F(\boldsymbol{X}) = \boldsymbol{X}^{\mathrm{T}} \boldsymbol{P}^{(i)} \boldsymbol{X} - \boldsymbol{X}^{\mathrm{T}} \boldsymbol{P}^{(j)} \boldsymbol{X} = \boldsymbol{X}^{\mathrm{T}} (\boldsymbol{P}^{(i)} - \boldsymbol{P}^{(j)}) \boldsymbol{X} \tag{6-21}$$

从式(6-21)可以看出:类和类之间的判别界面 $F(\boldsymbol{X})$ 是关于 $\boldsymbol{X}$ 的二次函数,以此作为样

本类别划分的依据,其精度是较高的。

在实际应用中,$\omega^{(i)}$ 类的子空间 $L^{(i)}$ 的维数 $p^{(i)}$ 可用下式来确定:

$$V = \frac{\sum_{j=1}^{p^{(i)}} \lambda_j^{(i)}}{\sum_{j=1}^{n} \lambda_j^{(i)}} \tag{6-22}$$

式中:V 为给定的指标,在已知 V 的情况下可求出 $p^{(i)}$ 值。

在上面讨论的子空间分类器中,一般只用到了 $\omega^{(i)}$ 类的前 $p^{(i)}$ 个主分量,而认为主分量以外的 $n - p^{(i)}$ 个镜像分量是不重要的或者是噪声。实际上镜像分量和主分量是同样重要的,模式类不仅可以在由主分量基生成的子空间上来表示,而且可以在由镜像分量基生成的补子空间 $\bar{L}^{(i)}$ 上表示:

$$\bar{L}^{(i)} = \{\boldsymbol{u}_j^{(i)}, j = p^{(i)} + 1, p^{(i)} + 2, \cdots, n\} \tag{6-23}$$

令

$$\bar{\boldsymbol{P}}^{(i)} = \sum_{j=p^{(i)}+1}^{n} \boldsymbol{u}_j^{(i)} (\boldsymbol{u}_j^{(i)})^{\mathrm{T}} \tag{6-24}$$

则

$$\boldsymbol{X}^{\mathrm{T}} \boldsymbol{P}^{(i)} \boldsymbol{X} = \boldsymbol{X}^{\mathrm{T}} (\boldsymbol{I} - \bar{\boldsymbol{P}}^{(i)}) \boldsymbol{X} \tag{6-25}$$

式中:$\boldsymbol{I}$ 为单位阵。式(6-25)说明 $\boldsymbol{X}$ 在子空间上的距离可用其在补子空间上的距离来表示,因此上述判别规则也可以写成:如果有一个样本点 $\boldsymbol{X}$,对所有的类别 $j(j \neq i)$ 满足:

$$\boldsymbol{X}^{\mathrm{T}} \bar{\boldsymbol{P}}^{(i)} \boldsymbol{X} < \boldsymbol{X}^{\mathrm{T}} \bar{\boldsymbol{P}}^{(j)} \boldsymbol{X} \tag{6-26}$$

则 $\boldsymbol{X} \in \omega^{(i)}$。

显然,如果 $p^{(i)} > \frac{n}{2}$,采用补子空间进行分类计算量比较小,否则采用子空间进行分类计算量比较小。我们把子空间 $L^{(i)}$ 和补子空间 $\bar{L}^{(i)}$ 混合表示的模式空间称为对偶空间,建立在对偶子空间上的分类器称为对偶子空间分类器(Dual Subspace Classifier)。

从上面的讨论还可以看出:子空间分类器和对偶子空间分类器具有特征提取和分类决策于一体的功能。现将对偶子空间法遥感影像分类过程归纳如下:

①根据待分类区域地面目标的实际情况,合理确定类别数 s,对每一类别的地面目标,在遥感影像上选择一定数量的能反映该类特性的像素作为训练样本。以训练样本为基础,统计每类的自相关矩阵 $\boldsymbol{S}^{(i)}$,进而求得每类的 n 个特征根和 n 个特征向量。再依据式(6-22)确定求出每类子空间的维数 $p^{(i)}$。

②对多光谱影像上的每一像素,当 $p^{(i)} \leqslant \frac{n}{2}$ 时,将其多光谱矢量 X 代入式(6-20),求得该像素在每类子空间中的投影距离 $\boldsymbol{X}^T \boldsymbol{P}^{(i)} \boldsymbol{X} (i = 1, 2, \cdots, s)$,再依据式(6-19)确定该像素的所属类别;当 $p^{(i)} > \frac{n}{2}$ 时,求得该像素在每类补子空间中的投影距离 $\boldsymbol{X}^{\mathrm{T}} \bar{\boldsymbol{P}}^{(i)} \boldsymbol{X} (i = 1, 2, \cdots, s)$,再依据式(6-26)确定该像素的所属类别。若对每一类的所有像素赋以同一种颜色,就

得到分类影像。

3. 概率松弛算法

在一般的遥感影像分类中只利用了光谱信息,而且是单像素进行的。实际上,由于散射作用的影响,遥感影像像元记录的是观测目标与其周围一定范围内目标的电磁波辐射能量的和,这就是说在遥感影像的分类过程中只有正确考虑目标像素与其周围像素的关系问题,才能得到满意的结果,这种分类方法统称为上下文分类。上下文分类有许多实现方案,例如在多光谱特征中引入纹理特征进行分类识别等。下面介绍的概率松弛法(Probabilistic Relaxation),是在考虑某个像素与其邻域内像素的相关性的基础上进行迭代计算,最后按最大概率进行分类的。

设有一组目标 $A_1, A_2, \cdots, A_n$,要把它们分到 $C_1, C_2, \cdots, C_m$ 个类别中去;假设目标的分类是相关联的,用 $C(i,j,h,k)$ 表示把目标 A_h 分到 C_k 类对把目标 A_i 分到 C_j 类的影响程度(如图 6-18 所示);设 $P_{ij}^{(0)}$ 表示 $A_i \in C_j$ 的初始概率,$i = 1,2,\cdots,n, j = 1,2,\cdots,m$;对每一个 i 有:

$$0 \leqslant P_{ij}^{(0)} \leqslant 1 \text{ 且 } \sum_{j=1}^{m} P_{ij}^{(0)} = 1$$

我们希望用迭代的方法求迭代 r 次以后的概率 $P_{ij}^{(r)}, r = 1,2,\cdots$。求 $P_{ij}^{(r)}$ 时用到初始概率和相关系数,并且第 r 步的概率 $P_{ij}^{(r)}$ 满足:

$$0 \leqslant P_{ij}^{(r)} \leqslant 1 \text{ 且 } \sum_{j=1}^{m} P_{ij}^{(r)} = 1$$

最后对目标 A_i 依最大概率准则进行分类决策,即如果有:

$$P_{ij}^{(r)} = \max\{P_{ik}^{(r)}, k = 1,2,\cdots,m\}$$

则 $A_i \in C_j$。

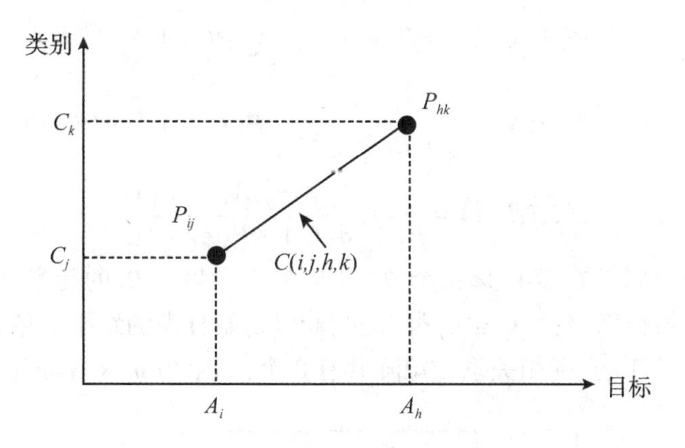

图 6-18　目标分类的关联性

针对上述迭代方案,许多学者提出了自己的迭代公式,其中最常用的是 Peley S.于 1980 年提出的迭代公式:

对于 A_i 的一个给定的邻域点 A_h,得到 $A_i \in C_j$ 的概率估计为:

$$P_{ij}^{(r+1)} = \frac{P_{ij}^{(r)} \cdot \sum_{k=1}^{m} P_{hk}^{(r)} \cdot C(i,j,h,k)}{\sum_{j=1}^{m} P_{ij}^{(r)} \cdot \sum_{k=1}^{m} P_{hk}^{(r)} \cdot C(i,j,h,k)} \tag{6-27}$$

一般情况下相关系数和初始概率是根据具体问题给出的，通常相关系数用互信息量 $\log R$ 来代替；当它大于零时，可用 R 来近似代替相关系数 $C(i,j,h,k)$。R 定义如下：

$$R(i,j,h,k) = \frac{P(A_i \in C_j \mid A_h \in C_k)}{P(A_i \in C_j)} = \frac{P(A_i \in C_j, A_h \in C_k)}{P(A_i \in C_j) \cdot P(A_h \in C_k)} \tag{6-28}$$

在遥感影像分类中，概率松弛法通常作为其他分类算法的后处理过程，因此，初始概率和相关系数可以在初始分类的基础上计算得到。例如把概率松弛法作为 Bayes 分类算法的后处理过程时，如果把多光谱影像中的像素 A_i 所对应的多光谱矢量记为 X_i，要把它们分到 $C_1, C_2, \cdots, C_m$ 个类别中去，则 $A_i \in C_j$ 类的初始概率可用像素的后验概率 $P(\omega_j \mid X_i)$ 来估计，即

$$P_{ij}^{(0)} = P(C_j \mid X_i) \tag{6-29}$$

下面讨论相关系数的估计方法。

如图 6-19 所示，令像素 A_i 的 8 邻域像素为 A_h，即 A_h 可为 $0,1,\cdots,7$ 号像素，定义 R_l 是遥感影像上满足如下关系式的所有像素对的集合：

$$R_l = \{(A_i, A_h) \mid A_i \sigma_l A_h\}, l = 0,1,\cdots,7$$

式中：σ_l 表示像素空间位置的相邻关系，如 σ_0 表示右邻关系，即图 6-19 中的 0 号元素与像素 A_i 的位置关系为 σ_0，其余依次类推。

迭代中只考虑像素 A_h 对 A_i 的影响，当然邻域还可以定义成其他形式，这要根据实际情况来确定。相关系数可以按照下式来确定：

$$P(A_i \in C_j) = P(C_j) = \frac{1}{N_i} \sum_{A_i \in C_j} P(C_j \mid X_i) \tag{6-30}$$

$$P(A_i \in C_j, A_h \in C_k) = \frac{1}{\| R_l \|} \sum_{(A_i, A_h) \in R_l} P(C_j \mid X_i) \cdot P(C_k \mid X_h) \tag{6-31}$$

$$C(i,j,h,k) = \frac{P(A_i \in C_j, A_h \in C_k)}{P(A_i \in C_j) \cdot P(A_h \in C_k)} \tag{6-32}$$

式中：N_i 表示影像上属于 C_i 类的像素个数；$\| R_l \|$ 表示集合 R_l 的元素个数，$l = 0,1,\cdots,7$；$j,k = 1,2,\cdots,m$，m 为类别数；“$A_i \in C_j$ 类”的判断以初始分类的结果为依据。如果迭代中只考虑 8 邻域内像元的影响，则相关系数矩阵共有 8 个，每个为 $m \times m$ 阶矩阵。

3	2	1
4	A_i	0
5	6	7

图 6-19　像素之间的相邻关系

6.2.3 遥感影像非监督分类

上面讨论的是监督分类方法，它需要在分类前知道类别的先验知识，以此为基础求出判别函数中的未知参数。在实际问题中有时事先无法知道类别的先验知识，在没有类别先验知识的情况下将所有样本划分为若干个类别的方法称之为非监督分类，也称聚类(clustering)。非监督分类的过程如图 6-20 所示，它只能将未知类别的模式划分为若干个类别，而不能确定每个类别的性质。

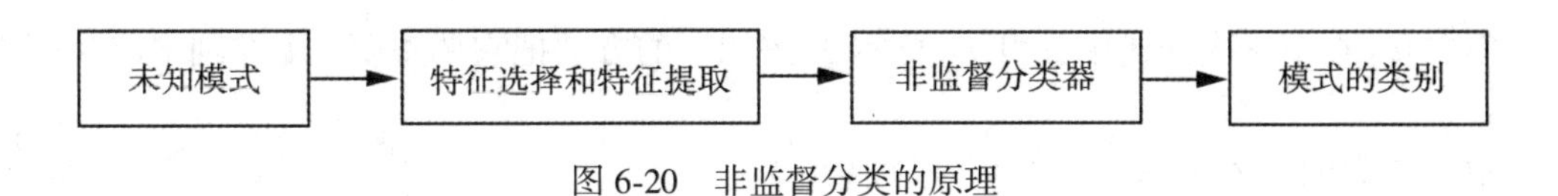

图 6-20　非监督分类的原理

1. 聚类中的相似性度量

在聚类的过程中，通常是按照某种相似性准则对样本进行合并或分离的。在统计模式识别中常用的相似性度量有：

①欧氏距离，表达式如下：

$$\boldsymbol{D} = \| \boldsymbol{X} - \boldsymbol{Z} \| = [(\boldsymbol{X} - \boldsymbol{Z})^{\mathrm{T}}(\boldsymbol{X} - \boldsymbol{Z})]^{\frac{1}{2}} \tag{6-33}$$

式中：$\boldsymbol{X}$,$\boldsymbol{Z}$ 为待比较的两个样本的特征矢量。

②马氏距离，表达式如下：

$$\boldsymbol{D} = (\boldsymbol{X} - \boldsymbol{Z})^{\mathrm{T}}\boldsymbol{\Sigma}^{-1}(\boldsymbol{X} - \boldsymbol{Z}) \tag{6-34}$$

式中：$\boldsymbol{X}$,$\boldsymbol{Z}$ 为待比较的两个样本的特征矢量；$\boldsymbol{\Sigma}^{-1}$ 为 $\boldsymbol{X}$,$\boldsymbol{Z}$ 的互相关矩阵。

③特征矢量 $\boldsymbol{X}$,$\boldsymbol{Z}$ 的角度，表达式如下：

$$S(\boldsymbol{X},\boldsymbol{Z}) = \frac{\boldsymbol{X}^{\mathrm{T}}\boldsymbol{Z}}{\| \boldsymbol{X} \| \cdot \| \boldsymbol{Z} \|} \tag{6-35}$$

在多光谱遥感影像分类中，最常用的是各种距离相似性度量。在相似性度量选定以后，必须再定义一个评价聚类结果质量的准则函数。按照定义的准则函数进行样本的聚类分析，必须保证在分类结果中类内距离最小，而类间距离最大。也就是说，在分类结果中同一类的点在特征空间中聚集得比较紧密，而不同类别的点在特征空间中相距较远。例如可定义如下的最小误差平方和准则：

$$J = \sum_{j=1}^{N_c} \sum_{\boldsymbol{X} \in S_j} \| \boldsymbol{X} - \boldsymbol{M}_j \|^2 \tag{6-36}$$

式中：N_c 为类别数目，S_j 为第 j 类样本的集合($j = 1,2,\cdots,N_c$)，$\boldsymbol{M}_j$ 为第 j 类的均值向量。如果按照使 J 最小的原则进行聚类，可以保证在分类结果中类内距离最小，而类间距离最大。

聚类分析有两种实现途径：非迭代方法和迭代方法。非迭代方法通常采用分层或分级聚类策略来实现。迭代方法首先给定某个初始分类，然后采用迭代算法找出使准则函数取极值的最好聚类结果。由于迭代法聚类分析的过程是动态的，因此迭代方法又称为动态聚类方法。在遥感影像分类中，通常使用动态聚类方法。

2.K-均值算法

K-均值算法(k-means algorithm)也称 C-均值算法，其基本思想是：通过迭代，逐次移动各类的中心,直至得到最好的聚类结果为止。

假设影像上的目标要分为 c 类别,且 c 为已知数,则 K-均值算法如下:

第一步,适当地选取 c 个类的初始中心 $\boldsymbol{Z}_1^{(1)},\boldsymbol{Z}_2^{(1)},\cdots,\boldsymbol{Z}_c^{(1)}$,初始中心的选择对聚类结果有一定的影响,初始中心的选择一般有以下两种方法:

①根据问题的性质,用经验的方法确定类别个数 c,从数据中找出从直观上看来比较适合的 c 个类的初始中心;

②将全部数据随机地分为 c 个类别,计算每类的重心,将这些重心作为 c 个类的初始中心。

第二步,在第 k 次迭代中,对任一样本 $\boldsymbol{X}$ 按如下的方法把它调整到 c 个类别中的某一类中去。

对于所有的 $i \neq j(i = 1,2,\cdots,c)$,如果

$$\| \boldsymbol{X} - \boldsymbol{Z}_j^{(k)} \| < \| \boldsymbol{X} - \boldsymbol{Z}_i^{(k)} \|$$

则 $\boldsymbol{X} \in S_j^{(k)}$,其中 $S_j^{(k)}$ 是以 $\boldsymbol{Z}_j^{(k)}$ 为中心的类。

第三步,由第二步得到 $S_j^{(k)}$ 类新的中心 $\boldsymbol{Z}_j^{(k+1)}$ 为:

$$\boldsymbol{Z}_j^{(k+1)} = \frac{1}{N_j}\sum_{\boldsymbol{X} \in S_j^{(k)}} \boldsymbol{X}$$

式中:N_j 为 $S_j^{(k)}$ 类中的样本数。$\boldsymbol{Z}_j^{(k+1)}$ 是按照使 J 最小的原则确定的,J 的表达式为:

$$J = \sum_{j=1}^{c} \sum_{\boldsymbol{X} \in S_j^{(k)}} \| \boldsymbol{X} - \boldsymbol{Z}_j^{(k+1)} \|^2$$

第四步,对于所有的 $j = 1,2,\cdots,c$,如果 $\boldsymbol{Z}_j^{(k+1)} = \boldsymbol{Z}_j^{(k)}$,则迭代结束,否则转到第二步继续进行迭代。

K-均值算法是一个迭代算法,迭代过程中类别中心按最小二乘误差的原则进行移动,因此类别中心的移动是合理的。其缺点是要事先已知类别数 c,在实际中类别数 c 通常根据实验的方法来确定。

3.ISODATA 算法

迭代自组数据分析算法(Iterative Self-organizing Data Analysis Techniques Algorithm, ISODATA)与 K-均值算法有两点不同:第一,它不是每调整一个样本的类别就重新计算一次各类样本的均值,而是在每次把所有样本都调整完毕之后才重新计算一次各类样本的均值,前者称为逐个样本修正法,后者称为成批样本修正法;第二,ISODATA 算法不仅可以通过调整样本所属类别完成样本的聚类分析,而且可以自动地进行类别的"合并"和"分裂",从而得到类数比较合理的聚类结果。

ISODATA 算法描述如下:

第一步,给出下列控制参数:K——希望得到的类别数(近似值);θ_N——所希望的一个类中样本的最小数目;θ_S——关于类的分散程度的参数(如标准差);θ_C——关于类间距离的参数(如最小距离);L——每次允许合并的类的对数;I——允许迭代的次数。

第二步,适当地选取 N_c 个类的初始中心 $\{\boldsymbol{Z}_i, i = 1,2,\cdots,N_c\}$。

第三步,把所有样本 $\boldsymbol{X}$ 按如下的方法分到 N_c 个类别中的某一类中去:对于所有的 $i \neq j(i = 1,2,\cdots,N_c)$,如果 $\| \boldsymbol{X} - \boldsymbol{Z}_j \| < \| \boldsymbol{X} - \boldsymbol{Z}_i \|$,则 $\boldsymbol{X} \in S_j$,其中 S_j 是以 $\boldsymbol{Z}_j$ 为中心的类。

第四步,如果 S_j 类中的样本数 $N_j < \theta_N$,则去掉 S_j 类,$N_c = N_c - 1$,返回第三步。

第五步，按下式重新计算各类的中心：

$$\boldsymbol{Z}_j = \frac{1}{N_j}\sum_{\boldsymbol{X} \in S_j}\boldsymbol{X}, j = 1,2,\cdots,N_c$$

第六步，计算 S_j 类内的平均距离：

$$\overline{D}_j = \frac{1}{N_j}\sum_{\boldsymbol{X} \in S_j}\| \boldsymbol{X} - \boldsymbol{Z}_j \|, j = 1,2,\cdots,N_c$$

第七步，计算所有样本离开其相应的聚类中心的平均距离：

$$\overline{D} = \frac{1}{N}\sum_{j=1}^{N_c} N_j \cdot \overline{D}_j$$

式中：N 为样本总数。

第八步，如果迭代次数大于 I，则转向第十二步，检查类间最小距离，判断是否进行合并；如果 $N_c \leqslant K/2$，则转向第九步，检查每类中各分量的标准差（分裂）；如果迭代次数为偶数，或 $N_c \geqslant 2K$，则转向第十二步，检查类间最小距离，判断是否进行合并；否则转向第九步。

第九步，计算每类中各分量的标准差 δ_{ij}：

$$\delta_{ij} = \sqrt{\frac{1}{N_j}\sum_{\boldsymbol{X} \in S_j}(x_{ik} - z_{ij})^2}$$

式中：$i = 1,2,\cdots,n$，其中 n 为样本 $\boldsymbol{X}$ 的维数；$j = 1,2,\cdots,N_c$，N_c 为类别数；$k - 1,2,\cdots,N_j$，其中 N_j 为 S_j 类中的样本数；x_{ik} 为第 k 个样本的第 i 个分量；x_{ij} 为第 j 个聚类中心 $\boldsymbol{Z}_j$ 的第 i 个分量。

第十步，对每一个聚类 S_j，找出标准差最大的分量 $\delta_{j\max}$：

$$\delta_{j\max} = \max\{\delta_{1j},\delta_{2j},\cdots,\delta_{nj}\}, j = 1,2,\cdots,N_c$$

第十一步，如果条件 1 和条件 2 有一个成立，则把 S_j 分裂成两个聚类，两个新类的中心分别为 $\boldsymbol{Z}_j^+$ 和 $\boldsymbol{Z}_j^-$，原来的 $\boldsymbol{Z}_j$ 取消，使 $N_c = N_c + 1$，然后转向第三步，重新分配样本。其中，条件 1 为：

$$\delta_{j\max} > \theta_S \text{ 且 } \overline{D}_j > \overline{D} \text{ 且 } N_j > 2 \cdot (\theta_N + 1)$$

条件 2 为：

$$\delta_{j\max} > \theta_S \text{ 且 } N_c \leqslant \frac{K}{2}$$

$$\boldsymbol{Z}_j^+ = \boldsymbol{Z}_j + \gamma_j, \boldsymbol{Z}_j^- = \boldsymbol{Z}_j - \gamma_j$$

式中：$\gamma_j = k \cdot [0,\cdots,\delta_{j\max},\cdots,0]^{\mathrm{T}}$，其中 k 是人为给定的常数，且 $0 < k \leqslant 1$。

第十二步，计算所有聚类中心之间的两两距离：

$$D_{ij} = \| \boldsymbol{Z}_i - \boldsymbol{Z}_j \|, i = 1,2,\cdots,N_c - 1, j = i + 1,\cdots,N_c$$

第十三步，比较 D_{ij} 和 θ_C，把小于 θ_C 的 D_{ij} 按由小到大的顺序排列：

$$D_{i_1 j_1} < D_{i_2 j_2} < \cdots < D_{i_L j_L}$$

式中：L 为每次允许合并的类的对数。

第十四步，按照 $l = 1,2,\cdots,L$ 的顺序，把 $D_{i_l j_l}$ 所对应的两个聚类中心 $\boldsymbol{Z}_{i_l}$ 和 $\boldsymbol{Z}_{j_l}$ 合并成一个新的聚类中心 $\boldsymbol{Z}_l^*$，并使 $N_c = N_c - 1$：

$$\boldsymbol{Z}_l^* = \frac{1}{N_{i_l} \cdot N_{j_l}}(N_{i_l}\boldsymbol{Z}_{i_l} + N_{j_l}\boldsymbol{Z}_{j_l})$$

在对 $D_{i_1j_1}$ 所对应的两个聚类中心 $\boldsymbol{Z}_{i_1}$ 和 $\boldsymbol{Z}_{j_1}$ 进行合并时，如果其中至少有一个聚类中心已经被合并过，则越过该项，继续进行后面的合并处理。

第十五步，若迭代次数大于 I，或者迭代中的参数的变化在限差以内，则迭代结束，否则转向第三步继续进行迭代处理。

4. 模糊聚类算法

首先讨论一下聚类分析的另一种数学表达方式：

设有 n 个样本，记为 $\boldsymbol{U}=\{U_i,i=1,2,\cdots,n\}$，要将它们分成 m 类，这一过程实际上是求一划分矩阵 $\boldsymbol{A}=[a_{ij}]$，其中

$$a_{ij}=\begin{cases}1,\text{第 } j \text{ 个样本属于第 } i \text{ 类}\\0,\text{否则}\end{cases}$$

矩阵 $\boldsymbol{A}$ 称为样本集 U 的一个划分，显然不同的 $\boldsymbol{A}$ 对应样本集 U 上不同的划分。给出了不同的分类结果，把对样本集 U 的所有划分称为 U 的划分空间，记为 M。这样，聚类过程就是从样本集 U 的划分空间 M 中找出最佳划分矩阵的过程。

在实际问题中，确定样本归属的问题存在模糊性，因此分类矩阵最好是一个模糊矩阵，即 $\boldsymbol{A}=[a_{ij}]$ 满足以下条件：

① $a_{ij}\in[0,1]$，它表示样本 $\boldsymbol{U}_j$ 属于第 i 类的隶属度；

② $\boldsymbol{A}$ 中每列元素之和为 1，即一个样本对各类的隶属度之和为 1；

③ $\boldsymbol{A}$ 中每行元素之和大于 0，即每类不为空集。

以模糊矩阵 $\boldsymbol{A}$ 对样本集 U 进行分类的过程称作软分类。为了得到合理的软分类，定义聚类准则如下：

$$J_b(\boldsymbol{A},\boldsymbol{V})=\sum_{k=1}^{n}\sum_{i=1}^{m}(a_{ik})^b\cdot\|\boldsymbol{U}_k-\boldsymbol{V}_i\|^2 \tag{6-37}$$

式中：$\boldsymbol{A}$ 为软分类矩阵；$\boldsymbol{V}$ 表示聚类中心；m 为类别数；n 为样本数；$\|\boldsymbol{U}_k-\boldsymbol{V}_i\|$ 表示样本 $\boldsymbol{U}_j$ 到第 i 类的聚类中心 $\boldsymbol{V}_i$ 的距离（如欧氏距离等）；b 是权系数，b 值越大，则分类越模糊，一般情况下 $b\geqslant 1$，当 $b=1$ 时就是硬分类。

在聚类准则最优的情况下可以求得软划分矩阵和聚类中心，当 $b>1$ 和 $\boldsymbol{U}_k\neq\boldsymbol{V}_i$ 时，可用下面的公式求 a_{ij} 和 $\boldsymbol{V}_i$：

$$a_{ij}=\frac{1}{\sum_{k=1}^{m}\left(\frac{\|\boldsymbol{U}_j-\boldsymbol{V}_i\|}{\|\boldsymbol{U}_j-\boldsymbol{V}_k\|}\right)^{\frac{2}{b-1}}},i\leqslant m,j\leqslant n \tag{6-38}$$

$$\boldsymbol{V}_i=\frac{\sum_{k=1}^{n}(a_{ik})^b\boldsymbol{U}_k}{\sum_{k=1}^{n}(a_{ik})^b},i\leqslant m \tag{6-39}$$

具体计算步骤如下：

第一步，给出初始划分 $\boldsymbol{A}$；

第二步，按照式(6-39)计算聚类中心 $\boldsymbol{V}_i(i=1,2,\cdots,m)$；

第三步，根据 $\boldsymbol{V}_i$ 和式(6-38)计算出新的分类矩阵 $\boldsymbol{A}^*$；

第四步，如果 $\max\{a_{ij}^*-a_{ij}\}<\delta$，则 $\boldsymbol{A}^*$ 和 $\boldsymbol{V}$ 即为所求，否则转到第二步，继续进行迭代

处理，其中 δ 是预先给定的阈值；

第五步，以模糊矩阵 $\boldsymbol{A}^*$ 为基础对样本集 U 中的样本进行分类，方法之一就是将 U_j 分到 $\boldsymbol{A}^*$ 的第 j 列中数值最大的元素所对应的类别中去。

6.2.4　基于混合像元的遥感影像分类

遥感影像像元记录的是探测单元的瞬时视场角所对应的地面范围内的目标的辐射能量总和。如果探测单元的瞬时视场角所对应的地面范围仅包含了同一类性质的目标，则该像元记录的是同一性质的地面目标的辐射能量的总和，这样的像元称为纯像元(Pure Pixel)。上面讨论的监督分类和非监督分类方法对纯像元的分类和识别是非常有效的。如果探测单元的瞬时视场角所对应的地面范围包含了多类不同性质的目标，则该像元记录的是多类不同性质的地面目标的辐射能量的总和，这样的像元称为混合像元(Mixed Pixel)。如图 6-21 所示，设像元的地面分辨率为 30m，而地面上 $30\times30\text{m}^2$ 范围内包含了水塘、土路和稻田三种不同性质的目标。如果这 $30\times30\text{m}^2$ 范围内三种不同性质的目标成像为一个像元，则该像元就是混合像元。此外由于地物散射等因素的影响，在多类地物交界处附近的像元，也有可能是混合像元。

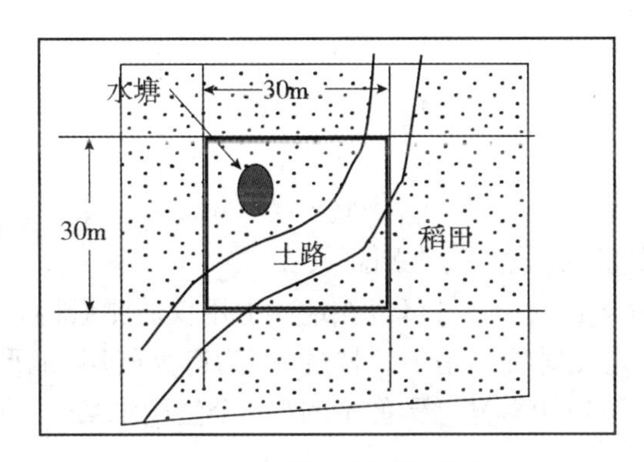

图 6-21　混合像元的例子

混合像元是客观存在的，如果用传统的统计模式识别方法(如用最小距离分类器按像元到各类中心之间的最小距离来确定像元的类别等)，往往会发生误分类。近年来一些学者提出了类型分解(Category Decomposition)的思想，它根据各类地物在混合像元中所占的比例(称为类型比)来确定混合像元的类型，即把混合像元分配到类型比最大的那一类地物中去。所谓类型比，是指混合像元中各类地物所对应的电磁波能量与整个混合像元所对应的电磁波能量之比，也等于混合像元中各类地物的面积与整个混合像元的面积之比。

为叙述方便，不妨把混合像元所对应的地面区域称为地面像元，地面像元的基本组成物质称为基本组分(End Member)。假设面积为 A 的地面像元包含 n 种不同属性的物质，地面像元的总辐射亮度为 $L(\lambda)$，各基本组分的辐射亮度分别为 $L_1(\lambda), L_2(\lambda), \cdots, L_n(\lambda)$，各基本组分的面积分别为 $A_1, A_2, \cdots, A_n$，且 $A_1 + A_2 + \cdots + A_n = A$，则地面像元的总辐射强度为 $AL(\lambda)$，各基本组分的辐射强度分别为 $A_1L_1(\lambda), A_2L_2(\lambda), \cdots, A_nL_n(\lambda)$。根据非相干光辐射能量的相加律可得：

$$L(\lambda)=\frac{A_1}{A}L_1(\lambda)+\frac{A_2}{A}L_2(\lambda)+\cdots+\frac{A_n}{A}L_n(\lambda) \tag{6-40}$$

式(6-40)表明:地面像元的辐射亮度等于各基本组分的辐射亮度以面积比作为权值相加的结果,这就是线性光谱混合模型的理论基础。

1. 基于最小二乘法的混合像元分解

如果混合像元符合线性光谱混合模型,且其波段数大于基本组分的数目,则可以用最小二乘法确定混合像元的类型比并进行分类。下面介绍利用最小二乘法求解混合像元类型比的原理。

设某个混合像元 P 包含 n 类地面目标的信息,其多光谱矢量为 $\boldsymbol{I}$,该像元中的类型比为 $\boldsymbol{B}$,n 类地面目标的分光反射特性记为 $\boldsymbol{A}$,且混合像元的特征值是该像元中各类地物特征值的线性叠加,则 $\boldsymbol{I}$,$\boldsymbol{A}$,$\boldsymbol{B}$ 有下列关系式:

$$\boldsymbol{I}=\boldsymbol{A}\cdot\boldsymbol{B} \tag{6-41}$$

式中:

$$\boldsymbol{I}=(I_1,I_2,\cdots,I_m)^{\mathrm{T}}$$

$$\boldsymbol{B}=(B_1,B_2,\cdots,B_n)^{\mathrm{T}};0\leqslant B_i\leqslant 1,\sum_{i=1}^{n}B_i=1,i=1,2,\cdots,n;$$

$$\boldsymbol{A}=\begin{bmatrix}A_{11} & A_{12} & \cdots & A_{1n}\\ A_{21} & A_{22} & \cdots & A_{2n}\\ \vdots & \vdots & & \vdots\\ A_{m1} & A_{m2} & \cdots & A_{mn}\end{bmatrix}$$

式中:m 为多光谱影像的波段数,n 为类别总数。

A_{ij}($i=1,2,\cdots,m;j=1,2,\cdots,n$)可以在地面上用仪器测量得到,但地面上的测量值与遥感平台上成像时的分光反射特性是不一样的,因为有大气层、地形起伏等多种因素的影响。为了避免这些问题,可以用多光谱影像中的第 i 个波段中第 j 个类别的训练样本的平均值来代替 A_{ij}。

设

$$\boldsymbol{E}=(E_1,E_2,\cdots,E_m)^{\mathrm{T}}=\boldsymbol{I}-\boldsymbol{A}\cdot\boldsymbol{B} \tag{6-42}$$

则按照最小二乘法的原理在 $\sum_i E_i$ 最小的情况下可求出 $\boldsymbol{B}$:

$$\boldsymbol{B}=(\boldsymbol{A}^{\mathrm{T}}\boldsymbol{A})^{-1}\boldsymbol{A}^{\mathrm{T}}\boldsymbol{I} \tag{6-43}$$

设 n 类地面目标分别用 $C_1,C_2,\cdots,C_n$ 来表示,当混合像元 P 的类型比 $\boldsymbol{B}=(B_1,B_2,\cdots,B_n)^{\mathrm{T}}$ 已知时,如果有

$$B_j=\max\{B_1,B_2,\cdots,B_n\}$$

则将混合像元 P 分到第 j 个类别中去,即 $P\in C_j$。该分类准则说明将混合像元划分到类型比最大的那一类地面目标中去。

基于最小二乘原理的混合像元分类法的理论基础是线性光谱混合模型。但遥感影像上的混合像元,通常并不符合线性光谱混合模型。首先,由于阴影、多次反射等因素的影响,使得光谱混合表现为非线性。其次,由于地物的复杂多样性,一景影像中一般包含多类地物,即使是同一类地物,它们之间在光谱表现上也不可能做到完全一致,理论上实现

所有混合像元的完全分解是不可能的。鉴于此，必须从混合像元的形成机理出发，才有可能找到光谱混合的数学模型，从而较好地解决混合像元的分类问题。

2. 基于凸面几何学的混合像元分解

如果混合像元符合线性光谱混合模型，且其波段数比基本组分的数目少一个，则可以根据凸面单体理论确定混合像元的类型比并进行分类。下面介绍利用凸面单体理论求解混合像元类型比的原理。

假设高光谱影像的维数为 m，则高光谱影像的每个像素对应于 m 维特征空间中的一个点。下面从低维数据开始，观察纯像元和混合像元在特征空间中的分布规律。如图 6-22 所示，假设两个波段(即维数为 2)的影像上仅有三种物质(即基本组分) A，B，C，三种基本组分对应的纯像元仍用 A，B，C 表示。假设它们不属于异物同谱的情况，则三个纯像元 A，B，C 一定是二维特征空间中的三个不同点，而由三种基本组分构成的混合像元一定位于这三点构成的凸三角形内(如混合像元 E)，且由其中两种基本组分构成的混合像元一定位于凸三角形的一条边上(如混合像元 D)。不妨把这三点构成的凸三角形称为凸面单体(Convex Simplex)。

在二维情况下，凸面单体为三角形，在三维情况下，凸面单体为四面体，以此类推。假设混合像元 D 由 A，B 两种基本组分构成，则混合像元 D 位于 A，B 两点的连线上，且该混合像元中基本组分 A 的面积与总面积之比为：

$$F_A = \frac{S_{DB}}{S_{AB}}$$

假如 A，B，C 三点位于一条直线上，则说明其中有一个点肯定不是纯像元，而是由另外两种基本组分构成的混合像元，或者说这三点不是独立的。

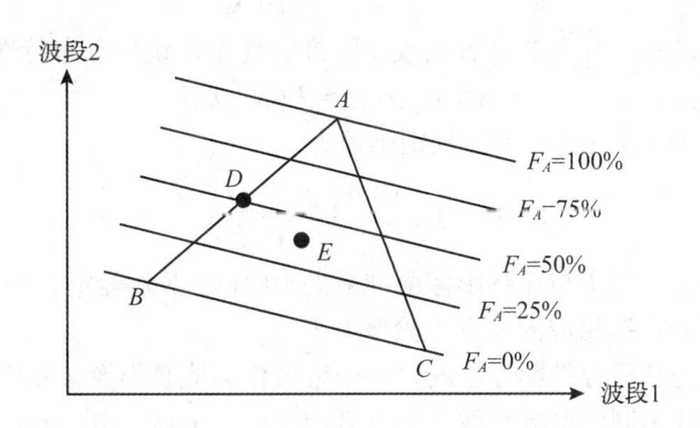

图 6-22　二维特征空间上的凸面单体

同理可知：四种独立的基本组分对应的纯像元一定是三维特征空间中的四个不同点，由四种基本组分构成的混合像元一定位于这四点构成的凸四面体内；由其中三种基本组分构成的混合像元一定位于该四面体中，由这三种基本组分对应的纯像元构成的平面三角形内；由其中两种基本组分构成的混合像元一定位于该四面体中，由这两种基本组分对应的纯像元连成的边上。由此可类推 m 维特征空间的情况。

因此，假如在 m 个波段的高光谱影像上仅有 n 种地物成分(即基本组分)，且 $m \gg n$，

则只要从 m 个波段的数据中挑选出 $n-1$ 个有效波段的数据，就可以把由 n 种地物成分构成的混合像元分解出来。

6.2.5 非光谱信息在遥感影像分类中的应用

前面讨论的遥感影像分类算法都是基于光谱信息进行的，如果能引入除光谱信息以外的其他信息，则可以进一步提高遥感影像的分类精度。同目视判读一样，影像上的灰度和色调只是从遥感影像上识别目标的主要依据之一，目标的形状、大小、纹理结构，目标之间的相互关系以及活动目标的演变规律都可以作为目标识别的重要依据，在基于知识的遥感影像分类系统中这些特征都可以以知识的形式存储在知识库中，在进行目标识别的推理时被采用。下面仅讨论在遥感影像分类算法中易于使用的高程信息和纹理特征的应用情况。

1. 高程信息在遥感影像分类中的应用

将地面高程信息作为辅助信息引入遥感影像分类中，是提高分类精度的有效措施之一。由于地形起伏的影响，地物的光谱特征发生变化，如位于不同坡面上的同类地物在影像上可能表现为不同的光谱响应特性，位于不同坡面上的不同类型的地物在影像上可能表现为相同的光谱响应特性。另外，不同地物的生长地域，往往受到海拔高度、坡度和坡向等因素的制约。如果在分类的过程中忽视高程等因素的影响，就会影响分类结果的精度。

在分类过程中引入高程信息的有效性的基本条件：类别的先验概率 $P(\omega_i)$ 和在某个高程带区 h 中分布的先验概率 $P(\omega_i \mid r_h)$ 不相同，即 $P(\omega_i) \neq P(\omega_i \mid r_h)$。利用高程信息辅助分类的方法很多，例如将 Bayes 分类器中的判别函数改写为：

$$P(\omega_i \mid \boldsymbol{X}, r_h) = \frac{P(\boldsymbol{X} \mid \omega_i, r_h) \cdot P(\omega_i \mid r_h)}{P(\boldsymbol{X})} \tag{6-44}$$

假设高程信息的引入并不能显著地改变随机变量 $\boldsymbol{X}$ 的统计分布特性，即

$$P(\boldsymbol{X} \mid \omega_i, r_h) \approx P(\boldsymbol{X} \mid \omega_i)$$

则带有高程信息的 Bayes 分类器中的判别函数为：

$$P(\omega_i \mid \boldsymbol{X}, r_h) = \frac{P(\boldsymbol{X} \mid \omega_i) \cdot P(\omega_i \mid r_h)}{P(\boldsymbol{X})} \tag{6-45}$$

在实际应用中，先利用与遥感影像配准后的 DEM 数据来确定每个像素所对应的高程值 h，再按高程值 h 选择相应的类别先验概率 $P(\omega_i \mid r_h)$。

此外，还可以把高程分带影像中的每一个带区作为掩膜影像，并用数字过滤的方法把原始高程影像分割成不同的区域影像，每个区域对应一个高程带，并在每个区域实施常规的分类处理，最后把各个带区的分类结果影像合成起来，形成最终的分类影像。这种类似于把高程信息引入类别先验概率之中的分类方法称为“按高程分层分类法”。

2. 纹理信息在遥感影像分类中的应用

当目标的光谱特性比较接近时，纹理特征对于区分目标可能会起到积极的作用。例如要区分影像上的针叶林和阔叶林时，仅依据光谱信息是不够的，因为针叶林和阔叶林的光谱特性基本相同，但是针叶林和阔叶林的纹理特征有明显的区别，针叶林的纹理比较细，而阔叶林的纹理比较粗。如果在遥感影像的光谱分类过程之中或光谱分类过程之后引入纹理信息，就可以达到区分针叶林和阔叶林的目的。

遥感影像上的目标通常以随机纹理的形式出现，描述随机纹理的有效方法是统计的方法。基于统计特性的纹理特征提取算法既可以在空间域中进行，也可以在频率域中进行，下面仅介绍空间域中几种纹理特征的提取算法及其在遥感影像分类中的应用。

(1)纹理能量法

纹理特征主要表现为高频信息在影像上的空间分布情况，因此以影像上的高频信息为基础，可以得到数字形式的纹理特征值。影像上的高频信息可以用高通滤波器检测出来，为了反映纹理图案的方向性，高通滤波器一般选用具有明显方向性的算子。例如，可用 0°，45°，90°，135° 四个方向的高通滤波算子 $\boldsymbol{M}_1$，$\boldsymbol{M}_2$，$\boldsymbol{M}_3$，$\boldsymbol{M}_4$ 进行边缘检测，可以得到四个方向的微观统计特征影像。对每一方向的微观统计特征影像，以该影像上每个像素位置为中心取一窗口，以该窗口范围内所有像素的灰度值之和(或平均值)作为该像素位置上的纹理特征值。若不考虑纹理的方向性，可取四个方向的纹理特征的平均值作为该像素位置的纹理特征值。

$$\boldsymbol{M}_1=\begin{bmatrix}-1&-1&-1\\0&0&0\\1&1&1\end{bmatrix},\ \boldsymbol{M}_2=\begin{bmatrix}1&1&0\\1&0&-1\\0&-1&-1\end{bmatrix},\ \boldsymbol{M}_3=\begin{bmatrix}-1&0&1\\-1&0&1\\-1&0&1\end{bmatrix},\ \boldsymbol{M}_4=\begin{bmatrix}0&-1&-1\\1&0&-1\\1&1&0\end{bmatrix}$$

(2)基于共生矩阵的纹理特征提取算法

影像中相距位置为 $(\Delta x,\ \Delta y)$ 的两个像素(又称“像素对”)同时出现的次数可用一个灰度共生矩阵来表示，记为：

$$\boldsymbol{M}=\{m_{hk}\}$$

式中：m_{hk} 表示影像中这样的“像素对”出现的次数，即两个像素相距位置为 $(\Delta x,\ \Delta y)$，其中一个的像素的灰度为 h，另一个像素的灰度为 k。如果影像有 n 个灰度级，则共生矩阵的大小为 $n\times n$。如果影像的纹理是粗纹理，那么对于 $\sqrt{(\Delta x)^2+(\Delta y)^2}$ 值小的情况，其灰度共生矩阵中 m_{hk} 数值较集中于主对角线附近；如果是细纹理，其灰度共生矩阵中 m_{hk} 数值主要散布在远离对角线的位置上，如果是具有方向性的纹理，其灰度共生矩阵中 m_{hk} 数值散离对角线的程度与 $\tan^{-1}(\Delta y/\Delta x)$ 有关。因此灰度共生矩阵的各种统计值可作为纹理特性的度量。常用的统计量有：

①反差或称为相对主对角线的惯性矩：

$$f_1=\mathrm{CON}=\sum_h\sum_k(h-k)^2\cdot m_{hk}$$

②角二阶矩或称能量：

$$f_2=\mathrm{ASM}=\sum_h\sum_k(m_{hk})^2$$

③熵：

$$f_3=\mathrm{ASM}=-\sum_h\sum_k m_{hk}\log m_{hk}$$

④相关：

$$f_4=\mathrm{COR}=\frac{\left[\sum_h\sum_k h\cdot k\cdot m_{hk}-\mu_x\cdot\mu_y\right]}{\delta_x\cdot\delta_y}$$

式中：μ_x，μ_y，δ_x，δ_y 分别为 m_x，m_y 的均值和方差。$m_x=\sum_k m_{hk}$，$m_y=\sum_h m_{hk}$。对于不同

的 $(\Delta x,\Delta y)$，可以得到不同方向上的一组纹理特征值，其中 $\tan^{-1}(\Delta y/\Delta x)$ 反映了纹理图案的方向性，纹理特征值反映了纹理图案的粗糙度。若不考虑纹理的方向时，可用多个方向上的纹理特征的均值、方差来表示纹理的特征，如 $(ASM)_{均值}$、$(ASM)_{方差}$、$(COR)_{均值}$、$(COR)_{方差}$ 等。

基于二维灰度共生矩阵的纹理特征提取算法的运算量很大，为了克服共生矩阵法的这一缺陷，可以将二维灰度共生矩阵简化为一维的像素对灰度值差的绝对值矢量，记为

$$\boldsymbol{M}' = \{m'_{h-k}\}$$

式中：m'_{h-k} 表示影像中相距位置为 $(\Delta x,\ \Delta y)$ 且其灰度值差的绝对值为 $|h-k|$ 的像素对出现的次数，如果影像有 n 个灰度级，则该矢量为 n 维。

同样，该矢量的各种统计值可作为纹理特性的度量。由于它是一维的，因此从该矢量中获得各种统计值的计算量明显减少。目前已证明这样得到纹理特征值和基于灰度共生矩阵的纹理特征值比较接近。

(3)基于边缘信息的纹理特征提取算法

基于灰度共生矩阵的纹理特征都是基于窗口影像而得到的，而窗口的大小很难根据影像上的内容来自动地确定。窗口太大，区分细纹理的能力变弱，窗口太小，纹理特征的随机性增大；并且所提特征在纹理区域交界处的局部化程度随窗口的大小而变化，窗口越大，纹理特征的边界局部化能力减弱。由于纹理特征主要表现在边缘等高频信息上，因此边缘信息对描述纹理是十分重要的。为了克服基于窗口的纹理特征的不足，应采用基于边缘信息的纹理特征提取算法。

下面介绍的 Envelop 算法，其边缘信息是采用小波包变换的方法得到的。一维 Envelop 算法描述如下：

对于一维信号，寻找其上任意相邻两个边缘点(对应于小波变换模值为局部极大值的点)之间的小波变换模值的最大值，并把它作为这两个边缘点之间的所有点的纹理特征值。图 6-23 为一维信号及其小波变换和相应的纹理特征。

对于二维影像经小波包分解后所得到的高频子影像，其上的高频信息具有明显的方向性，因此可以直接将一维 Envelop 算法应用于二维影像，算法如下：

Envelop_2D(wh,wv,wd)

wh：用高通滤波器对列、低通滤波器对行作用所得到的水平边缘影像。

wv：用高通滤波器对行、低通滤波器对列作用所得到的垂直边缘影像。

wd：用高通滤波器对行、高通滤波器对列作用所得到的斜方向的边缘影像。

begin

对 wh 的每一列实施一维 Envelop 算法。

对 wv 的每一行实施一维 Envelop 算法。

对 wd 的每一列实施一维 Envelop 算法。

End

这样通过对原始影像实施小波包分解，然后在每个高频通道上用 Envelop_2D 算法提取纹理特征，再将其量化为 8 比特的影像，就可以得到纹理影像的多分辨率、多方向性的纹理特征表示。图 6-24(a)为原始纹理影像，图 6-24(b)、图 6-24(c)、图 6-24(d)分别是从第一级分辨率上的三个高频子影像上提取到的水平、垂直和斜方向上的三幅纹理特征影

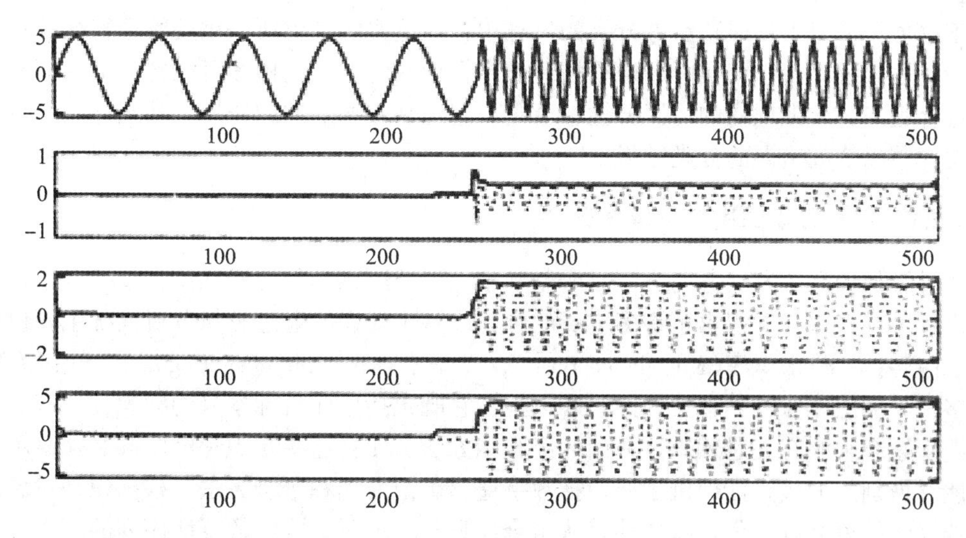

（第 1 行为原始信号，第 2~4 行为不同分辨率上的小波变换和相应的 Envelop 特征，虚线为小波变换系数，实线为 Envelop 特征值）

图 6-23　一维信号及其小波变换和相应的纹理特征

像。从图 6-24 可以看出：基于 Envelop 算法的纹理特征在纹理区域内部的一致性较好，在各类纹理区域交界处的局部化程度较高。可见这种基于边缘的纹理特征对纹理影像上的内容有较好的适应性，其另一优点是该特征的计算量较小。

利用小波包算法进行边缘检测，可以得到多尺度、多方向性的高频边缘影像，在此基础上利用 Envelop 算法可以得到多尺度、多方向性的纹理特征影像，这是采用小波包算法进行影像边缘检测的主要原因。

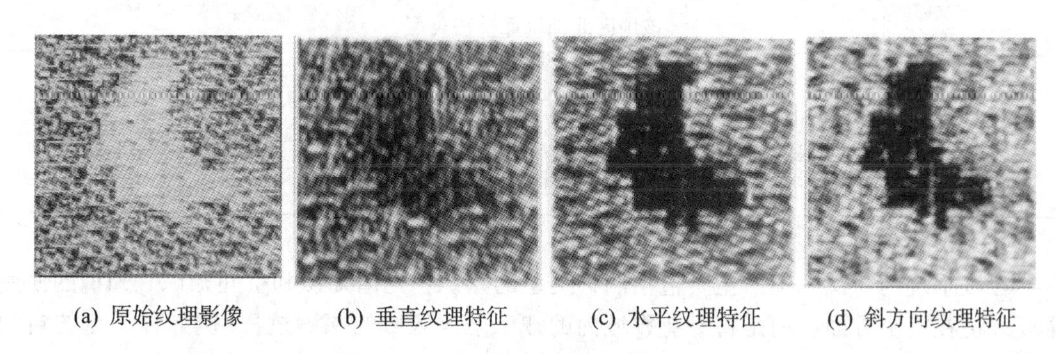

(a) 原始纹理影像　(b) 垂直纹理特征　(c) 水平纹理特征　(d) 斜方向纹理特征

图 6-24　基于边缘信息的纹理特征

(4)纹理特征辅助的遥感影像分类方法

纹理特征辅助的遥感影像分类方法类似于高程信息辅助的遥感影像分类方案。一是把某个纹理特征参数作为 Bayes 分类器的类别先验概率 $P(\omega_i \mid r_t)$ 中的条件 r_t 直接引入分类过程；二是先利用多光谱信息对遥感影像进行分类，再利用纹理特征对光谱分类的结果进行进一步的细分，例如可在光谱数据分类的基础上，对属于每一类的像素，再利用纹理特征进行二次分类等。

把纹理特征引入到遥感影像分类的过程中，最重要的是对所采用的纹理特征的物理意义能清楚地理解，并结合实际的地物情况作出合理的解释。这样才可能把光谱特征和纹理特征综合起来，增强地物的可区分性，否则会起到画蛇添足的副作用，甚至把原本可以正确分类的结果变成错误的分类结果。

6.2.6 基于知识的遥感影像分类

遥感影像分类的发展方向之一是研制基于知识的遥感影像分析系统，遥感专家在这方面已进行了许多探索，积累了许多宝贵的经验。基于知识的遥感影像分析系统主要包括两个核心内容：一是知识库(Knowledge Base)，二是推理机(Inference Engine)。知识库中存储着多种与遥感影像解译有关的知识和经验，它既包括地面目标本身的知识，也有遥感专家长期积累起来的有关遥感判读方面的经验和方法，而且这些知识和经验都必须表示成计算机能够识别的形式。推理机主要包括数字遥感影像处理和分析算法、根据识别对象的特点挑选算法的策略以及负责将各种算法组合成具有一定逻辑顺序的算法序列的能力。当遥感影像等数据输入基于知识的遥感影像分析系统后，推理机在知识库的支持下完成影像上目标的识别和解译。在影像识别过程中，知识库中知识的丰富程度十分关键，推理机的空间分析能力、逻辑推理能力和综合分析能力等也是十分重要的。知识的多少和推理能力的强弱是相辅相成、缺一不可的。

下面以"基于知识的陆地卫星影像识别系统(Knowledge Based Segmentation of Landsat Images)"为例说明基于知识的遥感影像分析系统的基本情况。该系统的目标是从美国Michigan地区的陆地卫星TM影像上分割和解译出256×256像元大小的地面目标。表6-1列出了该地区地面覆盖的类型，图6-25是系统的结构框图，图6-26是该系统进行目标分割和识别的流程图。

表6-1 **该地区北部地面覆盖类型**

落叶林(Deciduous)	灌木林(Shrub)
红松(Red Pine)	城区(Urban)
矮松(Jack Pine)	水域(Water)
砍伐地(Clearcut)	裸露地(Bare Land)

在该系统的知识库中，主要包括两种类型的知识：光谱知识和空间知识。知识的使用主要表现在三个方面：一是将专业领域内的知识融入区域的探测过程(例如种子点的自动选取等)，二是将专业领域内的知识表示为光谱规则用于解释区域目标的性质，三是利用空间知识进行区域属性的调整(例如在植被区域中面积较小的非植被区域的属性应改为植被等)。光谱知识是利用一定数量的样本数据通过训练的方法得到的，光谱知识库中包括许多规则，每条规则都可以用条件语句的形式表示出来，例如：

规则1：如果某个区域R的植被指数值I_R很大，则区域R的属性为植被。

规则2：如果某个区域R的多光谱数据满足：$b_R^1 > b_R^2 > b_R^3 > b_R^4 > b_R^5 > b_R^7$，其中$b_R^i$表示第$i$波段影像上区域$R$中所有像素的灰度均值，则区域$R$的属性为水域。

……

规则 n：……

在基于知识的遥感影像判读系统中，判读知识的总结和表示是十分关键的，也是最困难的，特别是有些专家的判读经验很难用数值的方法或计算机语言表达出来，因此在许多系统的知识库中，知识是不全面的。此外在知识的使用方面也还存在一些问题。由于遥感专家进行影像解译的过程，是综合利用判读特征并进行复杂的逻辑推理和抽象思维的过程，而人类认识事物的生理学机理和心理学机理还不十分清楚，并且目前的计算机(包括人工智能语言)智能化程度还不高，因此利用计算机模拟人类进行影像自动解译目前还不可能做到非常实用的程度。

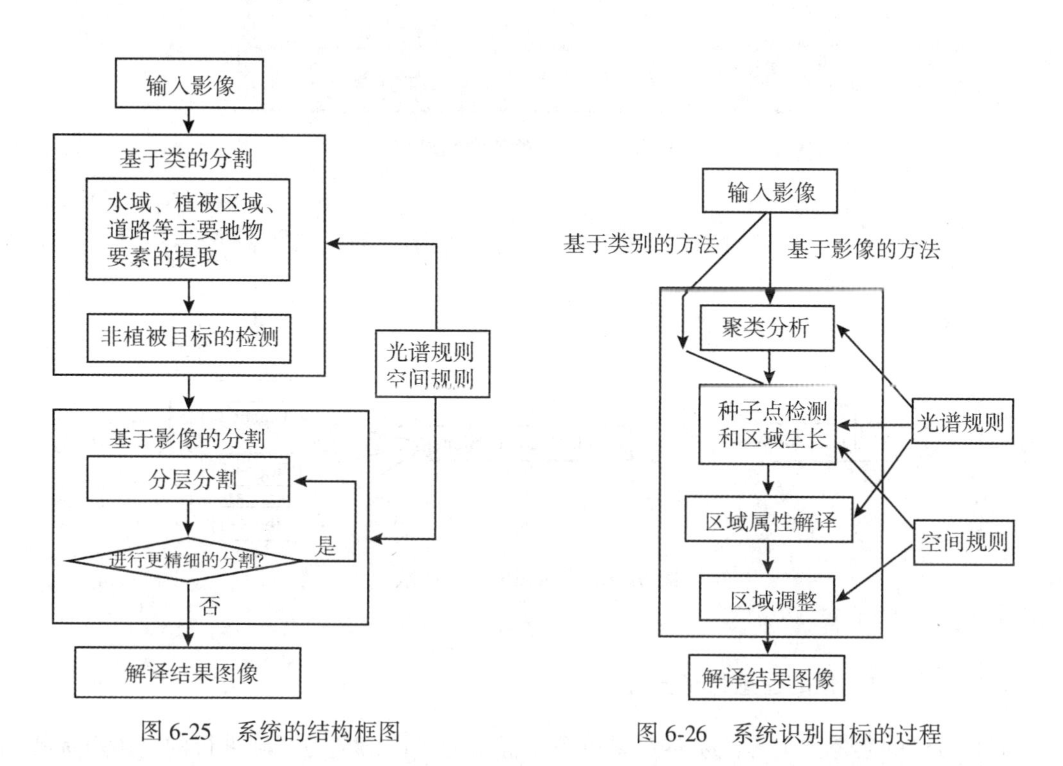

图 6-25　系统的结构框图　　图 6-26　系统识别目标的过程

在遥感影像处理系统 ERDAS IMAGINE 中，基于知识的遥感影像分类方法又称专家分类法。专家分类法由两个部分组成：知识工程师(Knowledge Engineer)和知识分类器(Knowledge Classifier)。知识工程师为领域专家提供了知识库的建库工具，如图 6-27 所示，知识分类器为非领域专家提供了利用知识库进行多光谱影像分类的用户界面。

在 ERDAS IMAGINE 中，遥感影像解译的知识以决策树的形式表示出来。如图 6-28 所示，知识库中有许多决策树，决策树的每一个树枝对应一条规则，每一条规则由假设和条件两部分构成。假设、规则和条件中的变量可以编辑。知识分类器有两种工作方式：界面引导方式和可执行命令方式。界面引导方式允许用户输入有限的一组参数来控制知识库的使用，当用户选定知识库并输入待分类数据后，待分类数据与知识库中的规则逐个进行比较，并按接近程度赋予一定的可信度值，然后用可信度值确定待识别样本的属性，最终获得分类影像。

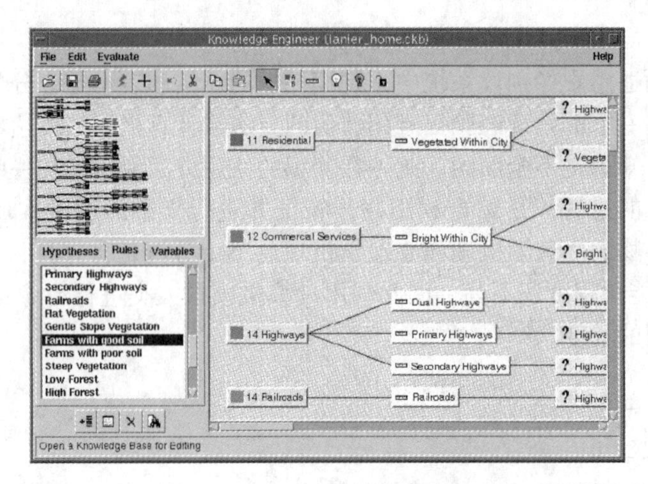

图 6-27　知识工程师的编辑窗口

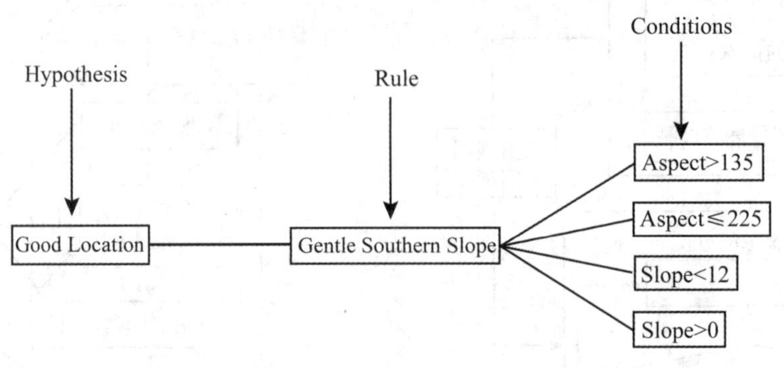

图 6-28　决策树的一个树枝

6.2.7　面向对象的遥感影像分类

前面讨论的影像分类算法基本都是以单个像素的光谱信息为基础进行的，由于地物辐射之间的相互影响，相邻像素的光谱信息之间有一定的关联，因此以单个像素的光谱信息为基础的分类算法有一定的缺陷。前面提到的上下文分类，也只是在一定程度解决了该问题。

针对高空间分辨率影像上的不同类型地物易于区分的特点，出现了面向对象的影像分类方法。其基本思想是：以遥感影像上的对象(如分割形成的匀质区)为单位，以每个对象的特征为基础进行分类。面向对象的影像分类过程一般包括：对象构建、对象特征计算和对象分类，如图 6-29 所示。

遥感影像上的对象构建常采用影像分割的方法来实现。影像分割算法很多，如基于多尺度的影像分割、基于灰度均匀性的影像分割、基于纹理均匀性的影像分割、基于聚类算法的影像分割、基于知识的影像分割等。一般的，第一次分割形成的图斑，有些比较小，有些比较零碎，而太小、太碎的图斑有可能是分割效果不好造成的。此时，可采用图斑合并和图斑精化等措施对初始分割结果进行进一步整理，以获得尺寸不小于某一域值且比较

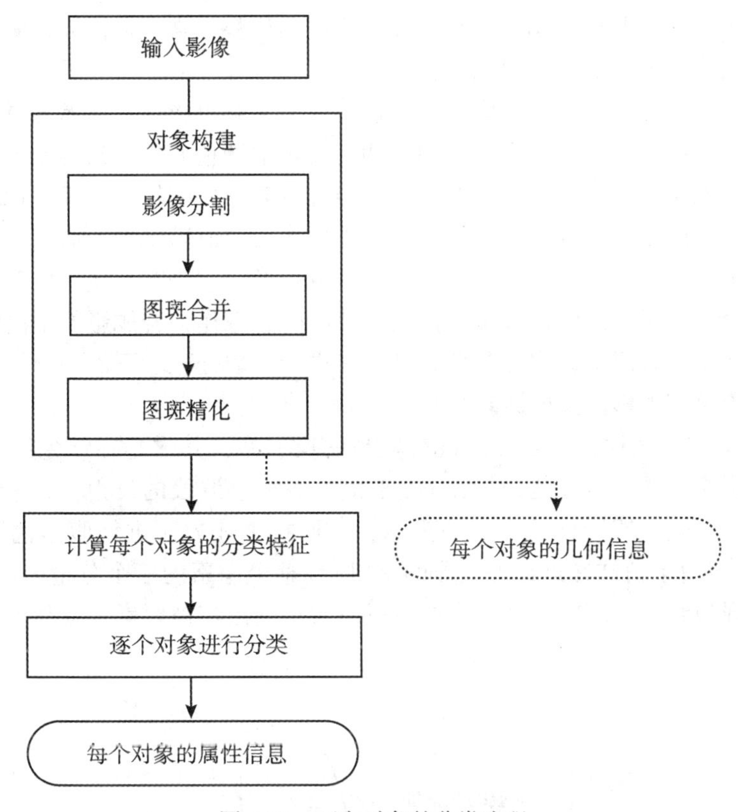

图 6-29　面向对象的分类流程

规则的图斑(对象)。

在获得对象以后，就可以计算对象的分类特征了。在基于像素的分类中，通常仅有像素的灰度、光谱信息可以利用。但对分割得到的图斑而言，我们可以计算它的光谱、纹理、空间、面积、形状等更多特征，这就为对象的准确分类提供了可能。

遥感影像上的对象分类一般采用监督分类和基于知识的分类两种方法来实现。当对象的特征(包括光谱特征、纹理特征、空间特征)计算出来后，基于对象的分类算法与基于像素的分类算法在本质上是一样的。

面向对象的影像分类主要用于高分辨率影像地物属性信息提取，它通常可与地物几何信息提取同步进行，因为影像分割后形成的图斑通常对应地面上的某种匀质区域，它的位置、边界线、面积、形状等几何信息已经有明确的几何意义。

6.3　高光谱影像分析

6.3.1　彩色合成

人眼对黑白密度的分辨能力有限，大致只有十个灰度级，而对彩色影像的分辨能力则要高得多，人眼可察觉出上百种颜色差别来。这还仅仅是讨论了颜色一个要素，如果加上颜色的其他两个要素：饱和度和亮度，那么人眼能够辨别彩色差异的级数要远远大于黑白差异的级数。为了充分利用色彩在遥感影像判读中的优势，常常从高光谱影像中选取三个波段影像，利用彩色合成的方法得到彩色影像。

彩色影像又可以分为真彩色影像和假彩色影像。真彩色影像上影像的颜色与地物颜色基本一致，假彩色影像是指影像上影像的色调与实际地物色调不一致的影像。利用数字技术合成真彩色影像时，常把红色波段的影像作为合成影像中的红色分量，把绿色波段的影像作为合成影像中的绿色分量，把蓝色波段的影像作为合成影像中的蓝色分量，进行合成处理。遥感中最常见的假彩色影像是彩色红外合成影像，它是在彩色合成时，把近红外波段的影像作为合成影像中的红色分量，把红色波段的影像作为合成影像中的绿色分量，把绿色波段的影像作为合成影像中的蓝色分量，来进行合成处理。下面来分析一下植被在真彩色影像和假彩色红外影像上的表现形式。

由图 6-30 可知：植被在近红外波段有较高的反射率，其次是在绿色波段。按上述方法进行真彩色影像合成时，绿色分量(对应于植被在绿色波段的反射)在整个像素的三个分量中占的比重最大，所以该像素表现为绿色；而按上述方法进行假彩色红外影像合成时，红色分量(对应于植被在近红外波段的反射)在整个像素的三个分量中占的比重最大，所以该像素表现为红色。假彩色红外影像可以有效地突出植被要素，有利于植被的判读。

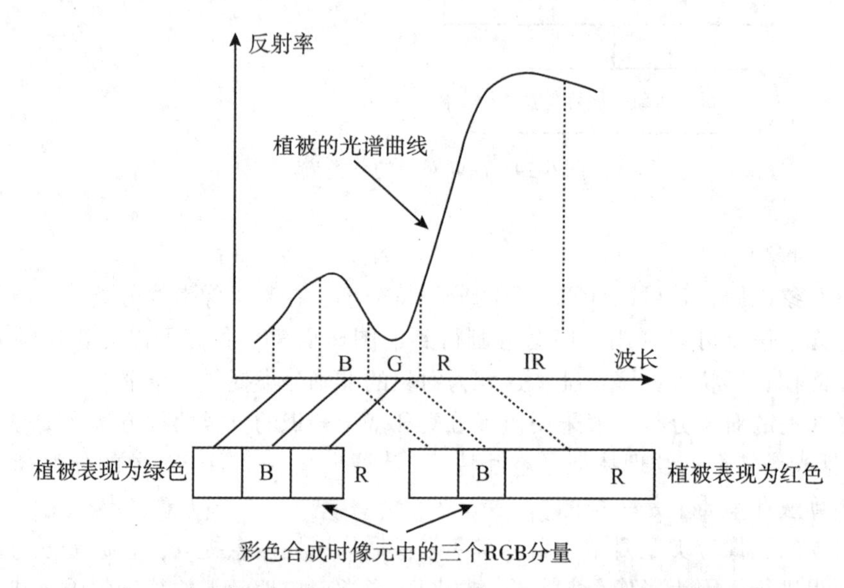

图 6-30　真彩色和假彩色合成时像元三个分量的颜色分配情况

6.3.2　主成分分析

主成分分析是基于变量之间的相互关系，在尽量不丢失信息的前提下利用线性变换的方法实现特征提取和数据压缩。

设向量 $\boldsymbol{X} \in \mathbf{R}^n$ 可用一组正交规一化的基向量 $\{\boldsymbol{u}_i, i=1, 2, \cdots, n\}$ 来表示，即

$$X = \sum_{j=1}^{n} c_j \boldsymbol{u}_j \tag{6-46}$$

将上式两边同乘以 $\boldsymbol{u}_i'$（$\boldsymbol{u}'_i$ 表示 $\boldsymbol{u}_i$ 的转置，以下类同），得：

$$\boldsymbol{u}_i' \cdot \boldsymbol{X} = \boldsymbol{u}_i' \cdot \sum_{j=1}^{n} c_j \boldsymbol{u}_j = c_i \tag{6-47}$$

假如只用 $\boldsymbol{X}$ 中的前 $d(d<n)$ 个分量来估计 $\boldsymbol{X}$，即

$$\hat{\boldsymbol{X}} = \sum_{j=1}^{d} c_j \boldsymbol{u}_j \tag{6-48}$$

则由此引起的均方误差为：

$$\begin{aligned}\varepsilon &= (\boldsymbol{X} - \hat{\boldsymbol{X}})' \cdot (\boldsymbol{X} - \hat{\boldsymbol{X}}) \\ &= \sum_{j=d+1}^{n} c_j \boldsymbol{u}_j' \boldsymbol{u}_j c_j = \sum_{j=d+1}^{n} c_j^2\end{aligned} \tag{6-49}$$

将式(6-47)代入式(6-49)，得：

$$\varepsilon = \sum_{j=d+1}^{n} \boldsymbol{u}_j' \boldsymbol{X}\boldsymbol{X}' \boldsymbol{u}_j \tag{6-50}$$

令 $S = \boldsymbol{X} \cdot \boldsymbol{X}'$，则

$$\varepsilon = \sum_{j=d+1}^{n} \boldsymbol{u}_j' \boldsymbol{S} \boldsymbol{u}_j \tag{6-51}$$

要使用 $\hat{\boldsymbol{X}}$ 估计 $\boldsymbol{X}$ 产生的平方误差 ε 最小，可用拉格朗日乘数法求出满足

$$\boldsymbol{u}_i' \boldsymbol{u}_j = \begin{cases} 1, & j = i \\ 0, & j \neq i \end{cases} \tag{6-52}$$

的 $\boldsymbol{u}_j(j=1, 2, \cdots, n)$ 的解为：

$$(\boldsymbol{S} - \lambda_j \boldsymbol{I}) \cdot \boldsymbol{u}_j = 0 \tag{6-53}$$

或

$$\lambda_j = \boldsymbol{u}_j' \boldsymbol{S} \boldsymbol{u}_j \tag{6-54}$$

式中：$\boldsymbol{I}$ 为单位矩阵；λ_j 为 $\boldsymbol{S}$ 的特征根；u_j 为 $\boldsymbol{S}$ 的特征向量。

将式(6-54)代入式(6-51)，得：

$$\varepsilon = \sum_{j=d+1}^{n} \lambda_j \tag{6-55}$$

要使用 $\hat{\boldsymbol{X}}$ 估计 $\boldsymbol{X}$ 产生的平方误差 ε 最小，需将 n 个特征向量按照特征根由大到小的顺序排列构成一组正交规一化的基向量 $\{\boldsymbol{u}_i, i=1, 2, \cdots, n\}$。向量 $\boldsymbol{X} \in \mathbf{R}^n$ 在此基向量组上表示出来后，仅用 $\boldsymbol{X}$ 中的前 $d(d<n)$ 个分量来近似表示 $\boldsymbol{X}$ 所产生的平方误差最小。

根据上面的推导，得到主成分分析算法如下：

设有向量集 $\boldsymbol{X}=\{\boldsymbol{X}_i, i=1, 2, \cdots, N\} \in \mathbf{R}^n$，$E(\boldsymbol{X})$ 为 $\boldsymbol{X}$ 的数学期望，$\boldsymbol{U}$ 是 $\boldsymbol{X}$ 的协方差矩阵 $\boldsymbol{C}$ 的特征向量按其特征根由大到小的顺序排列而构成的变换矩阵，则称

$$\boldsymbol{Y}_i = \boldsymbol{U}\boldsymbol{X}_i \tag{6-56}$$

和

$$\boldsymbol{X}_i = \boldsymbol{U}^{\mathrm{T}} \boldsymbol{Y}_i \tag{6-57}$$

为主成分分析算法，式中，$\boldsymbol{Y}=\{\boldsymbol{Y}_i,\ i=1,\ 2,\ \cdots,\ N\in\mathbf{R}^n\}$。

主成分分析算法的性质如下：

①主成分分析算法是一正交变换；

②主成分分析后所得到的向量 Y_i(n 维)中各元素互不相关；

③从离散主成分分析后所得到的向量 Y_i(n 维)中删除后面的 $n-d$ 个元素而只保留前 d ($d<n$)个元素时，所产生的误差满足平方误差最小的准则。

主成分分析的原理如图 6-31 所示，原始数据为二维数据，两个分量 x_1，x_2 之间存在相关性，具有如图所示的分布。通过投影，各数据可以表示为 y_1 轴上的一维点数据，从二维空间中的数据变成一维空间中的数据会产生信息损失，为了使信息损失最小，必须按照使一维数据的信息量(方差)最大的原则确定 y_1 轴的取向，新轴 y_1 称为第一主成分。为了进一步汇集剩余的信息，可求出与第一轴 y_1 正交且尽可能多地汇集剩余信息的第二轴 y_2，新轴 y_2 称为第二主成分。

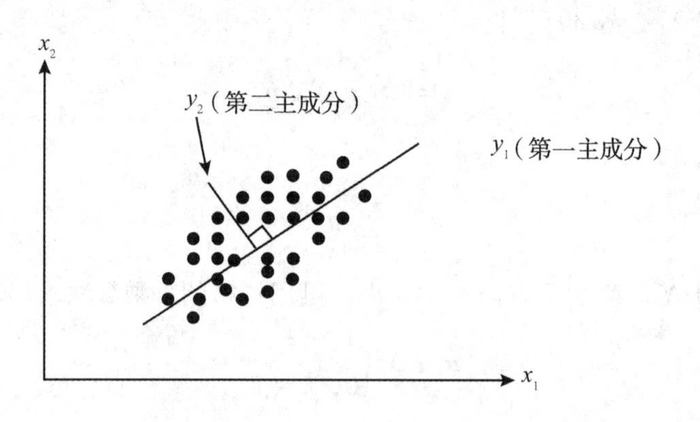

图 6-31　主成分分析的原理

对多光谱影像作主成分分析以后保留多少个主分量比较适合，通常情况下采用指标 V 进行衡量：

$$V=\frac{\sum_{i=1}^{d}\lambda_i}{\sum_{i=1}^{n}\lambda_i} \tag{6-58}$$

在给出 V 值的情况下可确定 d 的大小。

在遥感影像分类中，常常利用主成分分析算法来消除特征向量中各特征之间的相关性并进行特征提取。主成分分析算法还可以被用来进行高光谱影像数据的压缩和信息融合。例如，对 Landsat TM 的 6 个波段的多光谱影像(热红外波段除外)进行主成分分析，然后把得到的第一、第二、第三主分量影像进行彩色合成，可以获得信息量非常丰富的彩色影像。

6.3.3　植被指数分析

植被指数作为一种简单而有效的参考量，在资源环境遥感中有着广泛的应用。植被指数(Vegetation Index，VI)是基于植被叶绿素在 0.69μm 处的强吸收，通过红外与近红外波段的比值或线性组合实现对植被信息状态的表达。植被指数可以用于诊断植被的一系列生物物理量，如叶面积指数(Leaf Area Index，LAI)、植被覆盖度、生物量、光合有效辐射吸收系数(APAR)等。而各种植被指数的建立由于受到大气效应、土壤背景、仪器定标、植被本身光化学变化等内外因素的影响，往往具有地域性和时效性。常规多光谱植被指数通常表达为近红外波段与可见光红波段的差值和比值的组合，例如加权差值植被指数：

$$WNVI = \rho_{nir} - \alpha \cdot \rho_{red} \tag{6-59}$$

归一化植被指数：

$$NDVI = \frac{\rho_{nir} - \rho_{red}}{\rho_{nir} + \alpha \cdot \rho_{red}} \tag{6-60}$$

对于高光谱分辨率数据来说，可见光与近红外波段的植被光谱可以看作一个梯级函数，用来表达植被反射率在 $\lambda = \lambda_0 = 0.7\mu m$ 处的突变递增。其归一化植被指数可表示为：

$$NDVI = \frac{R(\lambda_0 + \Delta\lambda) - R(\lambda_0 - \Delta\lambda)}{R(\lambda_0 + \Delta\lambda) + R(\lambda_0 - \Delta\lambda)} \tag{6-61}$$

式中：$R(x)$为植被在波长 x 处的反射值。实际上植被光谱随波长的变化是连续的，若将 NDVI 这种离散形式变为连续的形式，则在 $\Delta\lambda \to 0$ 时，有：

$$NDVI = \frac{1}{2 \cdot R(\lambda)} \cdot \frac{dR}{d\lambda} \tag{6-62}$$

同样，其他形式的植被指数也可以变为如下连续的形式：

①垂直植被指数：

$$PVI = \frac{1}{\sqrt{\alpha^2 - 1}} \cdot \frac{dR}{d\lambda} \tag{6-63}$$

②加权植被指数：

$$WDVI = \frac{dR}{d\lambda} \tag{6-64}$$

③土壤修正植被指数：

$$SAVI = \frac{dR}{d\lambda}\left\{\frac{1+L}{2 \cdot R(\lambda) + L}\right\} \tag{6-65}$$

④转换土壤修正植被指数：

$$TSAVI = \frac{dR}{d\lambda}\left\{\frac{a}{(1+a) \cdot R(\lambda) - ab + X(1+a^2)}\right\} \tag{6-66}$$

⑤全球环境监测植被指数：

$$GEMI = \frac{dR^2}{d\lambda}\left\{\frac{2}{2 \cdot R(\lambda) + 0.5}\right\} \tag{6-67}$$

⑥大气残差植被指数：

$$ARVI = \frac{d^2R}{d\lambda^2}\left\{\frac{1+L}{2 \cdot R(\lambda)}\right\} \tag{6-68}$$

⑦土壤纠正大气残差植被指数：

$$SARVI = \frac{d^2R}{d\lambda^2}\left\{\frac{1+L}{2 \cdot R(\lambda) + L}\right\} \tag{6-69}$$

根据上述表达式，所有传统的植被指数都可以表达为反映光谱反射率波形变化的反射率光谱的 n 阶导数的形式，而这种光谱 n 阶导数的实质是反映了植被叶绿素、水、氮等生物化学元素吸收波形的变化，是这些吸收物质的吸收程度和状态的光谱指标。

6.3.4 高光谱断面分析

如果将高光谱影像的各波段影像一层一层地垒起来，可以形成一个影像立方体，如彩图 6-32 所示。为了便于观察和发现影像立方体中蕴涵的信息，可以获取影像立方体的各种断面数据。常用的断面分析法有光谱断面法、二维空间断面法、三维空间断面法和表面断面法等。

①光谱断面法：它描绘了指定像素(或目标)在各波段上的灰度值，其图形可近似作为光谱特性曲线，如图 6-33(a)所示。

②二维空间断面法：它描绘了指定波段影像上某曲线位置的像素灰度值，可以提供给定路线上像素灰度值的变化信息，如图 6-33(b)所示。

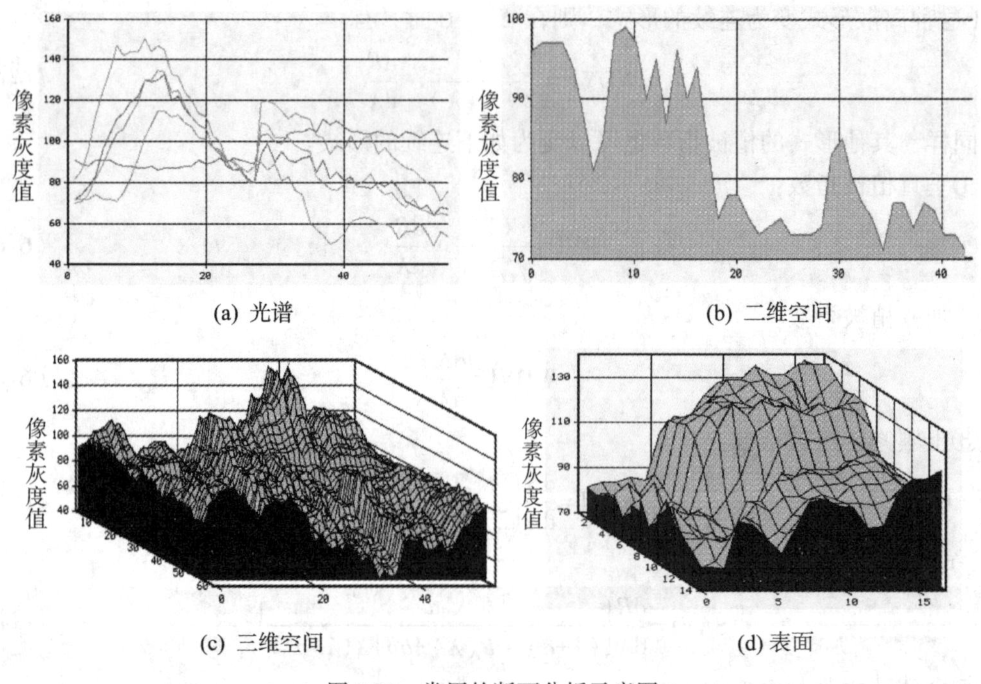

(a) 光谱　(b) 二维空间

(c) 三维空间　(d) 表面

图 6-33　常用的断面分析示意图

③三维空间断面法：它描绘了给定曲线上的像素在各个波段影像上的灰度值，从中不但可以看出某一波段影像上沿给定路线的像素灰度变化情况，还可以看出给定路线上的像素灰度在不同波段影像上的差异，如图 6-33(c)所示。

④表面断面法：它描绘了指定波段影像上给定区域内所有像素的灰度值，如图 6-33(d)所示。

6.4 遥感变化检测

遥感变化检测是指通过不同时期、同一地区遥感影像的比较，确定地物变化的技术过程。变化检测的内容包括：地物类型、范围、属性等变化信息。遥感变化检测是战场变化监测、目标动态监视、打击效果评估等应用的基础。

6.4.1 地物变化与遥感影像变化的关系

遥感变化检测的前提：遥感瞬时视场中地物随时间发生变化引起不同时期遥感影像像元光谱响应的变化。由于地物变化是影像变化的首要因素，因此有必要先了解地物变化的类型和原因。地物变化一般包括地物的形态结构和空间位置的变化，具体表现形式有以下几种：

①旧地物的消失；

②新地物的产生；

③地物的几何变化；

④地物的属性变化；

⑤地物的几何与空间属性的共同变化。

由此可见，地物变化既包括地物的形态与结构变化，也包括地物的位置变化。变化检测就是要通过不同时期遥感影像之间的比较，发现并提取这两方面的变化信息。

由于多种因素的影响，不同时相遥感影像之间的变化与地物的变化是多对多的对应关系，如图 6-34 所示，具体有以下几种：

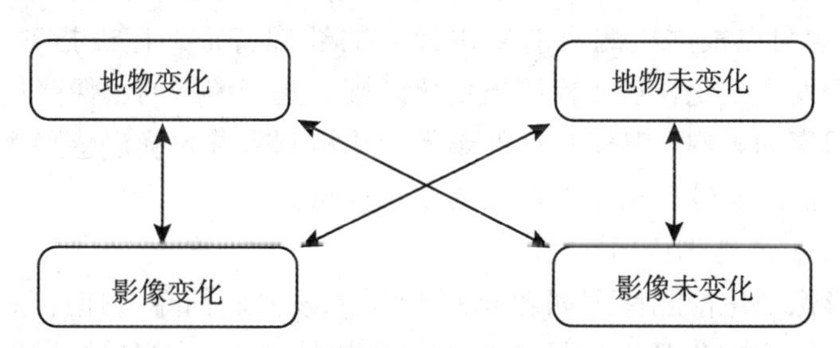

图 6-34　地物变化与遥感影像变化间的对应关系

①地物变化引起影像变化；

②地物变化未引起影像变化；

③地物没有变化，由非地物因素引起影像变化；

④地物没有变化，同时影像也没有变化。

由此可以看出：不同时相遥感影像之间的变化并不一定都是由地物变化引起的，地物受到的照度变化、地物辐射或反射电磁波在大气传输过程中受到的影响和成像方式等都有可能引起不同时相遥感影像之间的差异。在遥感条件和遥感手段相同的情况下，可以假设影像变化主要是由地物变化引起的。因此通过遥感影像变化检测来发现并提取地物的变化信息，不但要考虑地物本身的变化情况，还要考虑其他因素引起的影像差异，其中影像变化检测是关键。遥感变化检测的原理和技术流程如图 6-35 所示。

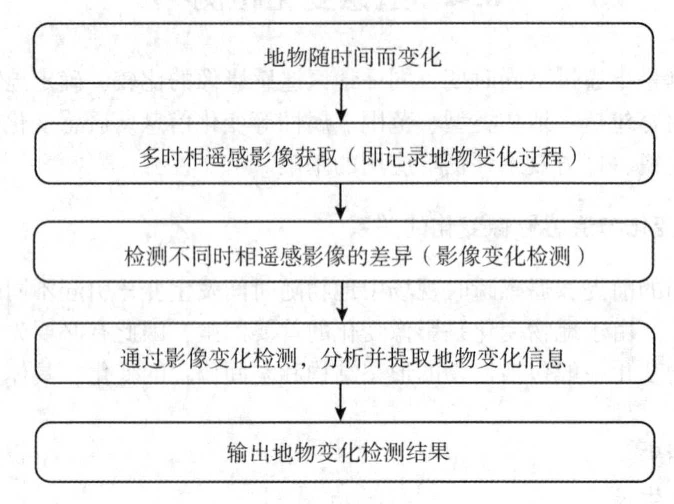

图 6-35　遥感变化检测的原理和技术流程

6.4.2　不同时相遥感影像之间的变化检测

通过不同时相遥感影像之间的比较分析，发现并提取它们之间的变化信息，是遥感变化检测的关键。不同时相遥感影像之间的变化检测(简称“影像变化检测”)的方法主要分为两大类：一类是基于像素的影像变化检测，一类是基于特征的影像变化检测。基于像素的影像变化检测，是在影像精确几何配准的基础上，对每个像素前后两个时相的灰度或色彩信息进行比较(也可以根据检测目的采用像素的纹理特征、植被指数特征进行比较)，判断每个像素是否发生变化，进而检测出变化区域。基于像素的影像变化检测易受影像配准、辐射校正等因素的影响。基于特征的影像变化检测需首先确定感兴趣的对象并提取其特征，然后通过特征的比较，获取该对象的变化信息。

1. 基于像素的影像变化检测

基于像素的影像变化检测原理如图 6-36 所示。该方法简单、速度快，容易获得变化区域，但不能确定影像变化类型和性质。它的具体算法有：差值法、比值法、相关系数法、回归分析法等。

(1)差值法

先计算前后两个时相遥感影像对应像素灰度值(或色彩值)的差值，生成差值影像，然后对差值影像进行阈值化，就可以检测出变化区域。

(2)比值法

先计算前后两个时相遥感影像对应像素灰度值(或色彩值)的比值，生成比值影像，如果某个像素上没有发生变化，则其比值接近 1，反之比值将明显高于或低于 1。因此只要预先设定合理的低阈值和高阈值，就可以检测出变化区域。

(3)相关系数法

先计算前后两个时相遥感影像对应像素灰度的相关系数，如果相关系数值接近 1，说

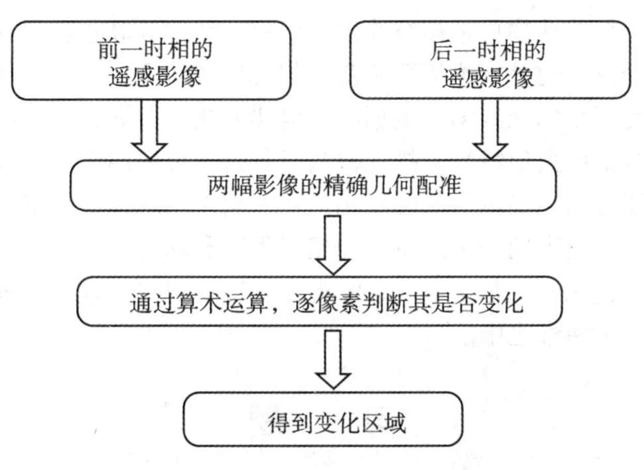

图 6-36　基于像素的影像变化检测

明该像素没有变化，反之则说明该像素发生了变化。

(4)回归分析法

该方法将某一时刻影像的像素灰度值看作另一时刻影像对应像素灰度值的一个线性函数，并用最小二乘法估计此线性函数。由于发生变化的像素将有一个不同于由回归函数预测的灰度值，因此当回归函数预测的灰度值和实际灰度值的差值大于给定的阈值时，就认为该像素发生了变化。

2. 基于特征的影像变化检测

基于特征的影像变化检测原理如图 6-37 所示。该方法首先要确定检测对象，并提取该对象的特征数据，然后通过特征的比较，获取检测对象的变化信息。

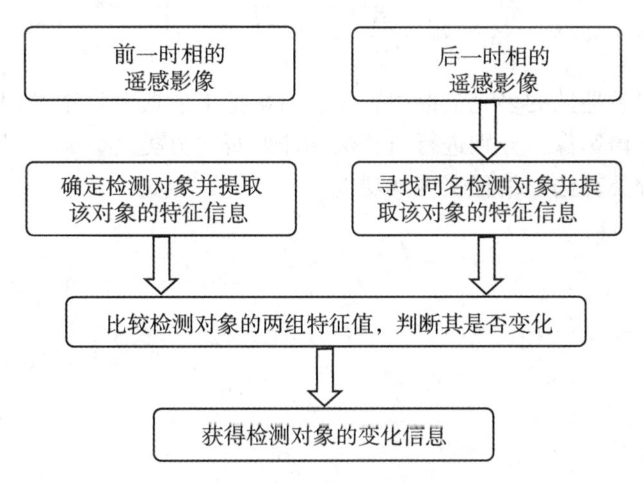

图 6-37　基于特征的影像变化检测

确定检测对象就是要从遥感影像中分离出检测对象。检测对象可能是线状地物(如道路、沟渠等)，也可能是面状地物(如水库、湖泊等)，还可能是三维空间中的复杂地物

(如建筑物)。根据不同类型的检测对象，可采用不同的方法来提取其特征数据。例如在几何特征提取方面，线状地物可采用线检测、细化、跟踪等算法获得其中心线的位置；面状地物可采用区域分割、边界探测等算法获取其边界线数据；三维空间中的复杂地物可采用摄影测量技术获得其轮廓线数据。根据特征描述方法的不同，可采用不同的方法来比较两组特征。例如，当采用数值特征来描述检测对象时，可采用统计模式识别的方法来判断两组特征的相似程度及确定检测对象的变化信息；当采用结构特征来描述检测对象时，可采用结构模式识别的方法来判断两组特征的相似程度及确定检测对象的变化信息。

基于特征的影像变化检测是非常复杂的影像处理、识别和理解的过程，目前还没有实用的成果出现，仍处于探索之中。

习　题

1. 遥感影像的判读特征有哪些？每个判读特征的具体含义是什么？每个判读特征应用时应注意哪些问题？

2. 目视判读主要解决什么问题？它的方法和过程是怎样的？

3. 遥感影像分类主要解决什么问题？多光谱遥感影像分类的基本原理是什么？

4. 什么是监督分类？监督分类的技术流程是怎样的？监督分类中的训练(或学习)阶段主要完成什么任务？

5. Bayes 分类器是最典型的监督分类算法，其基本原理是什么？

6. 什么是非监督分类？非监督分类的技术流程是怎样的？典型的非监督分类算法有哪些？其基本思想是怎样的？

7. 什么是混合像元？混合像元分类的基本思想是什么？

实　习

1. 选一幅你熟悉地区的多光谱遥感影像，对影像上的典型地物类别进行目视判读。

2. 对一幅多光谱影像，分别进行监督法和非监督法分类。

3. 选择一个分类算法，编程实现其功能。

第7章 遥感应用

7.1 几何精纠正产品应用

几何精纠正产品是摄影测量与遥感的重要产品形式之一，是制作影像地图和进行地理信息系统更新的基础，只有高精度的几何纠正产品才能满足大中比例尺影像地图和地理信息更新的要求。作为遥感应用的重要产品之一，几何精纠正产品在军事和国民经济各领域有广泛的应用。在军事上，可以作为精确武器制导的参考图，或作为战场环境仿真的纹理影像；在国民经济领域，可用于土地详查、面积估算、专题地图制作等。

7.1.1 影像地图制作

利用各种传感器的影像可以制作不同比例尺的影像地图，影像地图制作的首要任务是利用原始遥感影像生成几何精纠正产品。由于原始遥感影像获取的传感器平台姿态控制和影像空间分辨率的差异，限制了所使用的遥感影像制作影像地图比例尺的能力。根据遥感影像空间分辨率和粗加工处理后残余变形误差的特点，按规范要求对影像精加工处理后平面误差为1~1.5个像元时，才能制作影像地图；而用于一般判读目的时，残余误差可以放宽到2~3个像元。

影像地图的制作首先是对遥感影像进行几何纠正以获取DOM。获取DOM需要经过内定向、空间后交、几何纠正等步骤，内定向的目的是将像点坐标转化为像主点或影像中心为原点的中心投影像点坐标；空间后交的目的是计算遥感影像获取时传感器的空间姿态(即影像外方位元素)；利用内定向和空间后交结果，对遥感影像进行几何纠正以获取DOM，而线中心和面中心影像的几何精纠正模型和方法有差异。为了得到影像地图，还需要对DOM进行色调调整，依据图幅范围对DOM进行镶嵌、裁剪，并按不同比例尺的图幅范围裁剪得到图幅影像。影像地图要进行图廓整饰、地名注记、数字等高线等数据处理，不同图层叠加后形成影像地图。图7-1为利用遥感影像制作影像地图的流程图。

对于高差较大地区，必须采用严格的几何模型进行几何精纠正才能制作影像地图。当没有姿态参数、有理参数或无法使用严格的几何纠正模型时，通过投影差改正也可以得到较高精度的DOM，尤其是高分辨率影像。对于扫描成像的TM影像，其视场角 $2Q \leqslant 15^{\circ}$，投影差公式可以表示为：

$$
\begin{cases}
\delta X_h = 0 \\
\delta Y_h = \dfrac{f}{H}\sin\theta\cos\theta \cdot h
\end{cases}
\tag{7-1}
$$

在TM影像视场角最大处，其投影差与高差的关系如表7-1所示。

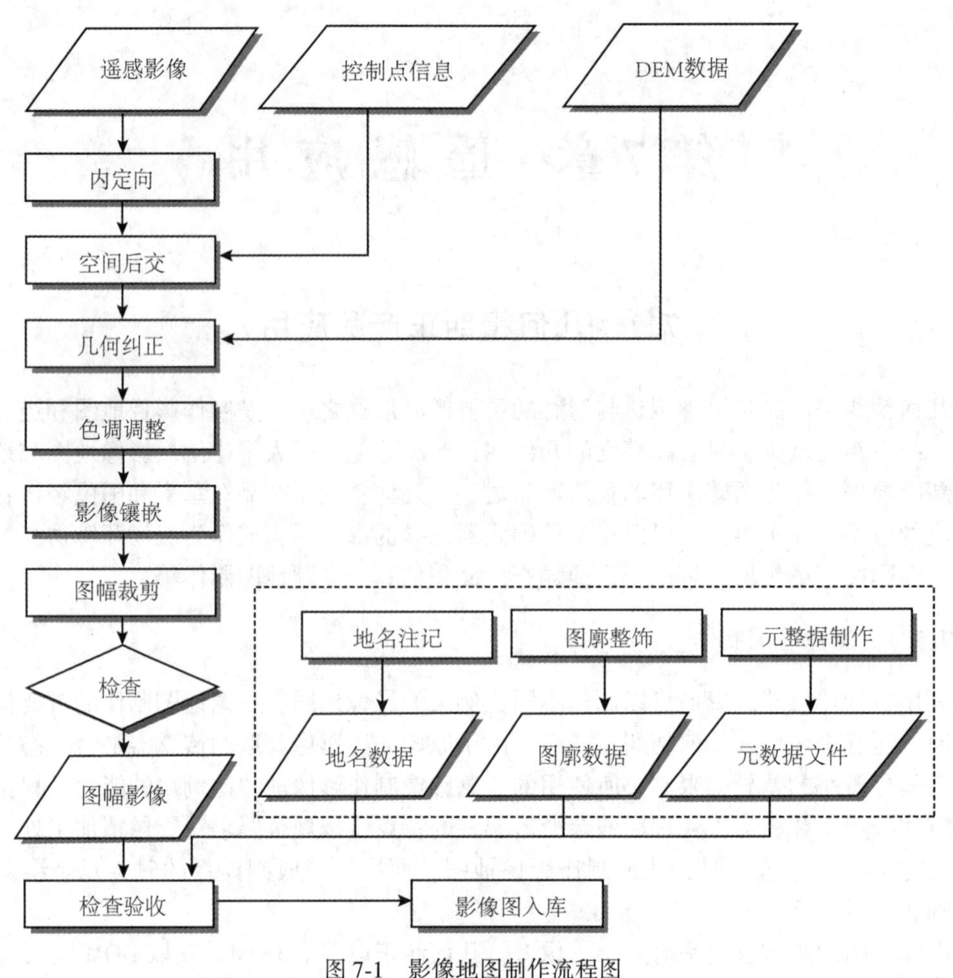

图 7-1　影像地图制作流程图

表 7-1　**高差与投影差关系**

h(m)	100	250	500	750	1000	1250	1500
δY_h（像元数）	0.43	1.1	2.2	3.2	4.3	5.4	6.5

影像地图上加标地物要素要适当，标注信息尽可能不要影响遥感影像对地物的直观表达。例如，可以依据影像地图要求添加公路、铁路等线状符号，而对于影像上很难判读的一些地物要素(如境界、独立地物等线状和点状地物)，可直接利用 GIS 中地图数据库的地物要素的矢量数据，经矢量-栅格变换后与影像配准并复合。影像地图上的注记和符号可直接用栅格型字库和符号库加注，也可以用矢量字库和符号库与其他要素一起转换成栅格形式后复合。影像地图的标注信息依据不同的需求，往往有一定的差异。图 7-2 是一幅精纠正处理后制作的影像地图。

图7-2 精纠正处理制作的影像地图

7.1.2 土地利用变化监测

土地利用情况的及时、准确掌握，是国土管理部门加强国土资源管理、切实保护耕地的需要，也是合理利用土地和实现区域经济可持续发展的需要。利用多时相的遥感影像进行土地利用变化监测，可以快速、周期性地实现土地利用调查。土地利用变化监测，主要是确定在某一段时间内，土地利用和土地覆盖发生变化的位置、分布、范围、类型和大小等信息。依据变化信息内容的构成和特点，可以使用精纠正的DOM进行变化检测、影像分类、区域提取以及边缘跟踪等技术，获取土地利用变化图斑，进一步确定变化图斑的属性后，更新土地利用数据库。

完整的土地利用变化监测的主要内容有DOM制作、变化图斑获取、样本库管理、数据检查、外业核查、成果管理发布，其中变化图斑获取是土地利用变化监测的关键之一。土地利用变化监测的过程如图7-3所示，主要的模块有变化检测、图斑获取、分类和属性信息获取以及编辑处理。

随着城市化的快速推进，城市土地利用方式发生了巨大变化，利用遥感影像进行土地利用变化监测，可以对城市空间格局和城市内土地利用变化进行高效、准确、及时的管理。图7-4为利用DOM进行德州市城市规划土地利用变化监测图斑位置分布图。

7.1.3 影像匹配参考图

所谓影像匹配，是指将两个不同传感器对同一景物摄取下来的两幅影像在空间上配

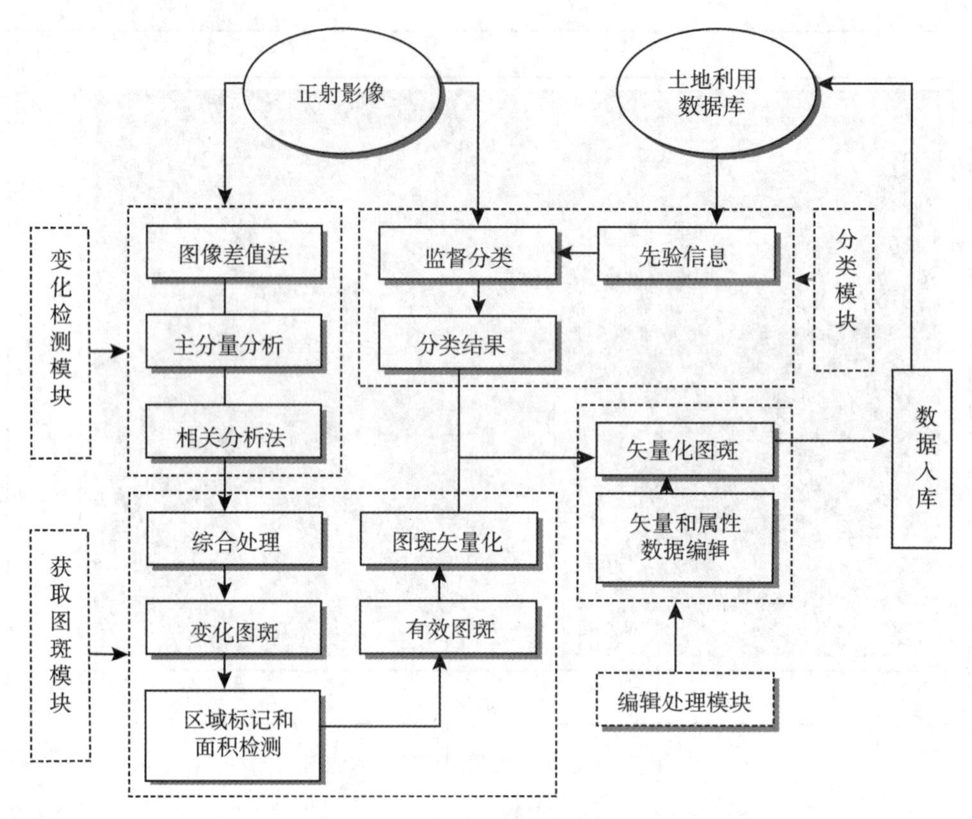

图 7-3　土地利用变化监测流程

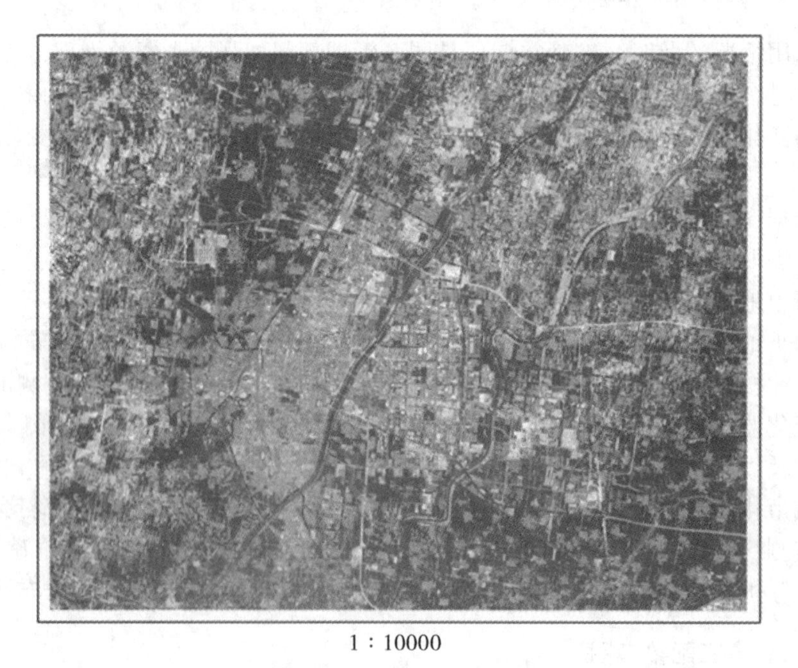

1∶10000

图 7-4　城市土地利用变化监测图斑位置分布图

准，以确定这两幅影像之间相对位置关系的过程。按匹配所使用成像传感器的不同，可构成雷达影像匹配制导、光学影像匹配制导、红外影像匹配制导等形式。

在巡航导弹末制导过程中，影像匹配系统将所获得的实时图与预存的参考图，在计算机中计算同名目标点的位置，并进行匹配比较，以确定导弹的当前位置或偏离预定位置的纵向和横向偏差，然后将获取的匹配位置或偏差信息传送给飞行控制系统，从而修正飞行路线与预定航迹的偏差，使导弹能够准确命中预定目标。

如图 7-5 所示，飞行器在飞行过程中实时获取实时影像图。参考影像图是预先由卫星或侦察机摄取，并经过严格处理得到的精纠正影像图，从参考影像图上可以直接获得每个像素所精确对应的地面坐标。对于巡航导弹，参考影像图在导弹发射之前，依据巡航导弹航迹规划系统的规划，已经将相应不同区域的参考影像图存储在弹上计算机中，当导弹在 INS 引导下，飞行到预定匹配区域，系统自动启动实时成像系统，并与对应的参考影像进行匹配、定位，再对导弹的飞行位置进行校正。

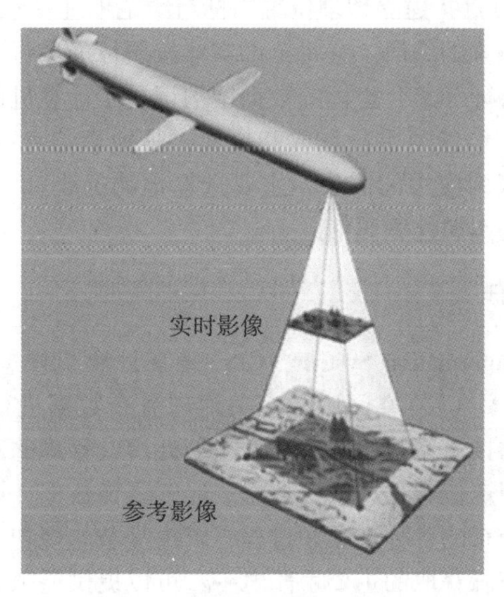

图 7-5　影像匹配原理示意图

由此可见，导弹制导系统的性能，特别是其核心影像匹配技术以及参考影像的精度，对巡航导弹的命中概率与命中精度有至关重要的影响。在正确实现影像匹配的情况下，子像元级匹配的精度可以达到 0.3~0.5 像素，若使用像元地面分辨率为 10m 的 DOM 作为参考影像图，影像精纠正中误差为 5m，在不考虑定位过程的误差影响的情况下，那么导弹的定位精度约为 7~10m。

参考影像图是影像匹配的基础，其精度直接影响影像匹配定位的精度。通常，中制导数字高程基准图和末制导用参考影像图可以有不同的来源，但依据原始数据来源和成图方式的不同，可能得到不同精度的参考影像图。根据国家测绘标准，无论以何方式成图，其基本精度应该满足相应比例尺地形图的需要。表 7-2 为航空像片、框幅式卫星像片和 1：50000 比例尺地形图的精度。

表 7-2　航空像片、框幅式卫星像片和 1∶50000 比例尺地形图的精度(单位：m)

图种 \ 信息源		航空像片			框幅式卫星像片			1∶50000 地形图		
		平地	丘陵	山地	平地	丘陵	山地	平地	丘陵	山地
高程基准图	平面位置精度	12.5	12.5	18.5	15.4	—	25.9	25.0	25.0	37.5
	高程位置精度	1.5	2.5	4.0	8.0	—	18.4	5.8	7.0	13.0
参考影像图	像片地面分辨率	0.5	—	2.5	5.0	—	7.5	—	—	—
	平面位置精度	3.5	3.5	5.0	15.4	—	25.9	—	—	—

7.2　地理编码产品应用

地理编码(Geocoding)是指建立地理位置坐标与给定地址一致性的过程，是为识别点、线、面的位置和属性而设置的编码。它将全部实体按照标准进行分类，并选择适宜的量化方法，依据实体的属性特征和集合坐标的数据结构记录于计算机的储存设备。地理编码产品可以通过高分辨率遥感影像等手段获取和更新，是地理信息系统的基础信息产品。在GPS 车载导航系统中，依据应用的需要，主要选择地物的坐标、地名、道路名称等相关信息，作为导航系统的基本属性编码信息。

7.2.1　基础地理信息

地理信息系统(Geo-Information System，GIS)是在计算机硬、软件系统支持下，对整个或部分地球表层(包括大气层)空间中的有关地理分布数据进行采集、储存、管理、运算、分析、显示和描述的技术系统。地理信息系统处理、管理的对象是多种地理空间实体数据及其关系，包括空间定位数据、图形数据、遥感影像数据、属性数据等，用于分析和处理在一定地理区域内分布的各种现象和过程，解决复杂的规划、决策和管理问题。

遥感作为基础地理信息获取的主要手段之一，可以提供遥感影像数据。利用遥感辅助的传感器平台的姿态数据，可以获得地面目标位置、DOM。而地理编码产品是经过相关专业人员的进一步处理而获取的，这些数据是地理信息系统的基础数据，针对地理信息系统不同行业的应用，可以建立基础地理信息支撑的各行业的地理信息应用系统。

图 7-6 和图 7-7 是目前广泛使用的两个基础地理信息平台。图 7-6 是 ESRI 公司(Environmental Systems Research Institute，Inc.)的 ArcGIS 系列产品之一 ArcMap 的应用界面；图 7-7 是美国 MapInfo 公司的桌面基础地理信息应用平台。由于不同国家或行业，对某一种地物或实体的符号化表示有差异。为了更有效地表示地理信息，符号化的定义是必须的，例如图 7-6 中的铁路，只有经过符号化后才能以铁路符号的形式表达铁路的路线。

地理编码产品一般作为地理信息系统的基础信息，不同的行业依据行业的需要，选择全要素地理编码产品的部分图层信息，主要用于表达与行业相关的地物、实体的位置和属性。在此基础上，进一步建立各行业的专业应用。图 7-8 为地理信息配电自动化应用的局部。

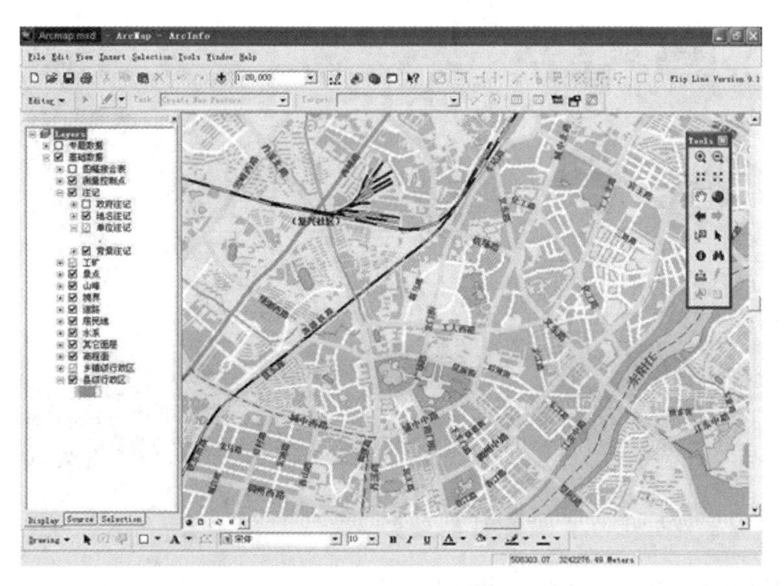

图 7-6 ArcMap 地理信息平台

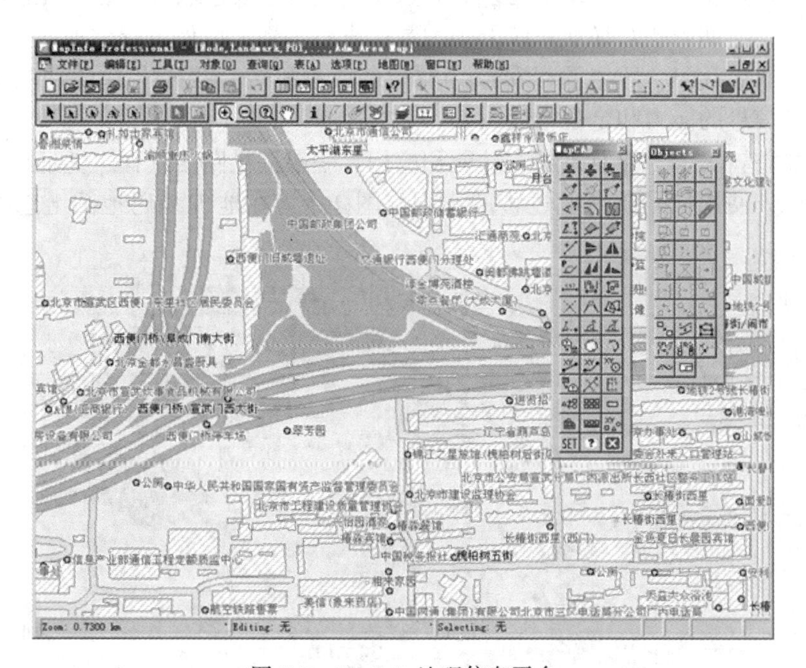

图 7-7 MapInfo 地理信息平台

7.2.2 GPS 地图导航

GPS 地图导航系统是地理编码产品与 GPS 系统结合的最典型应用之一。近年来，GPS 地图导航系统已经广泛应用于车载导航和手机导航领域。一套导航系统主要由三部分组成：地理编码数据、GPS 接收芯片和导航软件。在车载导航系统中，通常会在地图信息中添加交通违章监控信息，如雷达测速、监控摄像等位置信息。目前，在国内主要城市，

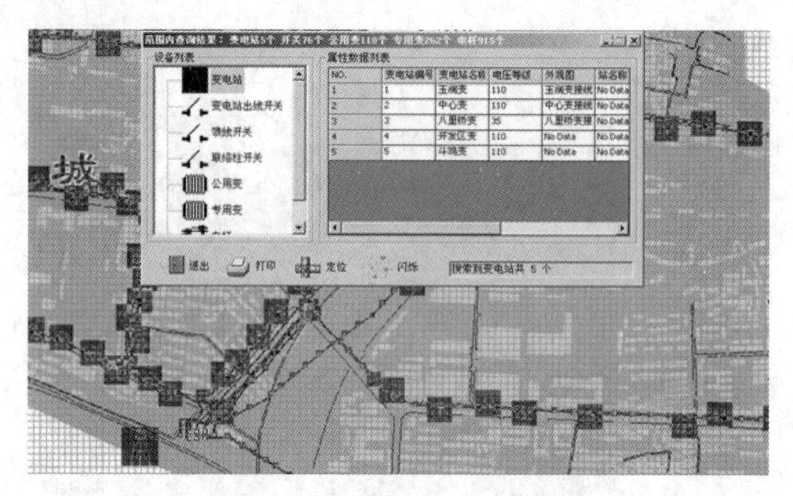

图 7-8　地理信息配电自动化应用

地图导航系统均可以显示交通实时流量信息。

①地理编码数据：导航系统对地理编码数据的现势性要求较高，否则无法实现正确导航。一般在一定时期内要对导航系统的地图数据进行更新，以保证导航地图的现势性。

②GPS 接收芯片：一般内置于车载导航设备或手机内，接收芯片的性能决定了导航系统接收卫星信号的能力和定位精度。

③导航软件：决定了导航系统的功能和应用，一般提供路径选择、地址搜索、语音提示等功能，以方便用户完成导航过程的实现。图 7-9 为在地理编码地图上选择路径和导

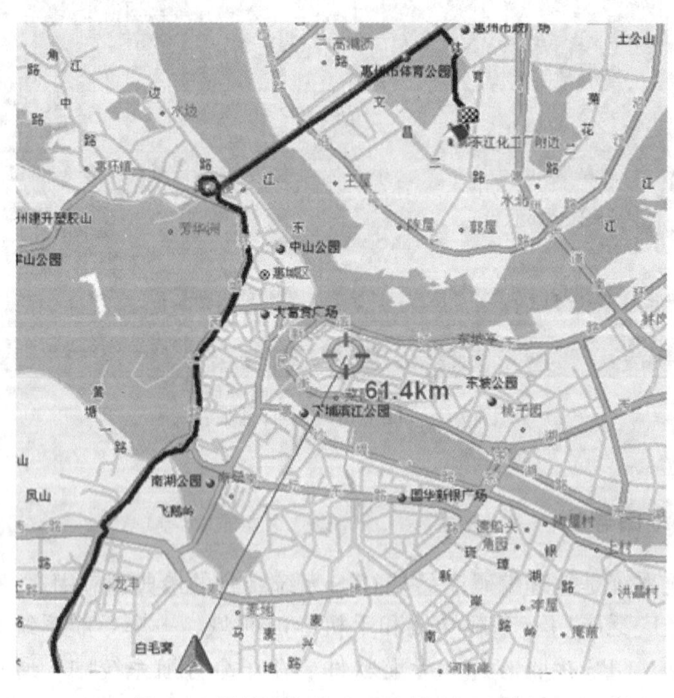

图 7-9　导航系统的地理编码地图和导航

航，图 7-10 为地图导航上显示交通实时流量信息。

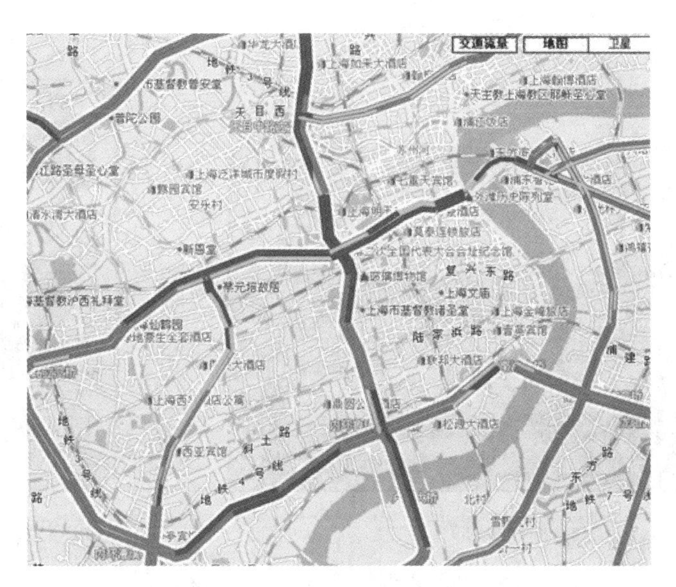

图 7 10 上海市某时刻交通流量显示

一般的车载导航系统中，为了方便用户进行实时导航，系统会在复杂的路段，比如立交桥、环岛等位置，提供立体显示功能，以辅助用户直观地选择行走路线。图 7-11 为车载导航系统立体和平面导航显示。

(a) 车载立体　　(b) 平面导航

图 7-11 车载立体和平面导航显示

车载和手机导航系统已经普遍应用于汽车和智能手机，图 7-12 为车载和手机导航系统。

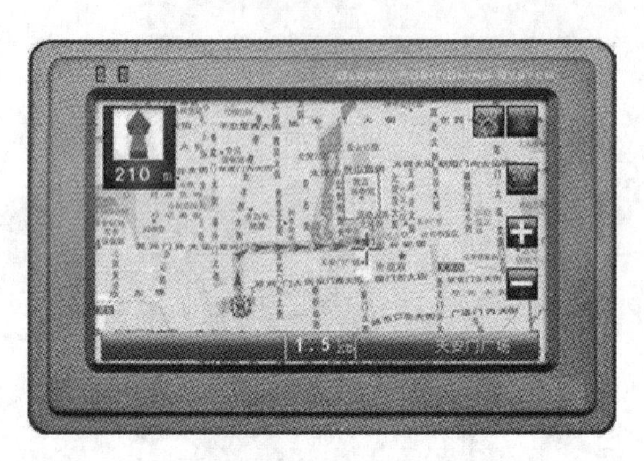

(a) 车载导航

(b) 手机导航

图 7-12　车载导航和手机导航系统

地理编码产品在 GPS 导航系统中对导航起到关键作用。当输入所要到达的位置，通过地理编码技术，就可以得到该位置的空间坐标，并显示在电子地图上。于是，车辆当前的定位点与目的地点就能可视化地显示在地图上。如果在复杂的城市交通道路网中失去方向，从 GPS 得到当前车辆的经纬度，转化成指定的地理坐标后，就能在空间数据库中查询出该坐标所在的城市名称、区域名称、街道名称以及附近的地标，从而实现所处位置的识别和导航。

7.3　三维产品应用

随着计算机技术，特别是计算机图形学、三维仿真、虚拟现实等技术的飞速发展，传统的二维地图已经难以满足实际应用的需要，三维产品的开发为国民经济各领域以及军事领域的应用创造了更为直观和便利的条件。三维产品通常分为虚拟三维产品和实景三维产品。

实景三维产品是基于遥感、实物拍摄、数据采集等技术而生成的产品，实景三维产品是摄影测量与遥感的重要产品之一。由于实景三维产品需要获取实际场景的立体影像或三维测高等相关数据，因此成本很高。实景三维产品将人们带进了一个全新的真实空间，从而带给人们栩栩如生、身临其境的体验，并能辅助国民经济各行业的规划、分析、设计和军事领域的军事演习等。图 7-13 为某地实景三维产品局部。

7.3.1　数字城市

“数字城市”的概念来自于“数字地球”，它是数字地球技术系统的重要组成部分。数字城市是综合运用地理信息系统、遥感、遥测、网络、多媒体及虚拟仿真等技术，对城市

图 7-13　实景三维产品(适普公司)

的基础设施功能机制进行自动采集、动态监测管理和辅助决策服务的系统。

数字城市的基础是三维地理信息系统，利用各种遥感传感器获取城市地表面的真实三维信息，进一步扩展到建筑物内部结构。目前，数字城市的三维空间信息主要通过低空飞行器、机载 LIDAR 等手段来获取，通过摄影测量与遥感手段或直接激光三维测高系统建立三维模型，通过低空飞行器、地面摄影或仿真算法获取建筑物的侧面纹理，从而形成城市真实景观的三维模型。图 7-14 和图 7-15 为三维实景数字城市和数字校园的局部。

图 7-14　数字城市(适普公司)

7.3.2　数字选线

利用实景三维产品进行道路规划、数字选址、选线，特别是地下管道的选线和规划，是近年来三维产品的重要应用领域。

图 7-16 显示了利用三维产品进行道路规划的应用。实景三维产品道路规划可以依据道路规划要求进行多条道路的选择，利用三维仿真技术比较和估算各条路线的修建成本等，从而选择最优规划路线。

在道路规划中，地质灾害是道路规划考虑的重要因素之一，利用三维产品可以有效预

图 7-15　同济大学四平路校园实景三维图(同济大学遥感应用研究中心)

图 7-16　数字道路规划(适普公司)

测地质灾害。另外，地形的起伏变化极大地增加了修路的成本和代价，通过实景三维产品可以有效量测地形起伏变化的情况，辅助道路的规划和设计。图 7-17 是利用三维产品进行地质灾害预测和起伏地形断面量测示例。

图 7-18 是三维产品在数字电力中的应用。三维产品可以有效地用于数字电力勘测、选线和施工。数字电力可以分为数字电力勘测、数字电力施工、数字电力管理，结合"3S"技术和信息管理技术，利用三维数字产品，可以有效地实现电力勘测、施工和管理，建立现代电力生产所需的科学电力管理系统。

地下管线、地铁线路的规划、设计、测量、施工较地面更为困难，三维产品可以辅助地下管线的设计和作业。图 7-19 是利用三维仿真技术进行地下管线的设计和规划。

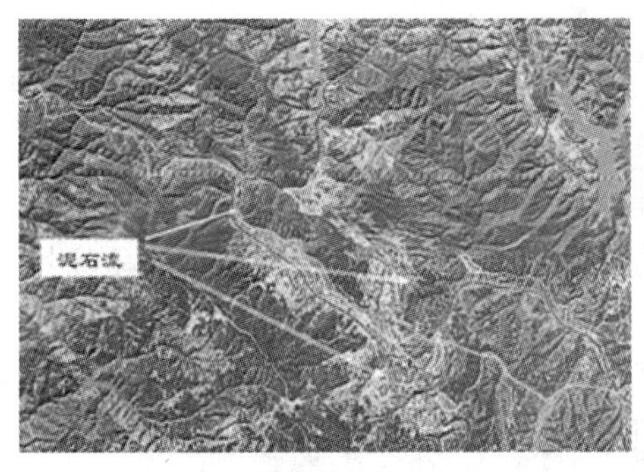

(a) 地质灾害预测（适普公司）

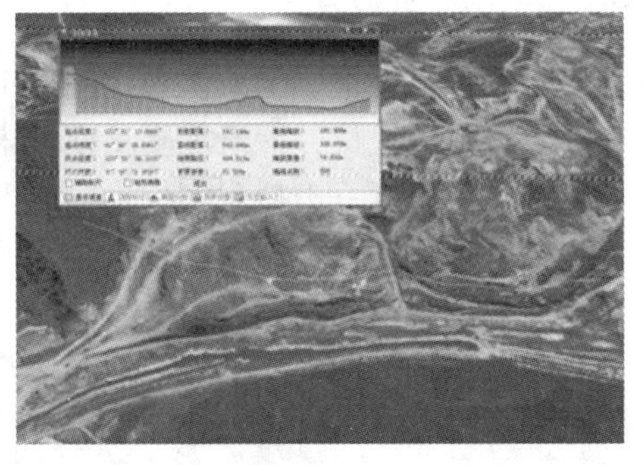

(b) 地形断面坡度量测（国遥新天地公司）

图 7-17　地质灾害预测和起伏地形断面量测

图 7-18　数字电力(适普公司)

图 7-19　地下管线设计(适普公司)

7.3.3 战场环境仿真

兵棋对抗、沙盘对抗、实战演习这些人工模拟战争的手段具有较大的偶然性，且实战演习通常需要高昂的代价，探索能真正模拟未来战争的方式是军事家所追求的目标。计算机及其相关技术的发展、虚拟现实技术的面世，宣告了传统战争模拟时代的结束，而真实景观的三维地形和环境仿真与虚拟现实技术的结合，可以惟妙惟肖地塑造战争场景，将人们带进千姿百态的虚拟战争世界。

虚拟现实技术作为虚拟战场的模拟和仿真，已经逐渐被军事家们所接受。虚拟现实的概念，是由美国 VPL 公司的创始人雅龙·拉尼尔提出的，指的是由计算机所生成的极为逼真的模拟环境。它通过生动的视觉、听觉和触觉效果，使人获得一种身临其境的感觉，模拟的环境可以是建筑物的内部结构、飞机的驾驶舱、激战场面、风洞、原子内部、宇宙空间等。虚拟现实技术通过一定的传感器设备就可使操作者“进入”这个虚拟的现实。但是，战争离不开真实世界，虚拟战场的环境需要尽可能地模拟真实的环境，为此，实景三维战场环境仿真成为虚拟战场的重要组成部分。图 7-20 为机场环境仿真结果。

图 7-20　机场环境仿真(国遥新天地公司)

另外，飞行员的训练越来越依赖于虚拟训练环境，特别是没有经验的飞行员，为了避免损失，往往首先进行虚拟训练，逐步以虚拟和实际飞行相结合，可以更有效地实现飞行员的培训和飞行。利用战场环境仿真，可以实现飞行模拟仿真，进行目标打击训练和仿真，从而提高飞行员打击目标的准确性，进一步可以建立目标打击的评估系统。图 7-21 是飞行模拟仿真示例，图 7-22 为战斗机目标打击飞行训练仿真。

虚拟战场和战场环境仿真是一项非常复杂的工作，三维仿真技术作为一种手段，可以提供形象逼真的战场环境。但一个虚拟战场由多个战斗部组成，需要提供指挥决策规划的手段，并能实现各战斗部的机动作战。图 7-23 为战场环境建模与仿真过程。

图 7-21　飞行模拟仿真(适普公司)

图 7-22　空军战场目标打击仿真(国遥新天地公司)

图 7-23　战场环境建模与仿真(适普公司)

7.4　专题产品应用

随着遥感影像空间分辨率、时间分辨率、辐射分辨率及光谱分辨率的提高，遥感影像在各行业的应用越来越广泛，并促进了国民经济各领域的发展。由于测绘部门主要进行地形图的测绘工作，一方面全要素地图对于行业应用信息过多，另一方面又缺乏不同行业的相关信息。为此，依据行业的应用便形成不同行业的各种专题图，如土地利用专题图、森林分布专题图、洪水风险专题图等。

7.4.1　土地利用专题图

土地利用专题图是表达土地资源的利用现状、地域差异和用途分类的专题地图。在编制土地利用图的基础上，可以宏观地对土地利用的合理程度、存在的问题以及进一步利用的潜力进行综合分析和评估。因此，土地利用专题图是调整土地利用结构，对国家各地区土地用途合理划分以及制定有效政策的依据。目前，遥感影像已成为编制土地利用专题图的一种重要信息来源。

土地利用专题图有不同类型，例如土地利用现状图、土地利用类型图、土地覆盖图和土地利用区划图等。此外，还有着重表达土地利用某方面的专题性土地利用图，如垦殖指数图、耕地复种指数图、荒地资源分布和开发规划图等。以土地利用现状图为例，要求如实反映制图区域内土地利用的情况、土地开发利用的程度、利用方式的特点、各类用地的分布规律以及土地利用与环境的关系等。土地利用专题图通常利用遥感影像分类技术实现土地利用的分类，如彩图 7-24 所示。

遥感影像自动分类尚难以精确获取土地利用状况，因此，通常利用遥感影像分类与人工判绘、野外调绘等相结合来获取土地利用的精确区域。图 7-25 为天津河口土地利用专题图。

7.4.2　森林资源分布专题图

森林是地球上结构最复杂、功能最多和最稳定的陆地生态系统。世界上的森林资源一直在不断发生变化，有人工的造林和砍伐，也有森林的自然生长、演替、衰老和退化。由于森林资源分布范围广、面积大，清查非常困难，再加上各国森林资源的清查方法和技术水平各异，至今世界森林资源尚没有一个精确的数字。森林覆盖率是衡量一个国家或地区经济发展水平和环境质量好坏的重要指标。我国森林总面积大约 1.34 亿公顷，约占世界 3.9%，位居世界第 5 位，我国人均占有森林面积仅相当于世界平均水平的 11.7%。

随着航天和信息技术的发展，充分利用 GPS、RS、GIS 及网络通信等高新技术，有利于森林防火、病虫害的防治监测和森林资源的管理，使林业资源管理更趋科学化，从而提高预防和扑救森林火灾的决策水平，减少病虫害的发生。森林资源分布专题图除了不同类型的植被分布图外，还有森林火险预报专题图、防火设施分布专题图、病虫灾害分布图等。图 7-26 是我国天绘一号 2010 年 11 月 5 日遥感影像获取的贵州省清镇市百花湖乡植被分布专题图。

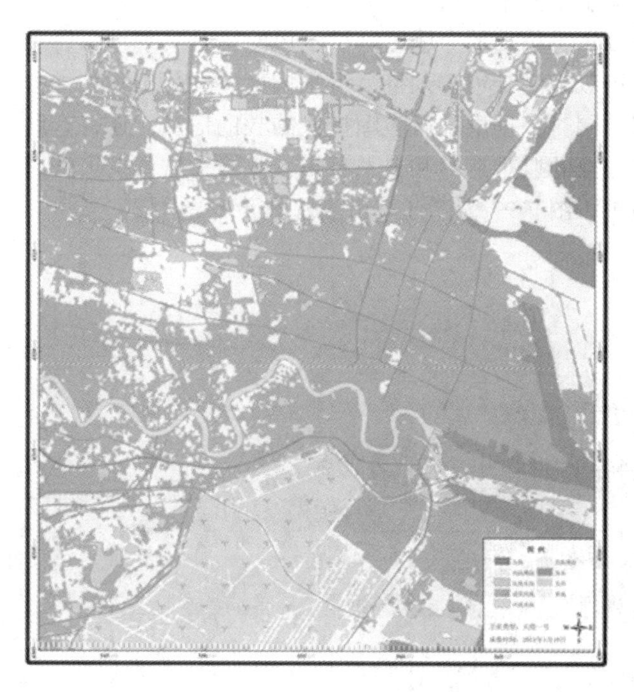

图 7-25　天津河口土地利用专题图(天绘中心)

图 7-26　贵州省清镇市百花湖乡植被分布专题图(天绘中心)

7.4.3　洪水风险专题图

洪水是常见的自然现象，洪水灾害的危害性极大，因洪致涝引发的灾害损失也非常巨大。洪水风险图是通过对特定区域自然条件、洪水特性、工程情况、社会经济等相关因素的分析，运用水力学、水文学、历史水灾调查等分析方法，提供该区域遭受不同量级洪水时可能的淹没风险及灾害信息的专题图。洪水风险图是实现洪水管理的重要基础支撑，通过洪水风险专题，可以为洪涝灾害预警、洪水调度、紧急抢险、工程设施建设与规划等提供重要的技术支持，同时依据洪水风险图提供的救助信息，还将有助于政府实施防洪预案和有效管理，提高公众的避难能力和自救意识，从被动抗洪抗灾转向主动防洪防灾，从而有效地减轻灾害损失。图 7-27 为浙江某市洪水风险专题图。

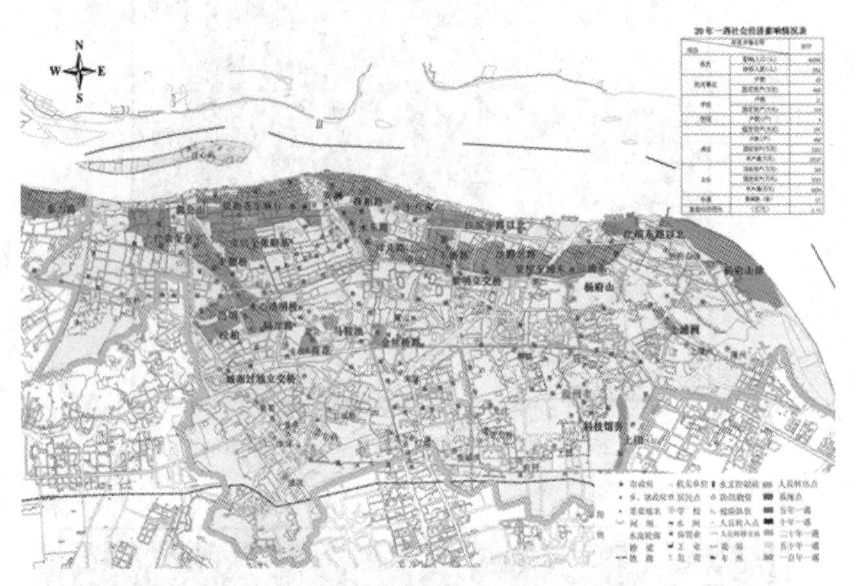

图 7-27　洪水风险专题图(温州防汛报告)

7.5　遥感技术的其他领域应用

7.5.1　地质解译应用

遥感地质解译是遥感解译应用领域之一，它是综合应用现代遥感技术来研究地质规律，进行地质调查和资源勘察的一种方法。遥感地质解译以各种地质体对电磁辐射的反应作为基本依据，结合其他地质资料及遥感资料的综合应用，分析、判断一定地区内的地质构造情况。遥感地质解译工作包括判明各种地质体和地质现象的形态特征与属性、展布和延伸方向，并确定其边界；测量地质体的断层长度、走向、岩层厚度等参数；推测和分析各种地质体、地质现象在时间、空间、成因上的相互关系；编制各种地质解译专题图。

1. 遥感地质解译基本方法

遥感数据是遥感地质解译必需的基础数据源，遥感地质解译要求解译者应具备一定的地质、遥感知识，并对解译区的地质基础、构造、灾害地质、地形地貌和水文情况等有一定的了解，系统地掌握各类遥感数据的基本技术参数、地学特征，确保数据类型、最佳波段和最佳波段组合的选取。

遥感地质解译资料分析：

①了解和掌握地质解译所搜集资料的技术参数，如成像时间、季节、成像仪器、波段、太阳高度角等。

②利用已有研究成果分析区域地质遥感解译成果的合理性和可靠性，明确遥感资料能解决的地质问题。

③合理选择遥感数据源和数据源组合，制订可行的遥感地质信息解译方案。

④解译原则应采用由已知到未知、从区域到局部、先易后难、由宏观到微观、从总体到个别、从定性到定量，循序渐进、不断反馈和逐步深化的方法开展解译工作。

遥感地质解译的基本方法：

①直判法。根据不同性质地质体在遥感影像上显示出的影像特征规律所建立的遥感地质解译标志或影像单元，在遥感影像上直接解译提取岩石、构造等地质现象信息，实现地质体解译圈定和属性划分。

②对比法。对未知区遥感影像上反映的地质现象，通过已知区域影像特征与解译标志的对比进行解译。例如，影像上解译的遥感矿化蚀变异常，可以通过已知含矿区域的矿化蚀变异常标志进行对比确定。

③邻比法。当影像解译标志不明显，地质细节模糊，解译困难时，可以与相邻影像进行比较，将相邻区域的解译标志或地质细节延伸、引入，从而实现困难区域的地质解译。

④综合判断法。当目标在影像上难以直接显现时，可以采用对控制地区目标物有因果关系的生成条件、控制条件的解译分析，预测目标物存在的可能性。综合判断法除对影像上目标物的环境作综合分析判断外，也可收集地质、物探、化探等方面的资料进行综合判断与印证。该方法常用于实现找矿、控矿、容矿和矿化信息的解译。

2. 遥感地质解译标志及描述

1)色调标志

色调(彩)是解译区分不同性质地质体的重要标志，色调的不同，所反映的地质体属性不同，通常以色斑、色团、色块、色带等特征显示，如彩图7-28所示。

①黑白影像：可按灰阶变化，用黑色、暗灰、深灰色、灰色、浅灰色、淡灰、灰白色及白色等色彩级别描述。

②彩色影像：可按色谱变化，用淡红、红、深红、淡黄、黄、深黄、淡绿、绿、深绿、淡青、青、深青、浅蓝、蓝、深蓝、淡品、紫、深品、白色、灰色及黑色等基本色彩级别进行描述。

2)形态标志

地质体的空间形态(状)影像特征是区分侵入岩体、构造和岩脉的重要解译标志，通常用点、线、面三种形态加以描述。

①点：按其分布密度分为麻点状、斑点状和稀疏点状、密集点状。

②线：按线状形态分为环线状、直线状、折线状、弧线状、线带等形状及规模加以描述。

对环线状影像应进行形态、空间组合关系、规模和成因类型的描述。其环状形态可分为圆状、半圆状、椭圆状、似圆状；空间组合关系可分为单环、同心环、外切环、链环、复式环等影像形式；环形规模可按直径划分为大(直径>50km)、中(直径7.5~50km)、小

(直径<7.5km)三种类型；地质属性可划分为侵入岩、火山、构造、与成矿有关四种成因类型。

③面：按形态分为不规则状、块状、脉状、透镜状等多种形态，它是侵入岩体、杂岩体的重要解译标志，描述的重点是边界形态和内部组合形态特征。

图 7-29 所示为农田灌溉形成的遥感影像上明显的形态特征。

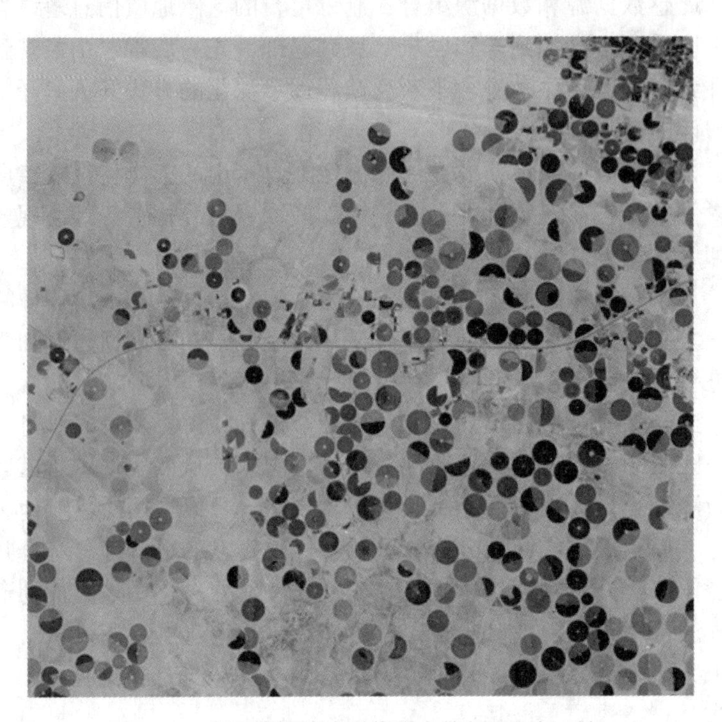

图 7-29　农田灌溉遥感影像形态特征(天绘一号)

3)纹理结构标志

主要是以地物表面影像纹理结构组成的一种花纹图案特征作为岩类划分、岩石类型细划、构造信息提取与类型划分的重要解译标志。通常划分为下述影像纹理结构类型来加以描述：

①层状纹理：由层状岩石信息显示，按组合规律可细分为单层状、夹层状、互层状、不规则互层状及带状等形式。

②非层状纹理：由非层状岩石(主指岩体)显示，因岩石类型复杂，影像纹理结构形式表现不一，影像纹理结构特征不同，代表的岩性也不同。

③环状纹理：主要针对空间产出形态呈环状影像体内部信息特征的描述，它是岩石类详细划分的遥感影像依据。实践表明，同一侵入岩体内，其细微影像纹理结构的差异，反映的是岩石结构的变化。

此外，还有其他一些纹理形式：

①网格状：由两组以上的线性影像纹理互相穿插、切割所构成的影像纹理结构图形，主要反映裂隙、断层或脉岩体的相互作用。

②垄状：坚硬的沉积岩层、脉岩以及冰川终碛堤所形成的脊垄状影像纹理。

③链状、新月状：均是沙漠地貌的典型影像特征，新月状影像纹理在河漫滩沉积沙中也会出现。

④斑点状：森林、植被所形成的麻点状影像纹理，点的稀密、大小与植被覆盖程度有关。

⑤斑块状：以不同颜色的斑块影像纹理图案显示地质体属性的差异，如岩体、盐碱地、沼泽地、植被覆盖区等。

图 7-30 所示为天绘一号获取的江西上饶德兴露天铜矿遥感影像。

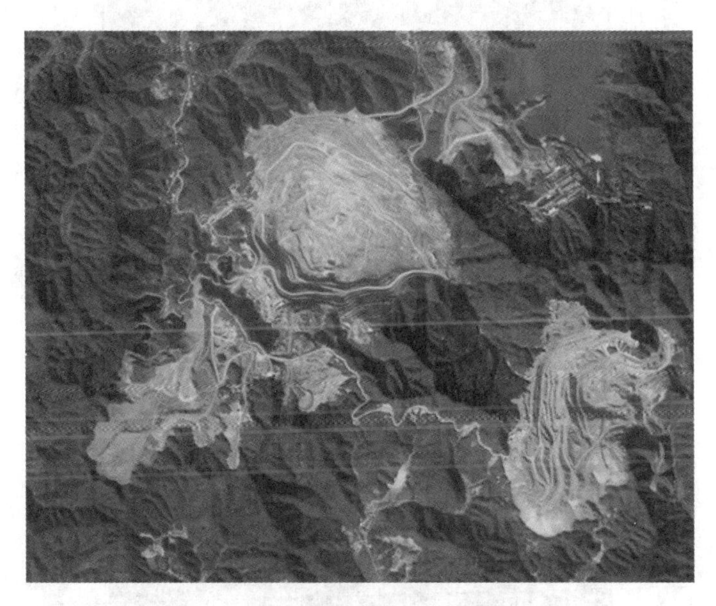

图 7-30　露天铜矿遥感影像(天绘一号)

4) 地形地貌标志

地形地貌特征差异是地表地质体依属性的不同，在内外应力作用下的综合产物。特定的地形地貌类型、形态及形态组合，间接地反映了地质体属性特征的变化规律，是地层、岩性、构造现象解译区分的重要标志。根据地质解译内容的不同，地形地貌标志可划分为构造类和岩性类地形地貌。

(1) 构造类

①几何形态标志：以几何形态特征显示断裂构造的存在；主要标志形式有陡坎、三角面、透镜体、菱块体、环状体及环放体等。

②构造地貌标志：以地貌形态特征显示褶皱、断块及断陷等构造现象的存在；主要标志形式有单面山、褶皱山、断块山、断陷盆、飞来峰等。

③微地形地貌特征标志：以微地形规律显示断裂构造现象的存在；主要标志形式有串珠状负地形、鞍状脊等。

④地形地貌单元差异标志：以地貌单元突然变化显示断裂的存在，如平原与山脉之间的分界线等。

(2)岩性类

①被状地形标志：地形形态如被，反映的是现代火山喷发熔岩。

②板状、条带状、垄岗状标志：反映的是单一岩石或岩石组合类型。

③环形标志：反映的是侵入岩体、火山机构等。

图 7-31 所示为天绘一号获取的喀斯特地貌遥感影像。喀斯特地貌是指具有溶蚀力的水对可溶性岩石进行溶蚀等作用所形成的地表和地下形态的总称，又称岩溶地貌。

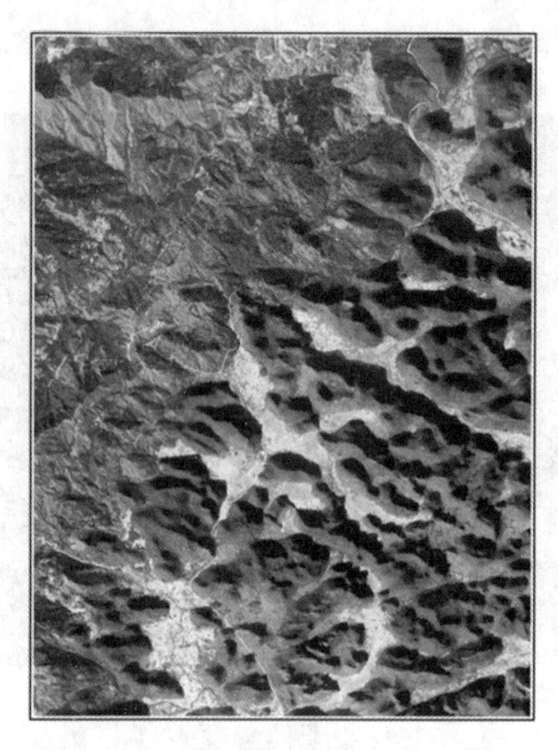

图 7-31　喀斯特地貌遥感影像特征(天绘一号)

5)水系类型标志

水系是由多级水道组合而成的水文网，它常构成各种图形，在遥感影像上十分醒目。由于地质环境特征不同，水系类型所反映的地质现象不尽相同。虽然自然界中的水系类型较多，如树枝状水系、羽毛状水系、扇状水系、束状水系、辫状水系、帚状水系、格状水系、角状水系、放射状水系以及环状水系等，但可直接或间接作为解译区分岩性或构造的标志的只有扇状水系、束状水系、辫状水系、帚状水系标志几种类型。

目前，遥感地质解译主要通过目视解译或计算机辅助目视解译实现。图 7-32 为新疆东天山地区遥感影像，图 7-33 为新疆东天山地区计算机辅助目视地质解译专题图。

7.5.2　综合防灾减灾应用

我国是世界上遭受自然灾害最严重的国家之一。20 世纪全球发生的破坏性地震中我国占 1/3，死亡人数占 1/2；从事故灾害看，近几年每年因各类灾害事故造成 13 多万人死

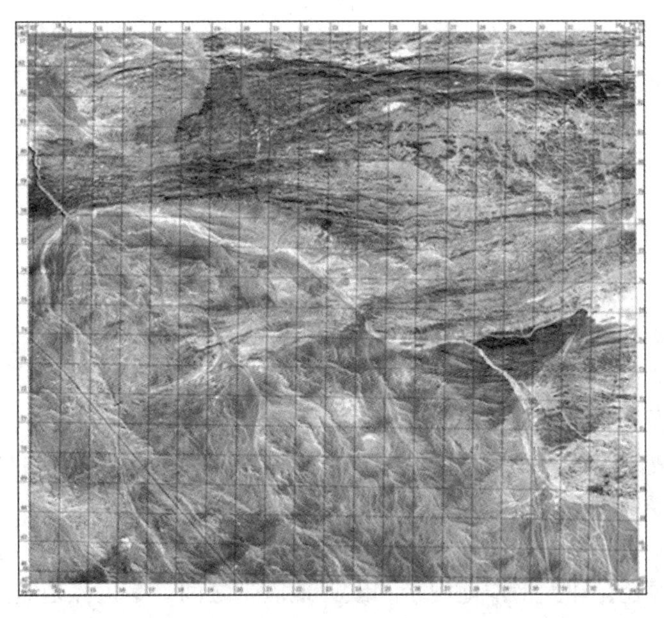

图 7-32　新疆东天山地区遥感影像

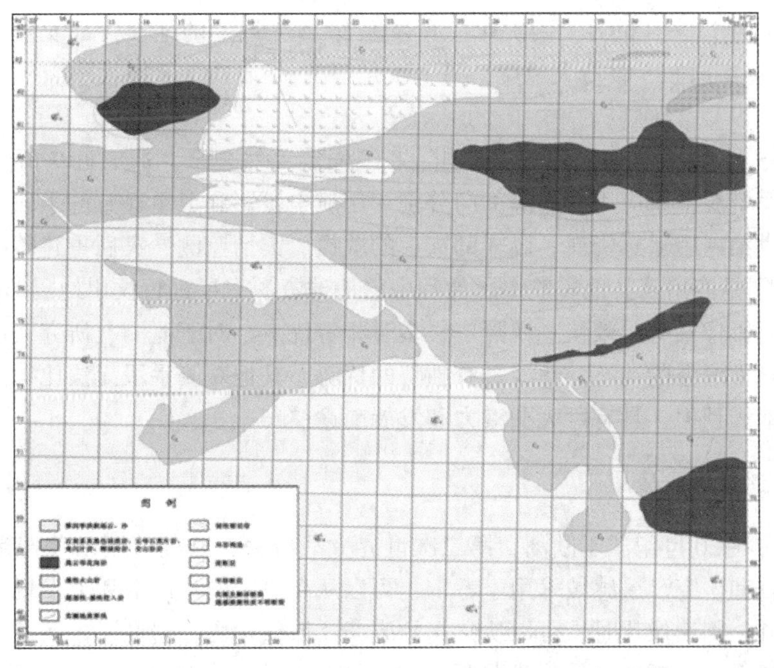

图 7-33　新疆东天山地区遥感地质解译专题图(天绘中心)

亡，70 多万人受伤，直接和间接经济损失约 2500 亿元。在各类灾害事故中，一次死亡 30 人以上的特别重大事故，平均每月达 1.2 起。据专家估算，全国每年因各类公共安全问题造成的经济损失数约占 GDP 的 6%，按 2003 年国际劳工组织的方法测算，仅工矿企业事故损失就约占 GDP 的 4%。可见，这方面的损失是非常惊人的。

1. 环境与灾害监测应用

近年来，我国北方地区每年遭受沙尘暴侵袭，对城市环境和人们的生活造成极大的影响。沙尘暴的发生不仅是特定自然环境条件下的产物，而且与人类活动有对应关系。人为过度放牧、滥伐森林植被；人为造成的森林火灾对森林的破坏；工矿交通建设尤其是人为过度垦荒破坏地面植被，扰动地面结构，形成大面积沙漠化土地，这些都直接加速了沙尘暴的形成和发育。

遥感卫星可以监测乱砍滥伐森林并造成森林植被的破坏情况。通过不同时间的遥感影像进行对比和分析，或使用遥感变化检测的手段，可以有效地提取森林植被遭受破坏的地理位置和区域，及时阻止和惩处非法破坏森林植被的行为。彩图 7-34 是毁林前后的卫星影像及遥感处理结果。

利用卫星编程接收，可以实时跟踪火灾蔓延趋势，实现森林火灾的动态监测，以最大限度降低火灾造成的损失。彩图 7-35 为 SPOT 卫星编程跟踪火灾蔓延的状况。

2. 地震遥感监测应用

地震是一种由于缓慢累积起来的能量突然释放而引起的大地突发性运动，是一种潜在的自然灾害。我国处在环太平洋地震带和欧亚地震带之间，是世界地震灾害最严重的国家之一。我国地震死亡的人数占全世界地震死亡人数的一半以上。1556 年我国陕西华县 8 级特大地震是世界历史上死亡人数最多的地震，强大的地震殃及上百个县，造成近 80 万人死亡。20 世纪以来，世界上两次死亡人数达 20 万人以上的地震，都发生在中国。一次是 1920 年宁夏海原 8. 5 级特大地震，另一次是 1976 年唐山 7. 8 级大地震，经济损失超过 100 亿元。

2008 年 5 月 12 日，四川汶川、北川，8 级强震猝然袭来，造成近 7 万人死亡。国家测绘局、中国资源卫星应用中心等部门分别启用航空摄影和卫星遥感的手段，为灾后的汶川等地区提供第一手遥感资料，以辅助灾后的救援、灾情监测、灾后重建等工作。图 7-36 和图 7-37 分别是四川茂县地震航遥影像和中巴地球资源卫星进行汶川地震监测影像。

卫星遥感影像具有时效快、视野广、多时相等优点，对于监测、研究大面积宏观的热红外突发性异常增温的动态变化，具有独特的优势，其他观测手段无法比拟。利用卫星遥感信息进行地震预报，具有巨大的潜力和发展前途。

7.5.3 遥感考古应用

遥感考古在 20 世纪源于欧洲，第二次世界大战以来，欧美等国已普遍运用遥感技术进行考古调查和研究。遥感技术用于考古，可以从高空的航片或卫片上发现一些已不存在的古城的遗迹。判读像片时，可以从它们的废墟、城堡护堤、岩堆、古河道、废城墙根基等的空间特征上去推断。例如，我国西安(古长安)的秦始皇陵墓，原有两重城墙(内城和外城)围护，现已没有，但从航空像片上可以清楚地看到内城和外城的规则矩形遗迹。图 7-38 为意大利波河三角洲地区的高空航片，其上有网格状的几何图形(图中呈深色调，浅色调线状特征为现代排灌渠道)，经实地考证，发现这是古代的 SPINA 城的遗址。SPINA 城在公元前 5 世纪十分繁荣昌盛，之后不知什么原因，这座城市消失了，一直未找到其城址。而这张像片上显示出的古城形状，据分析，深色调线状区内植物稠密，是由于古运河

图 7-36　四川茂县地震航遥影像

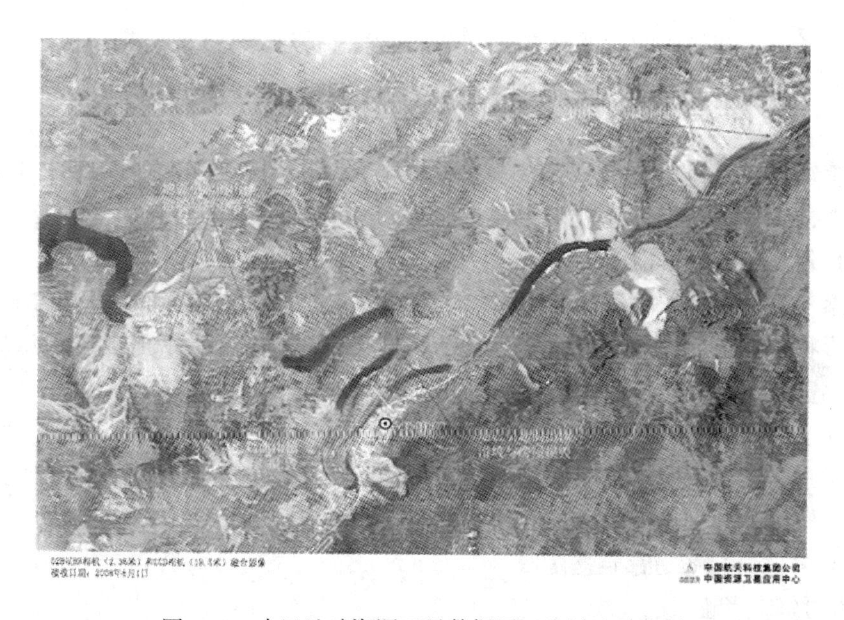

图 7-37　中巴地球资源卫星数据用于汶川地震监测

肥沃湿土的原因所致；而浅色调矩形区域的植物由于长在原房屋和墙基的瓦砾之上，生长得很稀疏。

1. 遥感考古的基本原理

遥感考古工作是在利用遥感影像获取和判读的原理，再结合一些考古成果、历史知识和文献资料的基础上进行的。参考文献资料和掌握历史知识，可以帮助缩小判读遥感影像的地区范围，并在分析中加以引证。综合考古成果，有助于进行遥感影像的考古判读和分

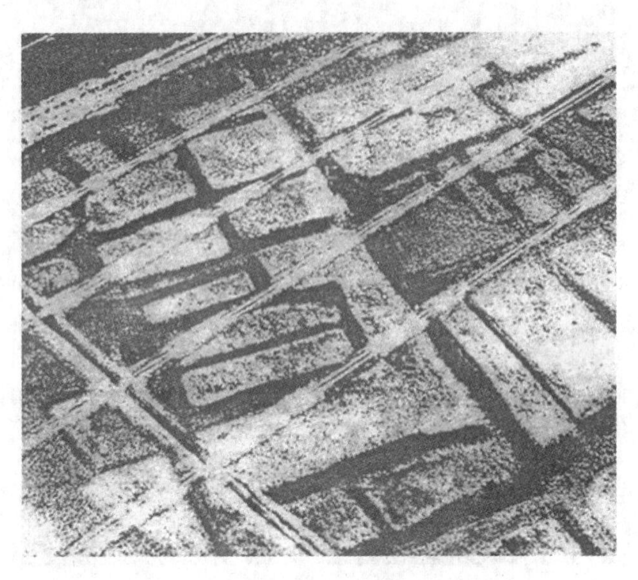

图 7-38　SPINA 城遗址

析评价。对考古存在的疑问，遥感方法可提供线索和佐证。

近几十年来，遥感考古发展得很快，受到许多考古工作者的青睐，这是因为它有以下优点：

①遥感影像是对地物的宏观反映，用来进行考古调查能避免野外工作花费大量时间、经费和精力，减轻劳动强度。此外，遥感影像可使我们得到一个整体的观念，具有指导性，避免野外工作的盲目性。

②遥感考古是一种非破坏性的研究，它可以在不触及文化遗迹的情况下精确确定遗迹的位置、形状、大小等。对现已埋没于地表下的古沟渠、古河道或大型建筑物等，在信息丰富的遥感资料上有时能很清楚地反映出来。

③航片或卫片(包括数字化后的磁带数据)具有很强的资料性，特别是在那些文化发达地区，对一些已被后期发掘破坏掉的遗迹，航片或卫片还可保留其原貌，供以后恢复和进一步研究使用。

2. 楚古都纪南城的遥感调查过程

(1)历史资料考证

古纪南城位于湖北省荆州地区。春秋战国时期，荆州地区属楚国领地。而楚国在当时，是一个人口众多、幅员辽阔的大诸侯国。所谓“春秋五霸”，“战国七雄”，楚均为其中之一。它从西周初年(公元前 11 世纪)“封成王熊绎于丹阳”始，到公元前 223 年被秦所灭，建国达八百多年之久。在这八百多年的发展经营中，楚国几乎统一了整个南中国，形成高度文明的楚文化。

纪南城是当时楚国的国都，楚国强盛时期的政治、经济和文化中心。它兴于春秋早期(约公元前 613 年)。据《左传·昭公二十三年》记载：“国无城不可以治，楚自文王都郢。”“郢”即纪南城。

纪南城建成于春秋晚期，20世纪50年代中国科学院考古所用C^{14}测定南垣水门的木桩，发现其距今约为2430 ±75年，相当于公元前480年。当时的纪南城是中国南方最大的古城，距三国名城——荆州城(江陵)约5km。

纪南城毁于公元前278年战国后期的战乱之中。据《汉书・地理志》："故楚郢都，楚文王自丹阳徙此，后九世平城之，后十世秦起拔郢。"。可见该城仅兴旺了约400年，秦灭楚后废弃至今，已有2200年之久，城内早已农田覆盖，一派田园景色。图7-39为楚国古都——纪南城(郢)的TM卫星影像及地理位置图。

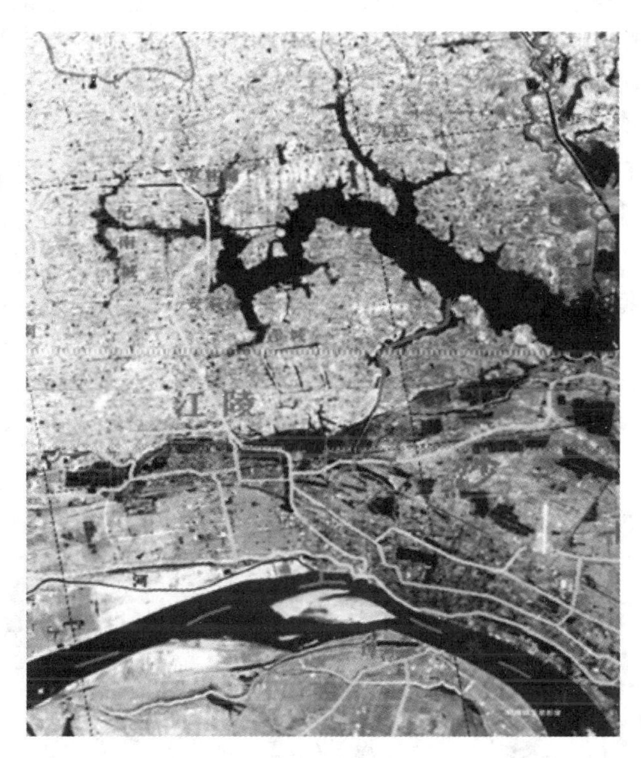

图7-39　楚国古都——纪南城(郢)TM卫星影像及地理位置图

(2)资料收集和影像处理

为考古目的收集的卫星影像是Landsat TM数字数据(沙市幅)，1987年冬获取，该季节植被覆盖少，古基垣特征显示明显，有利于考古判读。

为了辅助卫片判读，进行立体观测，搜集了纪南城周围地区的1：25000比例尺的黑白航片。1：10000比例尺地形图则作为绘制古迹遗址的底图，另外还收集了历史文献资料和考古发掘资料。

影像处理：①对卫星影像进行纠正，从1：10000地形图上选取控制点，对纪南城局部影像用一次项进行纠正。②航片立体对在精密立体测图仪上进行相对定向和绝对定向精确测定古台基、古墓群的位置及其他古遗迹的定位和量算。③地形因数字化与影像复合，等高线复合后有利于配合影像观察古河道的流向和连通、古城墙的形状和墓地；地物要素的复合有利于古遗迹的相对定位和分析；地图与影像复合处有利于影像上的判读信息转绘到底图上去。④影像增强和合成，卫片是一个很小区域，只作线性拉伸就能达到反差增强目的，合成时采用TM5、TM4、TM3三个波段，其中TM5对土中含水量较敏感，在这个波段上有利于判读干结的夯土城垣、台基和墓区；TM4有利于判读古河道和护城河；TM3有利于区分古台基和古墓区。从合成的纪南城及其周围地区的假彩色卫星影像，可清楚地看到形似北京古城的楚国古都纪南城，它位于荆州以北，面积为荆州的三倍。

(3)判读和成图

判读标志在卫片和航片分别建立，卫片判读标志以TM5、TM4、TM3波段合成的假彩色片为准，航片则以黑白色调及立体观测的几何形状为基础建立。借助于判读标志，能顺利地判读出纪南城整个城垣、城外护城河、古河堤等。

利用航片野外判读和调绘，结合考古钻探成果，对全城的古建台基进行了全面的调查，在航片上刺点并编号，与实地牌号对照，绘制出古建台基分布图。卫片经宏观判读，在城西南区发现两条古河道，经与地形对照为谷地。通过文献及考古发掘分析，发现这一带有许多古井，说明有潮湿土壤和地下水源，这一地区为古冶炼和铸造作坊区，必然要就近取水，证实卫片发现的古河道存在可能性。另外，古河道的发现又为考古部门选择发掘地点提供了重要线索。

成图过程是选择1∶10000地形图作为定向地图。在全能仪上设置航片模型比例尺为1∶12500，成图比例尺为1∶10000，其中绝对定向平面精度为±0.5mm，高程精度为±1.8m。绘制的整幅图以古城墙、古建台基、护城河、墓区等文化遗迹为主。全能仪绘制的遗迹分布图经手扶跟踪数字化，进入图形工作站编辑和注记，最后在绘图机上输出遗迹分布图，如图7-40所示。

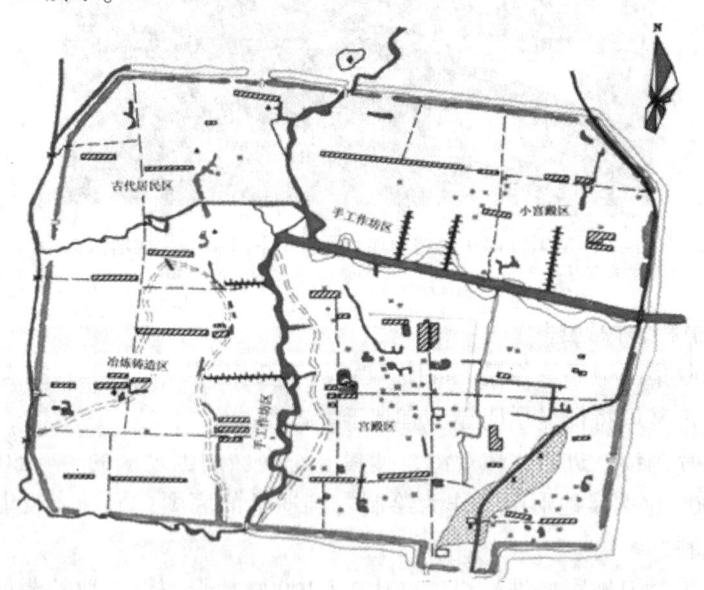

图7-40　纪南城遗迹分布图

(4)遥感成果分析

①城址选择和水系。纪南城城垣建筑宏伟，整个城垣横断面呈梯形，墙身宽12m，内

护坡宽10~15m，户外坡宽约4m，坡垣高约7m，且夯筑时间又早，一般的城市在古时是不可能有如此巨大规模的。纪南城地势也较高，处于丘陵岗地上，距长江约7km，故不易受到洪水泛滥的冲击和长江改道的影响。此外纪南城的地理位置与古书文献的记载也相吻合，西汉司马迁《史记·货殖列传》中云："江陵故郢都，西通巫巴，东有云梦之饶。"

我国古代建城，喜欢"傍水而筑"，纪南城亦如此。一方面便于开沟引渠，灌溉农田；另一方面便于交通运输和军事作战。船只可由城内河道出发，从龙会桥出城进入邓家湖，经长湖到长江。如此选择城址，使纪南城"进可攻，退可守"。

纪南城的给排水系统完整，科学合理。从遥感影像上看，纪南城四周开凿护城河，水源来自城北的朱河。综观城内外水系，邓家湖成为一个天然水库，调节着纪南城内外的给水和排水，使洪汛期城内的水能及时排出到城外，枯水期城内的河渠也不会干涸。

②城内布局。城内东南部为松柏区，有密集的古建筑夯土台基，且台基的整体布局有一定的规律，是楚都主要的宫殿区所在。同时在凤凰山西坡脚下，发现一条由南向北贯穿整个松柏区至龙桥河故道的古河道，疑为宫殿区的护宫河。

松柏区地势大多平坦，在此建宫立院，北有龙桥河作为天然屏障，东有古河道作防护，南有高大的纪南城垣，城外有护城河，西边则有新桥河，但离宫殿区较远，而这中间隐隐约约也有一条古河道，以它为护宫河较为合理。

城西南的新桥区，出土了一些冶炉、铸炉、锡渣等遗物，还挖掘出房屋建筑台基和被火焚炭化的稻米遗迹，推测此处为金属冶炼作坊区。"有窑址者，旁必有水"，可是水源在哪里？从遥感影像上发现西南区有两条古河道(实际连成一条)，位置正好穿过冶炼作坊区。

使用同样的遥感方法，在湖北省宜城市调查了楚皇城遗址，也获得成功。图7-41和图7-42分别是楚皇城(鄢)遥感影像及遗迹分布图。

图7-41　楚皇城(鄢)遥感影像及地理位置

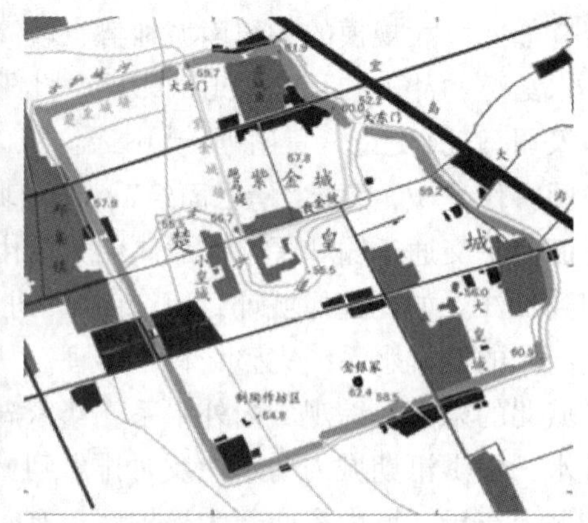

图 7-42　楚皇城航空影像及遗迹分布图

7.6　遥感影像处理系统

遥感影像处理的主要目的：改善影像的质量，增加影像的信息量；从影像中提取感兴趣目标的位置、性质、属性和变化信息；生成遥感专题图产品，为专业领域应用提供精确、可靠的地理空间信息支持。

伴随着遥感数据获取手段的进步，遥感影像的类型越来越多，质量越来越好，同时用户需求也越来越多样化，应用要求也越来越高，这些都极大地促进了遥感影像处理技术的发展和遥感影像处理产品的研发，其成果集中体现于当前主流的遥感影像处理系统。

遥感影像处理系统主要分为两大类：一类是侧重于地形测绘、目标三维量测和定位的数字摄影测量系统，如美国 Intergraph 与德国 Carl Zeiss 的合资公司 Z/I Imaging 推出的 ImageStation、中国武汉大学的 VirtuoZo、中国测绘科学研究院的 JX-4 等；另一类是通用的遥感影像处理系统。

数字摄影测量系统一般是软硬件高度集成的系统，除摄影测量软件包外，还包括计算机、立体观察和量测等硬件设备。根据立体观察原理的不同，数字摄影测量系统可分为：偏振光方式和场/幅分割视频方式。图 7-43 是采用偏振光技术实现立体观察的数字摄影系统，图 7-44 是采用场/幅分割视频技术实现立体观察的数字摄影系统的全貌图。根据立体量测设备的差异，数字摄影测量系统可分为：手轮脚盘方式和三维鼠标方式。图 7-45 是采用手轮脚盘进行三维量测的数字摄影系统，图 7-46 是采用三维鼠标进行三维量测的数字摄影系统。

数字摄影测量系统的主要功能包括：数字空中三角测量(即利用少量高等级控制点加密出一定数量且满足测图需要的控制点的作业)、DEM 的自动生成和编辑、DOM 制作、地物要素采集(在立体观察条件下通过三维量测设备完成)、三维景观图生成、栅格数据与矢量数据的综合成图等。数字摄影测量系统的处理对象是立体影像，其理论基础是立体影像测量技术。目前，除控制点识别、地物要素采集、DEM 检查编辑等部分工作需要人工干预外，大部分工作都可以自动完成。数字摄影测量系统是当前摄影测量领域最主要的作业装备。

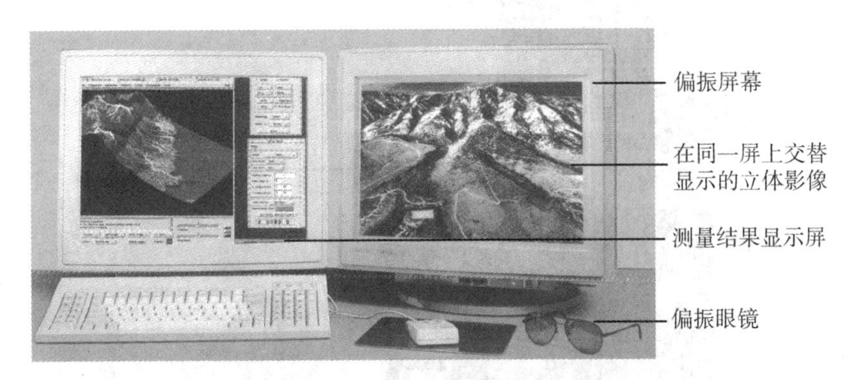

图7-43 采用偏振光原理进行立体观察的数字摄影测量系统

图7-44 采用场/幅分割视频方式进行立体观察的数字摄影系统

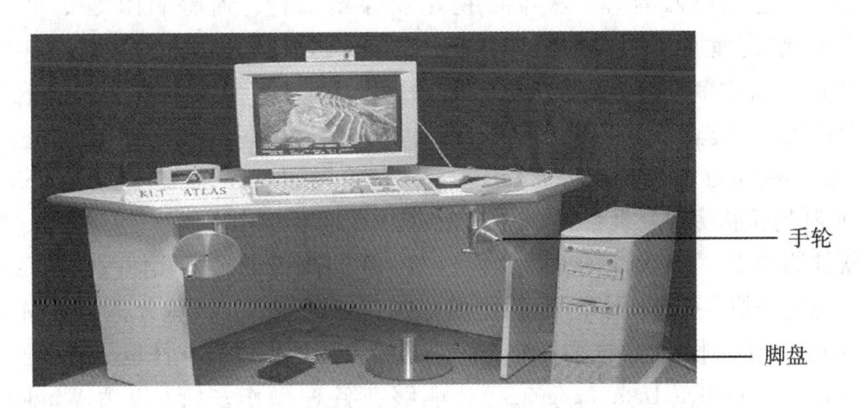

图7-45 采用手轮脚盘进行三维量测的数字摄影系统

通用遥感影像处理系统主要是软件产品，有 ER Mapper、ENVI、ERDAS IMAGINE、

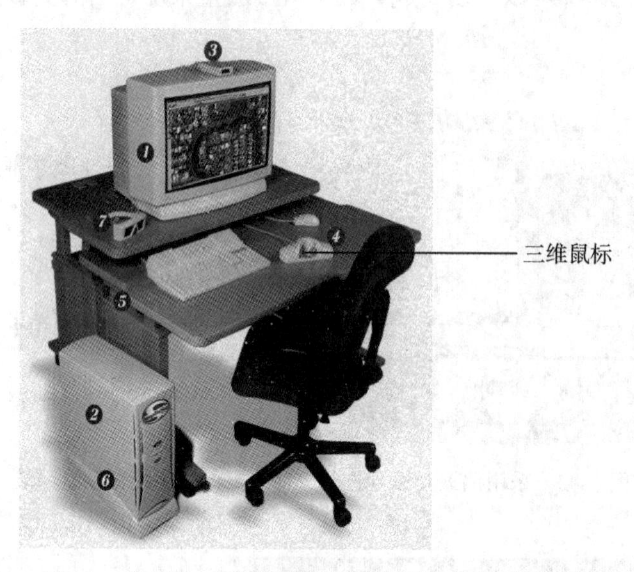

图 7-46 采用三维鼠标进行三维量测的数字摄影系统

PCI Geomatica 等。通用遥感影像处理系统不是针对某个特定的应用领域而专门设计的，其功能具有普遍性，因此应用面较广。

ER Mapper 是由澳大利亚的地球资源制图(EARTH RESOURCE MAPPING)公司开发研制的遥感影像处理系统。ER Mapper 设计思想独特，它不是简单地把各个处理功能堆积起来，而是将一系列的处理过程(如数据输入、波段选择、滤波、直方图变换等)有效地组织起来形成一个影像处理流程。用户可以按一定的处理方案，将有关处理功能组织成一个影像处理流程，而且可以将这个流程以算法形式存储起来使用。

ER Mapper 是全模块设计，除了具有影像增强、波段间运算、几何纠正、影像配准、影像镶嵌、影像分类等传统影像处理功能外，还具有航摄影像的正射校正、等高线自动生成、数据融合、雷达影像处理、三维可视化及穿越飞行、遥感制图等专业功能。ER Mapper 不仅能够处理通用格式的影像数据，还能够处理 Landsat、SPOT、ERS、JERS、NOAA AVHRR、航空多光谱等影像数据，而且提供了编程、批处理、公式合成等用户开发环境，允许用户在这三个层次上对其进行二次开发。

ENVI(Environment for Visualizing Images)是由美国研究系统公司(Research Systems, Inc.)开发研制的遥感影像处理系统。ENVI 曾于 2000 年获美国国家影像制图局(NIMA)组织的遥感软件测评第一。ENVI 的主要功能包括：常规影像处理、几何校正、定标、多光谱分析、高光谱分析、雷达分析、地形地貌分析、矢量分析、区域分析、DOM 生成、三维景观图生成、遥感制图、数据融合等，提供了完备的地图投影软件包，具有强大的二次开发工具 IDL(Interactive Data Language)，能够在各种操作系统(包括 Windows98/NT/2000、UNIX、Linux、Macintosh 等)环境下使用，不仅能够处理通用格式的影像数据，而且能够处理 Landsat、SPOT、RADARSAT、NOAA、EROS、TERRA 等多种卫星影像数据。

ERDAS IMAGINE 软件是由美国莱卡公司(Leica Geosystems)开发研制的遥感影像处理

系统，可运行于 UNIX 或 Windows NT4.0/Windows 2000 操作系统上。目前 ERDAS IMAGINE 已成为世界上市场份额最大的专业遥感影像处理软件，用户遍布 100 多个国家，软件套数从 1996 年的 12000 套迅速增加到目前的近 50000 套。该软件提供基础级(Essentials)、高级(Advantage)和专业级(Professional)三种打包方式。基础级遥感影像处理软件包提供最低成本的影像制图和可视化工具，如几何纠正、影像分析、可视化和自动专题地图输出等功能；高级遥感影像处理软件包除了具有基础级软件包的全部功能外，还增加更高级且精确的遥感制图、影像处理和地理信息分析等功能；专业级遥感影像处理软件包是在高级软件包的基础上，增加用于遥感与地理分析专业的综合工具，如混合分类技术、雷达分析、可视化空间建模工具等。

PCI Geomatica 软件是加拿大 PCI Geomatics 公司开发研制的遥感影像处理系统。主要功能包括投影变换、影像增强、影像裁剪、影像拼接、大气校正、高光谱影像处理、数据融合、航摄影像正射校正与镶嵌、卫星影像正射校正与镶嵌(包括高分辨率的 SPOT5、Quikbird、Ikonos 等卫星影像)、DEM 自动提取、雷达影像处理等，提供了二次开发工具 SDK(Software Development Kit)。

通用遥感影像处理系统有两个显著特点：一是与 GIS 和数据库管理系统 DBMS 结合紧密，二是逐渐包含数字摄影测量系统的核心功能。例如，ER Mapper 通过动态链接技术，已经实现了与 GIS、数据库的全面集成；它可以直接读取、编辑、增加、存储 GIS 数据，并且可以利用遥感影像对 GIS 数据进行更新，支持 ARC/INFO、ArcView、MapInfo、AutoCAD MAP 等 GIS 系统；还可以与大型数据库 Oracle 进行动态链接，直接读取 Oracle 的影像数据并加以利用。再比如，在 ENVI 4.2 中已经包含了利用 IKONOS、QuickBird、SPOT 等卫星的立体影像快速提取 DEM 的功能，ERDAS IMAGINE 包含了 OrthoBASE、OrthoBASE Pro、Stereo Analyst 和 Virtual GIS 等多个立体测图和 GIS 模块。

习　题

1. 可见光原始遥感影像分为线性阵列影像和面阵影像，如何实现两种原始影像的几何精纠正处理？
2. GPS 地图导航系统已广泛应用，简述导航地图的主要更新途径和方法。
3. 简述遥感在国民经济建设中的主要应用。
4. 依据所学测绘知识，阐述测绘科学与遥感的结合与应用。
5. 根据掌握微波遥感的原理和特点，阐述微波遥感在遥感考古中的应用优势。

参考文献

[1] 潘时祥．像片判绘[M]．北京：解放军出版社，1992.

[2] 应国玲，周长宝，陈怀迁．微波辐射计[M]．北京：海洋出版社，1992.

[3] 刘勇卫．遥感精解(日本遥感研究会编)[M]．贺雪鸿，译．北京：测绘出版社，1993.

[4] 仇肇悦，李军，郭宏俊．遥感应用技术[M]．武汉：武汉测绘科技大学出版社，1995.

[5] 钟志勇，等．分辨率相差较大的卫星影像融合方法研究[J]．中国工程图学学报，2000，5：138-142.

[6] 边肇祺，张学工．模式识别(第二版)[M]．北京：清华大学出版社，2000.

[7] 田坦，刘国枝，孙大军．声呐技术[M]．哈尔滨：哈尔滨工程大学出版社，2000.

[8] 张继贤，马瑞金．图形影像控制点库及应用[J]．测绘通报，2000(1)：15-17.

[9] 马建文，赵忠明，布和敖斯尔．遥感数据模型与处理方法[M]．北京：中国科学技术出版社，2001.

[10] 戴永江．激光雷达原理[M]．北京：国防工业出版社，2002.

[11] 张剑清，潘励，王树根．摄影测量学[M]．武汉：武汉大学出版社，2003.

[12] 冈萨雷斯．数字影像处理(第二版)[M]．北京：电子工业出版社，2003.

[13] 钱乐祥，等．遥感数字影像处理与地理特征提取[M]．北京：科学出版社，2004.

[14] 刘亚侠．TDI CCD 遥感相机标定技术的研究[D]．长春：中国科学院长春光学精密机械与物理研究所，2005.

[15] 朱述龙，朱宝山，王红卫．遥感影像处理与应用[M]．北京：科学出版社，2006.

[16] 王聪华．无人飞行器低空遥感影像数据处理方法[D]．济南：山东科技大学，2006.

[17] 韦玉春，等．遥感数字影像处理教程[M]．北京：科学出版社，2007.

[18] 郭睿．多源遥感影像融合技术研究[D]．上海：同济大学，2007.

[19] 张绍明．支持向量机在 SAR 影像匹配中的应用研究[D]．上海：同济大学，2007.

[20] 章孝灿，等．遥感数字影像处理(第二版)[M]．杭州：浙江大学出版社，2008. .

[21] 孙家抦，舒宁，关泽群．遥感原理、方法和应用[M]．北京：测绘出版社，1996.

[22] 徐硕，江万寿，牛春盈．基于控制点影像库的控制点自动选取初探[J]．遥感应用，2008(2)：35-38.

[23] 尹占娥．现代遥感导论[M]．北京：科学出版社，2008.

[24] 孙家抦，等．遥感原理与应用(第二版)[M]．武汉：武汉大学出版社，2009.

[25] 朱述龙，耿则勋．小波理论在影像处理中的应用[M]．北京：解放军出版社，1999.

[26] 张继贤，李国胜．曾钰多源遥感影像高精度自动配准的方法研究[J]．遥感学报，2005，9(1)：73-77.

[27] 徐硕，江万寿，牛春盈．基于控制点影像库的控制点自动选取初探[J]．遥感信息，2008(2)：35-38.

[28] 王慧．面阵 CCD 航测相机成像模型与处理技术[D]．郑州：解放军信息工程大学，2006.

[29] 李小文，刘素红．遥感原理与应用[M]．北京：科学出版社，2008.

[30] 王江浩，葛咏．遥感影像几何校正的 GCP 残差模拟分析[J]．遥感技术与应用，2011，26(2)：226-232.

[31] http://www. ccrs. nrcan. gc. ca/ccrs/learn/tutorials/.

[32] http://rst. gsfc. nasa. gov/.

[33] http://www. cresda. com/n16/index. html.

[34] http://www. punaridge. org/doc/factoids.

[35] http://eo1. usgs. gov/sensors.

[36] http://www. ev-image. com.

[37] http://www. supresoft. com. cn.

[38] http://www. astrium-geo. com/cn.

[39] http://www. esrichina-bj. cn.

[40] http://www. lbschina. com. cn.

[41] http://www. eumetsat. int/website/home/Satellites/CurrentSatellites/index. html.

[42] http://zh. wikipedia. org/zh-tw/% E5% A4% AA% E9% 99% BD% E5% B8% B8% E6% 95%B8.

[43] http://course. tju. edu. cn/physics/syjx/jxnr/cha3/s31. htm.

[44] http://mynasadata. larc. nasa. gov/images/EM_Spectrum3-new. jpg NASA.

[45] http：//courseware. eduwest. com/courseware/0684/content/0002/010002. htm.

[46] http：//www. instrument-mart. com/goods. php？ id=112.

[47] http：//zh. wikipedia. org/wiki/File：Wiens_law. svg.

[48] http：//blog. sina. com. cn/s/blog_4a1c6f7f010006ev. html.

[49] http：//ycy. com. cn/article/xylt/200903/29928. html.

[50] http：//nature. berkeley. edu/~penggong/textbook/chapter6/html/sect65. htm.

[51] http：//eng. ntsomz. ru/ks_dzz/satellites/resurs_dk1.

[52] http：//space. skyrocket. de/doc_sdat/resurs-p. htm.

[53] http：//www. geoeye. com/CorpSite/products-and-services/imagery-sources/Default. aspx.

[54] http：//www. satimagingcorp. com/satellite-sensors. html.

[55] http：//en. wikipedia. org/wiki/IGS_Radar_3.

[56] http：//landsat. usgs. gov/ldcm_vs_previous. php.

[57] http：//landsat. usgs. gov/band_designations_landsat_satellites. php.

[58] http：//www. spaceoffice. nl/nl/Satelliettoepassingen/Technologie/RADAR/InSAR-en-SRTM/.

[59] http：//www. earthobservatory. nasa. gov/IOTD/view. php？ id=507.

[60] http：//www. optech. com/wp-content/uploads/specification_altm_orion-h-m. pdf.

[61] http：//www. leica-geosystems. com/en/Leica-ALS70-Airborne-Laser-Scanner_94516. htm.

[62] Thomas M. Lillesand, Ralph W. Kiefer. Remote Sensing and Image Interpretation[M]. Third Edition, John Wiley & Sons, Inc. , 1994.

[63] Paul R. Wolf, Bon A. Dewitt. Elements of Photogrammetry with Applications in GIS[M]. Third Edition, McGraw-Hill Companies, Inc. , 2000.

[64] Richard O. Duda, Peter E. Hart, David G. Stork. Pattern Classification[M]. Second Edition, John Wiley & Sons, Inc. , 2001.

[65] Rafael C. Gonzalez, Richard E. Woods. Digital Image Processing[M]. Second Edition, Prentice Hall, Inc. , 2002.